Rupert Sheldrake

Das Gedächtnis der Natur

SERIE PIPER

Zu diesem Buch

Was gibt einem Kaninchen seine Kaninchenform? Wie kann durch die Teilung identischer Zellen ein menschlicher Körper mit all seinen hochspezialisierten Organen werden? Die Frage der Entstehung der Formen in der Natur gehört zu den großen Mysterien für die Naturwissenschaft. Rupert Sheldrake hat dazu ein revolutionäres Erklärungsmodell entwickelt. Sheldrakes grundlegende These ist, daß alle Formen in der Natur durch formbildende (morphogenetische) Felder bestimmt werden, die eine Art »Gedächtnis der Natur« darstellen, da sie die »Erfahrungen« aller Individuen einer Art – seien es Kristalle, Pflanzen, Tiere oder Menschen – speichern.
»So revolutionär und radikal Sheldrakes These, so selbstverständlich und logisch scheint sie angesichts der Irrungen und Wirrungen, die er in diesem Buch anhand der wissenschaftshistorischen Entwicklung aufzeigt – unangestrengt, selbstkritisch und hervorragend lesbar.« (Sender Freies Berlin)

Rupert Sheldrake, geboren 1942, Studium der Naturwissenschaften an der Cambridge University und der Philosophie an der Harvard University. Promotion in Biochemie in Cambridge, dort Tätigkeit als Studiendirektor für Biochemie und Zellbiologie am Clare College. Außerdem Research Fellow an der Royal Society. Zahlreiche Veröffentlichungen, zuletzt auf deutsch: Sieben Experimente, die die Welt verändern könnten (1994).

Rupert Sheldrake

Das Gedächtnis der Natur

Das Geheimnis der Entstehung der Formen in der Natur

Aus dem Englischen
von Jochen Eggert
Mit 58 Abbildungen

Piper München Zürich

Von Rupert Sheldrake liegt in der Serie Piper außerdem vor:
Denken am Rande des Undenkbaren (mit Terence McKenna und Ralph Abraham, 2004)

Unveränderte Taschenbuchausgabe
Piper Verlag GmbH, München
1. Auflage Mai 1993
3. Auflage September 1997

Titel der amerikanischen Originalausgabe:
»The Presence of the Past«, Times Book, New York 1988

Umschlag: Büro Hamburg
Simone Leitenberger, Susanne Schmitt
Umschlagabbildung: Image Bank, München
Foto Umschlagrückseite: Harald Laabs
Satz: Ebner, Ulm
Druck und Bindung: Clausen & Bosse, Leck
Printed in Germany ISBN 3-492-21539-4

Inhalt

Vorwort

Dieses Buch führt die Gedanken fort, die ich in *Das schöpferische Universum* zum Ausdruck brachte; ich hatte darin meine Hypothese der Formenbildungsursachen *(hypothesis of formative causation)* vorgetragen und auch bereits einige ihrer Implikationen erörtert, insbesondere im Bereich von Chemie und Biologie.

Hier nun möchte ich die Hypothese – in einer weniger fachwissenschaftlichen Sprache – in ihren historischen, philosophischen und naturwissenschaftlichen Gesamtzusammenhang stellen, ihre wichtigsten chemischen und biologischen Implikationen noch einmal summarisch darstellen und ihre psychologischen, soziologischen und kulturellen Konsequenzen untersuchen. Ich versuche aufzuzeigen, daß sie auf ein vollkommen neues, durch und durch evolutionäres Verständnis unserer selbst und der Welt hinausläuft und damit wohl mit der modernen Sicht in Einklang steht, daß die Natur durchweg auf Evolution angelegt ist.

Die Hypothese der Formenbildungsursachen behauptet, daß die Natur ein Gedächtnis besitzt, daß Gedächtnis ein ihr innewohnender Zug ist. Darin begibt sie sich in Gegensatz zu einigen orthodoxen wissenschaftlichen Theorien. Diese Theorien entstanden im Rahmen der vorevolutionären Kosmologie, die bis in die sechziger Jahre vorherrschte; die Natur und ihre Gesetze galten in dieser Kosmologie als ewig. In diesem Buch werde ich die aus der Hypothese der Formenbildungsursachen ableitbaren Interpretationen immer wieder denen der konventionellen Naturwissenschaft gegenüberstellen und aufzeigen, wie beide Ansätze auf vielfache Weise experimentell gegeneinander abgewogen werden können.

1982 schrieb die Tarrytown Group von New York einen recht hoch dotierten Wettbewerb aus für die experimentelle Überprüfung meiner Hypothese – und diese Überprüfung durfte natürlich sowohl zugunsten als auch zuungunsten der Hypothese ausfallen. Zur gleichen Zeit schrieb die britische Zeitschrift *New Scientist* einen Wettbewerb für neue Versuchsanordnungen solcher Überprüfungsexperimente aus. Die besten Versuchsanordnungen, von einer Jury britischer Wissenschaftler ausgewählt, wurden im April 1983 im *New Scientist* veröffentlicht, und sie erwiesen sich – für mich selbst und für andere Wissenschaftler – als fruchtbarer Anstoß für die weitere Forschung. Für den Tarrytown-Wettbewerb fand die Bekanntgabe der Ergebnisse und die Preisverleihung im Juni 1986 statt, und auch hier wurde die Auswahl von einer internationalen Wissenschaftlerjury getroffen. Wir werden die preisgekrönten Lösungen im 10. Kapitel vorstellen.

Rupert Sheldrake
Hampstead, England

Einleitung: Die Gewohnheiten der Natur

> Die Gewohnheit ist eine zweite Natur, die die erste aufhebt. Was aber ist Natur? Weshalb soll die Gewohnheit nicht natürlich sein? Ich fürchte, diese Natur selbst ist nur eine erste Gewohnheit, wie die Gewohnheit eine zweite Natur ist.
>
> Blaise Pascal, *Pensées*

Dieses Buch erforscht die Möglichkeit, daß die Natur ein Gedächtnis besitzt. Es vertritt die Ansicht, daß natürliche Systeme wie Termitenkolonien, Tauben, Orchideen und Insulinmoleküle von allen früheren Exemplaren ihrer Art, wann und wo auch immer diese existiert haben mögen, eine kollektive Erinnerung übernehmen. Diese kollektive Erinnerung ist von kumulativem Charakter, wird also durch Wiederholung immer weiter ausgeprägt, so daß wir sagen können, die Natur oder Eigenart der Dinge sei Ergebnis eines Habitualisierungsprozesses, also Gewohnheit: Die Dinge sind, wie sie sind, weil sie so waren, wie sie waren. Gewohnheiten könnten in der Natur aller lebenden Organismen, in der Natur der Kristalle, Moleküle und Atome, ja des ganzen Kosmos liegen.

Ein Buchenschößling etwa nimmt im Laufe seines Wachstums die Gestalt, die Struktur und die Gewohnheiten an, die für Buchen charakteristisch sind. Er kann das, weil er seine Natur von früheren Buchen geerbt hat, doch diese Vererbung ist nicht einfach eine Sache von Genmolekülen; sie beruht gleichermaßen auf der Weitergabe von Wachstums- und Entwicklungsgewohnheiten unzähliger Buchen der Vergangenheit.

Auch eine junge Schwalbe wird sich bei der Futtersuche, beim Putzen, beim Vogelzug, bei der Paarung und beim Nisten so zu verhalten lernen, wie es für Schwalben typisch, ist oder besser: wie sie alle diese Dinge zu tun gewohnt sind. Sie nimmt die Instinkte ihrer Art über unsichtbare Ferneinflüsse auf, die das Verhalten früherer Schwalben in gewissem Sinne in dieser jungen Schwalbe gegenwärtig werden lassen. Sie orientiert sich an der kollektiven Erinnerung ihrer Art und wird davon geformt.

Auch die Menschen schöpfen aus einer kollektiven Erinnerung, und ein jeder trägt seinerseits zu dieser Erinnerung bei.

Wenn diese Sicht der Natur auch nur annähernd zutrifft, sollte es möglich sein, die Herausbildung und Ausbreitung neuer Gewohnheiten innerhalb einer bestimmten Art zu beobachten. Wenn zum Beispiel Blaumeisen etwas gänzlich Neues lernen und dann als Gewohnheit annehmen – etwa das Abreißen der Metallfolien auf Milchflaschen, um an die Milch heranzukommen –, dann sollten Blaumeisen, die anderswo leben und nicht über normale Kommunikationswege davon erfahren haben können, diese Art des Diebstahls deutlich leichter erlernen als ohne das unsichtbare Vorbild. Und da die Erinnerung nicht nur kollektiv, sondern auch kumulativ ist, sollte sich beim Erlernen ganz neuer Fertigkeiten darüber hinaus zeigen, daß sie um so leichter erlernt werden, je mehr Individuen bereits damit vertraut sind; wenn wir etwa daran denken, daß immer mehr Menschen das Windsurfing erlernen, so müßte zu beobachten sein, daß es mit der Zeit immer leichter zu erlernen ist, weil eine ständig wachsende Zahl von Menschen es bereits beherrscht. Wenn völlig neue chemische Substanzen, wie sie im pharmazeutischen Bereich gewonnen werden, zum erstenmal auskristallisieren, so gibt es dafür kein genaues Vorbild, aber wenn diese chemische Substanz dann wieder und wieder auskristallisiert wird, so sollte sich – und zwar weltweit – eine wachsende Kristallisationsbereitschaft zeigen.

Und wie die Vererbung von Gewohnheiten auf direkten Einflüssen beruhen könnte, die von früheren Individuen oder Dingen derselben Art ausgehen, so könnte auch die Erinnerung individueller Organismen auf direkten Einflüssen aus ihrer *eigenen* Vergangenheit beruhen. Wenn Erinnerungsvermögen in der Natur der Dinge liegt, können wir die Vererbung kollektiver Gewohnheiten und die Entwicklung individueller Gewohnheiten (d. h. die Herausbildung der «zweiten Natur» des Individuums) als verschiedene Aspekte ein und desselben Grundprozesses betrachten, der Vergangenheit aufgrund von Ähnlichkeit Gegenwart werden läßt. Unsere persönlichen Gewohnheiten könnten demnach auf den kumulierten Einfluß unseres früheren Verhaltens zurückzuführen sein, zu dem wir in einer Art Resonanzbeziehung stehen. Wenn dem so wäre, müßte frühere Erfahrung gar nicht in materieller Form in unserem Nervensystem gespeichert sein. Das gleiche gilt auch für bewußte Erinnerungen – für ein Lied, das wir kennen, für irgend etwas, das letztes Jahr geschah. Es könnte sein, daß die Vergangenheit uns auf direktem Wege gegenwärtig werden kann. Vielleicht sind unsere Erinnerungen gar nicht im Gehirn gespeichert, wie wir so selbstverständlich annehmen.

Alle diese Möglichkeiten sind im Rahmen einer wissenschaftlichen Hypothese denkbar, die ich *Hypothese der Formenbildungsursachen* nenne. Nach dieser Hypothese hängen Gestalt und Art der Dinge von Feldern ab, die ich *morphische Felder* nenne. Jedes natürliche System einer bestimmten Art besitzt sein eigenes spezifisches Feld, und so sprechen wir von einem Insulinfeld, einem Buchenfeld, einem Schwalbenfeld und so weiter. Alle Arten von Atomen, Molekülen, Kristallen, lebendigen Organismen, Gesellschaften, Konventionen und mentalen Gewohnheiten werden von solchen Feldern geformt.

Morphische Felder sind, wie die bekannten Felder der Physik, nichtmaterielle Kraftzonen, die sich im Raum ausbreiten und in der Zeit andauern. Sie befinden sich innerhalb und in der Umgebung des Systems, welches sie organisieren. Wenn solch ein organisiertes System aufhört zu existieren – etwa wenn ein Atom sich spaltet, eine Schneeflocke schmilzt, ein Tier stirbt –, so verschwindet das organisierende Feld von dem Ort, an dem das System sich befand. In einem anderen Sinne jedoch verschwinden morphische Felder nicht: Sie sind potentielle Organisationsmuster und können sich zu einer anderen Zeit und an einem anderen Ort wieder konkretisieren, wenn die entsprechenden physikalischen Bedingungen gegeben sind. Wenn sie sich erneut physisch manifestieren, beinhalten sie eine Erinnerung an ihre frühere physische Existenz.

Den Prozeß, durch den Vergangenheit innerhalb eines morphischen Feldes zur Gegenwart wird, nenne ich *morphische Resonanz*. Das Konzept der morphischen Resonanz beinhaltet die Übertragung formativer Kausaleinflüsse durch Raum und Zeit. Der Erinnerungsgehalt eines morphischen Feldes ist kumulativ, und das ist der Grund dafür, daß alle Dinge durch Wiederholung immer mehr den Charakter des Gewohnheitsmäßigen annehmen. Wenn dieser Wiederholungsprozeß sich über Milliarden von Jahren hingezogen hat, wie es bei Atomen und den meisten Arten von Molekülen und Kristallen der Fall ist, so hat sich die Eigenart dieser Dinge so tief habitualisiert, daß sie praktisch zu ihrer unwandelbaren, ja scheinbar sogar ewigen Natur geworden ist.

Alle diese Überlegungen stehen im Gegensatz zu den orthodoxen Theorien unserer Zeit. Die heutige Physik, Chemie oder Biologie kennt so etwas wie morphische Resonanz nicht, und von den Feldern der Physik nimmt man an, daß sie von ewigen Naturgesetzen regiert werden. Morphische Felder hingegen bilden und entwickeln sich in Raum und Zeit unter dem Einfluß dessen, was tatsächlich in der Welt geschieht. Sie sind nur von einem evolutionären Bewußtsein zu denken, was man von den Feldern der Physik nicht sagen kann – oder zumindest bis in die jüngste Zeit hinein nicht sagen konnte.

Bis in die sechziger Jahre unseres Jahrhunderts gingen die Physiker im allgemeinen davon aus, daß unser Universum ewig ist, und das galt auch für die Eigenschaften von Materie und Feldern und für die Naturgesetze. Diese Dinge waren immer schon so gewesen und würden immer so bleiben. Heute nimmt man an, das Universum sei vor etwa fünfzehn Milliarden Jahren in einer Ur-Explosion entstanden und wachse und evolviere seitdem. Daher ist die theoretische Physik nun – in den achtziger Jahren – in Gärung geraten. Die Theorien versuchen, sich zurückzutasten bis zum ersten Augenblick der Schöpfung. Ganz neue und jetzt auch evolutionäre Auffassungen von Materie und Feldern sind im Entstehen begriffen. Der Kosmos erscheint uns nun eher als wachsender und sich entwickelnder Organismus denn als ewige Maschine, und Gewohnheiten könnten in solch einem Kosmos ganz einfach natürlicher sein als unwandelbare Gesetze.

Diese Möglichkeit möchte das vorliegende Buch erkunden. Bevor wir damit jedoch beginnen, wollen wir unsere gewohnten Anschauungen über die Natur der Dinge noch etwas eingehender betrachten. Die Hypothese der Formenbildungsursachen widerspricht etlichen naturwissenschaftlichen Theorien, die jahrzehnte- oder jahrhundertelang als unbestreitbar richtig galten; es ist wichtig, daß wir uns vor Augen halten, was sie besagen und wie sie sich entwickelten, und daß wir ihre Erfolge und Grenzen aufzeigen.

Immer wieder werden wir die Interpretationen, welche die orthodoxen Theorien den Phänomenen geben, denen unserer Hypothese gegenüberstellen. Dabei werden wir nicht nur beide Ansätze besser verstehen lernen, sondern auch auf Punkte stoßen, wo sie zu unterschiedlichen Voraussagen führen, die experimentell überprüft werden können. Durch diese Überprüfung sollte sich aufzeigen lassen, welcher Ansatz der Welt, in der wir leben, eher gerecht wird.

Die Anlage dieses Buches

Jede neue Art des Denkens bildet sich in einem Kontext existierender Denkgewohnheiten heraus. Die Naturwissenschaft macht da keine Ausnahme. Jede Zeit besitzt ihr allgemein anerkanntes Modell der Wirklichkeit, häufig «Paradigma» genannt, und dieses Modell beinhaltet Grundannahmen, die nicht oder kaum bezweifelt werden und daher leicht zu einer Gewohnheit werden.

In den ersten drei Kapiteln erkunden wir die beiden Hauptmodelle der heutigen Naturwissenschaft, nämlich zum einen die Anschauung, daß die physikalische Wirklichkeit konstant ist und gänzlich unter der Herrschaft ewiger Gesetze steht, und dem gegenüber die Anschauung, daß die Natur auf Evolution hin angelegt ist.

Im ersten Kapitel betrachten wir, wie diese beiden Modelle für mehr als ein Jahrhundert mehr oder weniger friedlich nebeneinander bestanden haben und nun aufgrund der jüngsten Revolution in der Kosmologie in Widerstreit geraten sind. Die Natur wird nun insgesamt als evolutionär betrachtet, weshalb der Glaube an ewige Naturgesetze brüchig zu werden beginnt: Vielleicht ist die Natur der Dinge eher Gewohnheit als Ausdruck ewiger Gesetze. Manche Philosophen und Biologen haben diese Möglichkeit schon gegen Ende des vorigen Jahrhunderts in Betracht gezogen, doch der Glaube an eine ewige physikalische Wirklichkeit, die sich im wesentlichen gleichbleibt, war damals noch übermächtig.

Im zweiten Kapitel gehen wir der Geschichte des Gedankens nach, daß die Natur ewig sei. Dieser Gedanke wurzelt in mystischer Intuition und gelangte über Traditionen des Denkens, die im antiken Griechenland ihren Ursprung haben, in die moderne Naturwissenschaft. Die theoretischen Ewigkeiten der Physik haben sich aus einem antiken vorevolutionären Wirklichkeitsverständnis entwickelt und sind heute unvereinbar mit der neuen evolutionären Kosmologie.

Im dritten Kapitel betrachten wir die Evolution des Evolutionsgedankens. Seine historischen Wurzeln finden wir in dem christlichen Glauben, daß die Geschichte der Menschheit sich auf die Erfüllung der Absicht Gottes hin entwickele. Aus diesem Glauben entstand in Europa seit dem siebzehnten Jahrhundert eine neue Sicht der Menschheitsentwicklung: der Glaube an die Umwandlung der Welt zum Wohle des Menschen, und zwar durch wissenschaftlichen und technischen Fortschritt. Diese Überzeugung wurde seither ständig genährt durch immer neue Errungenschaften der Naturwissenschaft, der Industrie, der Medizin und der Landwirtschaft, so daß sie heute auf der ganzen Welt das Bild beherrscht. Im neunzehnten Jahrhundert fand dieses Bild vom Fortschritt der Menschheit seinen Platz in einem ganz umfassenden Rahmen: Es wurde Bestandteil der Vorstellung eines evolutionären Gesamtprozesses, aus dem alle Lebensformen auf unserer Erde hervorgehen. Und in der neuen Kosmologie schließlich wurde der Evolutionsgedanke auf seinen größtmöglichen Umfang ausgeweitet: Das ganze Universum ist danach in Evolution begriffen.

Seither können wir nicht mehr so ohne weiteres von «ewigen Naturgesetzen» sprechen. Begreifen wir sie jedoch als Gewohnheiten, so geraten wir in Widerspruch zu den überkommenen Annahmen der Physik, Chemie und Biologie, die im Rahmen des mechanistischen Weltbildes formuliert wurden. Im vierten Kapitel betrachten wir die Natur der Atome, Moleküle, Kristalle, Pflanzen und Tiere. Sie alle sind komplexe Aktivitätsstrukturen, die spontan ins Sein treten. Warum haben sie gerade diese Struktur? Wie sind sie organisiert? Wie entwickeln sich komplexe Organismen wie etwa Bäume aus so relativ einfachen Strukturen wie Samen? Wir werden uns die herkömmlichen Antworten auf diese Fragen vergegenwärtigen, aber auch die Grundannahmen, die sich in ihnen verbergen, und im fünften Kapitel sehen wir dann, daß das Werden lebendiger Organismen – etwa die Entwicklung einer Fliege aus einer befruchteten Eizelle – nach wie vor und trotz aller eindrucksvollen Entdeckungen der modernen Biologie ein Mysterium ist. Einer der aussichtsreichsten Ansätze der modernen Biologie, die Entwicklung lebendiger Organismen zu erklären, besteht in der Annahme strukturierender und organisierender Felder, die «morphogenetische Felder» genannt werden. Was diese Felder selbst sind, ist allerdings bisher unbekannt geblieben.

Deshalb erörtern wir im sechsten Kapitel die Natur dieser Felder und die Interpretation, die uns die Hypothese der Formenbildungsursachen erlaubt. Im siebenten Kapitel betrachten wir die Anwendung dieser Hypothese auf die Entwicklung von Molekülen, Kristallen und lebenden Organismen. Es zeigt sich dann, daß es sinnvoll ist, den morphischen Feldern dieser Systeme ein Gedächtnis zuzuschreiben, das auf morphischer Resonanz mit allen früheren Systemen der gleichen Art beruht.

Im achten Kapitel vergegenwärtigen wir uns die neue Interpretation der biologischen Vererbung, welche diese Hypothese uns erlaubt, und werfen einen Blick auf die Möglichkeiten, diese Interpretation experimentell zu überprüfen.

Die nächsten vier Kapitel beschäftigen sich mit Gedächtnis, Lernverhalten und Gewohnheitsbildung bei Tieren und Menschen. Mit der Idee der morphischen Resonanz gewinnen wir die Möglichkeiten, das Erinnerungsvermögen auf direkte Kausaleinflüsse aus der individuellen

Vergangenheit eines bestimmten Organismus zurückzuführen. Das stellt natürlich eine radikale Alternative zu der herkömmlichen Theorie dar, daß Gewohnheiten und Erinnerungen irgendwie als materielle «Spuren» im Nervensystem gespeichert seien. Diese Art, die in Frage stehenden Phänomene zu betrachten, ist uns noch sehr fremd, doch sie scheint mit den vorliegenden Daten besser übereinzustimmen als die herkömmliche Theorie. Sie führt nämlich zu einer Reihe empirisch überprüfbarer Voraussagen, und ich werde einige der bereits durchgeführten Experimente beschreiben.

Im dreizehnten Kapitel wird der Begriff des morphischen Feldes auf die Organisationsstrukturen bei staaten- oder schwarmbildenden Tieren wie etwa Termiten oder Vögeln ausgedehnt, und in Kapitel vierzehn betrachten wir die Struktur menschlicher Gesellschaften und Kulturen im Lichte dieser Idee. Im fünfzehnten Kapitel wird der Gedanke formuliert, daß der Begriff der morphischen Resonanz eine neue Interpretation von Ritualen, Bräuchen und Traditionen – einschließlich der Traditionen der Naturwissenschaft – ermöglichen könnte.

Die Evolution morphischer Felder durch natürliche Auslese oder Selektion und die Rolle der morphischen Resonanz im Evolutionsprozeß werden im sechzehnten Kapitel erörtert. Im siebzehnten Kapitel betrachten wir die Natur morphischer Felder unter dem Gesichtspunkt der neuen evolutionären Theorien in der Physik. Das achtzehnte Kapitel schließlich stellt die Frage nach der evolutionären Kreativität: Wo mögen die Ursprünge neuer Organisationsmuster liegen? Wie entstehen überhaupt neue morphische Felder?

Ich habe mich bemüht, mit möglichst wenig Fachterminologie auszukommen, doch es ließ sich nicht vermeiden, einige wenige naturwissenschaftliche und philosophische Begriffe zu verwenden. Diese Begriffe werden im Verlauf meiner Darstellung ihre Erklärung erhalten, und ich hoffe, daß ihre Bedeutung klar wird, auch wenn sie dem Leser anfangs noch fremd erscheinen. Am Schluß des Buches findet sich ein Glossar, das die hier intendierte Definition dieser Begriffe und Ausdrücke noch einmal kurz umreißt.

1. Ewigkeit und Evolution

Evolution in einer ewigen Welt

Wir haben von der Naturwissenschaft des neunzehnten Jahrhunderts eine zwiefältige Sicht der Welt übernommen: Da ist auf der einen Seite ein großer evolutionärer Gesamtprozeß und auf der anderen die physikalische Ewigkeit eines mechanistischen Universums. Alle Materie und Energie im Kosmos, so glaubte man damals, ist ewig, und alles steht unter der Herrschaft ewiger Naturgesetze.

Aus dieser zwiefältigen Perspektive gesehen, entwickelt sich das Leben auf der Erde innerhalb einer physikalischen Ewigkeit. Die Evolution des Lebens macht demnach für die fundamentalen Realitäten des physikalischen Universums keinen Unterschied. Und das würde auch für die Auslöschung allen Lebens gelten. Die Gesamtmenge der Materie, Energie und elektrischen Ladung würde sich vollkommen gleichbleiben, und auch die Naturgesetze blieben unverändert. Dieses Weltbild wird heute allmählich verdrängt durch eine evolutionäre Sicht der Wirklichkeit auf allen Ebenen: der subatomaren, der atomaren, der chemischen, der biologischen, der sozialen, der ökologischen, der kulturellen, der mentalen, der ökonomischen, der astronomischen und der kosmischen.

Die physikalische Ewigkeit

Das mechanische Universum, das uns das neunzehnte Jahrhundert hinterließ, war ewig – eine große Maschine, die von ewigen Gesetzen regiert wurde.

Diese Weltmaschine der Physik wurde im siebzehnten Jahrhundert aus der Taufe gehoben. Zunächst ging man davon aus, die Maschine sei von Gott erschaffen und durch seinen Willen in Gang gesetzt worden und laufe nun unerbittlich in Übereinstimmung mit seinen unwandelbaren Gesetzen. In ihrem ersten Jahrhundert hatte Newtons Weltmaschine allerdings noch die Tendenz, nicht nur zu laufen, sondern abzulaufen. Dann und wann mußte Gott noch Hand anlegen und das kosmische Uhrwerk aufziehen.

Bis zum Beginn des neunzehnten Jahrhunderts war die Theorie der Maschine jedoch so weit verfeinert worden, daß man die Welt jetzt als ein *Perpetuum mobile* betrachten konnte. Die Maschinerie war ewig und würde immer weiterlaufen, wie sie es schon immer getan hatte, und zwar auf deterministische und daher vorhersehbare Weise – oder doch zumindest prinzipiell vorhersehbar von einer übermenschlichen, allwissenden Intelligenz, falls es denn so etwas gab.

Für den großen französischen Physiker Pierre Laplace und für viele spätere Wissenschaftler bedurfte es keines Gottes mehr, um die Dinge in Gang zu setzen oder zu halten. «Gott» wurde eine überflüssige Hypothese. Seine universalen Gesetze blieben bestehen, doch jetzt nicht mehr als Ideen in seinem ewigen Geist. Es gab keinen letzten Grund für ihr Vorhandensein, und sie zielten auf keinen Zweck ab. Alles, sogar die Physiker selbst, wurde zu unbelebter Materie, die sich in Übereinstimmung mit diesen blinden Gesetzen bewegt.

Gegen Ende des neunzehnten Jahrhunderts drohte die Weltmaschine dann doch wieder abzulaufen. Sie konnte kein *Perpetuum mobile* sein, denn nach den Gesetzen der Thermodynamik konnte es kein *Perpetuum mobile* geben. So mußte die Maschine also auf ein Ende zulaufen, auf den «Wärmetod», einen Zustand thermodynamischen Gleichgewichts, in dem die Maschinerie zum Stillstand kommen würde, um niemals wieder anlaufen zu können. Der Maschine würde der Dampf ausgehen, und von einem Gott, den man zur überflüssigen Hypothese degradiert hatte, konnte man kaum erwarten, daß er wieder Kohlen nachschaufelte. Immerhin: Alle Materie und Energie der Welt würde für immer und ewig bestehenbleiben, die Überreste der erschöpften Maschinerie würden für alle Zeiten unverändert bleiben.

Die großen Umwälzungen in der Physik des zwanzigsten Jahrhunderts haben so manchen Schritt über die alten mechanistischen Metaphern hinaus ermöglicht.[1] Aus den unzerstörbaren Billardkugel-Atomen wurden komplexe Strukturen schwingender und auf Umlaufbahnen wirbelnder Teilchen, die selbst wiederum komplexe Aktivitätsstrukturen sind. Der starre Determinismus der klassischen mechanischen

Theorie wurde aufgeweicht und wich schließlich einer Wissenschaft der Wahrscheinlichkeiten. Und überall zeigte sich nun auch das Spontane. Sogar der sogenannte leere Raum konnte nun nicht länger als ein Nichts angesehen werden; er wurde ein brodelnder Energie-Ozean, der unaufhörlich schwingende Teilchen hervorbringt und in sich zurücknimmt. «Ein Vakuum ist nicht inaktiv und gesichtslos, sondern vibriert vor Energie und Lebendigkeit.»[2]

Die aus bewegter Materie bestehende Weltmaschine ist heute verschwunden, und die Relativitätstheorie und Quantenphysik setzten an ihre Stelle ein kosmisches System von Feldern und Energie. Für Albert Einstein existiert das Universum ewig in einem universalen Gravitationsfeld. Doch er leitete die Konstanz des Universums nicht aus seinen Gleichungen ab; er mußte vielmehr seine ursprünglichen Gleichungen noch eigens abändern, um dem Universum ewige Stabilität zu verleihen:

> Als Einstein seine Feldgleichungen der allgemeinen Relativität erstmals auf das kosmologische Problem anwandte, entdeckte er, daß es keine statischen Lösungen geben konnte. Da jedoch zu jener Zeit noch keine Beobachtungsdaten vorlagen, die auf ein nicht-statisches Universum schließen ließen, und da die Idee des unwandelbaren Hintergrunds-Universums sich zudem auf altehrwürdige philosophische Glaubenssätze stützte, erweiterte Einstein seine Feldgleichungen um die kosmologische Konstante Lambda (Λ). Die Einstein-Gleichungen mit dieser Konstante besitzen eine statische kosmologische Lösung: das statische Einstein-Universum.[3]

Statische Modelle des Universums blieben bis in die sechziger Jahre die vorherrschende Schulmeinung, und viele der Denkgewohnheiten, die sich im Gefolge der Lehre von der physikalischen Ewigkeit bildeten, behaupten sich auch heute noch mit aller Entschiedenheit.

Evolution

Außer diesem ewigen Universum der Physik hinterließ uns das neunzehnte Jahrhundert noch etwas, das von ganz anderem Geist war: die große Vision von der Entwicklung des Lebens. Die zahllosen Arten lebendiger Organismen – Hundertfüßler, Delphin, Bambus, Sperling und Millionen anderer Lebensformen – verdanken ihr Sein einem allumfassenden schöpferischen Prozeß. Der Baum des Lebens wächst und verzweigt sich spontan seit weit über drei Milliarden Jahren. Wir selbst sind ein Produkt der Evolution, und gerade im menschlichen Bereich schreitet die Evolution mit stetig wachsendem Tempo voran: Gesellschaften und Kulturen entwickeln sich, Zivilisationen entwickeln sich, Wirtschaftssysteme entwickeln sich, Wissenschaft und Technik entwickeln sich.

Wir erleben diesen Evolutionsprozeß unmittelbar in unserem eigenen Leben: Die Welt um uns her wandelt sich so rapide wie nie zuvor. Vor den Veränderungen, die wir selbst miterlebt haben, vollzog sich die Evolution der modernen Zivilisation, die selbst wiederum in früheren Zivilisationen und primitiveren Gesellschaftsformen wurzelt. Dahinter liegt das lange, geheimnisvolle Halbdunkel prähistorischer Menschheitsentwicklung, und dann stoßen wir auf unsere affenartigen Urahnen. Und weiter zurück geht die Linie über primitivere Säugetiere, Reptilien, Fische, die ersten Wirbeltiere, dann vielleicht irgendeinen Wurm, bis hin zu Einzellern, Mikroben und schließlich zu den ersten lebendigen Zellen. Noch weiter zurück gelangen wir in das Reich der Moleküle und Kristalle und zuletzt zu den Atomen und Elementarteilchen. Das ist unser Stammbaum.

Die meisten von uns haben sich diese beiden Modelle der Wirklichkeit – physikalische Ewigkeit und Evolutionsprozeß – im Verlauf ihrer Kindheit und Schulzeit bewußt oder unbewußt zu eigen gemacht. In der Naturwissenschaft lebten beide Modelle bis vor kurzem friedlich nebeneinander. Man hielt sie säuberlich auf Sicherheitsabstand. Die Evolution hatte sich auf die Erde zu beschränken, aber der Himmel war ewig. Evolution ist die Domäne der Geologie, Biologie, Psychologie und der Sozialwissenschaften. Der Himmel jedoch, und mit ihm die Energie, die Felder und die Grundbausteine der Materie, sind Sache der Physik.

Charles Darwin und spätere Biologen hatten die Aufgabe, den Evolutionsgedanken in einem mechanischen Universum unterzubringen, das selbst nicht evolvierte, sondern, falls es sich überhaupt änderte, allenfalls ablief und irgendwann stehenbleiben würde. Die Weltmaschine hatte keinen letzten Sinn, und so etwas wie Zweck oder Absicht durfte man daher gar nicht erst zulassen. Aus der mechanistischen Perspektive betrachtet, sind lebendige Organismen komplexe Maschinen, unbelebt und ohne einen Zweck. Darwins Lehre besagt, daß die Evolution lebender Organismen beileibe nichts mit zielgerichtetem Streben zu tun hat und auch nicht auf einem göttlichen Entwurf beruht oder Gottes lenkende Hand erkennen läßt. Vielmehr ändern die Organismen sich durch Zufall und vererben ihren Nachkommen diese Veränderungen, und dann sorgt ein blinder Ausleseprozeß dafür, daß nur die tauglichen Lebensformen überleben: So entstehen die verschiedenen Lebensformen ohne jeden Plan, ohne jede Absicht. Augen und Flügel, Mangobäume und Webervögel, Ameisen- und Termitenstaaten, das Echo-Ortungssystem der Fledermäuse – jeder Aspekt des Lebens entstand rein zufällig, durch das mechanische Wirken lebloser Kräfte und durch natürliche Auslese.

Darwins Evolutionstheorie war stets umstritten und ist es bis heute geblieben. Manche Leute bestreiten immer noch, daß es Evolution überhaupt gibt. Andere hingegen haben die Evolutionstheorie nicht nur akzeptiert, sondern sind weit über Darwin hinausgegangen: Sie sehen die Evolution des Lebens auf dem Planeten Erde nicht einfach als eine lokale und zeitliche Erscheinung in einer ansonsten ewigen Weltmaschine, sondern als Teil eines universalen Evolutionsprozesses.

Die Philosophien der universalen Evolution, wie sie uns etwa in der Gestalt des Fortschrittsglaubens im viktorianischen England entgegentreten, vertragen sich nicht gut mit der Beschreibung des Universums, welche die Physik uns liefert. Das gilt auch für die evolutionären Visionen eines Teilhard de Chardin[4] und anderer; Teilhard glaubte, der Evolutionsprozeß bewege sich auf ein Ziel zu, auf einen unausdenklichen Zustand letzter Vereinigung. Für die mechanistische Naturwissenschaft waren solche Philosophien und Visionen im allgemeinen nichts weiter als pure Einbildung: Die Evolution des Lebens auf der Erde ist nicht Bestandteil eines kosmischen Evolutionsprozesses, der irgendwohin führt; sie ist vielmehr nur eine Art Fluktuation in einem mechanischen Universum, das überhaupt nicht auf einen Sinn oder Zweck hin angelegt ist.

Diese Anschauung, die einen tiefen und nachhaltigen Einfluß auf das Denken des zwanzigsten Jahrhunderts ausgeübt hat, ist uns wohlvertraut. Hören wir Bertrand Russell, wenn er von der «devolvierenden Weltmaschine» spricht:

> Daß der Mensch das Produkt von Ursachen ist, die keine Voraussicht dessen besaßen, was sie erreichen würden; daß seine Ursprünge, sein Wachstum, seine Hoffnungen und Ängste, seine Liebe und seine Überzeugungen nur das Ergebnis zufälliger Atomkollisionen sind;

> daß kein Feuer, kein Heldentum, keine Inbrunst des Denkens und Fühlens das individuelle Leben über das Grab hinaus erhalten kann; daß alle Mühen aller Zeiten, daß alle Hingabe, alle Inspiration, alle taghelle Klarheit des menschlichen Genius dem Untergang im großen Tod des Sonnensystems geweiht ist; daß der ganze Tempel menschlicher Errungenschaften unweigerlich unter dem Schutt eines in Trümmern liegenden Universums begraben liegen wird – all das ist, wenn wir es nicht überhaupt unbestreitbar nennen müssen, der Gewißheit so nahe, daß eine Philosophie, die es leugnet, wohl keinen Bestand haben kann. Nur auf dem Schafott dieser Wahrheiten, nur auf dem festen Grund unauflöslicher Verzweiflung, kann der Seele Bleibe fortan erbaut werden.[5]

Diese trostlose Weltsicht erscheint in der Tat vielen modernen Menschen unumgänglich, und die Tatsache, daß die «devolvierende Weltmaschine» durch ein statisches Einstein-Universum ersetzt wurde, macht für diese pessimistische Perspektive kaum noch einen Unterschied. Die mechanistische Theorie ist mehr als eine naturwissenschaftliche Theorie: Sie ist uns zu einer schaurigen Wahrheit geworden, die kein vernünftiger Mensch leugnen kann, mag die Existenzangst auch noch so groß sein. In diesem schonungslosen Glauben rief der Molekularbiologe Jacques Monod aus, der Mensch müsse

> endlich aus seinem tausendjährigen Traum erwachen und seine totale Verlassenheit, seine radikale Fremdheit erkennen. Er weiß nun, daß er seinen Platz wie ein Zigeuner am Rande des Universums hat, das für seine Musik taub ist und gleichgültig gegen seine Hoffnungen, Leiden oder Verbrechen.[6]

Doch wissenschaftliche Theorien unterliegen dem Wandel, und in den sechziger Jahren unseres Jahrhunderts schüttelte das theoretische Universum der Physik die Ketten seiner Ewigkeit ab. Es stellt sich uns jetzt nicht mehr als eine ewige Maschine dar, sondern eher als ein sich entwickelnder Organismus. Alles ist auf Evolution hin angelegt, ist evolutionärer Natur. Die Evolution des Lebens und die Entwicklung der Menschheit sind keine lokale Fluktuation in einer ewigen physikalischen Wirklichkeit mehr; sie sind Aspekte eines kosmischen Evolutionsprozesses. Eine ganze Anzahl von Philosophen und Visionären sagt uns das schon seit langem – aber neuerdings sagt es auch die Schulphysik.[7]

Das evolutionäre Universum

Die meisten Kosmologen glauben heute, daß das Universum mit einer Ur-Explosion vor etwa fünfzehn Milliarden Jahren begann und sich seither stetig ausdehnt. Die Ursache für diese Ausdehnung ist nicht in einer Art kosmischer Abstoßungskraft zu suchen, sondern im «Urknall» selbst. Die Geschwindigkeit, mit der die Galaxien voneinander fortstreben, nimmt unter dem Einfluß der Gravitation ständig ab. Sollte die Materiedichte im Universum unterhalb eines bestimmten Maßes liegen, dann würde die Ausdehnung endlos weitergehen. Sollte die Gesamtmenge der Materie jedoch über einem bestimmten Grenzwert liegen, so wird die Expansion irgendwann zum Stillstand kommen und in Kontraktion umschlagen, die schließlich in eine ungeheure Implosion einmündet, die Umkehrung des Urknalls. Die meisten Physiker halten die endlose Ausdehnung für wahrscheinlicher; andere jedoch glauben an die große Implosion und an einen kosmischen Rhythmus sich wiederholender Ewigkeiten: Die große Implosion könnte der Urknall des nächsten Universums sein, und so weiter.

Doch selbst wenn wir probehalber einmal davon ausgehen, daß unser Universum nur eines in einer endlosen Reihe von Universen ist, können wir nie mit Gewißheit sagen, ob alle diese Universen sich immer auf die gleiche Weise aus dem jeweiligen Urknall entwickeln oder ganz unterschiedlich. Wir können nur über das Universum etwas wissen, in dem wir jetzt leben.

Es gibt unterschiedliche Auffassungen davon, was in den ersten 10^{-30} Sekunden nach dem Urknall geschah. Das zur Zeit populäre «Blähungs»-Modell besagt, daß das Universum sich während einer sehr kurzen Zeitspanne unvorstellbar schnell ausdehnte und dabei alle Materie und Energie des Universums praktisch aus dem Nichts entstand.[8] Von da an stimmt das Blähungsmodell mit dem sogenannten Standardmodell des Urknalls überein.

Etwa eine Hundertstelsekunde nach dem Beginn der Explosion war das Universum auf hundert Milliarden Grad abgekühlt und bestand aus einer homogenen «Ursuppe» aus Materie und Strahlung. Schon nach drei Minuten begannen Neutronen und Protonen sich zu Heliumkernen zusammenzuschließen. Nach dreißig Minuten hatten die meisten sich in dieser Weise verbunden oder blieben als freie Protonen bestehen – die Kerne künftiger Wasserstoffatome.[9]

Nach 700 000 Jahren der Ausdehnung und Abkühlung war die Temperatur so weit gesunken, daß Elektronen und Kerne stabile Verbindungen eingehen konnten: Sie bildeten Atome. Da es jetzt weniger freie Elektronen gab, wurde das Universum durchlässig für Strahlen, und aufgrund der «Entkopplung» von Materie und Strahlung konnten sich Sterne und Galaxien bilden.

Die Evolution der Materie setzte sich in den Sternen fort, denn hier entstanden in Kernreaktionen die vielen chemischen Elemente, die man in den interstellaren Staubwolken, in Kometen, Meteoren und Planeten findet. Man nimmt an, daß diese Bildung von Elementen sich mit besonders großer Intensität vollzieht, wenn ein Stern explodiert und eine «Supernova» entsteht. In der Kälte des interstellaren Raumes können Moleküle sich bilden, und in Materieansammlungen, etwa den Planeten, entstehen Kristalle in großer Vielfalt, zum Beispiel solche, die auf unserer Erde das Gestein bilden.

Bei diesem Ablauf des Geschehens wird aus der anfänglichen «Singularität» eine Vielheit, und in dem expandierenden Universum differenzieren sich immer komplexere Formen heraus.

Das ist ein ganz anderes Bild als das konstante mechanische Universum der klassischen Physik. Die evolutionäre Sicht wird nun nach und nach auf alle Dinge ausgedehnt, sogar auf die Elementarteilchen und Felder der Physik:

> Im Anfang war das Universum ein undifferenzierter Hexenkessel von Quantenenergie, es befand sich in einem Zustand extremer Symmetrie. Der Anfangszustand des Universums ist vielleicht der einfachste, der überhaupt möglich ist. Erst als es sich rapide ausdehnte und abkühlte, bildeten sich die bekannten Strukturen durch Erstarren aus der Ur-Schmelze heraus. Nacheinander lösten sich die vier Grundkräfte aus der ursprünglichen Superkraft heraus. Stufe um Stufe gewannen die Teilchen, aus denen die Materie der Welt aufgebaut ist, ihre jetzige Identität ... Man könnte sagen, der durchstrukturierte Kosmos, den wir heute sehen, sei durch «Gerinnung» aus der strukturlosen Uniformität des Urknalls hervorgegangen. Was wir an Grundstrukturen um uns her erkennen, sind Relikte dieser Initialphase, Fossilien. Je primitiver das Ding, desto früher die Epoche, in welcher es im Urfeuer geschmiedet wurde.[10]

Das Universum hätte sich ganz anders entwickelt, wären die Naturgesetze und Konstanten der Physik nicht genau so, wie wir sie kennen. Die

Physik weiß von keinem apriorischen Grund, weshalb sie so sein *müssen*, wie sie sind. Doch sie sind nun mal, wie sie sind, und so konnte das Leben auf der Erde sich entwickeln, konnten wir selbst uns entwickeln. Die Gesetze der Physik müssen den Umstand berücksichtigen, daß es Physiker gibt. Diese Überlegung ist für die moderne Kosmologie von tragender Bedeutung, und sie findet ihren Ausdruck im sogenannten «anthropischen Prinzip» der Kosmologie. Die «schwache Form» dieses Prinzips ist inzwischen allgemein akzeptiert:[11]

> Die aus der Beobachtung abgeleiteten Werte für die physikalischen und kosmologischen Größen sind nicht alle von gleicher Wahrscheinlichkeit; sie liegen jedoch in Größenordnungen, die den einschränkenden Bedingungen entsprechen, daß es Orte gibt, an denen auf Kohlenstoff basierendes Leben sich entwickeln kann, und daß das Universum alt genug ist, daß dies bereits geschehen konnte.[12]

Manche Physiker gehen noch weiter und vertreten eine «starke Form» des anthropischen Prinzips: «Das Universum *muß* Eigenschaften aufweisen, die es möglich machen, daß sich an irgendeinem Punkt seiner Geschichte Leben in ihm entwickelt.»[13]

Das erscheint uns auf den ersten Blick als Tautologie, als eine ziemlich schwerfällige Umschreibung des Offensichtlichen. Dennoch ist diese Aussage heftig umstritten, weil sie die Annahme impliziert, daß das Universum doch nach einem Plan oder auf eine Absicht hin konzipiert ist. Einige Kosmologen gehen auch darüber noch hinaus:

> Angenommen, das starke anthropische Prinzip treffe aus irgendeinem unbekannten Grund zu und es müsse an irgendeinem Punkt in der Geschichte des Universums zwangsläufig zur Entwicklung von intelligenzbegabtem Leben kommen. Wenn dieses jedoch auf unserem Entwicklungsstand wieder ausstirbt, lange bevor es einen ins Gewicht fallenden Einfluß auf das Gesamtuniversum ausüben kann, ist kaum einzusehen, weshalb es überhaupt entstehen *mußte*. Dieser Gedanke führt zu der folgenden Generalisierung des starken anthropischen Prinzips zum «endgültigen anthropischen Prinzip»: Intelligente Informationsverarbeitung *muß* im Universum entstehen und wird, wenn sie einmal entstanden ist, nie wieder aussterben.[14]

Das ist nun offensichtlich Ansichtssache. Doch die bloße Tatsache, daß es solche Debatten in der heutigen Physik überhaupt gibt, zeigt, wie weit die moderne Kosmologie schon über die zwiefältige Weltsicht hinausgegangen ist, die sich so lange als Schulmeinung behaupten konnte. Generationen von Wissenschaftlern haben in einer ziellosen physikalischen Ewigkeit das Grundprinzip der Wirklichkeit gesehen. Das war jedoch keine absolute naturwissenschaftliche Wahrheit, auch wenn viele es für eine unwiderlegliche Wahrheit hielten, sondern nur eine Theorie – eine physikalische Theorie, über welche die Physik nun selbst hinweggegangen ist. Ob der kosmische Evolutionsprozeß ein Ziel hat oder nicht – jedenfalls geht die neue Kosmologie davon aus, daß das Leben sich in einem evolvierenden Universum entwickelte.

Evolution der Naturgesetze?

Entwickeln sich die Naturgesetze? Oder entwickelt sich die physikalische Wirklichkeit, während die Naturgesetze unverändert bleiben? Was meinen wir überhaupt mit diesem Wort «Naturgesetz»?

Wasser kocht in Schottland, Thailand, Neuguinea und überall sonst auf die gleiche Weise. Unter bekannten Bedingungen kocht es bei voraussagbaren Temperaturen – zum Beispiel bei 100° Celsius unter atmosphärischem Standarddruck. Zuckerkristalle bilden sich auf der ganzen Welt, sofern gleiche Bedingungen gegeben sind, auf die gleiche Weise. Hühnerembryonen entwickeln sich überall gleich, wenn befruchtete Hühnereier unter standardisierten Bedingungen in Brutapparaten gehalten werden. Wir nehmen gemeinhin an, daß dem so ist, weil alle diese Vorgänge unter dem Einfluß von Naturgesetzen ablaufen, die wir zwar nicht sehen oder anfassen können, die aber doch überall und stets gegenwärtig sind. Es gibt eine Ordnung in der Natur, und diese Ordnung beruht auf Gesetzlichkeit.

Diese – hypothetischen – Naturgesetze sind irgendwie unabhängig von den Dingen, die sie ordnen und regeln. Die Gesetze der Zuckerkristallisierung etwa wirken nicht nur in den wachsenden Kristallen oder ihrer engeren Umgebung, sondern haben ein Sein, das von bestimmten Zeiten und Orten unabhängig ist. Die Zuckerkristalle, die sich heute in einer Fabrik auf Kuba bilden, folgen nicht etwa örtlichen kubanischen Gesetzen, sondern Naturgesetzen, die überall auf der Welt, ja überall im Universum gelten. Diese Naturgesetze sind nicht zu beeinflussen durch irgendwelche von der kubanischen Regierung erlassenen Gesetze, und was auch immer die Menschen denken mögen – und seien sie auch Naturwissenschaftler –, läßt die Naturgesetze gänzlich unbeeindruckt. Zuckerkristalle, so dürfen wir wohl annehmen, bildeten sich schon ebenso makellos vor der Erforschung ihrer Moleküle durch die Chemiker und vor der Erforschung ihrer Kristallstruktur durch die Kristallographen. Sie bildeten sich, bevor es überhaupt Wissenschaftler gab. Wissenschaftler mögen wohl erforscht und mehr oder weniger akkurat beschrieben haben, nach welchen Gesetzen diese Kristalle sich bilden, doch die Gesetze haben ein objektives Sein und sind darin vom Menschen – ja selbst vom tatsächlichen Vorhandensein der Kristalle – gänzlich unabhängig. Sie sind ewig. Sie existierten, bevor das erste Zuckermolekül im Universum entstand. Sie existierten, bevor es überhaupt ein Universum gab, denn sie sind ewige Realitäten, gänzlich jenseits von Raum und Zeit.

Doch gemach. Wie können wir überhaupt *wissen*, daß die Naturgesetze existierten, bevor es ein Universum gab? Wir könnten so etwas nicht einmal experimentell nachweisen. Also handelt es sich hier um nicht mehr als eine metaphysische *Annahme*! Doch diese Annahme gilt den meisten Wissenschaftlern, darunter auch evolutionäre Kosmologen, nach wie vor als ausgemachte Tatsache und ist fester Bestandteil unseres aufgeklärten «gesunden Menschenverstandes». Jeder von uns dürfte in der Lage sein, dieses metaphysische Vorurteil im Hintergrund seines Denkens auszumachen.

Es wurde zur Gewohnheit in einer Zeit, als man die physikalische Wirklichkeit noch für ewig hielt, und es hat sich trotz der «evolutionären Revolution» in der Kosmologie behaupten können. Doch wo oder was waren die Naturgesetze vor dem Urknall?

> Das Nichts «vor» der Erschaffung des Universums ist die leerste Leere, die sich überhaupt denken läßt: kein Raum, keine Zeit, keine Materie. Dies ist eine Welt ohne Ort, ohne Dauer oder Ewigkeit, ohne Zahl – sie ist das, was die Mathematiker als «leeres Set» bezeichnen. Und doch verkehrt sich dieses unausdenkliche Nichts in eine Fülle des Seins – eine notwendige Konsequenz der physikalischen Gesetze. Wo stehen diese Gesetze geschrieben im Nichts? Was «sagt» dem Nichts, daß es mit einem möglichen Universum schwanger geht? Es sieht so aus, als wäre selbst das Nichts der Gesetzlichkeit unterworfen, einer Logik, die vor Raum und Zeit existiert.[15]

Der Glaube, daß die Naturgesetze ewig seien, ist das letzte große noch intakte Erbstück der alten Kosmologie. Kaum jemals merken wir auch nur, daß wir diesen Glauben hegen, diese Annahme *machen*. Geschieht es aber doch einmal, so fällt uns auf, daß sie nur eine von etlichen Möglichkeiten ist. Vielleicht entstanden alle Naturgesetze im Augenblick des Urknalls. Vielleicht bildeten sie sich auch stufenweise, um dann unveränderlich fortzubestehen. Es könnte zum Beispiel sein, daß die Gesetze der Zuckerkristallisation entstanden, als sich zum ersten Mal Zuckerkristalle irgendwo im Universum bildeten; und vielleicht sind diese Gesetze seither universal gültig und unwandelbar. Oder aber die Naturgesetze haben sich tatsächlich mit der Natur entwickelt und entwickeln sich noch immer. Vielleicht sind sie aber auch gar keine Gesetze, sondern eher so etwas wie Gewohnheiten. Könnte es nicht sogar sein, daß mit der Gesetzes-Idee grundsätzlich etwas nicht stimmt?

Der Begriff des Naturgesetzes ist eine Metapher. Er beruht auf einer Analogie zu den Gesetzen des Menschen, zu bindenden Verhaltensregeln also, die von bestimmten Autoritäten erlassen werden und im Herrschaftsbereich dieser Autoritäten gelten. Im siebzehnten Jahrhundert war die Metapher noch ganz explizit: Die Naturgesetze hatten von Gott, dem Herrn der Schöpfung, ihre Form erhalten. Seine Gesetze waren unwandelbar, was Er verfügte, galt überall und jederzeit.

Viele Menschen glauben nicht mehr an solch einen Gott, doch seine universalen Gesetze haben ihn bis heute überlebt. Wenn wir jedoch einmal innehalten und uns die Natur dieser Gesetze vergegenwärtigen, werden sie uns rasch sehr wunderlich: Sie beherrschen Materie und Bewegung, sind aber selbst nicht materiell und bewegen sich nicht. Wir können sie nicht sehen, wiegen oder berühren, sie sind unseren Sinnen nicht zugänglich. Sie sind überall und jederzeit potentiell gegenwärtig. Sie haben keinen physikalischen Ursprung. Wenn Gott selbst auch nicht mehr gegenwärtig sein mag, die Gesetze besitzen noch manche der Attribute, die ihm zugeschrieben wurden. Sie sind allgegenwärtig, unwandelbar, universal und bestehen aus sich selbst heraus. Nichts bleibt ihnen verborgen, nichts steht außerhalb ihrer Macht.

Ewige Gesetze mögen einen Sinn gehabt haben, als man noch Ideen Gottes darin sah, wie es die Gründerväter der modernen Naturwissenschaft taten. Sie mögen auch dann noch einen Sinn gehabt haben, als man noch davon ausging, daß sie ein ewiges Universum regieren, aus dem der Geist Gottes sich verflüchtigt hat. Aber in einem evolvierenden Universum, das mit einem Urknall seinen Anfang genommen hat – haben sie da noch einen Sinn?

Wenn wir noch einmal den Ursprung der Gesetzesmetapher betrachten, das menschliche Rechtssystem nämlich, so sehen wir gleich, daß *echte* Gesetze sich in der Tat entwickeln. Das *Common Law* der englischen Tradition, das große Bereiche des Lebens regelt, hat sich im Laufe vieler Jahrhunderte herausgebildet, wurzelt in uralten Bräuchen und juristischen Präzedenzfällen und entwickelt sich mit den wechselnden Umständen und neuen Situationen unaufhörlich weiter. In allen Ländern werden von den Regierenden neue Gesetze erlassen und alte modifiziert oder aufgehoben. Konstitutionelle Regierungen sind selbst wiederum einer Verfassung verpflichtet, die sich ebenfalls wandelt und entwickelt. Von Zeit zu Zeit werden alte Verfassungen von Revolutionen hinweggefegt und durch neue ersetzt. Auch das finden wir im Bereich der Naturwissenschaft wieder in der Metapher der wissenschaftlichen Revolution. Solche Revolutionen führen zur Einsetzung einer neuen naturwissenschaftlichen Verfassung, vor deren Hintergrund dann neue Gesetze formuliert werden.

Wenn wir die Gesetzesmetapher weiterdenken, kommen wir kaum an der Vermutung vorbei, daß die sich entwickelnde Natur eher von einem natürlich gewachsenen *Common Law* regiert wird als von einer Art universalem *Code Napoléon*, einem im voraus festgelegten und am Beginn der Schöpfung eingesetzten System von Gesetzen. Aber wer oder was entspricht in der Natur dem menschlichen Rechtssystem, das sich an Präzedenzfällen orientiert? Und wer oder was entwarf überhaupt die Urknall-Verfassung? Und welche Macht oder Autorität sorgt für die Aufrechterhaltung der Verfassung und des Systems von Gesetzen? Solche Fragen können nicht ausbleiben, sie sind der Gesetzesmetapher immanent. Wo Gesetze sind, da müssen auch Gesetzgeber sein und Autoritäten, die über ihre Einhaltung wachen. Wenn wir den Gedanken fallenlassen, daß Gott diese Funktionen ausübt, müssen wir uns fragen, wer denn die Gesetze schafft und durchsetzt.

Viele Philosophen würden bestreiten, daß solche Fragen überhaupt einen Sinn haben. Aus der Perspektive des Empirismus betrachtet, sind die sogenannten Naturgesetze ohnehin nur Begriffe des Menschen, die Wissenschaftler aus der Beobachtung und Beschreibung gewisser Regelmäßigkeiten abstrahieren: Sie haben kein reales, objektives Sein. Sie sind Theorien und Hypothesen im Geist des Menschen.[16] Es hat demnach keinen Sinn zu fragen, wie sie als objektive Realitäten zustande kamen und welche Macht über ihre Einhaltung wacht.

Wie steht es aber mit den beobachtbaren Regelmäßigkeiten, auf die die Gesetze sich beziehen? Was liegt den Regelmäßigkeiten der Natur zugrunde? Gesetze können es nicht sein, wenn diese Gesetze nur im menschlichen Bewußtsein existieren. Und nichts berechtigt uns zu der Annahme, daß diese Regelmäßigkeiten ewig sind. In einem evolvierenden Universum entwickeln sich auch die Regelmäßigkeiten – das ist der Sinn des Wortes «Evolution».

Gewohnheitsbildung

Wenn also die Regelmäßigkeiten der Natur nicht auf transzendenten Gesetzen beruhen, könnten sie dann nicht eher so etwas wie Gewohnheiten sein? Gewohnheiten entwickeln sich mit der Zeit und in Abhängigkeit von dem, was bisher geschah und wie oft es geschah; sie werden nicht fertig geliefert von ewigen Gesetzen, die völlig unberührt bleiben von allem, was tatsächlich geschieht, ja von der Existenz oder Nichtexistenz des Universums überhaupt. Gewohnheiten entwickeln sich *in* der Natur und werden nicht vorfabriziert in die Welt gesetzt. Vielleicht bilden Zuckerkristalle sich heute auf die für sie charakteristische Weise, weil sich früher schon zahllose andere Zuckerkristalle auf diese Weise gebildet haben.

Diese Möglichkeit, daß die Regelmäßigkeiten der Natur eher Gewohnheiten als die Folge transzendenter Gesetze sind, bildet das Grundthema dieses Buches. Wir werden dieser Möglichkeit anhand einer bestimmten wissenschaftlich überprüfbaren Hypothese nachgehen – der Hypothese der Formenbildungsursachen. Diese Hypothese wird im sechsten Kapitel und den folgenden dargestellt. Die Grundidee jedoch – der habituelle Charakter der Natur – ist nicht neu; schon andere sind dieser Idee nachgegangen, und um die Jahrhundertwende war sie ein wissenschaftliches Diskussionsthema ersten Ranges. Nach dem Ersten Weltkrieg flaute das Interesse an dieser Idee ab. Sie kam aus der Mode und geriet schließlich in Vergessenheit. Woran lag das?

Die Idee von den Gewohnheiten der Natur entsprang einem evolutionären Denken. Schon vor etwa einem Jahrhundert zeigte zum Beispiel der amerikanische Philosoph C.S. Peirce auf, daß die Vorstellung festgelegter und unveränderlicher Gesetze, die dem Universum von Anfang an auferlegt werden, mit einer gründlich durchdachten evolutionären Philosophie nicht zu vereinbaren ist. Die Naturgesetze, so fand er, erinnerten eher an *Gewohnheiten.* Die Tendenz, Gewohnheiten anzunehmen, bildet sich spontan: Die ersten Keime entstanden zufällig, doch dann war da eine leichte Tendenz, den Ablauf dieser ersten Prozesse beizubehalten, und damit waren bereits Regeln entstanden, die sich durch weitere Anwendungen immer weiter verfestigten.[17] «Das Gesetz der Gewohnheit ist das Gesetz des Geistes», sagte Peirce weiterhin und schloß daraus, daß der Kosmos lebendig ist. «Materie ist nichts anderes als abgestorbener Geist, abgestorben durch die Entwicklung von Gewohnheiten bis zu einem Punkt, wo es kaum noch möglich ist, sie wieder aufzubrechen.»[18]

Auch Friedrich Nietzsche sprach um die gleiche Zeit von der Evolution der Naturgesetze; er glaubte jedoch darüber hinaus, daß sie einer Art natürlicher Auslese unterlägen:

> Sollte es möglich sein, die Gesetze der mechanischen Welt ... als Ausnahme und gewissermaßen Zufälle des allgemeinen Daseins abzuleiten, als *eine* Möglichkeit von vielen unzähligen Möglichkeiten? ... Hätten wir als allgemeinste Form des Daseins wirklich eine noch nicht mechanische, den mechanischen Gesetzen entzogene (wenn auch nicht ihnen unzugängliche) Welt anzunehmen? ... So daß das Entstehen der mechanischen Welt ein gesetzloses Spiel wäre, welches endlich eben solche Konsistenz gewänne wie jetzt die organischen Gesetze für unsere Betrachtung? So daß alle unsere mechanischen Gesetze nicht ewig wären, sondern geworden, unter zahllosen andersartigen mechanischen Gesetzen, von ihnen übrig geblieben oder in einzelnen Teilen der Welt zur Herrschaft gelangt, in anderen nicht?[19]

Ganz im Sinne von Peirce schrieb William James einige Zeit später:

> Wenn man die Evolutionstheorie wirklich ernst nimmt, sollte man sie nicht nur auf Gesteinsschichten, Tiere und Pflanzen anwenden, sondern auch auf die Sterne, die chemischen Elemente und die Naturgesetze. Es muß, so möchte man annehmen, eine graue Vorzeit gegeben haben, in der die Dinge wirklich chaotisch waren. Ganz allmählich, aus den zufälligen Möglichkeiten, die sich in jener Zeit ergaben, ent-

standen ein paar zusammenhängende Dinge, erste Gewohnheiten, und das waren die ersten Ansätze zu geregelten Abläufen.[20]

Um die Jahrhundertwende gab es noch weitere Philosophen, die ähnliche Ideen vertraten,[21] doch dann versiegte diese Denkströmung wieder. Die Physiker wichen nicht von ihrem ewigen Universum ab, das von ewigen Gesetzen regiert wird, und tatsächlich kam diese Idee durch Einsteins allgemeine Relativitätstheorie zu neuer Vitalität. Einstein postulierte ein absolut unendliches Universum: Die Ereignisse *in* diesem Universum laufen relativ zueinander ab, doch die Hintergrunds-Realität ist unwandelbar. Erinnern wir uns noch einmal daran, daß die evolutionäre Kosmologie der Physik sich erst in den sechziger Jahren durchsetzte.

Auch in der Biologie ging man dieser Gewohnheits-Idee nach. Lebende Organismen scheinen «Erinnerungen» zu haben, die nicht auf ihre individuelle Erfahrung zurückzuführen sind. In der Entwicklung eines Embryo wiederholt sich die Entwicklung seiner Vorfahren. Tiere verfügen über Instinkte, in denen sich die Erfahrung früherer Exemplare ihrer Art widerzuspiegeln scheint. Und alle Tiere können lernen: Sie nehmen eigene Gewohnheiten an. All das wurde vor über hundert Jahren mit überzeugender Klarheit von Samuel Butler dargelegt. Erinnerungsvermögen, so schrieb er in *Life and Habit*, sei das Grundmerkmal des Lebens: «Leben ist dasjenige Vermögen der Materie, aufgrund dessen sie erinnern kann: Materie, die erinnern kann, ist lebendig, Materie, die nicht erinnern kann, ist tot.» Aber schon zwei Jahre später (1880) schrieb er:

> Ich kann mir keine Materie denken, die nicht zumindest ein wenig erinnern könnte und nicht in eben diesem Maße lebendig wäre. Ich vermag nicht zu sehen, wie überhaupt irgendein Geschehen denkbar wäre, wenn wir nicht davon ausgehen, daß jedes Atom eine Erinnerung an gewisse zurückliegende Umstände enthält.[22]

Ein Embryo durchläuft bei seiner Entwicklung Stadien, die wie ein Echo der embryonalen Formen früher Vorfahren sind; in gewisser Weise scheint die Entwicklung eines individuellen Organismus zu dem gesamten Evolutionsprozeß, der ihn hervorbrachte, in Beziehung zu stehen. Ein menschlicher Embryo durchläuft beispielsweise ein fischähnliches Stadium, in dem er Kiemenspalten besitzt. Butler sah darin ein Beispiel für die Erinnerung des Organismus an seine eigene Vorge-

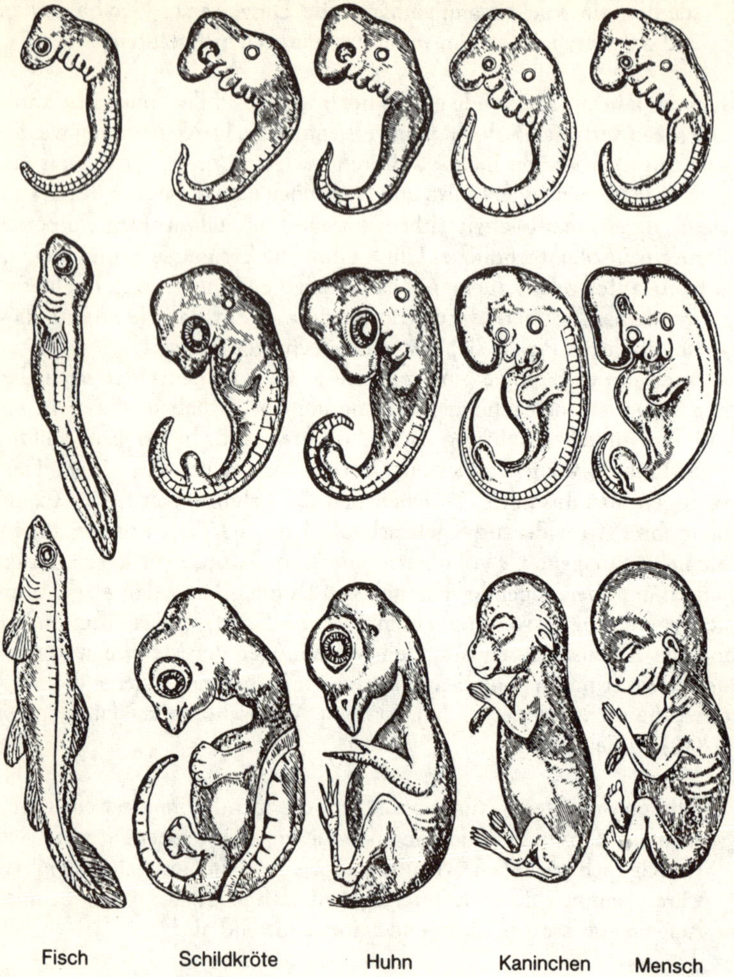

Abbildung 1.1 Die embryonale Entwicklung bei vier Arten von Wirbeltieren und dem Menschen zeigt in den frühen Stadien erstaunliche Übereinstimmungen. Zwischen Augen und Vordergliedmaßen sind die embryonalen Kiemenspalten zu erkennen. (Nach Haeckel, 1874)

schichte. «Die kleine, strukturlose befruchtete Eizelle, aus der ein jeder von uns hervorging, besitzt eine potentielle Erinnerung an alles, was jedem einzelnen ihrer Vorfahren widerfahren ist.»[23]

Solche Themen wurden von den Biologen bis in die zwanziger Jahre hinein eifrig diskutiert,[24] und die Theorie, daß «Vererbung eine Art unbewußtes organisches Gedächtnis ist»,[25] wurde bis ins einzelne ausgeformt.[26] Dann jedoch schien die sich entwickelnde Genetik bewiesen zu haben, daß Vererbung sich anhand von Genen erklären läßt, die aus komplexen Molekülen bestehen. Heute kennt man diese genetische Materie unter der Bezeichnung DNS. Das Erinnerungsvermögen, von dem Butler und andere sprachen, lag nun anscheinend doch in unbelebter Materie und wurde mechanisch reproduziert. Es war fortan in der Biologie nicht mehr möglich, von vererbten Form- und Verhaltensgewohnheiten zu sprechen.

Wie wir jedoch in den Kapiteln vier bis acht sehen werden, gelang es den Biologen trotz aller Erfolge der Genetik, Molekularbiologie, Neurophysiologie und anderer Zweige nicht, die embryonale Entwicklung oder die Vererbung von Instinkten mechanistisch zu erklären. Chemische Gene und die Synthese spezifischer Proteine haben gewiß etwas damit zu tun, aber wie veranlaßt die Vererbung eines bestimmten Genbestandes und die Synthese bestimmter Proteine beispielsweise Schwalben dazu, aus einer bestimmten Gegend in England nach Südafrika zu ziehen, bevor der englische Winter einsetzt, und im Frühjahr in dieselbe Gegend Englands zurückzukehren? Niemand weiß das. Niemand weiß, wie ein Embryo nach und nach Gestalt gewinnt, wie Instinkte vererbt werden, wie Gewohnheiten sich bilden, wie das Gedächtnis funktioniert. Und gänzlich dunkel ist es natürlich um die Natur des Bewußtseins.

Viele Biologen glauben, daß diese Rätsel bald keine mehr sein werden, weil man sie alle mechanistisch erklärt haben wird. Man wird sie, anders gesagt, anhand von physikalischen und chemischen Modellen erklären, und damit sind sie dann auf die ewig unwandelbaren Eigenschaften von Materie, Energie und Feldern zurückgeführt. Dabei bedarf es dann keines mysteriösen immateriellen Erinnerungsvermögens mehr, keiner Felder, die in der Zeit evolvieren – man wird mit den ewigen Naturgesetzen auskommen, die jenseits von Raum und Zeit sind.

Die Ewigkeitsvision, die seit Jahrhunderten durch die Theorien der Physik geistert, hat bis heute von ihrer Kraft wenig eingebüßt, und dies ist der Grund, weshalb wir uns ihre Entwicklungsgeschichte vergegenwärtigen müssen. Wir werden dies im nächsten Kapitel tun. Im dritten Kapitel wenden wir uns dann wieder der evolutionären Sicht der Wirklichkeit zu, einer Vision, die noch im Entstehen begriffen ist, die ihre Tragweite gerade erst voll entfaltet, aber sich schon heute – sogar für theoretische Physiker – als mitreißender erweist als die Vision der physikalischen Ewigkeit.

2. Unwandelbare Gesetze, immerwährende Energie

Ahnungen einer zeitlosen Wirklichkeit

Für die neue Kosmologie ist alle physikalische Wirklichkeit evolutionär. Die alte Ewigkeitsidee lebt jedoch weiter in dem Glauben an ewige Gesetze, die dem physikalischen Universum transzendent sind. Dieser Glaube ist sehr tief eingewurzelt. Gibt es vielleicht – abgesehen vom Beharrungsvermögen des Althergebrachten – noch andere Gründe dafür, daß wir die Vorstellung ewiger Naturgesetze einfach akzeptieren? Wenn wir davon ausgehen, daß dieses Universum in Evolution begriffen ist, wie können wir dann an der Möglichkeit vorbeisehen, daß auch die Naturgesetze sich entwickeln oder daß es in der Natur ein Erinnerungsvermögen gibt und ihre Regelmäßigkeiten Gewohnheiten sind?

Solche Dinge auch nur in Betracht zu ziehen stellt schon einen radikalen Bruch mit der Tradition dar. Es ist nämlich bereits der Ansatz zu einer ganz neuen Auffassung von der Natur der Natur. Und es würde bedeuten, daß wir den Paradigmenwechsel – vom Glauben an eine physikalische Ewigkeit zu einer evolutionären Kosmologie – konsequent durchführen müssen. Doch die Kraft des Überlieferten ist stark, häufig stärker, als wir glauben, denn sie wirkt größtenteils unbewußt. Wenn wir also die Annahme der theoretischen Ewigkeit auf den Prüfstand bringen wollen, müssen wir uns ihre lange Tradition vergegenwärtigen.

Den Glauben an eine physikalische Ewigkeit – eine Ewigkeit von Materie, die sich nach ewigen Gesetzen bewegt – haben wir aus der mechanistischen Naturwissenschaft übernommen, doch er wurzelt in weit älteren Traditionen, ist eher mystischen als wissenschaftlichen Ursprungs: Die Mystiker aller Zeiten haben uns von Ahnungen eines zeitlosen Seinszustandes gesprochen, von einer Wirklichkeit, in der nichts sich je ändert. Diese Schau einer unwandelbaren Wirklichkeit war für viele so überwältigend und so überzeugend, daß sie daraus schlossen, die sich verändernde Welt der Alltagserfahrung müsse wohl weniger real sein. Die Vergänglichkeit der Dinge dieser Welt, so sagen sie, ist nur Erscheinung oder Widerspiegelung oder Einbildung. All dem zugrunde liegt eine wahre Wirklichkeit, die weder entsteht noch vergeht.

Die Pythagoreer

Eine der Hauptströmungen des naturwissenschaftlichen Denkens läßt sich bis zu jenem religiös-politischen Bund zurückverfolgen, den der griechische Philosoph Pythagoras im sechsten vorchristlichen Jahrhundert in Unteritalien gründete. Bei den Pythagoreern erkennen wir Einflüsse aus den antiken Kulturen Ägyptens, Persiens und Babyloniens. Sie huldigten dem Gott Apollon und übten sich in verschiedenen mystischen Praktiken. Wie andere griechische Denker und Sucher forschten sie jenseits der sich wandelnden Welt der Erfahrung nach dem Göttlichen, nach etwas, das ohne Anfang und Ende ist. Sie fanden dieses Prinzip in den Zahlen. Zahlen waren für sie das, was in einer sich wandelnden Welt stets gleichbleibt. Sie sind nicht nur Symbole der Ordnung, sondern können auch Orte im Raum bezeichnen, räumliche Ausdehnungen angeben, und vor allem: Sie lassen sich zueinander ins Verhältnis setzen, können Proportionen bilden – und wurden damit zum Prinzip der Naturgesetze.[1]

Pythagoras selbst soll die folgenreiche Entdeckung gemacht haben, daß Töne sich in mathematischen Verhältnissen ausdrücken lassen. Auf einer gespannten Saite bezeichnet das Längenverhältnis 1:2 die Oktave, das Verhältnis 3:2 die Quinte und das Verhältnis 4:3 die Quart. Er stellte weiterhin fest, daß diese Beziehungen nicht nur bei gespannten Saiten gelten, sondern auch auf Metallstücke und Flöten zu übertragen sind. Hier liegen also harmonische Proportionen vor, die nicht nur exakt angegeben und vom Verstand erfaßt werden können, sondern auch noch *hörbar* sind. Diese Entdeckung beinhaltete eine erstaunliche Synthese von Qualität und Quantität – Ton und Zahl –, ganz ähnlich wie in der Synthese von Arithmetik und Geometrie die numerischen Verhältnisse und Proportionen als geometrische Figuren *sichtbar* und erfaßbar wurden. Verhältnis und Proportion waren hier also nicht nur direkt sinnlich erfahrbar, sondern konnten zugleich als zeitlose Fundamentalprinzipien verstanden werden. Der Kosmos selbst wurde nun als ein großes System von harmonischen Verhältnissen aufgefaßt. Pythagoras soll behauptet haben, er könne diese kosmische Musik, die Harmonie der Sphären, tatsächlich hören, wenn auch «nicht mit dem normalen Gehör».[2]

Die mystische Erfahrung der Pythagoreer stand nicht im Gegensatz zum Verstand (lat. *ratio*), denn als Verstand galt vor allem die Fähigkeit, Verhältnis (lat. *ratio*) und damit Proportion zu erfahren. Diese Anschauung prägte die griechische Auffassung von Rationalität: Verstand ist das Vermögen, Verhältnisse zu erkennen.

In der pythagoreischen Kosmologie gab es zwei uranfängliche Grundprinzipien, *peras* und *apeiron*, die wir vereinfachend mit «Grenze» und «das Unbegrenzte» übersetzen können. Dieses Ur-Gegensatzpaar erzeugte das Eine dadurch, daß dem Unbegrenzten Grenzen auferlegt wurden. Einiges von diesem Unbegrenzten verblieb jedoch als Leere außerhalb des Kosmos und wurde vom Einen eingeatmet, um den Raum zwischen den Dingen damit zu füllen.[3] Aus dem Einen, das sowohl gerade als auch ungerade ist, gingen die Zahlen hervor. Sie sind nach pythagoreischem Verständnis die Substanz des Kosmos, Grund und Träger aller Dinge und ihrer Zustände.

Es wird vielfach die Auffassung vertreten, die Pythagoreer seien die ersten wahren Naturwissenschaftler gewesen, doch tatsächlich war ihre Welterfahrung mystisch und vorwissenschaftlich. Wir können beobachten, daß in schriftlosen Kulturen Zahlen nicht bloße Abstraktionen sind, sondern Wesen, die ein geheimnisvolles Eigenleben führen. «Jede Zahl besitzt ihren ganz eigenen Charakter, eine mystische Atmosphäre und ein ‹Aktionsfeld›, die ihr eigentümlich sind.»[4] Die Pythagoreer haben die Zahlenmystik, die wir in dieser oder jener Form auf der ganzen Welt antreffen, nur besonders weit entwickelt. Ihre Sicht der Dinge hat bis heute ihre Faszination behalten, und nicht nur aufgrund der rationalen Methoden der Mathematik oder aufgrund der Erfolge der mathematischen Physik: «Wichtiger ist das Gefühl, daß es ein Erkennen gibt, welches zum Kern des Universums vordringt, uns die Aussicht auf eine ebenso großartige wie tröstliche Wahrheit eröffnet und den Menschen als eingebettet in eine universale Harmonie darstellt.»[5]

Diese Weltsicht der Pythagoreer ist im Laufe der Jahrhunderte immer wieder von Mathematikern und Naturwissenschaftlern aufgegriffen worden und hat die meisten führenden Physiker – auch Albert Einstein – motiviert und inspiriert.[6]

Platon, Aristoteles und die Morgenröte der abendländischen Naturwissenschaft

Die Einsichten der Pythagoreer waren von nachhaltigem Einfluß auf Platon und die Tradition des Denkens, die von ihm ausging. Von der Exaktheit der Mathematik beeindruckt, gelangte Platon zu dem Postulat, Erkenntnis müsse real, einheitlich und endgültig sein. Die Welt jedoch ist erfüllt von einer Vielzahl sich wandelnder Dinge. Diese konnten also nur so etwas wie Spiegelungen ewiger Urbilder, Ideen oder wesenhafter Formen sein, die jenseits von Raum und Zeit existieren, unabhängig von bestimmten Manifestationen ihrer selbst in der Welt der sinnlichen Erfahrung. Die ewigen Urbilder sind nicht vermöge der Sinne wahrzunehmen, sondern nur durch intellektuelle Intuition zu erfassen. Zu dieser Intuition gelangt man jedoch nicht durch bloßes Denken, sondern durch mystische Einsicht.

Platon war der Auffassung, daß bestimmte Dinge, etwa ein Pferd, ihr Urbild – in diesem Falle also die «Pferd-Idee» – nachahmen oder daß sie an ihm teilhaben und in diesem Sinne von ihm erschaffen werden. Ein Pferd sein heißt also eine besondere Ausprägung der ewigen «Pferdheit» sein. Die Lehre von den ewigen Ideen blieb die zentrale Aussage des Platonismus und des Neuplatonismus, der sich in den ersten Jahrhunderten christlicher Zeitrechnung im Römischen Reich ausbreitete und Platons Urbilder zu Ideen im Geist Gottes umdeutete.

Die andere große philosophische Tradition, die das Christentum aus dem klassischen Altertum übernahm, ging von Aristoteles aus. Aristoteles, ein Schüler Platons, bestritt die Existenz transzendenter Urbilder; für ihn waren die Urbilder in den Dingen selbst gegenwärtig. Das Urbild des Pferdes etwa existiert in bestimmten Tieren, die Pferde genannt werden, und nicht etwa in einer transzendenten Pferd-Idee. Kurzum: Die Philosophie des Aristoteles war animistisch. Er glaubte, daß die Natur belebt ist und daß alle Lebewesen eine Seele (gr. *psyche*) besitzen. Diese Seelen sind für ihn nicht transzendent, wie es Platons Ideen sind, sondern immanent, also den Lebewesen innewohnend. Die Seele einer Buche etwa läßt den sich entwickelnden Keimling zur reifen Wuchsform seiner Art, zur Blüte und zum Fruchttragen hinstreben. Die Buchenseele gibt der Materie des Baums ihre Form und lenkt ihre Entwicklung. Die Seele enthält das Entwicklungsziel und das Verhalten des Organismus; sie gibt ihm seine Form und seinen Zweck und ist der Ursprung seines zweckgerichteten Tuns.[7]

Aristoteles verstand alle Naturprozesse als zielgerichtet: nach Zielen strebend, die der Natur selbst immanent sind. Die Natur ist lebendig und durchdrungen von natürlichen Absichten. Sogar Steine haben eine Absicht, wenn sie fallen: Sie gehen heim zur Erde, dem Ort, an den sie gehören. Die innere Form der Dinge jedoch, der Zweck, in dem sich ihre Seele verwirklicht, war für Aristoteles ewig unwandelbar. Seelen entwickeln sich nicht.

Im mittelalterlichen Europa kam es zu einer großen Synthese der Aristotelischen Philosophie und der christlichen Theologie. Thomas von Aquin begann im dreizehnten Jahrhundert mit der systematischen Entwicklung dieser Synthese, die später von den verschiedenen Schulen der Scholastik weiter ausgeformt wurde. Diese Philosophie betrachtete die Natur als lebendig und alle Arten von Lebewesen als beseelt. Gott hat diese Seelen in ihrer endgültigen Form erschaffen, und sie verändern sich nicht mehr. Im menschlichen Bereich hingegen gibt es eine fortschreitende Entwicklung, wie sich in der von Gott gelenkten Geschichte der Juden, vor allem aber in der Inkarnation Gottes als Mensch Jesus Christus, gezeigt hat. Die Reise des Menschen vom Sündenfall und der Vertreibung aus dem Garten Eden zu einer neuen Gotteserkenntnis und Gotteserfahrung ist von den Propheten verkündet worden, ist in Gottes Selbstoffenbarung offenkundig geworden und kann fortgesetzt werden aufgrund des Glaubens an Gottes Absichten. Doch nur Menschen können sich auf diese Weise entwickeln; die Seelen der Pflanzen und Tiere können es nicht. Sie bleiben so, wie sie waren, als Gott sie erschuf, und so werden sie bis zum Jüngsten Tag bleiben.

Dieser christianisierte Animismus wurde zur orthodoxen Lehre an den mittelalterlichen Universitäten und wurde dort bis ins siebzehnte Jahrhundert, ja sogar später noch gelehrt; in modernisierter Form wird er heute noch an vielen katholischen Seminaren gelehrt.

In der Renaissance kam es jedoch zu einem Wiederaufleben des pythagoreischen und platonischen Denkens. Die Väter der modernen Naturwissenschaft bezogen ihre Inspirationen aus diesen ineinander verwobenen Philosophien und bauten deren Annahmen über ewige Ideen in das Fundament ihres neuen Wissenschaftsverständnisses ein. Die aristotelische Philosophie lehnten sie ab.

Von Nikolaus von Kues zu Galilei

Der spätmittelalterliche Mathematiker Nikolaus von Kues (1401–1464) entwarf ein pythagoreisches Weltbild, das einen nachhaltigen Einfluß auf die Naturphilosophie des sechzehnten und siebzehnten Jahrhunderts ausübte. Er sah die Welt als eine unendliche Harmonie, in der alle Dinge ihre mathematischen Proportionen besitzen. Erkenntnis war für ihn stets Messung, bestand in der Bestimmung von Verhältnissen und war daher ohne die Hilfe der Zahlen unmöglich. Er behauptete, daß «die Zahl das erste Vorbild im Geist des Schöpfers»[8] sei und daher nur mathematische Erkenntnis den Anspruch der Gewißheit erheben könne.[9]

Kopernikus teilte diese Auffassung und gelangte zu der Überzeugung, dieses Universum sei ein Universum der Zahl. Was mathematisch wahr sei, so sagte er, sei auch «tatsächlich oder astronomisch wahr».[10] Er studierte eingehend die antiken astronomischen Schriften der pythagoreischen Schule und übernahm eine alte Idee, die damals schon gelehrt wurde: daß die Erde nicht der Mittelpunkt des Kosmos ist, sondern die Sonne umkreist. Nach der zur Zeit von Kopernikus orthodoxen Lehre war die Erde eine Kugel, um die sich der Mond, die Sonne, die Planeten und die Fixsterne in konzentrischen Sphären drehten. Für Kopernikus besaß jedoch die Idee, daß alles sich um die Sonne dreht, eine viel stärkere intellektuelle Anziehungskraft, nicht zuletzt wohl deshalb, weil er für die Sonne eine große Verehrung hegte:

> Wer in unserem hochherrlichen Tempel könnte dieses Licht an eine andere oder bessere Stelle setzen als eben diese, von der aus es alle Welt zugleich erleuchten kann? Und nicht zu Unrecht nennen manche es das Licht der Welt, andere die Seele, wieder andere den Regenten.[11]

Er berechnete die Umlaufbahnen der Erde und der anderen Planeten und kam zu dem Schluß, daß man eine «rationalere» Himmelsgeometrie konstruieren könne. Der intellektuelle Reiz, der in dieser Hypothese lag, sicherte ihm das Interesse und die Unterstützung der Mathematiker, doch es vergingen noch über sechzig Jahre, bis endlich die ersten empirischen Beweise für diese Theorie erbracht werden konnten.

Kepler war einer von denen, die diese mathematische Vision begeistert aufgriffen. Auch ihm sagte ein starkes Gefühl, daß die Sonne, «deren Essenz nichts als das reinste Licht ist», im Mittelpunkt stehe; er betrachtete sie als das erste Prinzip und den ersten Beweger des Universums. Die

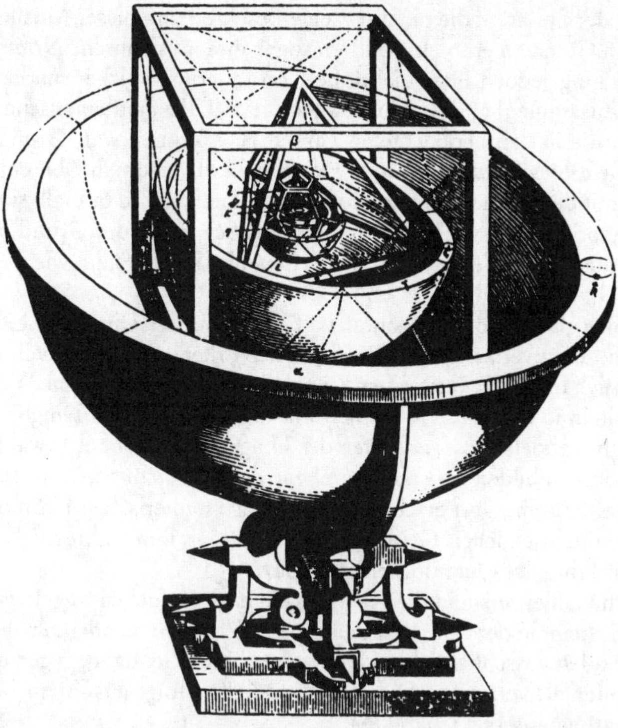

Abbildung 2.1 Keplers Sicht des Sonnensystems als ineinandergeschachtelte Platonsche Körper. Die Radien der dazwischenliegenden konzentrischen Kugeln entsprechen denen der Planetenbahnen.

Sonne «allein, aufgrund ihrer Würde und Kraft, ist geeignet, diesen Dienst des Bewegens zu versehen, und ist würdig, die Wohnstatt Gottes zu sein».[12]

Zu seiner Freude stellte er fest, daß die Radien der Planetenbahnen in etwa den Radien der Kugeln entsprechen, die man den fünf regelmäßigen platonischen Körpern (Tetraeder, Würfel, Oktaeder, Dodekaeder und Ikosaeder) ein- oder umschreiben kann.

Das dritte seiner berühmten drei Gesetze (daß die Quadrate der Umlaufzeiten der Planeten sich wie dritte Potenzen der großen Halbachsen ihrer Bahnellipsen verhalten), 1619 in seinem Werk *Harmonices Mundi* veröffentlicht, war eingebettet in eine breitangelegte Betrachtung zur

Musik der Sphären, die nicht nur eine Beschreibung dieser Musik nach exakten Gesetzen enthielt, sondern sogar ihre musikalische Notierung. Kepler ging jedoch über die bloße Konstatierung solcher mathematischen Zusammenhänge hinaus: Er glaubte, daß die mathematische Harmonie, die in den beobachteten Fakten zu erkennen war, Grund und Ursache dieser Fakten sei. Gott erschuf das Universum in Übereinstimmung mit dem Prinzip der vollkommenen Zahlen, und deshalb sind die mathematischen Harmonien im Geist des Schöpfers der Grund dafür, «daß Anzahl, Größe und Lauf der Planetenbahnen so sind, wie sie sind, und nicht anders».[13]

Kepler glaubte, daß die sinnliche Erkenntnis der Dinge dunkel, unklar und unzuverlässig sei. Gewißheit der Erkenntnis liegt für ihn ausschließlich in den *quantitativen* Zügen der Welt: Die wirkliche Welt besteht allein in der mathematischen Harmonie, die in den Dingen liegt. Die sich wandelnden *Qualitäten* der Dinge, die wir sinnlich wahrnehmen können, bilden eine niedere Ebene der Wirklichkeit, besitzen kein wahrhaftes Sein. Gott erschuf die Welt nach numerischen Harmonien, und den menschlichen Geist legte er so an, daß ihm wahres Erkennen nur mit Hilfe der Quantität möglich ist.

Auch Galilei verstand die Natur als ein nach einfachen Regeln geordnetes System, in dem alles mit unausweichlicher Notwendigkeit abläuft: Sie «handelt ausschließlich nach unwandelbaren Gesetzen, gegen die sie selbst niemals verstößt». Diese Notwendigkeit folgt aus ihrem wesenhaft mathematischen Charakter:

> Die Philosophie steht in jenem großen Buch geschrieben – ich meine das Universum –, das stets offen vor unseren Augen liegt; wir verstehen es jedoch nicht, wenn wir nicht zuerst die Sprache erlernen, in der es geschrieben ist, und ihre Symbole erfassen. Dieses Buch ist in mathematischer Sprache geschrieben, und seine Symbole sind Dreiecke, Kreise und andere geometrische Figuren, ohne deren Hilfe wir auch nicht ein einziges Wort begreifen können und hilflos in einem dunklen Labyrinth umherirren.[14]

Diese mathematische Ordnung geht auf Gott zurück, der eine rigorose mathematische Notwendigkeit in die Welt hineindenkt und damit eine absolute Gewißheit wissenschaftlichen Erkennens aufgrund der mathematischen Methode ermöglicht.

Aus dieser Voraussetzung leitete Galilei eine klare Unterscheidung des Absoluten, Objektiven, Unwandelbaren und Mathematischen vom Relativen, Subjektiven und Fluktuierenden ab. Ersteres ist der Bereich göttlicher und menschlicher Erkenntnis, letzteres der Bereich der Meinung und Täuschung. Die Dinge, die wir vermöge unserer Sinne erkennen, sind nicht die wirklichen oder mathematischen Dinge; sie besitzen jedoch gewisse Qualitäten, die zu wahrer Erkenntnis führen, wenn sie mathematisch behandelt werden. Damit sind die sogenannten realen oder Primärqualitäten wie Zahl, Menge, Position und Bewegung gemeint. Alle sinnfälligen Qualitäten hingegen sind sekundäre und untergeordnete Wirkungen der primären Qualitäten und zudem *subjektiv.*

> Geschmack, Geruch und Farbe eines Gegenstandes, die in diesem Gegenstand zu existieren scheinen, sind nichts als bloße Namen und haben ihren Ort einzig und allein in dem empfindenden Körper; wird dieser entfernt, so werden damit auch alle diese Qualitäten zunichte.[15]

Diese Unterscheidung war von großer Bedeutung für die weitere Entwicklung der Naturwissenschaft, denn sie leitete die Verbannung der unmittelbaren Erfahrung aus dem Reich der Natur ein. Bis zu Galilei hatte es als selbstverständlich gegolten, daß Mensch und Natur Teile eines größeren Ganzen seien. Jetzt wurden alle Aspekte der Erfahrung, die sich nicht auf mathematische Prinzipien zurückführen ließen, aus der objektiven, äußeren Welt ausgeschlossen. Als die einzige Gemeinsamkeit zwischen dem Menschen und dem mathematischen Universum blieb die Fähigkeit des Menschen übrig, die mathematische Ordnung der Dinge zu erfassen.

Descartes und die mechanische Philosophie

Descartes dachte die mathematische Theorie der Wirklichkeit zu Ende, und in dieser Form beherrscht sie seither die abendländische Naturwissenschaft. Auf der einen Seite gab es jetzt ein mathematisches Universum, das in einem mathematischen Raum ausgebreitet und gänzlich von mathematischen Gesetzen beherrscht war. Auf der anderen Seite einen rationalen menschlichen Geist, der wie der Geist Gottes von nichtmaterieller Natur war; er war Geistsubstanz ohne räumliche Ausdehnung. Pflanzen, Tiere und der Körper des Menschen wurden zu unbelebten

Maschinen. Nur das rationale Bewußtsein war nicht mechanischer, sondern geistiger Natur, und der menschliche Geist besaß die gottähnliche Fähigkeit, die mathematische Ordnung der Welt zu erfassen. Mathematische Erkenntnis bedeutete Gewißheit und Wahrheit.

Descartes hatte bereits in seiner Jugend eine tiefe Zuneigung zur Mathematik entwickelt, doch zu seinem Credo fand er erst in einer visionären Erfahrung, die zum entscheidenden Wendepunkt seines Lebens wurde. Als er in Neuburg an der Donau lebte, erschien ihm in der Nacht vor dem Martinstag der Engel der Wahrheit in einem Traum und offenbarte ihm, daß die Mathematik der einzige Schlüssel sei, dessen es bedürfe, um die Geheimnisse der Natur zu enträtseln. Er «war von Begeisterung erfüllt und entdeckte die Grundlagen einer wunderbaren Wissenschaft».[16]

In dieser mathematischen Wissenschaft war die Geometrie die Wissenschaft der ruhenden Körper und die Physik die Wissenschaft der sich im mathematischen Raum bewegenden Körper. Anhand der geometrischen Eigenschaften der Körper, also ihrer Form und Größe, ließ sich noch nicht erklären, weshalb sie sich bewegten. Descartes nahm deshalb an, Gott habe das materielle Universum in Bewegung gesetzt und halte die gesamte Bewegungsmenge konstant. Seit der Schöpfung war die Welt also nichts weiter als eine ungeheure Maschine, die nirgendwo so etwas wie Spontaneität oder Freiheit besaß. Alles bewegte sich seit der Schöpfung mechanisch weiter – in Übereinstimmung mit den ewigen mathematischen Prinzipien des Raumes und den ewigen mathematischen Gesetzen der Bewegung. Diese neue Philosophie erhielt den Namen «mechanische Philosophie». Sie stellt eine Vorform des mechanistischen Weltbildes dar.[17]

Descartes' mechanische Naturphilosophie war eine bewußte Absage an die alte scholastische Orthodoxie, die an den Universitäten nach wie vor gelehrt wurde. In dieser aristotelischen Tradition galt die Welt als durch und durch belebt: Die Natur enthielt ihre eigenen Lebensprinzipien und Ziele, und alle Lebewesen waren beseelt. Descartes verbannte die Seele und alle Absichten aus der Natur. Nur Menschen besaßen Bewußtsein und konnten Absichten fassen, denn ihre Rationalität war geistiger und damit göttlicher Natur und konnte nicht der materiellen Welt angehören. Nach Descartes' Auffassung tritt der Geist in der Zirbeldrüse in Wechselwirkung mit dem Gehirn, doch weder er noch irgendein anderer hat je erklären können, wie das geschieht. Die Zirbeldrüse als mutmaßlicher Sitz des Bewußtseins wurde inzwischen von der Großhirnrinde verdrängt, doch das Problem des «Geistes in der Maschine» sind wir damit nicht losgeworden.[18]

Alles in der Natur läuft nach Descartes völlig mechanisch ab; alles ist unbelebt – mit Ausnahme des menschlichen Geistes. Und so eskamotierte Descartes denn alles aus der Welt, was doch nur störend wirkte – das Leben, den Willen, die Intention. Nichts besaß sein eigenes Lebensprinzip oder seine eigene Bewegungsursache; dergleichen kam nur von Gott. Und die mathematischen Naturgesetze waren gottgegebene metaphysische Wahrheiten: «Die metaphysischen Wahrheiten, die man als ewig bezeichnet, wurden von Gott eingesetzt, und wie alles übrige in dieser Schöpfung hängen sie einzig und allein von ihm ab.»[19]

Der orthodoxe christliche Naturbegriff war ein ganz anderer. Die Welt war lebendig, und ein lebendiger Gott hatte beseelte Lebewesen erschaffen – nicht unbelebte Maschinen. Bei Descartes waren die Welt und alle Lebewesen unbelebt, und Gott wurde das einzige Lebensprinzip aller Dinge, auch des menschlichen Geistes. Seine Lehre war eine weit extremere Form des Monotheismus als die orthodoxe Lehre der Kirche. Er hielt seine Gottesvorstellung für erhabener und empfand nur Geringschätzung für die herkömmlichen Ideen. «Die Mehrheit der Menschen denkt Gott nicht als unendliches und unbegreifliches Wesen, als den einzigen Urheber, aus dem alle Dinge strömen; sie gehen nicht über die Buchstaben seines Namens hinaus . . . Das gemeine Volk stellt ihn sich nachgerade als ein begrenztes Wesen vor.»[20]

Wir im zwanzigsten Jahrhundert übersehen leicht, daß das mechanistische Weltbild mit einer hohen intellektuellen Gottesvorstellung begann: Aus diesem Weltbild ging nicht nur eine neue Art von Wissenschaft hervor, sondern es war auch eine neue Art von Theologie damit verbunden, denn Gott als allmächtiger Planer, Schöpfer und Beweger einer unbelebten Weltmaschine ist nicht der Gott der traditionellen Theologie. Freilich, diese Gottesidee wird nicht mehr von vielen modernen Naturwissenschaftlern ernst genommen, doch auch die heutige Vorstellung von ewigen Naturgesetzen geht noch auf diese Theologie zurück.

Atomismus und Materialismus

Bisher haben wir uns darauf beschränkt, die Einflüsse der pythagoreisch-platonischen Tradition auf die Entwicklung der Naturwissenschaft zu betrachten. In das Wissenschaftsverständnis des siebzehnten Jahrhunderts floß jedoch noch eine andere Tradition des antiken Griechenland ein: die Philosophie des Atomismus. Die Vermählung dieser beiden Traditionen in der Newtonschen Physik – eine Ehe, die über zwei Jahrhunderte harmonisch blieb – erwies sich als außerordentlich fruchtbar. Bis heute hat der alte Atomismus überlebt, wenn auch in modernisierter Form: An die Stelle der unsichtbaren Atome traten die noch viel schwerer dingfest zu machenden Elementarteilchen, die «Grundbausteine der Materie».

Die Philosophie, die wir Atomismus nennen, wurde erstmals im fünften vorchristlichen Jahrhundert von Leukipp und Demokrit vertreten. Wie die Pythagoreer und wie Platon forschten die Atomisten nach einer unwandelbaren Wirklichkeit, die der sich verändernden Welt zugrunde liegt. Ihr Ansatzpunkt war die Philosophie des Parmenides, der sich eine intellektuelle Vorstellung vom höchsten, unwandelbaren Sein zu bilden versuchte. Er kam zu dem Schluß, das Sein müsse eine unwandelbare, undifferenzierte «wohlgerundete Kugel» sein. Wahrhaft sein konnte nur *ein* unwandelbares Ding, nicht die vielen verschiedenen Dinge, die sich verändern. Unsere Erfahrungswelt jedoch enthält lauter Dinge, die sich verändern. Parmenides konnte darin nicht mehr als das Ergebnis einer Täuschung erkennen.

Diese Schlußfolgerung war für viele der nachfolgenden Philosophen unannehmbar. Sie bemühten sich um plausiblere Theorien des absoluten Seins; die Pythagoreer fanden es in den Zahlen, Platon entdeckte es in den ewigen Ideen. Doch die Atomisten kamen auf eine andere Antwort: Das absolute Sein ist keine große, undifferenzierte, unwandelbare Kugel, sondern besteht aus vielen winzigen, undifferenzierten, unwandelbaren Dingen – den materiellen Atomen, die sich durch die Leere bewegen. Diese Atome sind unzerstörbar und damit ewig – das Wort «Atom» bezeichnet ja das, was nicht geteilt werden kann. Veränderungen gehen auf Bewegungen, Kombinationen und Umgruppierungen dieser realen, aber unsichtbaren Teilchen zurück. Das Grundprinzip all der sich wandelnden Phänomene der Welt sind demnach die unwandelbaren und unzerstörbaren Atome – Materie ist absolutes Sein.[21]

Dies ist in Grundzügen die Philosophie des Materialismus, die in mancherlei Gestalt auch unsere heutige Welt noch beherrscht. Für Materialisten – anders als etwa für Platonisten – gibt es so etwas wie universales Bewußtsein oder Geist oder Gott nicht. Das menschliche Denken ist nur Auswirkung materieller Prozesse im Körper, und es gibt keine andere Wirklichkeit als Materie in Bewegung. Diese uralte Philosophie erhielt im siebzehnten Jahrhundert neue Impulse, und Isaac Newton vereinigte den Atomismus in einer großen Synthese mit der Idee der ewigen mathematischen Gesetze zu einer doppelten Unwandelbarkeit: unwandelbare bewegte Materie unter der Herrschaft unwandelbarer nichtmaterieller Gesetze. Das naturwissenschaftliche Weltbild ist seither von dieser kosmischen Dualität der physikalischen Wirklichkeit und der mathematischen Gesetze geprägt.

Die Tradition, die unser Erbe darstellt, ist sowohl von materialistischem als auch von platonistischem Geist. Manche Naturwissenschaftler (zum Beispiel viele Biologen) haben vor allem ihren materialistischen Aspekt herausgestellt, für andere (darunter viele Physiker) war der platonische Aspekt wichtiger – in der mechanistischen Naturwissenschaft sind beide Aspekte gegenwärtig. Geboren wurde sie aus der Verbindung zwischen den ewigen Gesetzen, dem mathematischen Raum und der mathematischen Zeit des himmlischen Vaters einerseits und der ewig sich wandelnden physikalischen Wirklichkeit von Mutter Natur andererseits. Die große Mutter wurde zu den Kräften der Natur und der bewegten Materie,[22] und tatsächlich erinnert das Wort *Materie* noch von fern an sie, denn *Materie* und *Mutter* leiten sich von derselben indoeuropäischen Wurzel ab. Im Lateinischen lauten diese Wörter *materia* und *mater*, und von *materia* sind auch *Material* und *Materialismus* abgeleitet.

Newtons Synthese

Descartes' Weltmaschine bestand nicht aus Atomen im leeren Raum, denn in seinem theoretischen Universum gab es keine Leere. Der scheinbar leere Raum war für ihn voller Wirbel feinstofflicher Materie. Jeder Stern war das Zentrum eines großen Wirbelsystems, und Planeten wie die Erde waren kleinere Wirbelsysteme, die vom großen Wirbel des Sonnensystems mitgerissen wurden. Das ganze Universum war ein großes System von Strudeln verschiedener Größe und Geschwindigkeit.

Newtons Universum bestand demgegenüber aus unzerstörbarer atomarer Materie, die sich durch den leeren Raum bewegt. Daß eine so gewaltige Masse wie die Erde die Sonne umrundete, lag nicht an Wirbeln von feinstofflicher Materie, sondern an immateriellen Kräften. Erde und Sonne waren durch die Anziehungskraft der Gravitation, deren Fernwirkung den leeren Raum überbrückte, miteinander verbunden.

Aufgrund dieser Eigenschaft, auf eine für die Sinne nicht nachvollziehbare Weise Fernwirkungen erzeugen zu können, hat die Gravitation etwas von einer Zauberkraft. Newton befaßte sich jahrelang mit alchemistischen Forschungen und mit dem Studium alter Lehren, die von kosmischer Intelligenz, von Engelskräften und von der Weltseele sprachen. Von welchem Einfluß diese Interessen auf seine wissenschaftlichen Theorien waren, ist umstritten.[23] Jedenfalls aber kündet sein universales Gravitationsgesetz von einer Sicht, die wir heute «holistisch» nennen würden: Jedes Materieteilchen zieht jedes andere an, alle sind untereinander verbunden. Für Newton aber konnte diese Kraft nicht von den Materieteilchen selbst ausgehen, sondern mußte ein Ausdruck von Gottes Willen sein. Auch der absolute mathematische Raum und die absolute mathematische Zeit, in denen alle Materie existierte, waren nur Aspekte Gottes, «der alle Dinge als ihr Prinzip und Ort enthielt».

> Er ist ewig und unendlich, allmächtig und allwissend; das ist, seine Dauer reicht von Ewigkeit zu Ewigkeit; seine Gegenwart von Unendlichkeit zu Unendlichkeit: Er regiert alle Dinge und weiß alle Dinge, die sind oder getan werden können ... und indem er stets und überall existiert, erzeugt er Dauer und Raum ... Er ist ganz und gar ... die Kraft wahrzunehmen, zu verstehen und zu handeln, doch auf eine ganz und gar nicht menschliche Weise, ganz und gar nicht körperliche Weise – auf eine Weise, die uns vollkommen unbekannt ist.[24]

Diese Seite von Newtons Denken geriet bald in Vergessenheit. Die unsichtbaren Kräfte, die nach Newton den Raum durchziehen, wurden der Materie selbst zugeschrieben und nicht länger auf den Willen Gottes zurückgeführt. Als Gott schließlich ganz aus dem Newtonschen Weltbild verschwand, blieb eine Weltmaschine zurück, die nichts als leblose Kräfte und unbelebte Materie enthielt und gänzlich von ewigen mathematischen Gesetzen regiert war.

Dieses mechanistische Paradigma, bestätigt und erweitert durch die experimentelle Methode der Naturwissenschaft, erwies sich als erfolgreich. Viele physikalische Phänomene konnten jetzt anhand mathematischer Modelle verstanden werden; exakte Voraussagen wurden möglich. Vor allem aber war das mechanistische Paradigma die denkbar beste Voraussetzung für etwas, das jetzt erstmals auf breiter Basis angestrebt werden konnte: Beherrschung und Ausbeutung der materiellen Welt. Durch die fortschreitende Aufschlüsselung der Natur nach mechanistischen Gesichtspunkten wurde die Entwicklung neuer Technologien möglich, mit deren Hilfe sich die materielle Wirklichkeit immer effektiver gemäß den Nützlichkeitserwägungen des Menschen manipulieren ließ. Die Zeugnisse der Macht dieses Paradigmas sehen wir heute überall um uns her in den Gebilden der Technik, von denen unser Leben abzuhängen scheint.

Die Relativitätstheorie

Mit Maxwells einheitlicher Theorie des Elektromagnetismus, die er in den sechziger Jahren des vorigen Jahrhunderts entwickelte, konnten Elektrizität, Magnetismus und Licht in ein und demselben mathematischen Rahmen zusammengefaßt werden. Das bedeutete für die Physik nicht nur eine Erweiterung, sondern auch einen radikalen Wandel, denn nun war Maxwells Feldbegriff zum Angelpunkt der Physik geworden. Maxwell stellte sich Felder noch als Modifikationen eines feinstofflichen Mediums, des Äthers, vor. Doch der Versuch, den Äther experimentell aufzuspüren, scheiterte, und das veranlaßte Einstein, die elektromagnetischen Phänomene in seiner speziellen Relativitätstheorie (1905) anhand von Feldern zu erklären, die nicht-materieller Natur sind.

Einstein revolutionierte das newtonsche Weltbild, indem er mit der Idee aufräumte, Masse, Raum und Zeit seien absolute Größen. Dafür setzte er wiederum die Lichtgeschwindigkeit absolut. Er vereinigte die vorher streng getrennten Begriffe von Masse und Energie und zeigte auf, daß Masse und Energie zwei Seiten derselben Wirklichkeit sind; die Beziehung, in der sie zueinander stehen, beschreibt seine berühmte Gleichung $E = mc^2$, in der c die Geschwindigkeit des Lichts ist. Das Licht selbst ist immateriell; es besteht aus energetischen Schwingungen im elektromagnetischen Feld.

In seiner allgemeinen Relativitätstheorie dehnte Einstein den Feldbegriff auf die Gravitation aus und beschrieb die Schwerkraft als eine Eigenschaft des Raumzeit-Kontinuums, das in der Umgebung von Materie gekrümmt wird. Seine Gleichungen basieren auf einer vierdimensionalen Geometrie, in der die Zeit als räumliche Dimension behandelt wird – die Zeit wird hier verräumlicht oder geometrisiert.

Diese Theorie bedeutet keineswegs die Aushöhlung der mathematischen Sicht der klassischen Physik, sondern ist eher ihr Höhepunkt. Zeitlose mathematische Prinzipien sind auch hier das Grundlegende, und alles läuft letztlich hinaus auf eine universale Geometrie, die alle relativen Bewegungen zu erfassen vermag. Wir fühlen uns an Kepler erinnert, wenn wir Einstein sagen hören, die Gravitation habe eine «geometrische Ursache». Und auch darin ist er Kepler ähnlich, daß er das Universum von mathematischer Rationalität durchdrungen sah:

> Das Individuum fühlt die Nichtigkeit menschlicher Wünsche und Ziele und die Erhabenheit und wunderbare Ordnung, welche sich in der Natur sowie in der Welt des Gedankens offenbart. Es empfindet das individuelle Dasein als eine Art Gefängnis und will die Gesamtheit des Seienden als ein Einheitliches und Sinnvolles erleben ... Welch ein tiefer Glaube an die Vernunft des Weltenbaues und welche Sehnsucht nach dem Begreifen wenn auch nur eines geringen Abglanzes der in dieser Welt geoffenbarten Vernunft muß in Kepler und Newton lebendig gewesen sein, daß sie den Mechanismus der Himmelsmechanik in der einsamen Arbeit vieler Jahre entwirren konnten! Wer die wissenschaftliche Forschung in der Hauptsache nur aus ihren praktischen Auswirkungen kennt, kommt leicht zu einer ganz unzutreffenden Auffassung vom Geisteszustand der Männer, welche – umgeben von skeptischen Zeitgenossen – Gleichgesinnten die Wege gewiesen haben, die über die Länder der Erde und über die Jahrhunderte verstreut waren. Nur wer sein Leben ähnlichen Zielen hingegeben hat, besitzt eine lebendige Vorstellung davon, was die Menschen beseelt und ihnen die Kraft gegeben hat, trotz unzähliger Mißerfolge dem Ziel treu zu bleiben.[25]

Einer der ersten Physiker, die Einsteins Relativitätstheorie ganz erfaßten, war Arthur Eddington. Er leitete die Expedition, die die Sonnenfinsternis von 1919 fotografierte und damit erste Beweise für die Stimmigkeit der Theorie erbrachte. Er äußerte sich ausführlich zu den Implikationen der Relativitätstheorie und war der Ansicht, sie deute darauf hin, «daß der Stoff der Welt Geist-Stoff ist». Aber «der Geist-Stoff ist nicht in Raum und Zeit ausgebreitet; diese gehören dem zyklischen Schema an, das letztlich aus ihm abgeleitet ist».[26] James Jeans, ein

Zeitgenosse Eddingtons, gelangte zu ähnlich platonischen Schlußfolgerungen: «Man stellt sich das Universum am besten – wenn auch immer noch sehr unvollkommen und unzureichend – als aus reinem Denken bestehend vor, einem Denken, das wir in Ermangelung eines umfassenderen Begriffs als das Denken eines mathematischen Denkers beschreiben müssen.»[27]

Die Quantentheorie

Die Quantenmechanik stellt einen weit radikaleren Bruch mit der klassischen Physik dar als die Relativitätstheorie. Eine ihrer wichtigsten Konsequenzen besteht in der Aufgabe des strikten Determinismus: Ihre Gleichungen lassen nur noch Wahrscheinlichkeits-Voraussagen zu. Trotz dieser Radikalität bleibt sie jedoch eine Weiterentwicklung der pythagoreisch-platonischen Tradition, denn sie macht die Eigenschaften von Atomen anhand von Zahlen, ja sogar von harmonischen Zahlenserien verständlich – und das ist ein weiterer Schritt auf das althergebrachte Ziel der Naturwissenschaft zu. Louis de Broglie, einer der Begründer der Quantenmechanik, beschreibt dieses Ziel so: «Noch tiefer in den Bereich natürlicher Harmonien eindringen, einen flüchtigen Blick auf die Spiegelung jener Ordnung zu erhaschen, welche das Universum regiert, auf irgendeinen Teil der tiefen und verborgenen Wirklichkeiten, die es konstituieren.»[28] Die Quantentheorie trägt den platonischen Ansatz in die tiefsten Tiefen der Materie hinein, dorthin, wo Demokrit und die späteren Atomisten etwas Festes und Homogenes angenommen hatten. Hier hat sich die moderne Physik, wie Werner Heisenberg schrieb,[29] für Platon entschieden, weil die kleinsten Einheiten der Materie gar keine physikalischen Gegenstände im gewöhnlichen Sinne des Wortes sind, sondern Formen, Strukturen oder eben Ideen, von denen unmißverständlich nur in der Sprache der Mathematik gesprochen werden kann.

Dennoch haben die Quantenphysiker – ganz im Geist der Atomisten – weiterhin nach den letzten Teilchen, den «Grundbausteinen» der Materie geforscht. Und als man immer weiter in das Atom eindrang, in seinen Kern und schließlich die Kernbestandteile, war die Überraschung groß, daß man auf so viele Quantenteilchen stieß – über zweihundert wurden bis heute identifiziert. Und immer noch wird versucht, sie in numerische Schemata zu zwängen, etwa acht- oder zehn-«köpfige» Familien, die als verschiedene Permutationen oder Kombinationen noch grundlegenderer Teilchen – etwa der Quarks – aufgefaßt werden. Hier wird das Anliegen der Pythagoreer mit größter Entschiedenheit weiterverfolgt: hinter der sich wandelnden Welt der Erfahrung eine ewige mathematische Wirklichkeit zu finden, die sich nicht in der Zeit entwickelt und von allem tatsächlichen Geschehen vollkommen unberührt bleibt.

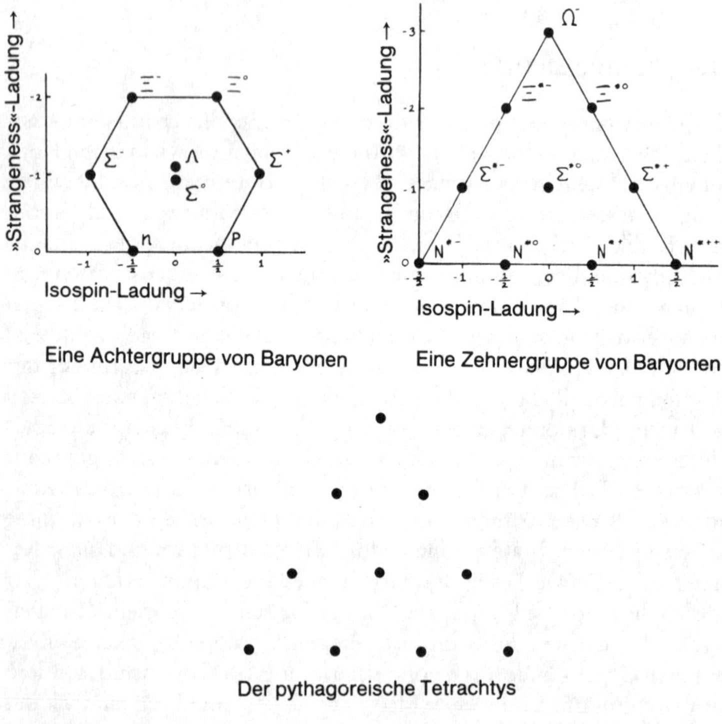

Abbildung 2.2 Zwei »Familiengruppen« von Baryonen (nach Pagels, 1983). Baryonen sind Elementarteilchen mit halbintegralem Spin, die an der starken Wechselwirkung teilnehmen. Jedes Baryon enthält drei Quarks, die in drei »Flavors« vorkommen, »up«, »down«, und »strange«. Die verschiedenen Arten von Baryonen enthalten charakteristische Quark-Kombinationen; das Proton etwa besitzt zwei Up-Quarks und ein Down-Quark, das Neutron ein Up- und zwei Down-Quarks. Die Achtergruppe wird häufig als »achtfacher Pfad« bezeichnet. Die Zehnergruppe weist dieselbe Anordnung auf wie der Tetrachtys, jenes antike Symbol, das der pythagoreischen Zahlensymbolik zugrunde lag.

Ewige Energie

Ein Ewigkeitsanspruch besteht sowohl in der newtonschen als auch in der modernen Physik nicht nur für die Naturgesetze, sondern auch für bestimmte physikalische Grundgrößen, von denen man annimmt, daß sie in ihrer Gesamtmenge für immer und ewig gleichbleiben.

In der newtonschen Physik wurden die Atome der Materie als unzerstörbar angesehen, und so mußte die Gesamtzahl aller Atome im Universum stets dieselbe bleiben. Dies wurde in allgemeiner Form als das Gesetz von der Erhaltung der Materie formuliert: Materie wird weder erzeugt noch zerstört. Das Gesetz von der Erhaltung der Energie entstand historisch als Folgerung aus der Konstanz der Bewegung im Universum. Das Universum bleibt von selbst in Gang und muß nicht aufgezogen werden wie ein mechanisches Uhrwerk. Dies Gesetz war demnach eine Ergänzung zum Gesetz von der Erhaltung der Materie – Substanz und Aktivität des Universums sind gleichermaßen ewig.

Der Begriff der Masse war zunächst an die Materie gebunden, und wenn die Materie erhalten blieb, so mußte dies auch für die Masse gelten: Die Masse eines Atoms ist konstant, und alle Atome bleiben erhalten. Diese schöne Ordnung der Dinge wurde im zwanzigsten Jahrhundert über den Haufen geworfen, als sich herausstellte, daß sich Atome spalten lassen und die dabei entstehenden Teilchen zum Teil wiederum spaltbar sind oder miteinander verschmelzen können. Die Gesamtzahl der Atome ist also *nicht* konstant. Damit nicht genug: Die Masse eines Teilchens kann sich auch noch ändern. Die Ordnung wurde jedoch wiederhergestellt, als man erkannte, daß die Masse eines Teilchens lediglich ein Ausdruck seiner Energie oder Bewegung ist. Die Gleichung $E = mc^2$ beschreibt die Austauschbarkeit dieser beiden Weisen, ein und dasselbe Ding zu messen. Jetzt ist das Gesetz von der Erhaltung der Masse also subsumiert unter eine erweiterte Version des Gesetzes von der Erhaltung der Energie.

Die Gesamtmenge der Energie im Universum ist also konstant. Weder das Entstehen unserer Galaxis noch die Entwicklung des Lebens auf der Erde übt auch nur den geringsten Einfluß auf die universale Energie aus; in ihrer Gesamtmenge nimmt sie dadurch weder zu noch ab: nichts von dem, was tatsächlich geschieht, berührt sie.[30]

Die Erhaltungsgesetze bedeuten, daß physikalische Veränderungen in geschlossenen Systemen durch Gleichungen darstellbar sind: Trotz aller Veränderungen ist die Gesamtmenge der Energie, der elektrischen Ladung und so weiter vorher und nachher dieselbe.

> Ein Erhaltungsgesetz bedeutet, daß es eine Zahl gibt, die man berechnen kann und die – nachdem die Natur ihre Wandlungen durchlaufen hat – bei einer Neuberechnung denselben Wert ergibt; die Zahl verändert sich nicht ... Was auch geschehen mag, es kommt immer dasselbe heraus.[31]

Die Äquivalenz des Vorher und Nachher in solchen Gleichungen bedeutet, daß die Veränderungen in beiden Richtungen ablaufen können, also im Prinzip reversibel sind. In der Welt dieser Gleichungen gibt es keine reale und irreversible Veränderung, mithin auch kein *Werden.* Die Grundwirklichkeiten der Physik, für alle Zeit konstant, evolvieren nicht und werden nicht berührt von allem, was sich in der Zeit entwickelt – zum Beispiel von der Geburt eines Sterns oder einer neuen Insektenart oder von deren Auslöschung. Ilya Prigogine formuliert das so:

> In der klassischen Physik ist alles gegeben: Wandel ist nichts als die Widerlegung des Werdens, und Zeit ist nur ein Parameter, unbeeinflußt von den Transformationen, die sie beschreibt. Das Bild einer stabilen Welt, die nicht dem Werden unterworfen ist, ist bis heute das Ideal der theoretischen Physik ... Wir wissen heute, daß die newtonsche Dynamik nur einen Teil unserer physikalischen Erfahrung beschreibt ... Nähert man sich der Größenordnung sehr kleiner Dinge (Atome, «Elementar»-Teilchen) oder hyperdichter Dinge (Neutronensterne, schwarze Löcher), so treten neue Phänomene auf. Um mit solchen Phänomenen umgehen zu können, wird die newtonsche Dynamik durch Quantenmechanik und relativistische Dynamik ersetzt. Diese neuen Formen der Dynamik – auch wenn sie an sich durchaus revolutionär sind – haben die Grundidee der newtonschen Physik geerbt: ein statisches Universum, ein Universum des *Seins* ohne *Werden.*[32]

Das einzige physikalische Hauptprinzip, das von irreversiblen Veränderungen spricht, ist der sogenannte zweite Hauptsatz der Thermodynamik, dessen frühere Interpretation besagt, daß das Universum «abläuft» und auf einen Wärmetod zusteuert. Die Ewigkeit der Energie bestreitet die Thermodynamik jedoch nicht, sondern bestätigt sie. Der erste Hauptsatz der Thermodynamik ist in Wirklichkeit nichts anderes als eine Neuformulierung des Gesetzes von der Erhaltung der Energie.

Ewige Mathematik

Die Naturgesetze in der Gestalt, wie wir sie in wissenschaftlichen Lehrbüchern antreffen, sind natürlich Menschenwerk. Mit dem Fortschritt in der Naturwissenschaft werden sie verändert und auf den neuesten Stand gebracht. Die kurze Geschichte der theoretischen Physik zeigt jedoch, daß die Wissenschaftler dennoch davon ausgehen, daß die Naturgesetze irgendwie auf universale mathematische Ordnungsprinzipien hindeuten oder deren Abbilder sind. Das ist natürlich eine metaphysische Annahme, in der Philosophie heiß umstritten, seit David Hume sie im achtzehnten Jahrhundert in Frage stellte. Bis heute hat diese Annahme die Diskussion allerdings noch recht unbeschadet überstanden. Sie ist integraler Bestandteil des mechanistischen Paradigmas, und dieses Paradigma erhielt und erhält immer neue Nahrung durch die spektakulären Erfolge der Physik und vor allem der neuen Technologien, die aus ihr hervorgingen.

Entscheidend für den Fortbestand dieses Glaubens an ewige mathematische Gegebenheiten ist jedoch die uralte Faszination der Mathematik, die heute so lebendig ist wie eh und je. Mathematische Beziehungen scheinen Ausdruck zeitloser Wahrheiten zu sein, die überall und jederzeit gültig sind. Es sind objektive Wahrheiten, wenn sie auch eindeutig mehr der Welt des Denkens als der Welt der Dinge zuzurechnen sind. Sie können einem in der Tat als die Ideen eines universalen Bewußtseins erscheinen. Heinrich Hertz, nach dem die Maßeinheit der Frequenz benannt wurde, drückte das schon im vorigen Jahrhundert so aus:

> Man kann sich des Gefühls nicht erwehren, daß diese mathematischen Formeln ein unabhängiges Sein und ihre ganz eigene Inelligenz besitzen, daß sie klüger sind als wir, klüger sogar als ihre Entdecker, und daß sie uns mehr erbringen, als ursprünglich in sie hineingesteckt wurde.[33]

In unserem Jahrhundert haben der Empirismus und der Positivismus in der akademischen Philosophie den alten Platonismus ziemlich aus der Mode kommen lassen. Die neue Philosophie der Mathematik heißt «Formalismus», und nach dieser Philosophie ist die Mathematik größtenteils – wenn nicht ganz und gar – eine Art intellektuelles Spiel ohne letzten Sinn. Die Mathematiker selbst freilich scheinen diese Sache insgeheim doch etwas anders zu sehen. Viele der Autoren, die sich zu diesem Thema geäußert haben, behaupten übereinstimmend, daß die meisten Mathematiker bei der Beschäftigung mit Mathematik davon überzeugt sind, es mit einer objektiven Wirklichkeit zu tun zu haben; fordert man sie jedoch zu einer philosophischen Darstellung und Erklärung dieser Wirklichkeit auf, so ziehen sie sich schnellstens zurück und schützen vor, die Sache gar nicht wirklich ernst zu nehmen. Der typische Mathematiker ist ebenso Platonist wie Formalist – ein heimlicher Platonist mit einer formalistischen Maske, die er aufsetzt, wenn es opportun erscheint.[34]

Von Energie, Materie und Feldern wird inzwischen angenommen, daß sie entstanden, als das Universum geboren wurde und wuchs; die mathematischen Gesetze jedoch gelten nach wie vor als ewige Entitäten, die es schon gab, als noch kein Universum existierte. Wenige Naturwissenschaftler machen diese Annahme explizit, doch das Ideal der universalen, unwandelbaren Gesetze ist in der naturwissenschaftlichen Methode selbst impliziert, bildet den Hintergrund des konventionellen naturwissenschaftlichen Denkens. Diese Annahme liegt auch dem Ideal der Wiederholbarkeit zugrunde, das in den Naturwissenschaften von so entscheidender Bedeutung ist.

Wiederholbare Experimente

Ein Grundgesetz der naturwissenschaftlichen Methode lautet, daß Beobachtungen wiederholbar sein müssen. Die Naturwissenschaft hat die Regelmäßigkeiten der Natur zum Gegenstand, jene Aspekte, die objektiv und gleichbleibend sind. Die Kompetenz des Experimentators vorausgesetzt, sollte das gleiche Experiment, unter gleichen Bedingungen durchgeführt, stets und überall auf der Welt zum gleichen Ergebnis führen. Warum? Weil die Naturgesetze stets und überall dieselben sind. Ob wir dessen gewahr sind oder nicht: Auf dieser metaphysischen Annahme beruht das Ideal der Reproduzierbarkeit und auf diesem wiederum die traditionelle Methode der Naturwissenschaft:

> Die Universalität ist vielleicht das tiefste Charakteristikum der physikalischen Gesetze: alle Ereignisse, nicht nur einige, unterliegen ein und derselben universalen Grammatik der materiellen Schöpfung. Das ist eigentlich überraschend, denn in der Vielgestaltigkeit der Natur ist kaum etwas weniger evident als die Existenz universaler Ge-

setze. Erst mit der Entwicklung der Experimentalmethode und des zugehörigen Interpretationssystems konnte die erstaunliche Idee, daß eben diese Vielgestaltigkeit auf universale Gesetze zurückzuführen ist, verifiziert werden.[35]

Karl Popper, einer der führenden Wissenschaftsphilosophen, stellt fest, daß die Annahme universaler Gesetze sogar lebensnotwendig ist für die Naturwissenschaft: «Nur wenn wir darauf bestehen, daß Erklärungen sich universaler Gesetze (unter Berücksichtigung der Anfangsbedingungen) bedienen, kommen wir der Idee der unabhängigen oder Nicht-*ad-hoc*-Erklärung näher.»[36] Ohne diese Forderung gäbe es keine Basis für das Prinzip der objektiven Reproduzierbarkeit, das für die naturwissenschaftliche Methode von so ausschlaggebender Bedeutung ist. Popper spricht hier lediglich aus, was den meisten Naturwissenschaftlern eine Selbstverständlichkeit ist, die keiner Erwähnung bedarf.

Popper faßt die Naturgesetze als Beschreibung «struktureller Eigenschaften der Welt» auf. Dabei nimmt er eine Schwierigkeit in Kauf: Einerseits erklären die Strukturen die Gesetze, andererseits erklären die Gesetze die Strukturen. Er glaubt jedoch, daß «Struktur und Gesetz auf einer bestimmten Ebene vielleicht ununterscheidbar werden, daß die Gesetze der Welt eine bestimmte Struktur *diktieren*, andererseits aber selbst wiederum als die *Beschreibung* dieser Strukturen interpretiert werden können. Darauf scheinen auch die Feldtheorien der Materie abzuzielen, wenn sie auch zu diesem Schluß noch nicht tatsächlich gelangt sind.»[37]

Die Feldtheorien der Materie sind inzwischen jedoch in Fluß geraten, und die heutige Physik bemüht sich um ein evolutionäres Verständnis der Felder. In einem evolutionären Universum entwickeln sich auch die «strukturellen Eigenschaften der Welt». Wie können wir also immer noch einfach davon ausgehen, daß diese strukturellen Eigenschaften gänzlich unter der Herrschaft präexistierender Gesetze stehen? Und was, wenn sie eher so etwas wie universale Gewohnheiten wären, die sich in einem wachsenden Universum herausbilden?

Wenn wir die Möglichkeit in Betracht ziehen, daß die Natur Gewohnheiten bildet, so stellen wir damit nicht nur die metaphysische Annahme in Frage, daß alles von transzendenten Gesetzen geregelt wird, die von allem tatsächlichen Geschehen unberührt bleiben. Mit dieser Möglichkeit ist vielmehr die naturwissenschaftliche Methode selbst in Frage gestellt. Wären nämlich die strukturellen Eigenschaften der Welt

Veränderungen unterworfen, wie sollten Experimente dann reproduzierbar sein? Wie konnte es überhaupt dazu kommen, daß die naturwissenschaftliche Methode die Idee der Wiederholbarkeit so überzeugend verifizieren konnte?

Man braucht nicht lange zu überlegen, um darauf zu kommen, daß es für die Physik in der Praxis vermutlich keinen Unterschied machen würde, ob die Natur von ewigen Gesetzen oder von Gewohnheiten geleitet ist. Von Elektronen, Atomen, Sternen, Feldern, überhaupt von den meisten Dingen, die das Arbeitsfeld der Physik bilden, nimmt man an, daß es sie schon seit Milliarden von Jahren gibt. Die Natur solcher Dinge kann schon so tief gewohnheitsmäßig geworden sein, daß sie praktisch unveränderlich ist. Sie sind mit zeitlosen mathematischen Gesetzen hinreichend genau beschrieben, und der Gedanke, daß ihre Natur für alle Zeiten festgelegt ist, stellt zwar eine Idealisierung dar, doch der Fehler ist für die meisten Zwecke und Absichten vernachlässigbar gering. Experimente mit solchen uralten physikalischen Entitäten wären auch dann «exakt» – also ohne wahrnehmbare Abweichungen – reproduzierbar, wenn die Natur dieser Entitäten auf Gewohnheit beruhte. Dasselbe würde auch für die meisten Forschungsgegenstände der Chemie, Geologie, Kristallographie, Biologie und anderer Wissenschaften gelten: für alle Systeme, die schon seit unvordenklichen Zeiten bestehen. Wenn Natur Gewohnheit ist, dann werden wohlausgeprägte Phänomene sich so verhalten, als stünden sie unter der Herrschaft transzendenter, unveränderlicher Gesetze.

Der Unterschied der beiden Ansätze wird erst deutlich an Phänomenen, die noch nicht so ganz und gar etabliert sind. Ein wesentlicher Zug des Evolutionsprozesses besteht darin, daß *neue* Systeme mit Organisationsmustern auftreten, die es nie zuvor gegeben hat – etwa eine neue Art von Molekülen oder Kristallen oder Pflanzen oder Instinkten, ja sogar ein neues Musikstück. Wenn solche Dinge wirklich neu sind, lassen sie sich nicht als simple Wiederholungen von etwas Früherem erklären. Sie können bei ihrem Auftreten nicht schon habituell sein, werden es dann jedoch durch Wiederholung. Nach der herkömmlichen Auffassung unterliegt jedoch auch das Neue den präexistierenden Naturgesetzen, die sich nie ändern durch irgend etwas, das geschieht, und für die es keinen Unterschied macht, ob die Phänomene, die unter ihrer Herrschaft stehen, tatsächlich auftreten oder nicht. Die orthodoxe Anschauung lautet, daß neue Arten von Molekülen, Kristallen, Organismen, Instinkten und Ideen bei ihrem ersten Auftreten von denselben unwandelbaren Gesetzen regiert werden wie bei ihrem tausendsten oder trillionsten Auftreten.

Sollte jedoch ein Erinnerungsvermögen in der Natur der Dinge liegen, so wird ihr erstes Auftreten sich vom tausendsten und dieses wiederum vom trillionsten unterscheiden. Jedes weitere Auftreten wird von dem Umstand mitgeformt, daß es Vorläufer gab: Es wird beeinflußt von einer kumulierten Erinnerung an alle früheren Fälle und eine Neigung zur Habitualisierung erkennen lassen. Dieses neue Phänomen wird sich überall um so leichter oder mit um so höherer Wahrscheinlichkeit einstellen, je öfter es wiederholt wird. Wenn wir etwa an Kristalle einer zum erstenmal synthetisierten Substanz von einer ganz bestimmten Molekularstruktur denken, so sollten diese Kristalle sich auf der ganzen Welt um so leichter bilden, je häufiger die Substanz auskristallisiert wurde. Oder wenn man Tieren wie etwa Ratten im Labor einen neuen Trick beibringt, so sollte sich bei Ratten derselben Art überall auf der Welt zeigen, daß sie den Trick nun schneller erlernen.

Es gibt bereits Hinweise darauf, daß dieser Effekt tatsächlich existiert, und wir werden darauf im siebenten und den folgenden Kapiteln zurückkommen. Im Augenblick genügt es jedoch, wenn wir einfach die *Möglichkeit* in Betracht ziehen, daß die Natur habituell ist. Dies würde bereits bedeuten, daß wir die herkömmliche Ansicht, alle wissenschaftlichen Experimente müßten im Prinzip exakt wiederholbar sein, nicht mehr so ohne weiteres akzeptieren können. Neue Phänomene würden dann nämlich durch Wiederholung immer wahrscheinlicher, und ihre experimentelle Untersuchung würde im Laufe der Zeit immer wieder andere quantitative Resultate erbringen. Dadurch sollte es andererseits möglich werden, die Entwicklung von Gewohnheiten exakt zu erfassen, indem man die Häufigkeit ihres Auftretens unter standardisierten Bedingungen immer wieder feststellt. Wenn ein Phänomen habituell wird, müßte es mit immer höherer Wahrscheinlichkeit auftreten, je häufiger es wiederholt wird.

Wie aber sollen wir der Idee, daß die Natur habituell ist, jemals naturwissenschaftliche Geltung verschaffen, wenn eben diese Idee das naturwissenschaftliche Ideal der exakten Reproduzierbarkeit ungültig macht? Auf den ersten Blick scheint sich hier ein Paradox aufzutun: Wenn nämlich die Natur habituell ist, wird es nicht möglich sein, die Entwicklung einer bestimmten Gewohnheit immer wieder zu untersuchen, eben weil sie sich dann schon weiterentwickelt hat. Wir könnten die Entwicklung von Gewohnheiten jedoch immer wieder an neuen Arten von Molekülen, Kristallen, Verhaltensmustern und ähnlichem studieren. Dieselben *Arten* von Experimenten wären dann wiederholbar. Und mit solchem wiederholten Experimentieren wäre dann festzustellen, ob es bei Naturphänomenen eine allgemeine Tendenz gibt, im Laufe vieler Wiederholungen immer mehr zur Gewohnheit zu werden.

3. Vom Fortschritt der Menschheit zur universalen Evolution

Die zwiefältige Weltsicht, welche die Naturwissenschaft des neunzehnten Jahrhunderts uns hinterließ – Evolution auf der Erde, aber im Hintergrund eine physikalische Ewigkeit –, wurzelt in einer viel älteren Dualität unserer Kultur. Sie ist Ausdruck des doppelten kulturellen Erbes Europas: auf der einen Seite die intellektuellen Traditionen der griechischen und römischen Zivilisation, auf der anderen der christliche Glaube. Die Ewigkeiten der Physik wurzeln in unserer griechischen Vorgeschichte, unser Entwicklungsglaube in der Religion der Juden.

Im Mittelalter gelangte man zu einer Synthese dieser beiden Traditionen: Die Menschheit, so hieß es, entwickle sich aufgrund der Selbstoffenbarung Gottes in historischen Ereignissen und aufgrund des Glaubens an seine Absichten; die übrige Welt jedoch könne nicht voranschreiten, denn die Natur der Natur sei konstant. Gegen Ende des achtzehnten Jahrhunderts verbreitete sich der Glaube an den Fortschritt des Menschen durch Aufklärung und Vernunft. Der Fortschritt in den Naturwissenschaften und die Erfolge der industriellen Revolution bestärkten diesen Glauben. Doch die alte Unterscheidung galt weiterhin: die Menschheit schreitet voran, die Natur nicht. Im neunzehnten Jahrhundert eröffnete sich eine ganz neue Sicht der Evolution: Jetzt war es nicht mehr nur der Mensch, der sich entwickelte, sondern alles Leben war durch Evolution entstanden. Immer noch blieb der Evolutionsgedanke jedoch auf die Erde beschränkt.

Heute, endlich, sind wir zu der Erkenntnis gelangt, daß der gesamte Kosmos sich in der Zeit entwickelt hat, daß die Natur in ihrer Gesamtheit evolutionär ist. Wir können uns die Natur nicht mehr unter dem Aspekt der Ewigkeit denken.

In diesem Kapitel wollen wir uns zunächst die religiösen Ursprünge des Glaubens an den Fortschritt der Menschheit vergegenwärtigen. Dann werden wir sehen, wie der Fortschrittsbegriff zu einer evolutionären Sicht allen Lebens auf der Erde führte, um schließlich zu Darwins Versuch zu kommen, den Evolutionsgedanken in einer mechanistischen Welt unterzubringen. Am Ende werden wir uns der Möglichkeit einer neuen evolutionären Synthese annähern, in der die Evolution des Lebens als ein Aspekt des kosmischen Evolutionsprozesses angesehen wird.

Der Glaube an die Absichten Gottes

Die griechischen Philosophen, ähnlich den Philosophen anderer Zivilisationen, dachten sich die Zeit als endlose Wiederholung von Zyklen: der Zyklus des Atems, der Zyklus von Tag und Nacht, der Zyklus des Mondes und des Jahres, größere astronomische Zyklen und große Zyklen von Zyklen. In manchen Hindu-Systemen etwa dauert ein großer Zyklus, ein *Mahāyuga*, 12 000 Jahre, und er ist eingebettet in noch größere Zyklen bis hin zum großen Zyklus Brahmās, der 2 560 000 Mahāyugas umfaßt.[1]

Fast in allen antiken Theorien von großen Zyklen treffen wir auch einen Mythos vom Goldenen Zeitalter an. Der Zyklus beginnt mit dem Goldenen Zeitalter, auf das ein schrittweiser Niedergang aller Dinge folgt. Am Ende des letzten Zeitalters eines Zyklus versinkt die Welt in allgemeiner Auflösung und wird dann erneuert. Ein neues Goldenes Zeitalter setzt ein, und alles nimmt seinen Lauf in ewiger Wiederkehr.[2]

In Anlehnung an diese zyklische Weltsicht betrachten hinduistische und buddhistische Philosophen das Leben selbst als zyklische Wiederholung von Geburt, Wachstum und Tod: Das menschliche Leben verläuft in Zyklen der Wiedergeburt. Auch die Pythagoreer und ebenso Platon glaubten an Reinkarnation.

In der jüdisch-christlichen Tradition gibt es dagegen nur einen einzigen Zyklus der Entwicklung in der Zeit. Die Bibel beginnt mit der Schöpfungsgeschichte und endet mit einer neuen Schöpfung in der Offenbarung: «Und ich sah einen neuen Himmel und eine neue Erde; denn der erste Himmel und die erste Erde verging.»[3] Die ganze biblische Geschichte steht also in einem kosmischen Rahmen von Schöpfung, Zerstörung und Neuschöpfung, doch dieser Zyklus ist nicht einer von vielen: Der neuen Schöpfung, wie Johannes sie in seiner Offenbarung schildert, folgt keine erneute Auflösung, sondern sie stellt die endgültige Vollendung von allem dar; das ganze Universum wird in die Göttlichkeit aufgenommen und läßt seine Existenz in Raum und Zeit endgültig hinter sich.[4] Die sechs Schöpfungstage der Genesis repräsentieren die Woche der Zeit und des irdischen Tuns; der siebente jedoch ist der Tag der Ewigkeit, an dem alles Tun ruht.

Das ist der jüdisch-christliche «Geschichtsmythos».[5] Er beginnt, wie viele andere Mythen, mit einem Goldenen Zeitalter – das erste Paar im Garten Eden in Harmonie mit sich selbst, mit der Welt und mit Gott. Dann kommt der Sündenfall, das Essen der Frucht vom Baum der Erkenntnis von Gut und Böse und die Vertreibung aus dem Paradies hinaus in eine Welt der Mühsal, des Leidens und Sterbens. Dann jedoch beginnt die große Reise auf ein neues Eden zu, die lange Reise ins Gelobte Land.

Das Vorbild dieses Geschichtsverständnisses war der Weg des Volkes Israel aus der ägyptischen Gefangenschaft, der nach den Leiden in der Wildnis und dem Bündnis mit Gott ins Gelobte Land führte. Dieser Weg, zur Metapher geworden, liegt der Vorstellung des Fortschritts zugrunde. Ein Voranschreiten gibt es nur, wenn eine Richtung vorgegeben ist, und Reisen oder Wanderungen wie die der Kinder Israel haben eine Richtung, weil sie mit einem bestimmten Ziel oder in einer bestimmten Absicht angetreten werden.

Auch in den antiken Zivilisationen gab es einen Fortschrittsglauben, denn zeugten nicht die Städte selbst von der Überwindung eines primitiven, barbarischen Entwicklungsstandes? Für jedermann lag der Fortschritt klar zutage in der Pracht der Gebäude, im Aufblühen der Künste und Handwerke, im Aufbau von Imperien.[6] Doch der Entwicklung der Zivilisation stand der Mythos vom Goldenen Zeitalter und vom Niedergang gegenüber, und so konnte die Zukunft nur Verfall und Zerstörung bringen.

Im Gegensatz dazu finden wir in der jüdisch-christlichen Tradition einen starken religiösen Glauben an die Zukunft. So heißt es etwa im *Brief an die Hebräer*:

> Es ist aber der Glaube eine gewisse Zuversicht des, das man hofft, und ein Nichtzweifeln an dem, das man nicht sieht ... Durch den Glauben hat Noah Gott geehrt und die Arche zubereitet zum Heil seines Hauses, da er ein göttliches Wort empfing über das, was man noch nicht sah ... Durch den Glauben ward gehorsam Abraham, da er berufen ward, auszugehen in das Land, das er ererben sollte; und ging aus und wußte nicht, wo er hinkäme ... Diese alle sind gestor-

> ben im Glauben und haben die Verheißungen nicht empfangen, sondern sie von ferne gesehen und sich ihrer getröstet und wohl genügen lassen und bekannt, daß sie Gäste und Fremdlinge auf Erden wären. Denn die solches sagen, die geben zu verstehen, daß sie ein Vaterland suchen. Und zwar, wo sie das gemeint hätten, von welchem sie waren ausgezogen, hatten sie ja Zeit, wieder umzukehren. Nun aber begehren sie eines bessern, nämlich eines himmlischen. Darum schämt sich Gott ihrer nicht, zu heißen ihr Gott; denn er hat ihnen eine Stadt zubereitet.[7]

Einer Strömung des christlichen Glaubens zufolge, die sich auf das Buch der *Offenbarung* beruft, wird Christus nach seiner Wiederkunft ein irdisches Reich gründen und tausend Jahre lang, bis zum Jüngsten Gericht, regieren. In der Geschichte des Christentums hat es immer wieder starke millenarische Bewegungen gegeben. Charakteristisch für solche Bewegungen ist der Glaube an das unmittelbare Bevorstehen eines neuen Zeitalters auf der Erde – nicht in irgendeinem Himmel und nicht nur für einzelne Seelen. Alle Gerechten werden erlöst, und das Leben auf Erden wird sich vollkommen wandeln.[8]

Auch viele Puritaner im England des siebzehnten Jahrhunderts waren von dem Glauben beseelt, das Königreich Gottes stehe nun unmittelbar bevor. In diesem Glauben verließen die Pilgrim Fathers das alte Land auf der Suche nach einem neuen – einem Neuen England in einer Neuen Welt. In England selbst wurde der König enthauptet und die alte Ordnung umgestürzt. In dieser revolutionären Atmosphäre entwickelte sich eine ganz neue Sicht des neuen Zeitalters auf der Erde: die Umwandlung der Welt durch den Fortschritt der Menschheit – und diesen Fortschritt sollte die Naturwissenschaft bewerkstelligen.

Der Glaube an den Fortschritt der Menschheit

Der Prophet dieser neuen Vision war Francis Bacon. In *New Atlantis*, das er 1624, kurz vor seinem Tod, schrieb, wurde das neue Zeitalter des Millenarismus zu einer Art wissenschaftlichem Utopia. Der Fortschritt der «gesamten Menschheit» sollte durch die technische Beherrschung der Natur bewerkstelligt werden. Nur das wissenschaftliche Erkennen, gegründet auf die empirische Methode, versprach Erfolg bei dem Bestreben, «die Macht und Herrschaft der Menschheit über das Universum zu errichten und zu festigen», wie Bacon es ausdrückte. So könne der Mensch jenes «Recht über die Natur zurückerlangen, das ihm aufgrund von Gottes Willen zusteht».[9]

In Bacons neuem Atlantis lag der Fortschritt in den Händen einer Gruppe von Wissenschaftlern und Technikern, die die Natur nach der experimentellen Methode erforschten. Man mußte der Natur ihre Geheimnisse abringen, um sie zum Wohl der Menschheit zu nutzen.[10] Diese Wissenschaftler und Techniker arbeiteten in einem Gebäude mit dem Namen Salomons Haus, dem Urbild aller naturwissenschaftlichen Forschungsinstitute; sie trugen eine besondere Kleidung und waren eigentlich eine Art wissenschaftliche Priesterschaft.

Zur Zeit des Revolutionsregimes der Puritaner bildete sich in England tatsächlich eine solche Gruppe von Wissenschaftlern und Philosophen, deren gemeinsame Aktivitäten zunächst nur in lockeren Zusammenkünften bestanden. Diese Gruppe, als das «Invisible College» bekannt, wurde zum Kern der Royal Society, die 1660, bald nach der Restauration der Monarchie, gegründet wurde. Hier, in der «Royal Society of London for Improving Natural Knowledge», ging es nun um die planvolle Realisierung von Bacons Vision. Die Royal Society war Salomons Haus. Ähnliche Wissenschaftlerbünde wurden in der gesamten westlichen Welt in der Form von Akademien der Wissenschaft gegründet.

Die Erfolge der Naturwissenschaft und die Entwicklung neuer Industrien bestätigten den Glauben an den wissenschaftlichen Fortschritt, und so verbreitete sich dieser Glaube im achtzehnten Jahrhundert über ganz Europa und Amerika, im neunzehnten Jahrhundert auch über die Imperien der europäischen Mächte und in unserem Jahrhundert schließlich bis in die entlegensten Winkel der Welt. Wo christliche Missionare gescheitert waren, ist den Missionaren des technischen Fortschritts nun Erfolg beschieden.

Aus seiner westeuropäischen Heimat wanderte dieser Glaube in marxistischer Gestalt nach Rußland und China, in seiner kapitalistischen Gestalt nach Japan und in den Fernen Osten, und in wechselnder Gestalt schließlich in die übrigen Länder der Erde, die dadurch urplötzlich zu «Entwicklungsländern» wurden. Verbesserte Schulbildung und ökonomische Entwicklung sorgen nun dafür, daß auch das letzte Dorf und der letzte Stamm noch bekehrt werden.

Der Wunsch nach Fortschritt ist der Motor tatsächlicher Entwicklung, und selbst für Ungebildete sind die Zeugnisse des industriellen

Fortschritts überall deutlich zu erkennen. Wo fänden wir in unserer heutigen Welt noch einen Ort, an dem es keine Transistorradios oder Quarzuhren gibt? Und wo in der Welt hätte man etwas Derartiges je zuvor schon gesehen? Das sind keine neuen Varianten von Dingen, die schon immer bekannt waren, sie sind wirklich neu. Durch Naturwissenschaft und Technik geschehen Dinge in der Welt, die es noch nie gegeben hat.

Wir können uns natürlich fragen, ob solche Veränderungen wirklich Fortschritt bedeuten. Jedenfalls kommen wir nicht an der Einsicht vorbei, daß die sich überstürzenden Neuerungen ringsum die Produkte eines nach wie vor sehr starken Fortschritts*glaubens* sind. Doch der Glaube an die Verwandlung der Welt durch naturwissenschaftlichen Fortschritt ist nur eine Form des Millenarismus unter anderen. Die Pilgrim Fathers waren von millenarischem Geist durchdrungen, als sie im siebzehnten Jahrhundert New England gründeten. Die revolutionären politischen Bewegungen des späten achtzehnten Jahrhunderts waren millenarisch: Die alte Ordnung sollte umgestürzt werden, damit ein neues Zeitalter beginnen konnte – das Zeitalter von «Freiheit, Gleichheit und Brüderlichkeit». Auch der große Zusammenschluß der die Vereinigten Staaten von Amerika entstehen ließ, stand im Zeichen dieser Vision von einer ganz neuen Zeit, und diese Vision verkünden sogar das Staatswappen und jeder Dollarschein: *Novus ordo seclorum* – eine neue Ordnung der Zeiten.

Auch der Kommunismus ist eine Form messianischen Glaubens. Und jetzt, kurz vor der Jahrtausendwende, stehen die beiden millenarischen Mächte USA und Sowjetunion einander nach wie vor bis an die Zähne bewaffnet gegenüber, bereit zu einem apokalyptischen Krieg. In den letzten Tagen dieses Zeitalters, so lesen wir in der *Offenbarung*, wird es Seuchen geben, und Feuer wird vom Himmel fallen, Finsternis wird über die Erde kommen, und im Himmel wird ein gewaltiger Kampf toben. Der apokalyptische Aspekt des jüdisch-christlichen Geschichtsverständnisses besteht nach wie vor, hat sogar eine neue und grauenhafte Plausibilität gewonnen.

Progressive Evolution

Der Fortschritt der Naturwissenschaft ist eingebettet in eine umfassende Sicht menschlichen Fortschritts, und diese wiederum ging hervor aus dem Glauben an Gottes Führungsrolle in der Geschichte, einer Geschichte, die in eine neue Schöpfung einmünden würde. Im neunzehnten Jahrhundert wurde diese Vorstellung von progressiver Entwicklung auf alles irdische Leben ausgedehnt. Die Evolution der Wissenschaft bereitete den Weg für eine Wissenschaft der Evolution.

Gegen Ende des achtzehnten Jahrhunderts war für viele Europäer und Amerikaner nicht mehr von der Hand zu weisen, daß Fortschritt und die wachsende Macht des Menschen über die Natur auf das wachsende Wissen des Menschen, vor allem aber auf die Fortschritte der Naturwissenschaft zurückzuführen waren. Aber stand diese progressive Entwicklung noch mit Gottes Absichten in Einklang, und war sie von seinem Willen geleitet? Viele glaubten das, und viele glauben es noch. Für die Atheisten der Aufklärung jedoch war der Fortschritt die Leistung des Menschenverstandes. In einem mechanistischen Universum war menschliche Vernunft die höchste Form des Bewußtseins, und es gab keine anderen Absichten als die des Menschen. Im Verlauf der Französischen Revolution wurden die Kirchen von Paris geschlossen, und Notre-Dame wurde zu einem Tempel der Vernunft.

Der Menschenverstand entwickelte sich also, aber wie und warum geschah das? Hegel fand eine Antwort in Gestalt eines evolutionären Systems, das den dynamischen Prozeß progressiver Entwicklung beschreibt. Er sah die Evolution des Denkens als einen Aspekt der Bewegung des Absoluten oder, in religiöser Sprache, als eine Manifestation des Göttlichen. Sie war für ihn ein rhythmischer Prozeß der Ganzheitenbildung, in welchem das Denken durch Widerspruch und Argument dialektisch fortschreitet. Jeder neue Entwicklungsschritt dieser Art beginnt mit einer Behauptung, der These; diese erweist sich als unzureichend und erzeugt dadurch ihr Gegenteil, die Antithese. Auch diese erweist sich als unzureichend, und so werden die beiden Seiten des Gegensatzes zu einer höheren Synthese vereinigt. Die Synthese führt zu einer neuen These, die wiederum eine Antithese auf den Plan ruft und so weiter.

Karl Marx nahm Hegels in sich geschlossenes System in seiner Gesamtheit als These und hielt als Antithese dagegen: Nicht der Geist entwickelt sich dialektisch, sondern die Materie. Auch der Dialektische

Materialismus, wie die Philosophie von Marx und Engels sich nennt, ist eine evolutionäre Philosophie, die den geschichtlichen Fortschritt als von objektiven, wissenschaftlichen Gesetzen geleitet sieht. Der Fortschritt der Menschheit ist nur ein Aspekt der progressiven Entwicklung der Materie, und der Geist ist nicht etwa das Grundprinzip, sondern ein Produkt dieser Entwicklung.

In der Evolutionsphilosophie Herbert Spencers war Fortschritt mehr als eine objektive Realität, nämlich das oberste Gesetz des Universums. Spencer interessierte sich wie Marx vor allem für den Fortschritt des Menschen; seine universale Evolutionsphilosophie war eine große Verallgemeinerung, in welcher die Evolution des Menschen als ein Aspekt des universalen Prozesses interpretiert wurde. Lange bevor eine evolutionäre Kosmologie zur Schulmeinung der Physik wurde, hatten Spencer und andere Philosophen des neunzehnten Jahrhunderts – etwa C.S. Peirce, von dem bereits die Rede war – das Bild eines universalen Evolutionsprozesses entworfen. Die Evolutionsidee kam überhaupt mit diesen Philosophien auf; erst später erhielt sie in der Biologie ihre beherrschende Stellung und noch viel später in der Physik.

Im übrigen war es Spencer und nicht Darwin, der den Begriff «Evolution» populär machte, und das noch vor dem Erscheinen von Darwins *Origin of Species* (1859; deutsch: *Von der Entstehung der Arten*). In der ersten Ausgabe dieses Buches kam das Wort «Evolution» noch gar nicht vor; erst in der sechsten Ausgabe – und dann selten – begann Darwin dieses Wort zur Charakterisierung seiner Theorie zu gebrauchen. Er gebrauchte lieber Ausdrücke wie «Abstammung mit Modifikationen» oder einfach «Fortschritt».[11]

«Entwickeln» ist die wörtliche Übersetzung des lateinischen *evolvere*, von dem «Evolution» abgeleitet ist. Ursprünglich gebrauchte man das Wort «Evolution» für die Entfaltung embryonaler Strukturen wie etwa Knospen. Die Evolutionistenschule in der Biologie des achtzehnten Jahrhunderts behauptete, die Entwicklung eines Embryos sei die Entfaltung einer präformierten Struktur, die in der befruchteten Eizelle bereits gegenwärtig sei. Das Wort «Evolution» implizierte demnach eine präexistierende Anlage oder Struktur, die sich in der Zeit entfaltet. Dies dürfte der Grund dafür gewesen sein, daß Darwin es bei der ersten Formulierung seiner Theorie nicht verwendete.[12] Denn von «Evolution des Lebens» zu sprechen hätte dann ja bedeutet, daß man eine präexistierende Struktur – womöglich einen göttlichen Plan – voraussetzte, und eben das wollte Darwin vermeiden. Wenn aber die Formen des Lebens sich nicht nach einem göttlichen Plan gebildet hatten, wie konnten sie dann durch spontane Naturprozesse entstanden sein?

Darwin formulierte seine Antwort in Begriffen, die den Aufschwung von Industrie und Handel in seiner Zeit widerspiegelten: Innovation, Konkurrenzkampf, Eliminierung des Untauglichen und natürlich die Vererbung von Gütern. Organismen, so sagt er, verändern sich spontan, neue Merkmale gehen durch Vererbung auf die Nachkommen über, und im natürlichen Konkurrenzkampf werden die weniger Tauglichen durch Auslese oder Selektion eliminiert. Die natürliche Auslese erklärt seiner Ansicht nach nicht nur die wunderbare Anpassung der Pflanzen und Tiere an ihre Umwelt, sondern auch die Entwicklung neuer Formen des Lebens.[13] Diese Gedanken sind im vollen Titel seines berühmten Buches zusammengefaßt: *Über die Entstehung der Arten durch natürliche Zuchtwahl oder die Erhaltung der begünstigten Rassen im Kampfe ums Dasein.*

Darwins Theorie wurde vor dem Hintergrund eines mechanischen Universums entworfen; der Baum des Lebens wuchs in einer Welt physikalischer Ewigkeiten. Wir wollen uns jetzt etwas detaillierter vergegenwärtigen, wie dieser Rahmen des vorevolutionären Denkens Darwins Theorie mitgeformt hat. Danach werden wir die Möglichkeit einer neuen evolutionären Synthese erörtern – einer Synthese, die uns erlaubt, die Evolution des Lebens als Aspekt eines kosmischen Evolutionsprozesses zu verstehen, in dem nicht nur die Natur evolviert, sondern auch die «Naturgesetze» sich entwickeln.

Große Sprünge und kleine Schritte

Eine wesentliche Vorbedingung für Darwins Theorie der progressiven Evolution durch allmählichen Wandel war die Neudatierung der Erdgeschichte. Der biblische Schöpfungsbericht bezog sich einer lange Zeit vorherrschenden Lehrmeinung zufolge auf Ereignisse, die nur einige tausend Jahre zurücklagen. Die mechanistische Kosmologie sah jedoch die Entstehung der Erde ganz anders, nämlich vor dem Hintergrund eines Universums der Astronomie und Himmelsmechanik, und das war ein ewiges Universum.

Descartes etwa nahm an, daß die Planeten in Wirbeln eines transparenten Äthers um die Sonne getragen werden, und er konnte sich durchaus vorstellen, daß ein Wirbel erlahmt und irgendwo ein anderer erscheint. So konnte sich in der endlosen Bewegtheit des physikalischen Universums ein Sonnensystem wie das unsere bilden. Nach anderen Theorien war die Erde ursprünglich ein Komet gewesen, entstanden aus Staubteilchen im Raum, die sich unter dem Einfluß der Schwerkraft zu einem festen Körper verdichteten, welcher dann von der Anziehungskraft der Sonne eingefangen und in eine Umlaufbahn gelenkt wurde.[14]

Am erfolgreichsten war die Theorie, die Kant im Jahre 1755 vortrug. Nach seiner «Nebular-Hypothese» war das ganze Sonnensystem am Anfang eine Staubwolke, die sich unter dem Einfluß ihrer eigenen Schwerkraft allmählich verdichtete und dabei in Rotation geriet. Kleinere Portionen verdichteten sich zu festen Körpern und umkreisten die Hauptmasse, die durch Selbstentzündung zur Sonne wurde. Pierre Simon de Laplace äußerte in seinem Werk *Darstellung des Weltsystems* die Auffassung, daß alle Sterne sich auf diese Art verdichtet haben und daher die meisten von ihnen von Planeten umkreist werden. So wurde die Entstehung von Planetensystemen wie dem unseren zu einem ganz natürlichen, mechanistischen Phänomen. Man brauchte keinen Gott, der die Erde, die Sonne oder irgend etwas sonst erschaffen hatte.

Solche Theorien waren eine der möglichen Grundlagen für Spekulationen über die Geschichte der Erde. Eine andere war nach wie vor die biblische Genesis: Die Erde und ihre Lebewesen wurden schrittweise erschaffen, und diese Schritte sind die Tage der Schöpfung. Nach der Schöpfung hatte es eine Reihe von Katastrophen auf der Erde gegeben, deren bekannteste die Sintflut ist.

Dieser Streit der Meinungen ist in der langen Geschichte der Evolutionsdebatte immer wieder aufgebrochen. Mechanisten sind im allgemeinen mehr für den langsamen, schrittweisen Wandel, während jene, die an göttliche Lenkung glauben, die Evolution als eine Folge von Stufen und plötzlichen Sprüngen betrachten. Natürlich müssen abrupte Veränderungen nicht unbedingt auf göttliche Intervention zurückgeführt werden, doch es ist nur natürlich, daß man hier auf den biblischen Schöpfungsbericht zurückgriff.

Im späten achtzehnten und frühen neunzehnten Jahrhundert wurden in der Geologie große Fortschritte erzielt, und manche Geologen gewannen den Eindruck, gewisse Phänomene in den Gesteinsschichten zeugten von Vorgängen, wie sie in der Bibel beschrieben werden: eine oder gar mehrere große Überflutungen, plötzliche Umbrüche; und in den Gesteinsschichten oberhalb des Urgesteins traten Fossilien in einer Reihenfolge auf, die an die Bibel gemahnte: Fische, Landtiere und zuletzt der Mensch.[15]

Andere versuchten vom Standpunkt der physikalischen Ewigkeit der Weltmaschine aus ein möglichst stufenloses und kontinuierliches Bild der Erdgeschichte zu zeichnen. Ende des achtzehnten Jahrhunderts vertrat James Hutton sehr entschieden die Auffassung, der wissenschaftliche Geologe müsse sich bemühen, die Struktur der Erde anhand von Ursachen zu erklären, deren Wirken *jetzt* zu beobachten ist. «Wir finden keine Spuren eines Anfangs und keine Hinweise auf ein Ende.» Den Glauben an Katastrophen von einem Ausmaß, wie es in neuerer Zeit nicht mehr vorgekommen ist, verwarf er als unwissenschaftlich. Beobachten können wir hingegen, daß Landmassen ständig von Wind und Regen abgetragen werden; der Erosionsschutt gelangt ins Meer, wird dort abgelagert und kann zu Gesteinsschichten verhärten; dieses Gestein kann dann durch Erdbeben angehoben werden und wieder neues Land bilden.[16]

Die Veränderungen, die wir heute beobachten können, gehen sehr langsam vor sich, und so ergab sich aus Huttons Theorie eine höchst bedeutsame Schlußfolgerung: Die Erde muß ein ungeheures Alter haben.[17]

Diese Gedanken wurden weitergedacht von Charles Lyell, dessen *Principles of Geology* (1830–33) Darwin stark beeinflußten. Auch er verwarf die Vorstellung von großen Sprüngen oder plötzlichen Umbrüchen in der Erdgeschichte und glaubte an allmähliche Veränderungen in Übereinstimmung mit den Naturgesetzen. Daß die Entwicklung des Lebens eine Richtung haben könne, bestritt er. Die Fossilfunde erklärte er anhand von Klimaschwankungen und nahm an, in jeder geologischen Epoche seien alle Lebensformen vorhanden gewesen. Für ihn gab es – mit einer einzigen Ausnahme – keine abgestufte Entwicklung höherer Lebensformen aus niederen, und diese eine Ausnahme war der Mensch.[18]

Die Erforschung der Gesteinsformationen durch die Geologen ließ jedoch den Verdacht, daß es in der Erdgeschichte große Umschwünge gegeben haben müsse, immer mehr zur Gewißheit werden. Was konnten die plötzlichen Brüche anderes bedeuten als eine plötzliche Veränderung der Lebensbedingungen? Noch verblüffender war der Umstand, daß man in aufeinanderfolgenden Gesteinsschichten gänzlich andere Fossilfunde machte. Und geradezu spektakulär waren die Knochenfunde von riesenhaften Fossilien. Die Abfolge, in der die Fossilien in den Gesteinsschichten auftraten, ließ viele Wissenschaftler zu der Überzeugung gelangen, daß das tierische Leben mit den Wirbellosen begann, gefolgt von Fischen, Reptilien, Säugetieren und schließlich dem Menschen. Manche Theologen sahen in diesem Geschehen die schöpferische Hand Gottes walten. Neue Arten traten nicht allmählich durch das kontinuierliche Wirken der Naturgesetze auf, sondern erschienen urplötzlich aufgrund von göttlicher Intervention. Große Katastrophen führten immer wieder zur Auslöschung vieler Arten, und dann wurden neue Formen des Lebens erschaffen.[19]

Darwin wies derartige Ideen zurück. Er beharrte auf einer allmählichen und stetigen Evolution, die durch nichts anderes als das kontinuierliche Wirken der Naturgesetze bewirkt wird – keine plötzlichen Sprünge. Dieser Aspekt seiner Theorie war von Anfang an umstritten, doch Darwin wich trotz aller Kritik nicht von seinem Standpunkt ab, sondern schrieb über die Theorie der Entwicklungssprünge: «Alles dies annehmen, heißt aber, wie mir scheint, in den Bereich des Wunders eintreten und den der Wissenschaft verlassen.»[20]

In der sechsten Auflage seines Buches *Von der Entstehung der Arten* räumte er immerhin ein, daß die Theorien seiner Gegner einstweilen noch nicht als im strengen Sinne widerlegt angesehen werden konnten:

> Indessen eine Klasse von Tatsachen, nämlich das plötzliche Erscheinen neuer und verschiedener Lebensformen in unseren geologischen Formationen, unterstützt auf den ersten Blick den Glauben an plötzliche Entwicklung. Aber der Wert dieses Beweises hängt gänzlich von der Vollkommenheit der geologischen Berichte in bezug auf Perioden ab, welche in der Geschichte der Welt weit zurückliegen. Ist dieser Bericht so fragmentarisch, wie viele Geologen nachdrücklich behaupten, dann liegt darin nichts Besonderes, daß neue Formen wie plötzlich entwickelt erscheinen.[21]

Auf dieses Argument greifen auch die modernen Darwinisten immer wieder zurück; wo ihre Theorie des allmählichen und kontinuierlichen Wandels in Gefahr gerät, weil die Fossilfunde Lücken aufweisen, die als größere Entwicklungssprünge gedeutet werden könnten, ziehen sie sich auf die Behauptung zurück, die Fossilfunde seien eben noch unvollständig und die «fehlenden Kettenglieder» (*missing links*) würden sich schon noch finden. Dennoch spricht heute mehr denn je vieles für die Katastrophentheorie und für den Verdacht, daß neue Lebensformen auch ganz plötzlich entstanden sein können. Eine Evolutionstheorie, die auch Sprünge zuläßt, scheint mit den vorliegenden Fakten besser übereinzustimmen als ein striktes Festhalten an der Lehre vom allmählichen Wandel. Ihre jüngste Formulierung erhielt die Theorie der mit Sprüngen durchsetzten Evolution in der Hypothese der «interpunktierten Äquilibrien».[22]

Auch die Lehre von den globalen Katastrophen hat in jüngster Zeit ihre wissenschaftliche Weihe erhalten. 1980 fand man abnorme Mengen von Iridium und anderen Metallen in einer Ton-Grenzschicht zwischen Kreide- und Tertiärgestein – also in einer Schicht, die vor rund 65 Millionen Jahren entstand, zu einer Zeit, als die Dinosaurier und viele andere Tiere und Pflanzen ausstarben. Die Untersuchungen spitzten sich auf folgende Erklärung zu: Ein Asteroid war mit der Erde kollidiert und hatte so viel Staub in die Atmosphäre geschleudert, daß wochenlang die Sonne verfinstert wurde und etliche Arten von Tieren und Pflanzen zugrunde gingen.[23] Diese Hypothese hat an Plausibilität gewonnen, seit man sich mit Modellrechnungen über die Folgen eines Atomkriegs befaßt und das Schlagwort vom «nuklearen Winter» die Runde macht, der durch Rauch und Staub in der Atmosphäre ausgelöst wird.[24]

Weitere Berechnungen deuten darauf hin, daß es in den vergangenen 250 Millionen Jahren immer wieder Massenvernichtungen gegeben hat, und zwar im Abstand von etwa 26 Millionen Jahren. Aufgrund der Regelmäßigkeit dieses Zyklus hat man nach einer astronomischen Ursache geforscht und ist zu mehreren Vermutungen gelangt. Hier führt uns nun offenbar die Naturwissenschaft zurück zu einem Denken in astronomischen Zyklen. Eine der vorgeschlagenen Erklärungen besteht darin, daß die Sonne möglicherweise einen dunklen Begleitstern hat, Nemesis genannt, der einer stark exzentrischen Umlaufbahn folgt. Wenn dieser Stern sich der Kometenwolke am äußeren Rand des Sonnensystems nähert, löst er einen heftigen Schauer von Kometen aus, von denen etliche – über einen Zeitraum von bis zu einer Million Jahren – auf der Erde einschlagen. Ein anderes Modell geht bei der Interpretation dieser Zyklen von Schwingungen der Sonne in Relation zur Mittelebene unserer Galaxis aus; diese Schwingungen haben Veränderungen in der Intensität der kosmischen Strahlung zur Folge, die ausreichend sein könnten, um größere Klimaveränderungen zu bewirken. Eine dritte Interpretation besagt, daß die Erde vielleicht periodisch in interstellare Staub- oder Gaswolken gerät.[25] Viele Wissenschaftler bezweifeln allerdings, daß die großen Massenvernichtungen des Lebens auf der Erde überhaupt eine Periodizität aufweisen.[26] Die Diskussion dauert an.

Der Baum des Lebens

In der Genesis lesen wir, wie es begann:

> Und Gott der Herr pflanzte einen Garten in Eden gegen Morgen . . . Und Gott der Herr ließ aufwachsen aus der Erde allerlei Bäume, lustig anzusehen und gut zu essen, und den Baum des Lebens mitten im Garten . . .[27]

In Darwins großer Vision hatte alles Leben sich in der Zeit entwickelt wie ein großer Baum. Seit dem ersten Keim des Lebens auf der Erde war dieser Baum aus sich selbst heraus gewachsen, ganz natürlich und gemäß den Gesetzen der Natur. Und wie das Wachstum eines Baumes, so war auch die Evolution ein organischer, spontaner Prozeß beständiger Anpassung an die vorherrschenden Lebensumstände. Alles geschah ganz natürlich, und es bedurfte keines Gottes, der den Lebensbaum pflanzte und pflegte. Gott war für Darwin der große Planer und Schöpfer der Weltmaschine, der alle Lebewesen in dieser Maschine aufs wunderbarste und feinste konstruiert hatte: Auch sie waren – mit Ausnahme des Menschen – Maschinen; die schöpferische Intelligenz war nicht in ihnen, sondern im Geist Gottes, so wie auch die schöpferische Intelligenz der vom Menschen gemachten Maschinen nicht in diesen selbst lag, sondern im Menschen.

Einer der Exponenten dieser Art von Theologie war William Paley. In seiner *Natural Theology*, die einen tiefen Einfluß auf den jungen Darwin ausübte, nimmt er die Schönheit und Zweckmäßigkeit lebendiger Organismen als Beweis für die Existenz einer planenden Intelligenz, also als Gottesbeweis. Das Buch beginnt mit Paleys berühmtem Uhrengleichnis: Angenommen, bei einem Spaziergang durch die Heide fände man eine Uhr. Ohne zu wissen, wie sie dorthin gelangt ist, würden ihre Präzision und ihr komplizierter Aufbau uns zu dem Schluß zwingen,

> daß die Uhr einen Uhrmacher gehabt haben muß: Es muß zu irgendeiner Zeit und an irgendeinem Ort einen Feinmechaniker gegeben haben, welcher sie mit einer Absicht erschuf, der sie nun tatsächlich ge-

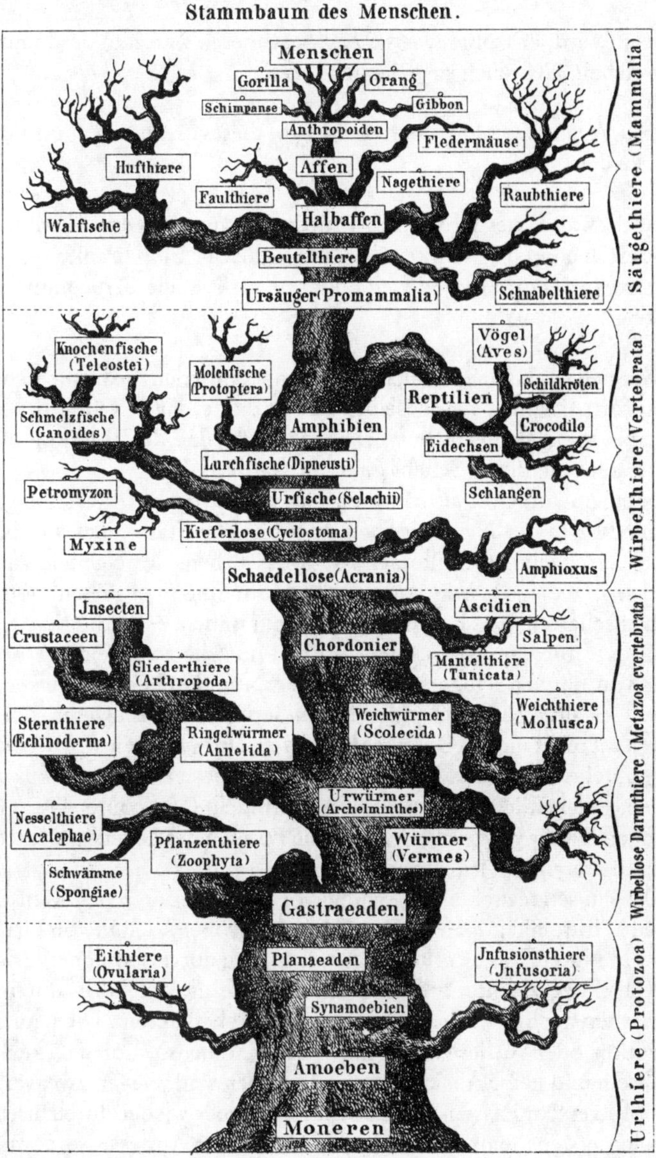

Abbildung 3.1 Der Baum des Lebens und der Evolution (Haeckel, 1874).

recht wird; er wußte, wie sie zu konstruieren war, und bestimmte, zu welchem Gebrauch sie gelangen sollte.

Durch Analogieschluß überträgt Paley dieses Argument nun auf die Werke der Natur:

> Alles, was in der Uhr an Absicht und Planung zu erkennen ist, existiert auch in den Werken der Natur, mit der Einschränkung, daß es dort so viel größer und vielfältiger ist, daß es alle Berechnung übersteigt.

Er vergleicht das menschliche Auge mit optischen Instrumenten und fährt fort: «Es gibt ebendenselben Beweis dafür, daß das Auge des Menschen zum Sehen gemacht wurde, wie dafür, daß das Teleskop für die Unterstützung dieses Sehens gemacht wurde.»[28]

In einem von Gott als Mechanismus erschaffenen Universum gab es nirgendwo in der Natur Freiheit oder Spontaneität – alles war bis ins letzte durchgeplant. Sollte der Baum des Lebens aus eigenem Antrieb wachsen, wie es Darwin vorschwebte, so mußte man diesen Gott einfach abschaffen. Das konnte er jedoch nur, indem er eine andere Erklärung fand für den verwickelten Aufbau und die zweckmäßige Anpassung von Blumen, Flügeln, Augen – kurz, für alles Leben. Auch er fand diese Gestaltungsinstanz schließlich außerhalb der Lebewesen, doch sie hieß jetzt nicht mehr «Gott», sondern war die Natur selbst. Die «natürliche Zuchtwahl» oder «Auslese» wählte die besten Entwürfe aus unter denen, welche die Natur spontan hervorbrachte. Im Laufe vieler Generationen hat die natürliche Auslese alle Formen des Lebens gestaltet, die jetzt existieren und je existiert haben.

Darwin setzte an bei der Analogie der Auslese durch den Menschen, deren Wirksamkeit man so deutlich in der großen Vielfalt von Haustieren und Nutzpflanzen erkennt. Sie alle waren durch spontane Variation und selektive Züchtung entstanden, mochte die Selektion durch den Menschen auch bewußt oder unbewußt geschehen sein. Die natürliche Selektion oder Auslese wirkt nach Darwin ebenso, nur daß kein Bewußtsein und keine Absicht damit verbunden sind. Gegen zwei verbreitete Mißverständnisse hatte Darwin sich immer wieder durchzusetzen, nämlich erstens, daß der Ausdruck «natürliche Auslese» so etwas wie bewußte Wahl impliziere, und zweitens, daß sie eine aktive Kraft sei:

> Man hat gesagt, ich spreche von der natürlichen Zuchtwahl wie von einer tätigen Macht oder Gottheit; wer wirft aber einem Schriftsteller vor, wenn er von der Anziehung redet, welche die Bewegung der Planeten regelt? Jedermann weiß, was damit gemeint und was unter solchen bildlichen Ausdrücken verstanden wird; sie sind ihrer Kürze wegen fast notwendig ... Bei ein wenig Bekanntschaft mit der Sache sind solche oberflächlichen Einwände bald vergessen.[29]

Darwin hatte die planende Intelligenz eines maschinenbauenden Gottes durch das blinde Wirken der natürlichen Auslese ersetzt, und alle Darwinisten sind ihm darin bis heute gefolgt.

Der blinde Uhrmacher

Richard Dawkins, einer der entschiedensten Verfechter des Darwinismus in unserer Zeit, hat noch einmal zu einer breitangelegten Replik auf die von Paley vertretene Philosophie ausgeholt. Sein Buch *Der blinde Uhrmacher* beginnt mit einem Credo:

> Dieses Buch wurde in der Überzeugung geschrieben, daß unser bloßes Vorhandensein einst eines der größten Rätsel gewesen ist, nun aber keines mehr ist, weil es gelöst wurde. Darwin und Wallace haben es gelöst – wenn wir wohl auch noch eine Zeitlang Fußnoten anfügen werden ... Ich möchte den Leser davon überzeugen, daß die Darwinsche Weltsicht nicht nur *zufällig* wahr ist, sondern unter den vorhandenen Theorien die einzige, die überhaupt Erfolg verspricht bei dem Bestreben, das Rätsel des Daseins zu lösen.[30]

Der Gegensatz zwischen Paleys Theologie auf der einen Seite und Darwins und Dawkins' Auffassung auf der anderen könnte kaum größer sein, und doch gehen beide Seiten von ein und derselben und offenbar völlig selbstverständlichen Grundvoraussetzung aus, nämlich vom mechanistischen Weltbild. Pflanzen und Tiere sind wie Maschinen, nur wurden sie nach der einen Auffassung von einem Mechanikergott so gemacht, während sie nach der anderen Produkte eines blinden Ausleseverfahrens sind. Was aber nun, wenn wir gänzlich von allen äußeren Planungsinstanzen abrücken und uns die Natur des Lebens ganz anders denken? Hier ergeben sich dann verschiedene Möglichkeiten, die von diesen Standardpositionen nicht mehr zu erfassen sind. Etliche dieser Möglichkeiten wurden bereits erforscht; wir betrachten hier nur zwei davon. Die erste beinhaltet eine modifizierte Form dessen, was wir «äußere Planungsinstanz» nennen, während die zweite besagt, daß die schöpferischen Organisationsprinzipien dem Leben selbst immanent sind.

Alfred Russel Wallace entdeckte unabhängig von Darwin die natürliche Auslese und erkannte ihre Bedeutung. Er gelangte jedoch zu der Überzeugung, daß der von Darwin benannte Mechanismus für die Erklärung der Evolution des Lebens nicht ausreicht. Sein letztes Buch trug den Titel: *The World of Life: A Manifestation of Creative Power, Directive Mind and Ultimate Purpose* (1911). Darin vertrat er die Ansicht, daß «höhere Intelligenzen» die Hauptlinien der Evolution nach bewußten Absichten oder Zwecken festgelegt hatten:

> Dies veranlaßt uns, Entitäten zu postulieren, die man organisierende Geister nennen könnte; ihnen obliegt die Pflicht, die Myriaden Zell-Seelen so zu beeinflussen, daß sie ihren Teil des gesamten Werkes genau und zielsicher ausführen können ... Auf höheren Entwicklungsstufen der lebendigen Welt mögen mehr und vielleicht auch höhere Intelligenzen erforderlich sein, um den Hauptlinien der Variation in Übereinstimmung mit den zu verwirklichenden Grund-Plänen ihre definitive Richtung zu geben ... Eine Vorstellung dieser Art – von Macht nämlich, die an Wesen eines sehr hohen und an andere Wesen eines sehr niedrigen Grades von Leben und Intelligenz delegiert wird –, erscheint mir weniger weit hergeholt und unwahrscheinlich als der Gedanke, daß die unendliche Gottheit nicht nur den gesamten Kosmos ersonnen habe, sondern daß er selbst allein die bewußt wirkende Kraft sei in allen Zellen aller Lebewesen, die jetzt sind oder jemals waren.[31]

Für Henri Bergson lagen die zielgerichteten Organisationsprinzipien der Evolution demgegenüber in den evolvierenden Formen des Lebens selbst. Die Evolution des biologischen Lebens wird von derselben Kraft angetrieben wie die Entwicklung des Bewußtseins, vom Vorwärtsdrängen des Lebensstroms, des *élan vital*:

> Im Durchfluten der Körper, die er nach und nach organisierte, im Überwandern von Generation auf Generation hat dieser Strom von

> Leben sich verteilt an die Arten, sich versprüht an die Individuen, ohne jemals von seiner Kraft einzubüßen, intensiver nur werdend, je weiter er vordrang ... Je mehr sich also die Aufmerksamkeit dieser Kontinuität des Lebens zuwendet, desto mehr sieht man sich die organische Entwicklung eines Bewußtseins nähern, wo die Vergangenheit gegen die Gegenwart drängt und aus ihr eine neue, eine all ihren Vorläufern inkommensurable Form hervorbrechen läßt.[32]

Bergson glaubte allerdings nicht, daß dieser Prozeß der schöpferischen Evolution ein äußeres Ziel hat. Wenn es einen Gott des Evolutionsprozesses gibt, so ist er kein externer Gott, sondern ein Gott, der sich im Prozeß der Evolution selbst erschafft.

Mit den Evolutionstheorien von Wallace und Bergson soll hier nur angedeutet werden, was geschehen kann, wenn wir das mechanistische Weltbild Paleys und Darwins ganz verlassen. Ist es überhaupt nötig, lebendige Organismen immer noch anhand von mechanistischen Metaphern zu erklären? Warum sollten wir uns lebendige Organismen nicht als das denken können, was sie sind?

Evolvierende Organismen

In unserem Jahrhundert hat sich ganz allmählich eine Alternative zur mechanistischen Philosophie herausgebildet, die wir nach einem 1909 erschienenen Werk von Hans Driesch als «Philosophie des Organischen» bezeichnen können, die uns aber noch unter anderen Titeln begegnet: Holismus, organismische Philosophie oder Organizismus, und Systemtheorie. Diese Philosophie ist in gewissem Sinne eine neue Form des Animismus: Die Natur wird wieder als lebendig angesehen, und alle ihre Organismen enthalten ihre Organisationsprinzipien in sich selbst. Man nennt diese Organisationsprinzipien nicht mehr «Seele», wie Aristoteles es tat, sondern gibt ihnen verschiedene andere Namen wie etwa «Systemeigenschaften» oder «hervortretende Organisationsprinzipien» oder «verbindene Muster» oder «organisierende Felder». Die moderne Philosophie des Organischen unterscheidet sich jedoch in zwei wesentlichen Punkten vom prämechanistischen Animismus, nämlich erstens darin, daß sie eben postmechanistisch ist und die Einsichten und Entdeckungen der mechanistischen Naturwissenschaft in sich verarbeitet hat, und zweitens darin, daß sie evolutionistisch ist.

Alfred North Whitehead schrieb vor über sechzig Jahren, daß «eine konsequente Entwicklungsphilosophie mit dem Materialismus unvereinbar ist»:

> Der ursprüngliche Stoff oder die Materie, von welcher eine materialistische Philosophie ausgeht, ist keiner Entwicklung fähig. Diese Materie ist an sich die letzte Substanz. «Entwicklung» muß sich in der materialistischen Theorie damit begnügen, daß sie nur ein anderes Wort für die Beschreibung des Wandels der äußeren Beziehungen ist, die zwischen Teilen der Materie statthaben. Da ist nichts zu entwikkeln, weil eine Gruppe äußerer Beziehungen genau so gut ist wie irgendeine andere solche Gruppe. Es kann nur Wechsel geben, ohne Zweck und ohne Fortschritt. Aber der ganze Sinn der modernen Lehre ist die Entwicklung komplexer Organismen aus vorhergehenden Stadien weniger komplexer Organismen. Diese Lehre schreit geradezu nach einem grundlegenden Organismusbegriff in der Natur.[33]

Alles, was man als «Aktivitätsstruktur» bezeichnen kann, wie einfach oder komplex es auch sein mag, ist für Whitehead ein Organismus. Daher sind auch Kristalle, Moleküle, Atome und subatomare Teilchen Organismen, also lebendig.

Die organismische Philosophie betrachtet das Leben nicht als etwas, das aus toter Materie hervorging und das man erklären muß, indem man dem leblosen Stoff noch die Vitalfaktoren des Vitalismus hinzufügt. Die Natur ist für sie *durch und durch* lebendig. Die Organisationsprinzipien biologischer Organismen gehören einer anderen Stufe an als die Organisationsprinzipien von Molekülen oder Gesellschaften oder Galaxien, aber sie sind nicht von grundsätzlich anderer Art. «Biologie ist das Studium größerer Organismen, Physik ist das Studium kleinerer Organismen», sagte Whitehead.[34] Und im Lichte der neuen Kosmologie ist Physik auch das Studium des allumfassenden kosmischen Organismus sowie der galaktischen, stellaren und planetaren Organismen, die sich in ihm gebildet haben.

> Das Universum konfrontiert uns mit dieser offensichtlichen Tatsache, die aber von großer Tragweite ist. Es ist kein bloßes Sammelsurium, sondern zu Einheiten arrangiert, die unsere Aufmerksamkeit anziehen, größere und kleinere Einheiten in einer Serie diskreter «Ebenen», die wir als Hierarchie von Ganzheiten und Teilen bezeich-

> nen. Das erste Faktum des Universums ist seine Organisation als ein System von Systemen, vom größeren zum kleineren, und das gilt auch für jeden individuellen Organismus.[35]

Eine Termitenkolonie etwa ist ein Organismus aus einzelnen Insekten, Organismen, die aus Organen bestehen, die aus Geweben bestehen, die aus Zellen bestehen, die aus organisierten subzellulären Systemen bestehen, die aus Molekülen bestehen, die aus Atomen bestehen, die aus Elektronen und Kernen bestehen, die aus Kernteilchen bestehen. Auf jeder Ebene finden wir organisierte Ganzheiten, deren Teile wiederum organisierte Ganzheiten sind. Und auf jeder Ebene ist das Ganze mehr als die Summe seiner Teile, besitzt es eine ganz eigene Integrität, die nicht aus seinen Teilen zu erklären ist.

Worin bestehen diese Organisationsprinzipien, die an allen Organismen oder Systemen und auf allen Ebenen der Diversifikation zu erkennen sind?

> Durch alle Ebenen hindurch zieht sich ein bisher nicht beachtetes Ordnungsprinzip oder besser ein Ordnungsprozeß: Das Universum zeigt einen Hang zur Ordnung, und diese Tendenz habe ich morphisch genannt. Im lebensfähigen Organismus zeigt die morphische Tendenz sich als Tendenz zu organischer Koordination (über die wir noch wenig wissen), und im gesunden menschlichen Geist wird sie zum Streben nach Einheit, woraus wiederum Religion, Kunst, Philosophie und Naturwissenschaft hervorgehen.[36]

In einem evolvierenden Universum müssen auch die Organisationsprinzipien aller Systeme, der einfachen ebenso wie der komplexen, sich entwickelt haben: Die Organisationsprinzipien etwa von Gold-Atomen oder von Bakterien oder von Vogelschwärmen sind mit der Zeit entstanden. Sie sind nicht schon seit dem Urknall vorhanden. Aber waren sie vielleicht doch schon als transzendente platonische Urbilder gegeben, gleichsam der materiellen Voraussetzungen ihrer Anwendung harrend? Oder sind sie so etwas wie Gewohnheiten, die sich in der Zeit entwickelten?

Das sind die Fragen, denen wir in den folgenden Kapiteln nachgehen wollen. Wir beginnen damit, uns die Strukturen von Molekülen, Kristallen, Pflanzen und Tieren zu vergegenwärtigen und aufzuzeigen, wie diese Strukturen entstanden.

Dieses ganze Buch versucht eine neue Anschauung von der evolutionären Natur der Dinge zu entwickeln. In den letzten drei Kapiteln kommen wir auf die Evolution des Lebens und des physikalischen Universums zurück und schließen mit einigen Gedanken über die Natur der evolutionären Kreativität.

Die ewige Frage, ob der Evolutionsprozeß einem letzten Ziel zustrebt, müssen wir offenlassen.

4. Die Natur materieller Formen

Wissen wir, was Form ist?

Jeden Tag sehen wir viele verschiedene Formen – Bäume, Menschen, Autos, Löffel, geschriebene Worte, Katzen –, und wir erkennen sie ohne die geringste Schwierigkeit. Sie sind uns ganz selbstverständlich. Formen erweisen sich jedoch als erstaunlich unhandlich, wenn wir sie gedanklich zu erfassen oder festzunageln versuchen. Wir können sie bildlich darstellen oder fotografieren, wir können sie uns vorstellen oder sie im Traum sehen, aber sie lassen sich nicht wiegen oder auf der Anzeige irgendeines Meßinstruments ablesen. Formen sind von ganz anderer Art als Energie, Masse, Impuls, elektrische Ladung, Temperatur oder irgendeine andere physikalische Größe. Jedes besondere Ding, das wir direkt sehen und erfahren, besitzt bestimmte quantitative Eigenschaften, ist aber irgendwie doch mehr als diese: Es hat Form oder Gestalt oder Struktur. Denken wir etwa an eine bestimmte Fingerhut-Pflanze. Sie hat einen bestimmten Standort, eine bestimmte Masse, Energie und Temperatur; sie besteht aus einer Vielzahl chemischer Stoffe in bestimmten Mengenverhältnissen; meßbare elektrische Vorgänge spielen sich in ihr ab; sie absorbiert einen bestimmten Prozentsatz des einfallenden Lichts; sie verdunstet pro Stunde eine bestimmte Menge Wasser; und so weiter. Und doch ist sie mehr als alle diese meßbaren Größen, nämlich unverwechselbar und aus noch so vielen Größen nicht abzuleiten: ein Fingerhut.

Die Pflanze wächst und nimmt Energie und Materie aus der Umwelt in sich auf; wenn sie stirbt, wird diese Energie und Materie wieder freigesetzt, die Form der Pflanze bricht zusammen und verschwindet. Die materielle Form unserer Fingerhutpflanze entsteht und vergeht, ohne daß sich am Gesamtbetrag der Materie und Energie in der Welt etwas ändert, aber an der Art und Weise, wie Materie und Energie organisiert sind, hat sich etwas geändert.

Bei Dingen, die der Mensch gestaltet, können wir uns die Ungreifbarkeit der Form vielleicht noch besser vergegenwärtigen. Ein Haus, das gerade gebaut wird, nimmt eine bestimmte Struktur an. Zuvor war seine Form von einem Architekten in Bauplänen und Rißzeichnungen symbolisch dargestellt worden. Noch davor war die Idee zu dieser Form in irgend jemandes Bewußtsein entsprungen. Wir können diese Form jedoch nicht verstehen, indem wir das Haus oder die Pläne oder das Gehirn des Architekten wiegen oder chemisch analysieren. Auch nicht indem wir das Haus abreißen und seine Bestandteile betrachten. Mit den gleichen Materialien und dem gleichen Arbeitsaufwand hätte man Häuser von anderem Aufbau und anderer Gestalt bauen können. Keines dieser Häuser könnte ohne die Materialien und ohne den Kraftaufwand der Bauleute existieren, aber weder die Materialien noch die Arbeit können die Form des Gebäudes ganz erklären. Worin besteht sie also? Sie ist uns materiell in dem Haus gegeben, ist jedoch nicht selbst materiell. Sie ist ein Muster, ein Arrangement, eine Informationsstruktur und kann mit mehr oder weniger vollkommener Genauigkeit in vielen Häusern wiederholt werden, wie man an manchen Neubausiedlungen sieht. Sie ist mehr wie eine Idee als wie ein Ding und doch wesentlich für die tatsächlichen Häuser: Sie ist nicht bloß eine abstrakte Idee.

Dies ist das Paradox aller materiellen Formen. Die Form ist in gewissem Sinne eins geworden mit der Materie, doch der Formaspekt und der materielle Aspekt lassen sich auch trennen. Zum Beispiel hat jeder Löffel die Form eines Löffels, denn sie macht ihn erst zum Löffel. Löffel lassen sich aus verschiedenen Materialien herstellen, etwa aus Silber, Stahl, Holz oder Plastik; ebenso könnte man auch dem Material des Löffels eine ganz andere Form geben, etwa die einer Gabel. Löffel kommen und gehen, doch wenn einer zerbricht oder verbrennt oder eingeschmolzen wird, so bleibt seine gesamte Materie und Energie erhalten: Das Vorhandensein oder Nichtvorhandensein von Löffeln macht für diese fundamentalen physikalischen Realitäten keinen Unterschied.

Wenn, sagen wir, ein Plastiklöffel verbrennt, so gehen seine Kohlenstoffatome in Kohlendioxydmoleküle ein, die in die Luft verfliegen. Stellen wir uns das Schicksal vor, das eines dieser Moleküle haben könnte. Es könnte von einem Nesselblatt absorbiert werden, und sein Kohlenstoffatom könnte durch fotosynthetische Assimilation zum Bestandteil eines Zuckermoleküls werden. Vielleicht wird es nach einer Reihe biochemischer Transformationen seinen Platz in einem Eiweißmolekül einer Zelle des Blattes finden. Dieser Teil des Blattes könnte von einer Tagpfauenaugenraupe gefressen werden, so daß unser Kohlenstoffatom schließlich in einem DNS-Molekül des Schmetterlingskörpers landet. Der Schmetterling wiederum könnte von einem Vogel gefressen und verdaut werden und so durch endlose Nahrungsketten und Kohlenstoffzyklen weiterbestehen.

Jedes Kohlenstoffatom kann im Prinzip in Abermillionen verschiedene Formen – künstliche oder natürliche – eingehen, es könnte in einem Diamanten sein oder in einem Aspirinmolekül, in einem Gen oder Protein, einem Pilz oder einer Giraffe, einem Telefon oder Flugzeug, einem Russen oder Amerikaner.

Ganz allgemein können die Materie und die Energie, aus denen die Dinge bestehen, in vielen verschiedenen Formen gegenwärtig sein; daher ist es nicht möglich, Formen allein anhand von materiellen oder energetischen Konstituentien zu erklären. Form scheint also einerseits über den materiellen Komponenten zu stehen, denen sie Gestalt gibt, kann aber andererseits nur als Organisation von Materie und Energie zum Ausdruck kommen. Was also ist Form?

Philosophien der Form

Die Frage der Form wird in der abendländischen Philosophie nun schon seit weit über tausend Jahren diskutiert, und bestimmte Typen von Argumenten sind dabei periodisch immer wieder aufgetreten und sind auch heute noch gesund und munter. Wollen wir aber zu einer evolutionären Sicht der Form gelangen, so müssen wir die traditionellen nicht-evolutionären Theorien hinter uns lassen. Sie sind allerdings tief eingefleischte Gewohnheiten, die unser Denken nach wie vor beeinflussen.

Die Tradition des Philosophierens über die Form weist drei Hauptströmungen auf: Platonismus, Aristotelismus und Nominalismus. Wie wir im zweiten Kapitel sahen, betrachtet die platonische Philosophie die Formen materieller Dinge als Widerspiegelungen ewiger Formen oder Urbilder, die im Laufe der Zeit mal zu Ideen im Geist Gottes und mal zu transzendenten mathematischen Gesetzen umgedeutet wurden – jedenfalls liegt der Ursprung der Form außerhalb des materiellen Gegenstands, ja überhaupt außerhalb von Raum und Zeit. Nach aristotelischer Auffassung dagegen ist der Ursprung der Form der Natur immanent und nicht transzendent: Die Formen aller Arten von Organismen entspringen nichtmateriellen Organisationsprinzipien, die in den Organismen selbst liegen.

Der Nominalismus entstand im Mittelalter als Antithese zu Platonismus und Aristotelismus; Nominalisten und Empiristen sind seither so etwas wie Oppositionsparteien gegenüber der Regierungskoalition der Aristotelisten und Platonisten. Die Nominalisten rufen uns immer wieder ins Gedächtnis, daß Worte, Kategorien, Begriffe und Theorien nichts als Produkte des menschlichen Geistes sind, aber die fatale Tendenz haben, ein Eigenleben zu entwickeln, so als existierten sie als objektive Gegebenheiten außerhalb des Bewußtseins. Wir geben jedem Ding einen Namen (lat. *nomen*, daher «Nominalismus»), und das ist nur eine Übereinkunft aus praktischen Gründen, bedeutet jedenfalls nicht unbedingt, daß den mit Namen bezeichneten Dingen eine eigenständige, objektive Existenz zukommt. Die Dinge zum Beispiel, die wir «Pferde» nennen, sind einander ja tatsächlich ähnlich, doch wenn wir dann sagen, es existiere – sowohl in unserem Bewußtsein als auch unabhängig davon – eine allgemeine Pferd-Form, so haben wir damit nichts als eine überflüssige Verdoppelung geschaffen. Wir verletzen damit das Prinzip der Ökonomie des Denkens. Dieses Prinzip wurde bekannt unter der Bezeichnung *Occam's razor*, benannt nach dem englischen Nominalisten William of Occam (ca. 1285–1349, auch Wilhelm von Ockham, da er ab 1328 in München wirkte). Mit diesem «mentalen Rasiermesser» werden die platonischen Ideen und die aristotelischen Formen einfach abgeschnitten.

Wenn Formen und Begriffe nur in unserem Bewußtsein existieren, wie es der Nominalismus behauptet, können wir nie wissen, was die Dinge «da draußen» in der Welt, die den Phänomenen unseres Bewußtseins zugrunde liegen, wirklich sind. In einer nominalistischen Welt können wir überhaupt keine objektive Wirklichkeit erkennen, die von unserem Bewußtsein und unserer Sprache unabhängig ist, denn alles Erkennen ist angewiesen auf Bewußtsein und Sprache.

Diese philosophische Tradition war seit jeher in Großbritannien besonders stark, und in ihrer positivistischen und empiristischen Ausprägung beherrscht sie nach wie vor die akademische Philosophie in den englischsprachigen Ländern. In der Naturwissenschaft gelangte der Nominalismus zu Einfluß, weil er sich beizeiten mit dem Materialismus liiert hatte. Thomas Hobbes zum Beispiel lehnte als Nominalist die Anschauung ab, daß Ideen oder Formen außerhalb unseres Bewußtseins objektiv existieren. Solche philosophischen Ideen sind nichts als Worte, und «Worte sind die Münzen weiser Männer; sie rechnen mit ihnen, doch sie sind das Geld der Narren».[1] Als Materialist glaubte Hobbes andererseits an die Realität materieller Atome in Bewegung. Die unsichtbaren Realitäten der anderen Naturphilosophien waren ihm nur leere Worte und Begriffe, aber die unsichtbaren Atome des Materialismus waren mehr als das – sie waren wirklich.

Die Allianz von Nominalismus und Materialismus führt zu der bekannten Doktrin, daß Begriffe, Namen und Ideen nur in unserem Bewußtsein existieren, wobei unser Bewußtsein jedoch nur ein Aspekt materieller Prozesse in unserem Körper darstellt, also letztlich auf Materie in Bewegung zurückzuführen ist. So sind die materiellen Prozesse, aufgrund derer das Wirken des Bewußtseins zu erklären ist, seltsamerweise realer als dieses Bewußtsein, dem das Erklären zugemutet wird. Die Materie ist auf eine Weise real, von der das Bewußtsein, welches sie zu erfassen trachtet, nur träumen kann.

Die Kombination von Materialismus und Nominalismus ist zwangsläufig paradoxer Natur, denn die nominalistische Kritik läßt sich jederzeit auch auf die Atome der Materie anwenden. Auch die sind nur Worte und Begriffe im menschlichen Bewußtsein, und weshalb sollte denen mehr Realität oder objektive Existenz zukommen als anderen Kategorien und Begriffen? Naturwissenschaftliche Erkenntnis besteht ausschließlich aus Beobachtungen und Messungen, und auch die sind keine eigenständigen Fakten, sondern abhängig von der Bewußtseinsaktivität der Beobachtenden und Messenden, welche wiederum von Interessen, Begriffen und Theorien geleitet wird. In der Quantenmechanik sind wir ja wiederholt darauf aufmerksam gemacht worden, daß Beobachtungen stets vom Bewußtsein des Beobachtenden gefärbt sind; wir können sie nicht als objektive Fakten betrachten, die vom Tun des Menschen unabhängig sind.[2]

Von hier aus ist es nur noch ein kleiner Schritt zum Solipsismus oder Idealismus: Alles ist im Geist. Für den Solipsisten ist alles in seinem eigenen Geist; für den Idealisten ist alles in einem universalen oder absoluten Geist. Und da der menschliche Geist, vor allem der des Physikers, mathematische Ordnungsprinzipien in sich entdeckt, die so etwas merkwürdig Objektives und Zeitloses an sich haben, führt uns dieser Denkansatz sehr schnell auf den vertrauten Boden des Platonismus zurück.[3]

Wir wollen jetzt kurz betrachten, auf welche Weise diese traditionellen Philosophien der Form die heutige wissenschaftliche Interpretation chemischer und biologischer Formen geprägt haben.

Platonische Physik und Chemie

Von welcher Natur sind atomare, molekulare und kristalline Formen? Wie wir im zweiten Kapitel sahen, hat die Physik sich immer wieder von der platonischen Vision einer ewigen, rationalen Ordnung inspirieren lassen, die dem physikalischen Universum transzendent ist. Unsere Vorstellungen von atomaren, chemischen und kristallinen Formen zeugen auch heute noch von diesem platonischen Geist.

Den chemischen Elementen beziehungsweise deren Atomen, von denen bislang über einhundert Arten identifiziert wurden, ist eine charakteristische, unveränderliche Zahl zugeordnet worden, ihre Ordnungszahl. Das Wasserstoffatom erhielt die Ordnungszahl 1, Natrium die Ordnungszahl 11, Blei die Ordnungszahl 82 und so weiter. Ordnet man die Symbole der Elemente nach den Ordnungszahlen ihrer Atome an, so ergibt sich ein periodisches Muster, dessen Perioden 2, 8, 8, 18, 18 und 32 Elemente enthalten. Dieses mathematische Muster läßt sich im sogenannten Periodensystem der Elemente veranschaulichen. Die Ord-

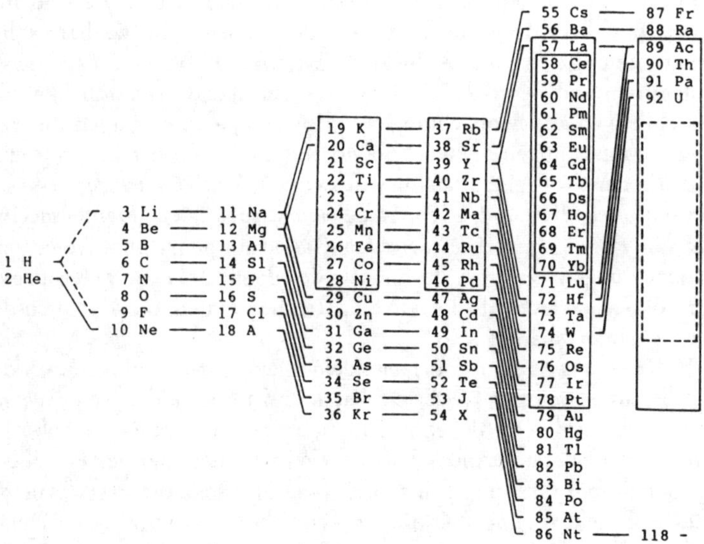

Abbildung 4.1 Das Periodensystem der Elemente nach Niels Bohr. Die Atomzahlen entsprechen der Anzahl von Protonen und Elektronen in jedem Atom. (Nach van Spronsen)

nungszahlen geben Aufschluß über den inneren Aufbau der Atome; sie stehen für die Anzahl von Protonen im Atomkern, beim Blei sind es also 82. Den 82 positiven Ladungen der Protonen stehen 82 negative Ladungen in Form von Elektronen gegenüber, die den Kern umkreisen. Nur wo exakt diese Anzahl von je 82 Protonen und Elektronen gegeben ist, haben wir ein Bleiatom (in seiner elektrisch neutralen Form) vor uns – bei 83 wäre es nicht Blei, sondern Wismut, bei 81 Thallium.

Atomformen werden heute anhand der Quantenphysik erklärt. Man geht davon aus, daß die verschiedenen Arten von Atomen durch quantentheoretische Gesetze bestimmt sind, die sämtliche Details der Kernstruktur und der Elektronenschalenstrukturen spezifizieren. In Wirklichkeit sind die Berechnungen im einzelnen so komplex, daß man sie nur für den allereinfachsten Atomtyp durchführen kann – das Wasserstoffatom, das aus nur einem Proton und einem Elektron besteht. Nichtsdestotrotz gilt es als selbstverständlich, daß solche Berechnungen im Prinzip für alle Atomtypen möglich sind, zu den erwarteten Ergebnissen führen und damit die Richtigkeit der bestehenden Theorien bestätigen würden. Das allerdings ist Glaubenssache.

Als die Prinzipien der Atomstruktur in den ersten Jahrzehnten unseres Jahrhunderts erarbeitet wurden, glaubte man noch, das Universum sei ewig und damit auch die Atome und die Gesetze, denen sie folgen. Heute glaubt man jedoch, daß die Atome sich entwickelt haben. Irgendwann, vor langer Zeit, gab es noch keine Bleiatome, keine Natriumatome, keine Atome irgendwelcher Art. Da man sich die Formen der Atome aber nach wie vor als platonische Entitäten denkt, muß das Periodensystem der Elemente schon vor dem Urknall existiert haben; und als das Universum sich entwickelte, nahmen die verschiedenen atomaren Urformen eine nach der anderen materielle Gestalt an. Es ist, als hätten die ewigen Formen der Atome nur auf die Gelegenheit gewartet, sich in Raum und Zeit zu manifestieren.

Auch die Formen der Moleküle werden für gewöhnlich so betrachtet, als wären sie platonische Ideen. Die Chemiker stellen Moleküle symbolisch als Formeln dar. Eine Art dieser Formeln, die Summenformel, gibt Aufschluß über die numerischen Verhältnisse unter den zu einem Molekül zusammengeschlossenen Atomen. Ein Glukosemolekül etwa besteht aus 6 Kohlenstoff-, 12 Wasserstoff- und 6 Sauerstoffatomen, seine Summenformel lautet $C_6H_{12}O_6$. Diese Summenformel gilt jedoch nicht nur für Glukose, sondern auch für etliche andere Zuckermoleküle, nur haben die Atome hier eine andere räumliche Anordnung, die wir in Strukturformeln oder noch besser in räumlichen Modellen darstellen können.

Es wird im allgemeinen stillschweigend vorausgesetzt, daß die Strukturen und Eigenschaften von Molekülen Ewigkeitscharakter haben und darin gänzlich unabhängig sind vom tatsächlichen materiellen Vorhandensein der von ihnen beschriebenen Verbindungen. Und natürlich gilt dann auch als selbstverständlich, daß man eine neue Art von Molekül im Prinzip in allen Einzelheiten berechnen kann, bevor es zum erstenmal synthetisiert wird: Struktur und Eigenschaften der Moleküle werden von transzendenten Ordnungsprinzipien festgelegt, die immer schon da sind und nur noch materielle Gestalt annehmen müssen.

Wir werden jedoch im siebenten Kapitel sehen, daß es eben doch nicht möglich ist, die Strukturen und Eigenschaften von Molekülen – zum Beispiel den dreidimensionalen Aufbau von Proteinen – anhand der Quantenmechanik und anderer Theorien der heutigen Physik im Detail vorauszusagen. Es ist eine unbewiesene Annahme, daß sie durch zeitlose mathematische Gesetze im voraus festgelegt seien; und noch gewagter ist die Annahme, sie seien mit den gegenwärtigen Theorien der Physik erschöpfend zu erklären. Solange derartige Annahmen einfach gemacht werden, bewegen Chemie, Biochemie und Molekularbiologie sich nach wie vor im Rahmen des platonischen Paradigmas.

Wie die Chemiker die Formen und Eigenschaften von Molekülen erforschen, so studieren die Kristallographen die Formen und Eigenschaften von Kristallen. Jede Art von Kristallen weist eine charakteristische symmetrische Struktur auf, und im Kristall sind die Moleküle und Atome zu sich wiederholenden dreidimensionalen Mustern angeordnet, deren kleinste Einheit als «Elementarzelle» des Kristalls bezeichnet wird.

Die Diagramme und Modelle der Kristallographen sind zunächst Idealisierungen der tatsächlichen physikalischen Strukturen von Kri-

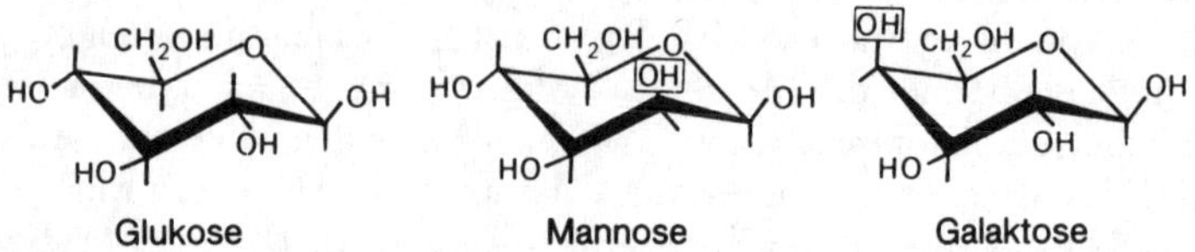

Abbildung 4.2 Die Strukturformeln dreier Arten von Zuckermolekülen. Die Linien repräsentieren chemische Bindungen. Wo vier solcher Linien sich treffen, befinden sich Kohlenstoffatome; Wasserstoffatome befinden sich an freien Enden, die nicht durch Hydroxylgruppen (OH oder HO) besetzt sind. Mannose und Galaktose unterscheiden sich von Glukose durch die Position einer ihrer Hydroxylgruppen (hier in einem Kästchen dargestellt).

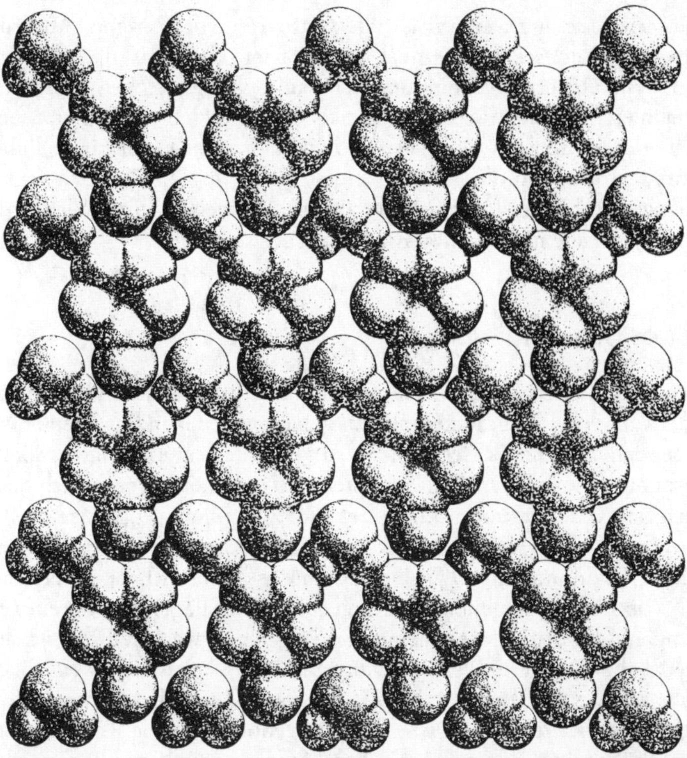

Abbildung 4.3 Schicht in einem Kristall von Tetrazolat-Monohydrat. Man erkennt das sich wiederholende Muster von Tetrazolat- und Wassermolekülen. (Nach Franke)

stallen, doch im Rahmen des platonistischen Paradigmas sind sie noch mehr, nämlich symbolische Darstellung der ewigen Urbilder der Kristalle. Die transzendenten Muster existieren vor den Kristallen, die der Kristallograph untersucht. Wenn man solche Voraussetzungen macht, kann man natürlich beim Entstehen völlig neuartiger Kristalle nur davon ausgehen, daß in ihnen archetypische Muster materielle Gestalt annehmen, die in nichtstofflicher Form schon immer da waren.

Auf den ersten Blick mag diese herkömmliche Anschauung uns als vollkommen metaphysisch erscheinen. Als wissenschaftliche Hypothese führt sie jedoch zu empirisch überprüfbaren Voraussagen. Aufgrund dieser Hypothese wäre nämlich zu erwarten, daß Kristalle einer erstmals synthetisierten Verbindung sich – unter sonst gleichen Umständen – beim ersten Mal auf exakt die gleiche Weise bilden wie beim tausendsten oder millionsten Mal. Diese Voraussage ist nie experimentell überprüft worden, und die Möglichkeit ist nicht von der Hand zu weisen, daß sie sich bei der Überprüfung als falsch erweisen wird. Wir werden auf diese Frage im siebenten Kapitel zurückkommen.

Platonische Biologie

Im achtzehnten Jahrhundert legte der schwedische Arzt und Naturforscher Carl von Linné, auch Linnaeus genannt, die Grundlagen einer umfassenden Systematik der Biologie. In erweiterter und abgewandelter Form bildet sein Klassifikationssystem biologischer Formen auch heute noch den Orientierungsrahmen der Biologie. Linné gruppierte die Lebewesen in einer Hierarchie taxonomischer Kategorien: Art, Gattung, Klasse, Ordnung und so weiter. Jede nächsthöhere Ebene unterschied sich von der vorhergehenden durch mehr grundlegende Übereinstimmungen der Form. Unsere heimische Stieleiche etwa, mit ihrem wissenschaftlichen Namen *Quercus robur*, gehört der Gattung *Quercus* an, die noch andere Eichenarten umfaßt wie zum Beispiel die immergrüne Steineiche *Quercus ilex*. Diese Gattung gehört – wie die Rotbuche und die Edelkastanie – zur Familie der Fagaceae (Buchengewächse) und diese wiederum zur Klasse der Dikotyledonen, der zweikeimblättrigen Blütenpflanzen. Diese werden zusammen mit den Monokotyledonen (den einkeimblättrigen Pflanzen wie etwa Gräsern, Orchideen und Palmen) als Angiospermae – bedecktsamige Pflanzen – bezeichnet im Gegensatz zu den Gymnospermae, den nacktsamigen Pflanzen wie zum Beispiel den Koniferen.

Linné fühlte sich auserwählt, die Umrisse des göttlichen Schöpfungsplans zu schauen, und er glaubte, der Schöpfer habe die Pflanzen und Tiere nach einer rationalen Ordnung erschaffen, die der Mensch vermöge seines gottgegebenen Verstandes erfassen könne.[4]

Schon in der Zeit vor Darwin hatte das vergleichende Formenstudium – die Wissenschaft der Morphologie – ergeben, daß sich bei großen Gruppen von Lebewesen Ähnlichkeiten des Körperaufbaus, des Skeletts und anderer Strukturen erkennen lassen. Die «rationalen

Morphologen» dieser Zeit glaubten wie Linné, das Reich der Biologie sei rational durchschaubar und lasse ewige Gesetze der Form und Organisation erkennen. Sie entwickelten den Begriff der typischen Form oder «Urform» jeder Gruppe von Organismen und verstanden die Arten innerhalb einer Gruppe als Variationen über dieses archetypische Thema. Strukturen, die man als Varianten ein und desselben Urmusters interpretierte, wurden «homolog» genannt.

So beschrieb Richard Owen in seinem Buch *On the Archetype and Homologies of the Vertebrate Skeleton* (1848) die Form des Ur-Wirbeltieres, eines imaginären Wesens also, welches die Essenz dieses Typus repräsentiert, ohne die speziellen Merkmale eines wirklichen Tieres aufzuweisen. Wie Goethe zuvor schon versucht hatte, sich ein Bild der Ur-Pflanze zu machen, so war auch Owen nun auf die Entdeckung eines Einheitsprinzips aus, auf eine Einheit, die einer tieferen Wirklichkeitsebene angehört als die stoffliche Welt. Er dachte in Homologien und sah in den Verzweigungen des Lebensbaumes nur Modifikationen von Grundmustern. Nach seiner Ansicht hatten sich etwa die archetypischen fünffingrigen Vordergliedmaßen der Wirbeltiere zu Walfischflossen, Fledermausflügeln und menschlichen Händen gewandelt. Aus Fossilienfunden schloß er, die frühesten Individuen einer jeden Klasse seien generell von ganz unspezialisierter Art gewesen; in der späteren Entwicklungsgeschichte der Klasse bildeten sich spezialisierte Varianten dieser Grundstruktur.

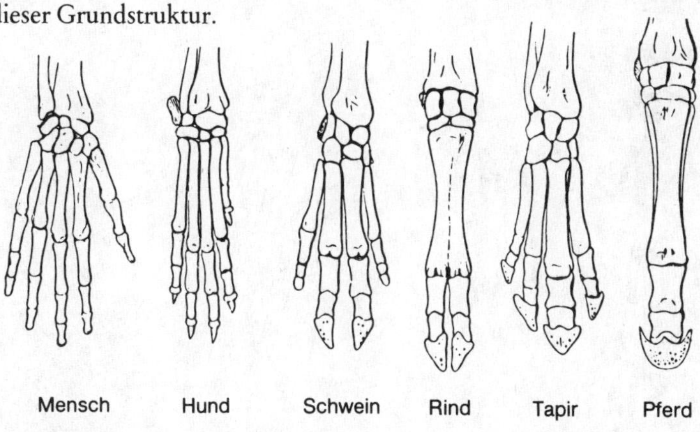

Abbildung 4.4 Hand- beziehungsweise Vorderfußskelett des Menschen und von fünf Säugetieren. Alle sind Abwandlungen einer fünfzehigen Urform. (Nach Haeckel, 1910)

Owen glaubte nicht, daß die Evolution der Formen sich aufgrund von natürlicher Auslese vollzog; sie war das Sicht-Entfalten eines rationalen Plans und wurde bewirkt durch «Ursachen» und «Gesetze», die das Auftreten neuer Lebensformen regierten. Auch der in der Schweiz geborene und später in Nordamerika lebende Naturforscher Louis Agassiz dachte sich die gestufte Entwicklung lebendiger Formen als eine Folge von Abwandlungen eines Grundplans. Jeder Grundtypus und die Idealform jeder spezifischen Abwandlung waren in Übereinstimmung mit dem Willen des Schöpfers so festgelegt worden.[5]

Darwin und seine Anhänger wiesen dergleichen Ideen zurück. Sie versuchten die Urformen und Homologien ausschließlich historisch zu erklären, also durch Abstammung von gemeinsamen Vorfahren. Die Darwinsche und neodarwinistische Interpretation der Evolution als Wechselspiel von Zufällen und natürlicher Auslese ist etwas ganz anderes als der von den Morphologen beschriebene rationale Prozeß der Entfaltung und Abwandlung. Der Versuch, die Evolution «von einem höheren und rationaleren Standpunkt aus»[6] zu verstehen, wurde aufgegeben.

Doch der Geist der rationalen Morphologen ist nie ganz aus der Biologie vertrieben worden. Auch in unserem Jahrhundert finden wir noch

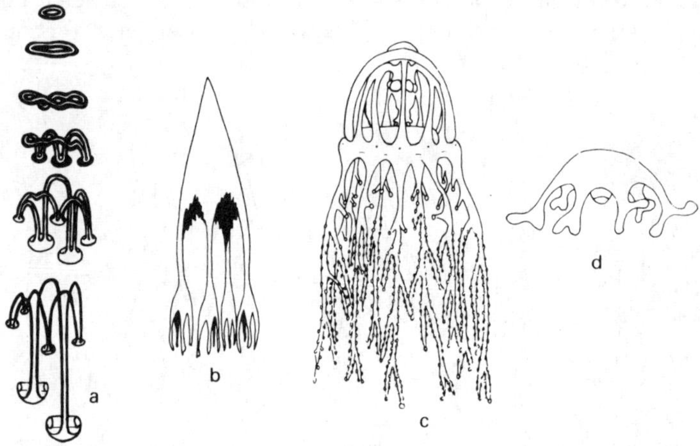

Abbildung 4.5 Ein Vergleich von Tropfbildern mit den Formen von Quallen. a) Tintentropfen fallen in Wasser; b) ein Fuselöltropfen fällt in Paraffin; c) *Cordylophora*; d) *Cladonema.* (Nach Thompson)

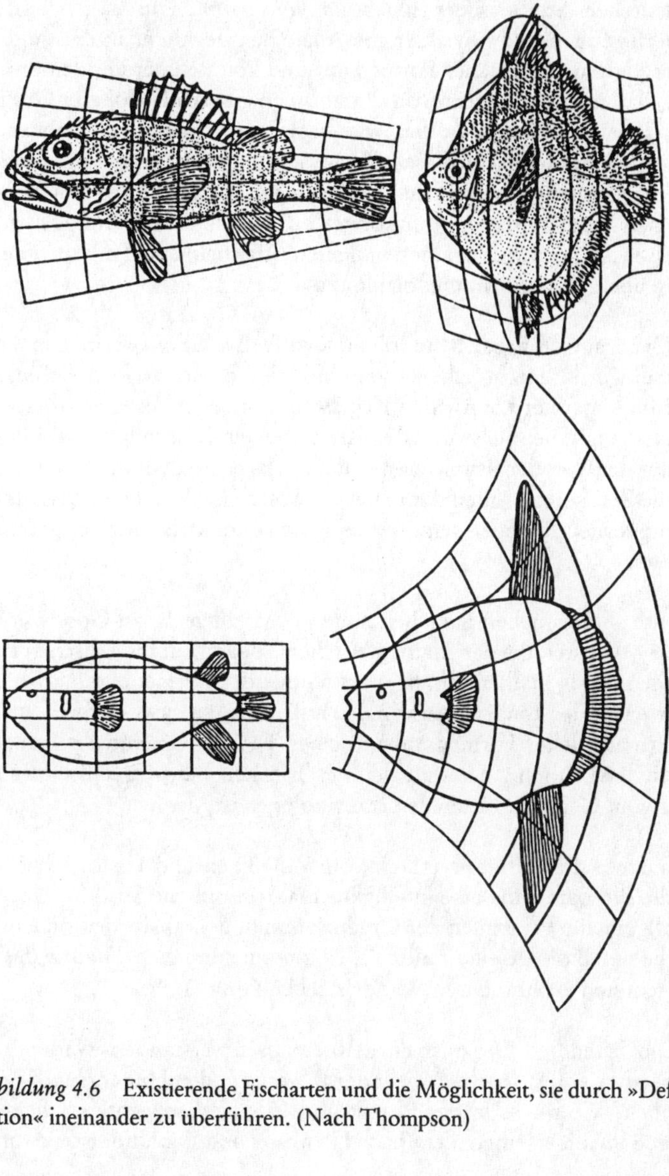

Abbildung 4.6 Existierende Fischarten und die Möglichkeit, sie durch »Deformation« ineinander zu überführen. (Nach Thompson)

Vertreter dieser Tradition, zum Beispiel D'Arcy Thompson mit seiner klassischen Studie *Über Wachstum und Form.* Durch geometrische Überlegungen und physikalische Analogien deckte er interessante Eigenschaften organischer Formen auf und konnte überdies demonstrieren, daß man die Formen von Organismen innerhalb größerer Gruppen durch «Permutation» oder «Deformation» ineinander umwandeln kann. Er erkannte an diesen Verwandlungen eine Ordnung, und sie schienen von mathematischen Gesetzen geleitet zu sein. So zum Beispiel bei den Foraminiferen: «Wir können auf wunderschöne und lückenlose Weise verfolgen, wie bei diesen kleinen Muscheln eine Form in eine andere übergeht.» Er fügt jedoch hinzu:

> Die Frage drängt sich auf, ob dies wohl «Evolution» sei in dem Sinne, daß wir das Recht haben, es mit historischer *Zeit* zu korrelieren. Der Mathematiker kann jeden Kegelschnitt in jeden anderen übergehen lassen und beispielsweise den Kreis über ein Kontinuum von Ellipsen aus der Geraden «evolvieren», und das ist echte Evolution, wenn auch die Zeit keinen Anteil daran hat . . . Solch eine Vorstellung ist für den modernen Biologen schwer zu erfassen und noch schwerer gutzuheißen.[7]

Heute sind es neben manchen anderen vor allem Brian Goodwin und Gerry Webster, die den mathematischen Zugang zur biologischen Form suchen.[8] Das mathematische Verständnis der Formenbildung bei sich entwickelnden Embryonen wird, so hoffen sie, zu einer «Erkenntnis der Welt natürlicher Formen anhand einer Theorie generativer Transformationen» führen.[9] Sie sind sich der Tatsache bewußt, daß dieser Ansatz vom Geist der rationalen Morphologen ist, denn er

> möchte die Aufmerksamkeit vom Zufälligen und Historischen, das die Biologie ohne eine intelligible makroskopische Struktur läßt, auf allgemeine Prinzipien der Organisation und Transformation lenken, die der Biologie eine rationale Taxonomie und eine Theorie des gerichteten evolutionären Wandels geben könnten.[10]

Wenn lebendige Organismen mathematisch verstanden werden können, tritt der historische Aspekt der Biologie in den Hintergrund – ganz ähnlich, wie wir es in der Physik und Chemie beobachten. Chemiker fragen im allgemeinen nicht nach Ursprung und Evolution von Atomen und Molekülen, sondern nehmen einfach das platonische Paradigma zum Ausgangspunkt. Eine platonische Biologie wäre der Physik und Chemie in dieser Hinsicht ähnlich, wie Goodwin herausgestellt hat: Eine rationale Taxonomie «wäre gänzlich unabhängig von der historischen Abfolge, in der Arten, Gattungen und Stämme auftraten, so wie ja auch die periodische Tafel der Elemente deren historisches Auftreten nicht berücksichtigt und daher mit allen möglichen Abfolgen vereinbar wäre».[11]

Aristotelische Biologie

Die aristotelische Tradition lebte in der Biologie als Vitalismus weiter. Wo die Mechanisten behaupten, Organismen seien unbelebte Maschinen, sagen die Vitalisten, sie seien wahrhaft lebendig. Die immanenten Organisationsprinzipien der Pflanzen und Tiere, von Aristoteles «Seele» genannt, erhielten mit der Zeit eine ganze Reihe von Namen, etwa «Vitalfaktoren» oder «*nisus formativus*» («formativer Impuls») oder «Entelechie». Die Vitalisten glaubten, daß diese immateriellen Vitalfaktoren den Körper und das Verhalten lebendiger Organismen auf ganzheitliche und sinnvolle Weise organisieren und für die Verwirklichung ihres Form- und Verhaltenspotentials sorgen; stirbt der Organismus, so verschwinden die Vitalfaktoren aus ihm.

Kaum noch jemand vertritt heute den Vitalismus in expliziter Form, doch er übt immer noch einen starken, wenn auch unbewußten Einfluß auf das Denken der Biologen aus. Manche theoretischen Entitäten der heutigen Biologie, etwa die «genetischen Programme» und die «egoistischen Gene», spielen ähnliche Rollen wie die Vitalfaktoren, wie wir im nächsten Kapitel sehen werden.

Die organismische Naturphilosophie hat mit der aristotelischen Tradition manches gemein. Sie betrachtet alle Organismen, die einfachsten und die komplexesten – vom subatomaren Teilchen bis hin zu den Galaxien, ja dem ganzen Kosmos –, als lebendig, und darin ist sie radikaler als der Vitalismus, der sich auf biologische Organismen beschränkt. Die Organisationsfunktionen, früher der Seele und den Vitalfaktoren zugeschrieben, treten jetzt als Systemeigenschaften, Informationsmuster, hervortretende Organisationsprinzipien oder organisierende Felder auf. Der Begriff des morphischen Feldes, der im vorliegenden Buch entwickelt wird, stellt den Versuch einer evolutionären Interpretation dieser organisierenden Felder dar.

Materialistische Biologie

Die vorherrschende Schulmeinung über die biologischen Formen ist von der mechanistischen Sicht des Lebens geprägt. Wie wir im zweiten Kapitel gesehen haben, entstand das mechanistische Weltbild aus einer Verquickung von platonischer und materialistischer Naturphilosophie: Die Natur steht als Ganzes unter der Herrschaft ewiger, immaterieller Gesetze, und die unzerstörbaren Atome der Materie sind die Basis jedweder physikalischen Wirklichkeit. Eine Betonung des materialistischen Aspekts dieser Synthese führt in den Reduktionismus, also zu dem Bestreben, komplexere Systeme auf weniger komplexe zurückzuführen. Je niedriger etwas in der Hierarchie steht, desto realer ist es für den Atomisten – die höchste Wirklichkeit kommt den kleinsten und daher fundamentalen Teilchen der Materie zu.

In der Praxis strebt man allerdings in der mechanistischen Biologie nicht danach, die Phänomene des Lebens auf das Wirken der Elementarteilchen der modernen Physik zurückzuführen, sondern begnügt sich im allgemeinen mit der Ebene der Moleküle. Man geht nämlich einfach davon aus, daß von den Molekülen abwärts alles eine klare und einfache Sache ist: Struktur und Eigenschaften von Molekülen lassen sich auf die Eigenschaften von Atomen und subatomaren Teilchen zurückführen, und so sind die Phänomene des Lebens im Prinzip anhand der gegenwärtigen Theorien der Physik zu erklären, nur ist eben das, was unterhalb der molekularen Ebene liegt, Sache der Physiker und Chemiker.

Morphogenese

Bis hierher haben wir uns die wichtigsten theoretischen Ansätze zur Erklärung biologischer Formen vergegenwärtigt. Platonisten leiten die Formen von transzendenten Urbildern oder ewigen mathematischen Gesetzen ab, Aristoteliker von immateriellen Organisationsprinzipien, die lebenden Organismen immanent sind, und Materialisten schließlich von den Eigenschaften der Moleküle, insbesondere der Gene. Im nächsten Kapitel werden wir an Beispielen betrachten, wie Formen sich bilden, und dann erörtern, inwieweit die bestehenden Theorien den beobachtbaren Fakten entsprechen. Das Entstehen der Form wird Morphogenese genannt, und dieser Begriff setzt sich zusammen aus den griechischen Wörtern *morphé*, «Form», «Gestalt», und *génesis*, «Erzeugung», «Entstehen».

Heute besteht kaum noch Uneinigkeit darüber, daß ein Verständnis der Morphogenese von entscheidender Bedeutung ist, wenn wir die Natur des Lebens tiefer erfassen wollen – und niemand widerspricht der Aussage, daß wir noch sehr wenig über Morphogenese wissen. Eines jedoch ist klar: Jede Theorie der Morphogenese, die den Fakten gerecht werden soll, muß berücksichtigen, daß alle biologischen Formen aus einem Prozeß der Evolution hervorgegangen sind. Morphogenese wurzelt in der Abstammungsgeschichte. Dies zeigt nicht nur die Evolutionsforschung, sondern es geht auch aus der Betrachtung der embryonalen Entwicklung hervor. Wir alle besaßen zum Beispiel in einem bestimmten Stadium unserer embryonalen Entwicklung Kiemenspalten (Abb. 1.1), und das scheint eine Art Erinnerung an unsere Fisch-Ahnen zu sein, von denen wir abstammen – oder uns aufschwangen.

Nach der herkömmlichen Auffassung besteht der evolutionsgeschichtliche Hintergrund der Morphogenese aus nichts weiter als der Vererbung von Genen. Die Hypothese der Formenbildungsursachen geht von einer erweiterten Sicht der Vererbung aus und betrachtet die Vererbung organischer Formen – auch der Formen von Molekülen – als die Vererbung von organisierenden Feldern, die so etwas wie Erinnerungsvermögen beinhalten. Nach dieser Auffassung erben Pflanzen und Tiere nicht nur Gene, sondern auch Entwicklungs- und Verhaltensgewohnheiten, und das nicht nur von ihren unmittelbaren Vorfahren, sondern von früheren Individuen ihrer Art, ja sogar von allen früheren Arten, aus denen ihre eigene Art durch Evolution hervorging.

5. Das Rätsel der Morphogenese

Pflanzen und Tiere entwickeln sich aus befruchteten Eizellen, und während dieser Entwicklung werden ihre Form und ihr Aufbau immer komplexer. Wie das geschieht, ist immer noch ein Geheimnis.

Aus materialistischer Sicht muß die Form eines Organismus schon in der befruchteten Eizelle in materieller Form vorgeprägt sein. Dieser Glaube wurde erstmals im siebzehnten Jahrhundert als eine Theorie formuliert, die den Namen «Präformationslehre» erhielt. Die Präformationisten behaupteten, der erwachsene Organismus sei bereits in winziger Form in der Eizelle oder Samenzelle vorgebildet und wachse dann nur noch aus. Diese Theorie erwies sich als falsch. Im späten neunzehnten Jahrhundert tauchte sie allerdings in subtiler Form als Lehre vom Keimplasma (s. S. 106ff.) wieder auf. Dieses Keimplasma wird heute mit den Genen identifiziert, und die Debatte kreist nun um die Frage, ob die Gene tatsächlich den Prozeß der Morphogenese steuern. Können die Gene das allein, oder wirken bei der Entwicklung auch immaterielle Organisationsprinzipien mit? Und wenn ja, worin bestehen sie und wie wirken sie?

In diesem Kapitel wollen wir der Geschichte dieser langen Debatte nachgehen und dann aufzeigen, in welcher Form sie auch heute noch weitergeführt wird. Die Mechanisten haben im Verlauf dieser Debatte immer wieder heftig bestritten, daß es die zielgerichteten Organisationsprinzipien des Vitalismus überhaupt gibt, doch diese Prinzipien wurden immer wieder in neuer Verkleidung eingeschmuggelt als Keimplasma, egoistische Gene, Informationsmuster, innere Abbilder und ähnliches. Die Diskussion in diesem Kapitel wird uns ermöglichen, die Idee der morphogenetischen Felder in ihrem biologischen Kontext zu sehen; im nächsten Kapitel wollen wir dann die Natur dieser Felder erkunden.

Das Ende der Präformationstheorie

Die Präformationisten behaupteten, daß befruchtete Eizellen Miniaturorganismen enthalten. Entwicklung war für sie nichts anderes als das Wachstum und die Ausgestaltung dieser präexistierenden materiellen Strukturen. Diesen hypothetischen Vorgang nannten sie «Evolution».

Uneinig waren sich die Präformationisten des siebzehnten und achtzehnten Jahrhunderts nur in der Frage, ob dieser winzige Organismus aus der Eizelle oder aus der Samenzelle stammte; die meisten favorisierten die Samenzelle. Manche glaubten sogar, sie hätten den Beweis gefunden – doch sie sahen nur, wonach sie Ausschau hielten. Jemand vermeinte unter dem Mikroskop ein kleines Pferd in einem Pferdespermium zu erkennen, ein andermal ein ähnliches Tierchen mit langen Ohren in einem Eselspermium.[1] Und mit diesem gläubigen Auge ließen sich auch in menschlichem Sperma kleine *Homunculi* entdecken.

Diese Theorie lieferte zwar eine erfreulich einfache Erklärung für die Entwicklung individueller Organismen, doch schon wenn man die Generationenfolge betrachtete, taten sich fürchterliche Schwierigkeiten auf. Wenn etwa ein Kaninchen aus einem Miniaturkaninchen in einer befruchteten Eizelle heranwächst, muß es ja selbst wiederum Miniaturkaninchen in seinen Keimzellen enthalten, und diese wiederum müssen die Miniaturformen zahlloser künftiger Generationen enthalten. Zu Beginn des achtzehnten Jahrhunderts berechnete ein Gegner des Präformationismus – unter der Voraussetzung, daß die Schöpfung vor etwa 6000 Jahren stattgefunden hat und Kaninchen mit einem halben Jahr geschlechtsreif werden –, daß im ersten Kaninchen mindestens $10^{100\,000}$ Kaninchen präformiert gewesen sein müssen.[2]

Es konnte nicht ausbleiben, daß die Präformationstheorie durch empirische Fakten vollkommen widerlegt wurde. Bei der Beobachtung der Entwicklung von Embryonen war nicht zu übersehen, daß neue Strukturen entstanden, die nicht vorher da waren. So zeigte C.P. Wolff schon 1768 an Hühnerembryonen, daß «der Dünndarm durch Einfaltung und Ablösung einer Gewebeschicht von der ventralen Oberfläche des Embryos gebildet wird und daß diese Falten zunächst eine Rinne bilden, die sich im Laufe der Zeit zu einer geschlossenen Röhre umformt».[3] Gegen Mitte des neunzehnten Jahrhunderts war schließlich nicht mehr von der Hand zu weisen, daß die embryonale Entwicklung epigenetisch abläuft, also mit der Neubildung vorher nicht vorhandener Strukturen einhergeht.

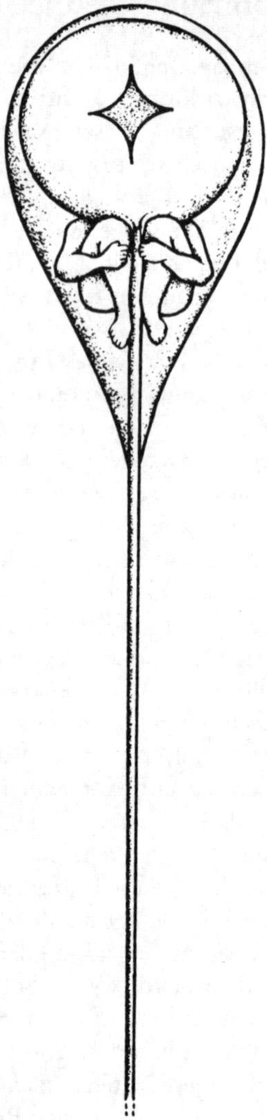

Abbildung 5.1 Ein menschliches Spermium, das einen winzigen Homunculus enthält – so glaubte man es im frühen achtzehnten Jahrhundert unter dem Mikroskop zu erkennen. (Aus Cole)

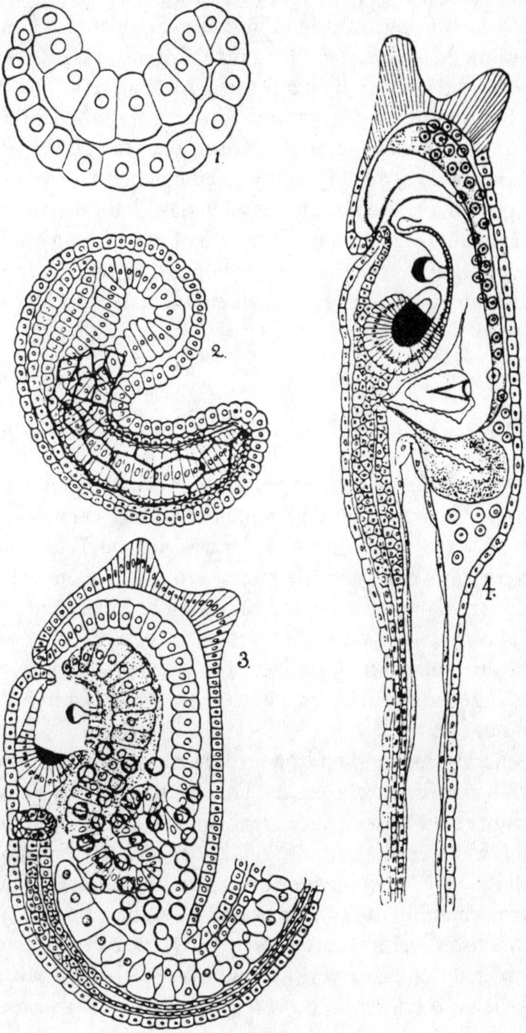

Abbildung 5.2 Stadien der embryonalen Entwicklung eines Manteltierchens. (Aus E. S. Russell)

Epigenese ist nun aber genau das, was aus platonischer und aristotelischer Sicht zu erwarten war, denn in diesen Schulen des Denkens wäre niemand auf die Idee verfallen, der ganze Organismus müsse in der Materie der befruchteten Eizelle bereits gegenwärtig sein. Für den mechanistischen Standpunkt jedoch war Epigenese natürlich problematisch: Irgendwie mußte mehr materielle Form aus weniger entstehen. Wie schafft es ein Embryo, aus nichts etwas zu machen?

Vor das gleiche Problem stellt uns auch das Phänomen der Regeneration. Denn genau wie bei der embryonalen Entwicklung entstehen auch bei der Regeneration komplexere Formen aus weniger komplexen. Ein ganzer Weidenbaum kann sich aus einem kleinen Steckling «regenerieren».

Die Regeneration der Ganzheit

Nach Auffassung der Präformationisten entwickelt sich der Organismus durch eine Art Aufblähung seiner ursprünglichen Miniaturform. Wenn dem so wäre, wie könnte er dann verlorene Teile regenerieren? Wäre es nicht sinnvoller anzunehmen, daß die treibende Kraft dieser Regenerationsfähigkeit auch schon für die embryonale Entwicklung des Organismus verantwortlich war? Hartsoeker brachte diesen Gedanken schon 1722 auf einen knappen Nenner: «Eine Intelligenz, welche die verlorene Zange eines Krebses zu ersetzen vermag, kann auch ein ganzes Tier erzeugen.»[4]

Die Regenerationsfähigkeit ist eine der grundlegenden Eigenschaften lebendiger Organismen, und keine Theorie des Lebens kann diese Eigenschaft außer acht lassen. Alle Organismen besitzen Regenerationsfähigkeit, auch wenn es nur in der Jugend oder nur bei bestimmten Geweben der Fall ist. Wir selbst regenerieren zum Beispiel ständig unser Blut, unsere Darmschleimhäute, unsere Haut; Wunden heilen, gebrochene Knochen wachsen wieder zusammen, verletzte Nerven wachsen neu, und geht ein Teil der Leber verloren, so bildet sich dort neues Lebergewebe.[5] Bei vielen niederen Lebewesen finden wir so starke Regenerationskräfte, daß aus einzelnen Teilen vollständige neue Tiere entstehen können. Einen Plattwurm etwa kann man zerstückeln, und aus jedem Stück – einem Kopf, einem Schwanz, einer Seite oder sogar einer Scheibe – kann wieder ein ganzer Wurm werden. Auch viele Pflanzen können aus abgeschnittenen Teilen neue Pflanzen heranbilden: Aus

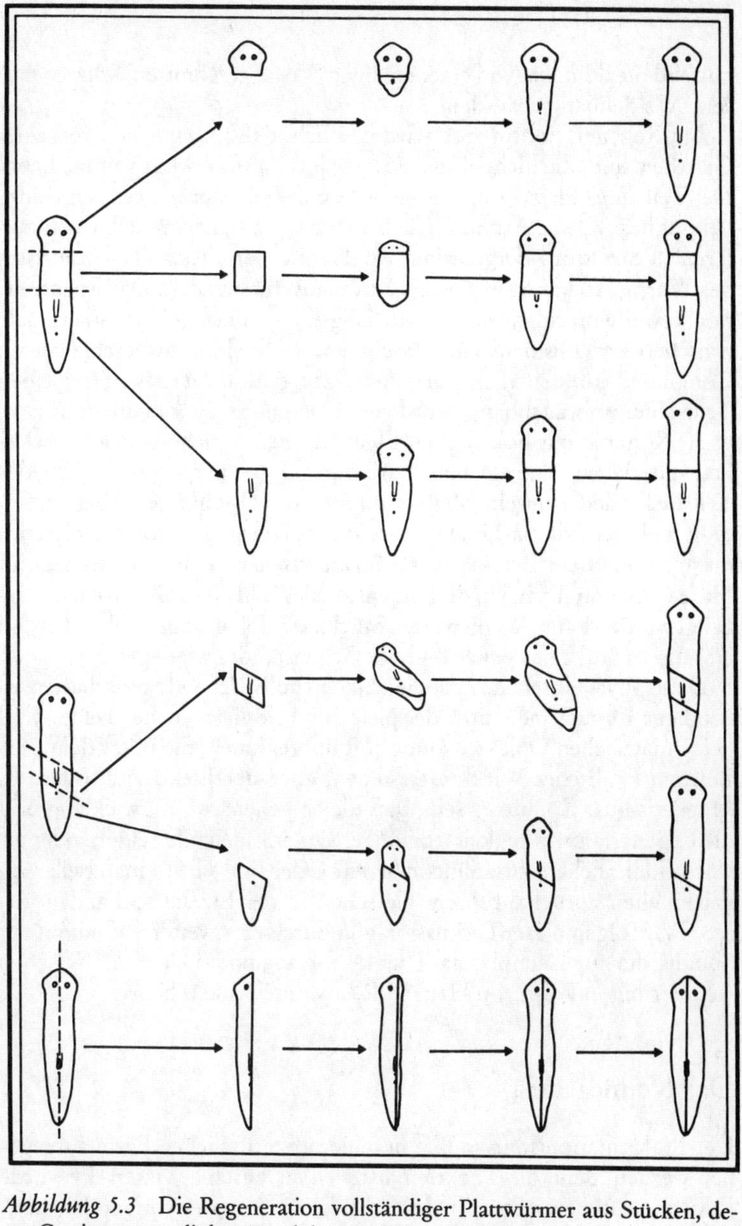

Abbildung 5.3 Die Regeneration vollständiger Plattwürmer aus Stücken, deren Gewinnung am linken Rand dargestellt ist. (Nach Morgan)

tausend Stecklingen, von einer einzigen Weide geschnitten, können tausend Weidenbäume werden.

Am Regenerationsprozeß wird deutlich, daß Organismen von einer Ganzheit sind, die nicht als die Summe ihrer Teile erklärt werden kann. Der Teil eines Plattwurms ist mehr als nur Teil einer materiellen Ganzheit; er besitzt eine Art implizite Ganzheit, die seiner tatsächlichen materiellen Struktur übergeordnet ist: Trennt man diesen Teil vom Rest des Wurms, so kann ein ganzer Wurm aus ihm werden. Das Regenerationsvermögen ist eines der auffälligsten Unterscheidungsmerkmale zwischen Organismen und Maschinen. Teile eines ausgeschlachteten Computers können nicht zu neuen Computern werden. Sie bleiben Teile eines unbrauchbar gewordenen Computers. Es gibt aber physikalische Systeme mit holistischen Eigenschaften, welche eine Zerstückelung überleben. Zersägt man etwa einen Eisenmagneten, so ist jedes Teilstück wiederum ein Magnet mit einem vollständigen Magnetfeld. Oder nehmen wir ein Hologramm, die Aufzeichnung von Interferenzmustern aus dem Bereich elektromagnetischer Felder, durch die mit Hilfe von Laser-Licht ein dreidimensionales Bild eines Gegenstandes erzeugt werden kann: Wenn wir ein Stück des Hologramms abbrechen, so gibt dieses Stück das *ganze* Bild des Gegenstandes wieder.

Diese physikalischen Analogien zu den holistischen Eigenschaften lebendiger Organismen sind Beispiele für Feldphänomene. Felder sind keine materiellen Objekte, sondern Raumregionen, die unter dem Einfluß physikalischer Wirkkräfte stehen, etwa der Elektrizität oder des Magnetismus. Könnte es sein, daß die epigenetische Entwicklung und die Regenerationsfähigkeit lebendiger Organismen mit Feldern oder etwas Feldähnlichem zusammenhängen? Oder sind sie auf materielle Gegebenheiten zurückzuführen, die schon in der Eizelle vorhanden waren? Wir folgen dieser Diskussion nun durch eine weitere Windung der Spirale, die zur Keimplasma-Theorie führte und zu einer vitalistischen Erwiderung in Form von Hans Drieschs Entelechie-Theorie.

Das Keimplasma

Der Präformationismus mußte in seiner ursprünglichen Form aufgegeben werden, denn die Theorie hatte sich als falsch erwiesen. Er wurde jedoch in subtilerer Form in den achtziger Jahren des vorigen Jahrhunderts durch August Weismann wiederbelebt. Weismann gelangte zu der

Lösung, daß befruchtete Eizellen materielle Strukturen enthalten, die zwar nicht die Form des erwachsenen Organismus aufwiesen, aber diese Form doch irgendwie entstehen lassen. Diese materiellen Strukturen lagen im sogenannten Keimplasma.

Weismann unterschied am Organismus zwei ganz verschiedene Teile oder Aspekte – Körper oder Somatoplasma und Keimplasma. Das Keimplasma beschrieb er als «hochkomplexe Struktur» mit der «Fähigkeit, sich zu einem komplexen Organismus zu entwickeln».[6] Es ist eine Art Magazin von Formursachen für die Gestaltungen des erwachsenen Organismus: Jeder Teil des Organismus wird von einer bestimmten materiellen Einheit des Keimplasma – einer «Determinante» – geformt. Das Somatoplasma ist demgegenüber jener Anteil des Organismus, der vom Keimplasma geformt wird. Das Keimplasma wirkt auf das Somatoplasma, aber nicht umgekehrt. Wir finden diesen Prozeß in der folgenden Abbildung dargestellt, die auch die potentielle Unsterblichkeit des Keimplasmas und die Sterblichkeit des von ihm hervorgebrachten Organismus veranschaulicht.

Bei Tieren werden die embryonalen Keimzellen relativ früh vom übrigen Körper getrennt, und Weismann nahm an, daß es keine Informationsübertragung vom Körper auf die Keimzellen gibt: Es konnte nach seiner Auffassung keine Veränderung des Keimplasmas durch das Geschehen im Körper geben. Das heißt aber, daß ein Organismus nur die *vererbten* Merkmale seiner Ahnen erben kann und nicht deren durch Anpassung oder Gewohnheitsbildung *erworbene* Merkmale. Zu Jean

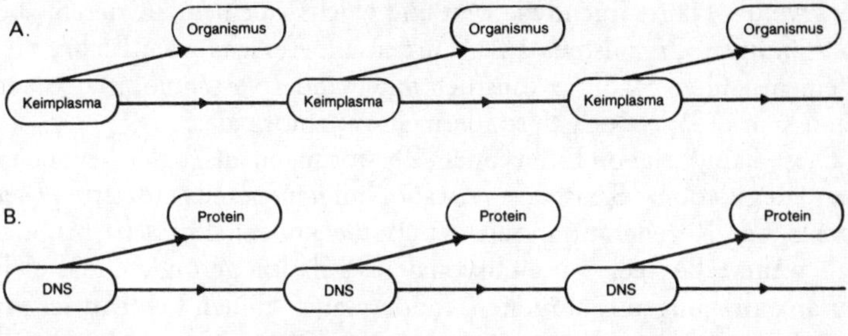

Abbildung 5.4 A: Weismanns Schema, aus dem sowohl die Kontinuität des Keimplasmas von Generation zu Generation hervorgeht als auch die Vergänglichkeit des einzelnen Organismus. B: Das »zentrale Dogma« der Molekularbiologie, in dem Weismanns Schema anhand von DNS und Proteinen interpretiert wird.

Baptiste Lamarck und der Frage der Vererbung erworbener Merkmale werden wir im achten Kapitel kommen, und dort werden wir uns dann auch einige der Tatsachen vergegenwärtigen, die für diese Art der Vererbung sprechen. Weismann jedenfalls betrachtete sie schlicht als unmöglich.

Bei Pflanzen sondern die Keimzellen sich nicht so früh vom übrigen Körper ab wie bei Tieren. Pollen und Eizellen entwickeln sich in Blütenknospen an den wachsenden Trieben. Trotz dieses grundlegenden Unterschieds nahm (und nimmt) man an, daß Weismanns theoretische Prinzipien auch für Pflanzen gelten.

Weismann nahm an, daß die Determinanten für jeden Teil des Körpers im Verlauf der Entwicklung an die verschiedenen embryonalen Gewebe ausgeteilt werden. Und diese Determinanten sind nicht – wie im früheren Präformationismus – Miniaturversionen ausgewachsener Strukturen, sondern sie «lenken» irgendwie die Bildung dieser Strukturen.

Diese Theorie wurde aufgegriffen von Wilhelm Roux, dem Begründer der Schule der «Entwicklungsmechanik». Roux meinte, der Embryo sei im Anfangsstadium so etwas wie ein Mosaik, dessen Teile sich unabhängig voneinander, aber in Harmonie miteinander entwickeln. Es stellte sich bald heraus, daß diese Theorie schwere Mängel aufwies. Der Biologe und Philosoph Hans Driesch experimentierte in den 1890er Jahren mit Seeigelembryonen und stellte fest, daß sich aus einem halben Embryo nicht etwa ein halber Seeigel entwickelte, wie nach der Mosaiktheorie zu erwarten gewesen wäre; vielmehr machte er den Verlust seiner zweiten Hälfte irgendwie wett und wuchs zu einem kleineren, aber vollständigen Organismus aus. Wurden andererseits zwei Embryonen in einem frühen Stadium künstlich miteinander verschmolzen, so entstand kein Doppel-Seeigel, sondern ein ganz normaler.[7]

Diese Fähigkeit von Embryonen, Zerstörungen auszugleichen, nennt man «Regulation». Sie ist eng verwandt mit dem bereits erörterten Phänomen der Regeneration. Seit den Entdeckungen Drieschs hat man viele weitere Beispiele für embryonale Regulation gefunden, und nicht nur an ganz jungen Embryonen, sondern auch an den sich entwickelnden Organen älterer Embryonen. Die Flügelknospen von Hühnerembryonen etwa können selbst schwere Zerstörungen ausgleichen und zu normalen Flügeln heranreifen.

Driesch war der Ansicht, das Regulationsvermögen der Embryonen zeige, daß ihre Teile sich nicht unabhängig voneinander und nicht auf starr determinierte Weise entwickeln. Sie reagieren vielmehr auf einander und passen sich einander an. Sie können ihren Entwicklungsgang ändern, wenn andere Teile zerstört werden: Zellen, die für eine bestimmte Struktur des normalen Embryos vorgesehen sind, können eine andere Aufgabe übernehmen, falls das erforderlich wird. Driesch widerlegte also Weismanns Theorie der Determinanten, die Zug um Zug an das sich entwickelnde embryonale Gewebe ausgeteilt werden.

Gegen Ende des neunzehnten Jahrhunderts war jedoch die Erforschung der Chromosomen (fadenartige Gebilde in den Zellkernen) so weit gediehen, daß man annehmen mußte, der Zellkern enthalte die materielle Substanz der Vererbung. Weismann setzte daher das Keimplasma mit den Chromosomen gleich.[8] Als um 1900 die Arbeiten Gregor Mendels zur Vererbungslehre wiederentdeckt wurden und die Genetik entstand, kam man bald zu der Überzeugung, daß Weismanns Determinanten nichts anderes sein konnten als die Gene. Als dann schließlich die Struktur des genetischen Materials, der DNS, aufgeschlüsselt wurde und man zeigen konnte, wie die Abfolge der Aminosäuren in Proteinen durch diese DNS «vorkodiert» ist, schien die Keimplasma-Theorie sich voll bestätigt zu haben. In Weismanns Schema ließen sich nun für Keimplasma und Somatoplasma wohldefinierte biochemische Substanzen eintragen: DNS und Eiweiß. Dieses Schema repräsentiert das zentrale Dogma der Molekularbiologie: Das genetische Material ist die Schablone der Eiweißsynthese, doch von der Eiweiß-Ebene geht niemals eine Wirkung zurück auf das genetische Material. Dies schließt – aus theoretischen Gründen – die Vererbung erworbener Merkmale aus. Weder die Form noch die Funktion, noch das Verhalten des Körpers kann einen spezifischen Einfluß auf die genetische Konstitution, den Genotypus, ausüben.

Darwins Evolutionstheorie akzeptierte die Idee der Vererbung erworbener Eigenschaften, und Darwin selbst äußerte in seiner Pangenesis-Theorie die Ansicht, die Keimzellen würden durch die Aufnahme von «Gemmulae» («Keimchen») aus allen Körperzellen modifiziert.[9] Die neodarwinistische Theorie hingegen ist fest auf die Weismannschen Prinzipien gegründet. Sie finden ihren Ausdruck in der Unterscheidung zwischen dem Genotypus – der genetischen Veranlagung – auf der einen Seite und dem Phänotypus – dem tatsächlichen Erscheinungsbild des Organismus – auf der anderen. Evolvieren kann nur der Genotypus, und er bestimmt den Phänotypus. Eine Theorie der Entwicklung würde uns im Prinzip «ermöglichen, den erwachsenen Organismus aus der genetischen Information in der Eizelle zu errechnen».[10]

Entelechie

In den Schriften heutiger Biologen wird der Vitalismus meist als eine Art Aberglaube abgetan, den der Fortschritt des rationalen Verstehens hinweggefegt habe.[11] Die Diskreditierung des Vitalismus, so heißt es, begann 1828 mit der ersten künstlichen Synthese einer organischen Substanz – des Harnstoffs – durch Friedrich Wöhler und hat sich seitdem mit stetig wachsender Schnelligkeit fortgesetzt. Jacques Monod faßt diese verbreitete Anschauung in folgende sehr deutliche Worte:

> Die Entwicklungen der letzten zwanzig Jahre in der Molekularbiologie haben den Bereich der Geheimnisse außerordentlich zusammenschrumpfen lassen; dadurch blieb den Spekulationen der Vitalisten kaum mehr als das weite Feld der Subjektivität offen – der Bereich des Bewußtseins. Man geht kein großes Risiko ein mit der Voraussage, daß diese Spekulationen sich auf diesem im Augenblick noch unzugänglichen Gebiet als ebenso unfruchtbar erweisen werden wie überall, wo das bisher auch offenkundig der Fall war.[12]

Die meisten Vitalisten des neunzehnten Jahrhunderts bestritten jedoch nicht, daß lebende Organismen organische Chemikalien enthalten, die man sowohl analysieren als auch künstlich synthetisieren kann. Aber selbst der große Chemiker Justus von Liebig sagte, auch wenn man organische Substanzen im Labor synthetisieren könne und dies in Zukunft gewiß noch in weit höherem Maße geschehen werde, könne die Chemie doch niemals ein Auge oder ein Blatt hervorbringen. Hierfür machte er vielmehr eine Ursache verantwortlich, «durch welche die Elemente zu neuen Formen zusammengefügt werden, durch die sie neue Eigenschaften erlangen, Formen und Eigenschaften, die außerhalb des Organismus nicht bestehen».[13]

Im neunzehnten Jahrhundert waren die Gedanken zu solchen Themen noch durchweg so vage wie diese, und erst nach 1900 begann mit den Arbeiten Hans Drieschs die Entwicklung einer detaillierten vitalistischen Theorie. Er begann seine Laufbahn als Biologe am Institut für Entwicklungsmechanik, gelangte jedoch aufgrund seiner experimentell gewonnenen Erkenntnisse über embryonale Regulations-, Regenerations- und Reproduktionsphänomene zu folgendem Schluß: Etwas, das von einer immanenten Ganzheit ist, wirkt auf lebendige Systeme ein, ist aber nicht materieller Teil von ihnen. Diesen nichtmateriellen Kausalfaktor nannte er nach Aristoteles «Entelechie». Entelechie ist nach seiner Anschauung zielgerichtet oder teleologisch: Sie lenkt die physikalischen Prozesse, die ihrem Einfluß unterliegen, auf ein Ziel hin, das in ihr selbst liegt.[14]

Nach Driesch lenkt die Entelechie die Morphogenese des sich entwickelnden Organismus auf die charakteristische Form seiner Art hin. Die Gene stellen die materiellen *Mittel* der Morphogenese, die chemischen Substanzen, die in eine Ordnung gefügt werden, doch das Ordnen selbst ist Aufgabe der Entelechie. In ähnlicher Weise stellt etwa das Nervensystem die Mittel für das Verhalten eines Tieres, doch die Entelechie organisiert das Verhalten und benutzt den Organismus als ein Instrument, wie ein Pianist den Flügel als Instrument benutzt. Das Verhalten wird zwar von einer Schädigung des Gehirns beeinflußt, so wie auch das Klavierspielen von einem Schaden am Instrument beeinflußt wird, doch das beweist nur, daß das Gehirn ein notwendiges Mittel oder Instrument für die Erzeugung von Verhalten ist, gerade so, wie der Pianist einen funktionierenden Flügel braucht, um seine Musik verwirklichen zu können.

Weil die Entelechie das Ziel eines unter ihrem Einfluß stehenden Prozesses «enthält», kann ein Organismus, dessen normaler Entwicklungsablauf gestört wird, dasselbe Ziel auch auf anderem Wege – nämlich durch Regulation oder Regeneration – erreichen.

Driesch schloß aus seinen Forschungen, daß Entwicklung und Verhalten von einer Hierarchie von Entelechien gesteuert werden, die aus der Gesamtentelechie des Organismus abgeleitet und ihr untergeordnet sind. Er betrachtete diese Entelechien als *natürliche* Kausalfaktoren – nicht als «metaphysische» oder «mystische» Entitäten –, die auf physikalische und chemische Prozesse einwirken, welche ohne eine auferlegte Ordnung ziellos verlaufen würden. Er entwickelte seine Theorie jedoch zu einer Zeit, als die Naturwissenschaften noch gänzlich von der klassischen Physik beherrscht waren und jedermann davon ausging, daß alle physikalischen Prozesse voll determiniert und daher im Prinzip vorhersehbar seien. In solch einem Weltbild war natürlich kein Platz für Entelechie – sie war überflüssig.

Driesch glaubte aber, daß alle Prozesse zumindest auf der mikrophysikalischen Ebene undeterminiert sind und dies der Punkt sei, wo die Ordnungsfunktion der Entelechie ansetzt. Da er damit jedoch gegen den Determinismusglauben seiner Zeit nichts auszurichten vermochte, sah er sich schließlich zu der Annahme gezwungen, daß die Entelechie selbst die Determiniertheit aufhebt, indem sie die Zeitkomponente physikalisch-chemischer Abläufe beeinflußt: Sie kann diese Abläufe in der Schwebe halten und dann freigeben, wenn für ihre Zwecke der richtige Augenblick gekommen ist.[15] Auch dies konnten seine Zeitgenossen nur als katastrophale Schwäche seines Systems auffassen. Eine Beeinflussung der physikalischen Determiniertheit war einfach undenkbar, und so mußten Drieschs Hypothesen schon im Prinzip abwegig sein.

Doch wie seltsam: Gerade gegen Ende der zwanziger Jahre, als die meisten Biologen den Vitalismus für endgültig erledigt hielten, wurde die Physik von ebenso ungeahnten wie ungeheuren Umwälzungen erschüttert. Heisenberg formulierte 1927 sein «Unschärfe»-Prinzip, und als die Quantentheorie sich entwickelte, wurde deutlich, daß physikalische Prozesse auf der atomaren und subatomaren Ebene nicht voll determiniert sind und sich nur statistisch als Wahrscheinlichkeiten voraussagen lassen. Jetzt brauchte die Entelechie nicht mehr eigens eine Undeterminiertheit einzuführen, um ihre Ordnungsfunktion ausüben zu können, denn die Undeterminiertheit lag von nun an ohnehin in der Natur alles Physikalischen.

Driesch widersprach nicht der Auffassung, daß an organischen Prozessen manches mechanistisch zu erklären sei; er kannte die Bedeutung der Enzyme und anderer Proteine und glaubte auch, daß man für die Gene schließlich eine chemische Erklärung finden würde – wie es dann auch tatsächlich der Fall war. Er blieb jedoch dabei, daß Entwicklung und Verhalten auf mechanistische Weise niemals erschöpfend zu erklären sein werden, sondern nur unter dem Gesichtspunkt zielgerichteter Organisationsprinzipien zu verstehen seien. Diese Behauptung konnte bis heute nicht entkräftet werden. Über die physikalische und chemische Seite der Morphogenese wissen wir nach wie vor sehr wenig, und die Organisationsprinzipien der Vitalisten, von der mechanistischen Theorie einst verworfen, sind in neuer Aufmachung als «egoistische Gene», «genetische Programme» und dergleichen zurückgekehrt. Das Paradigma der neuen Biologie erweist sich bei näherer Betrachtung sogar als eine Art genetischer Vitalismus.

Egoistische Gene

Weismanns Keimplasma war seiner theoretischen Konzeption nach eine mehr oder weniger unveränderliche Struktur, die die Form des Organismus bestimmt. Sein Keimplasma-Somatoplasma-Dualismus wirkt – ähnlich dessen Nachfolger, dem Genotyp-Phänotyp-Dualismus – wie ein Echo auf die platonische Unterscheidung von Urbild oder Idee und den daraus abgeleiteten Phänomenen. Wie ein Phänomen keinerlei Wirkung auf die Idee ausübt, so kann auch der Phänotyp den Genotyp nicht beeinflussen. Weismann hat dem Keimplasma sozusagen die Idee des Organismus eingepflanzt und es dann auch noch mit der Kontroll- und Organisationskompetenz der Entelechie ausgestattet; er bezeichnete es als «zentrale Lenkungs-Instanz».[16]

Seine Anschauung, daß jede «Determinante» für ein bestimmtes physisches Merkmal verantwortlich ist, hat zugleich etwas Atomistisches. Sie entspricht der heutigen Lehrmeinung, daß alle Merkmale auf den Einfluß bestimmter Gene oder Genkombinationen zurückzuführen sind. Vererbte Merkmale – etwa die Gestalt eines Taubenfußes oder das instinktive Heimkehrvermögen der Taube – sind genetisch determiniert: Es gibt Fußform-Gene und Heimkehrvermögen-Gene. Anders gesagt: Es gibt Gene «für» die Fußform und Gene «für» das Heimkehrvermögen. Diese Vorstellung spielt eine entscheidende Rolle in der neodarwinistischen Evolutionstheorie, die behauptet, daß Gene «für» bestimmte Merkmale dem Selektionsdruck unterliegen; die Gene konkurrieren miteinander, und manche sind erfolgreicher als andere, das heißt, sie können sich in mehr Exemplaren fortpflanzen. Gene «für» Merkmale, die das Überleben und die weitere Vermehrung ihrer Träger begünstigen, werden aufgrund von natürlicher Zuchtwahl oder Auslese innerhalb einer bestimmten Population immer häufiger auftreten. Gene «für» ungünstige Merkmale werden durch denselben Prozeß ausgesondert und daher immer seltener. Die Änderungsraten dieser Häufigkeiten wurden durch theoretische Populationsgenetik mathematisch errechnet. Um jedoch die entsprechenden Gleichungen formulieren zu können, mußte man einige vereinfachende Annahmen machen. Eine davon ist Weismanns Überzeugung, Gene seien unabhängige Determinanten, die deshalb mehr oder weniger unabhängig voneinander der Selektion unterliegen.

Diese Annahme liegt dem neodarwinistischen Denken zugrunde und wurde in der sogenannten Soziobiologie konsequent zu Ende gedacht:

Fast alle Aspekte des Verhaltens und des sozialen Lebens der Tiere werden hier anhand genetischer Determinanten erklärt, deren Häufigkeit vom natürlichen Selektionsdruck abhängig ist. Der führende Vertreter der Soziobiologie, E.O. Wilson, hat diese Betrachtungsweise auch auf den Menschen ausgedehnt, da es seiner Meinung nach solche Gene, die der natürlichen Zuchtwahl unterliegen, auch «für» Homosexualität, Fremdenfeindlichkeit, Altruismus und dergleichen gibt.

Nun sind die Gene also endlich lebendig geworden. Sie sind intelligent, aber sie sind auch eigennützig, rücksichtslos und auf Vorherrschaft aus wie «erfolgreiche Chicago-Gangster». Das ist die Theorie der «egoistischen Gene», wie sie von Richard Dawkins vertreten wird. Er verfolgt ihre Spuren zurück bis zu primitiven «Replikator»-Molekülen in der Ur-Suppe:

> Die Replikatoren, die überlebten, waren jene, die sich dann *Überlebensmaschinen* bauten, um darin zu leben . . . Nun schwärmen sie in riesigen Kolonien im sicheren Innern gigantischer Roboter, abgeschirmt von der Außenwelt; sie kommunizieren mit diesem Roboter auf quälend indirekten Wegen und manipulieren ihn mittels Fernbedienung. Sie sind in dir und in mir, haben unseren Körper und unseren Geist erschaffen, und ihre Existenz hat keinen anderen Grund und kein anderes Ziel als ihre eigene Erhaltung.[17]

Organismen sind in diesem Zusammenhang nicht mehr als «Wegwerf-Überlebensmaschinen», doch die Gene selbst haben eigentlich nichts Mechanistisches an sich: Sie können «Form erschaffen», «Materie gestalten», «auswählen», einen «evolutionären Rüstungswettlauf» veranstalten und sogar «nach Unsterblichkeit streben». «Die DNS geht geheimnisvolle Wege», sagt Dawkins.[18]

Allerdings verschweigt er auch nicht, daß die Theorie der egoistischen Gene unmöglich zutreffend sein kann. DNS-Moleküle können nicht tatsächlich egoistisch oder intelligent sein oder Materie formen oder denken. Dawkins trägt seine Ideen vielmehr als «Gedankenexperiment» vor und möchte seine egoistischen Gene als «eindrucksvolle und erhellende» Metapher verstanden wissen. In der Tat ist es interessanter, sich Organismen als von kleinen in ihnen lebenden Wesen beherrscht vorzustellen denn als blinde, unbewußte Mechanismen. Im übrigen, so zeigt er auf, entspricht diese Sicht des organischen Lebens der uneingestandenen oder impliziten Auffassung des Neodarwinismus, den er als «neoweismannistische Sicht des Lebens» interpretiert.[19]

Egoistische Gene haben wenig gemein mit den chemischen Molekülen der DNS. Man hat ihnen Leben und Geist zugeschrieben, und damit sind sie eher so etwas wie Miniatur-Entelechien. Es gibt noch eine andere Metapher, die den DNS-Molekülen eine Organisations- und Kontrollfunktion zuschreibt: das genetische Programm.[20]

Genetische Programme

Während egoistische Gene – wie Weismanns atomistische Determinanten – individualistischer Natur sind, haben genetische Programme eher etwas Holistisches und erinnern an das Keimplasma als zentrale Lenkungsinstanz. Sie spielen eine ganz ähnliche Rolle wie Drieschs Entelechien.

Attraktiv ist die Theorie der genetischen Programme aus mehreren Gründen. Zunächst scheint das Programm eine peinliche Kluft zu überbrücken, nämlich die, daß die meisten erblichen Merkmale – etwa die Form des Blumenkohls – keine direkt aufzeigbare Beziehung zu DNS- oder Eiweißmolekülen besitzen. Wenn aber die Gene die Entwicklung des Blumenkohls irgendwie *programmieren*, dann wirkt die breite Kluft zwischen dieser komplexen organischen Struktur und den DNS-Molekülen schon nicht mehr so beunruhigend – auch wenn man eigentlich nichts Handfestes über die Natur des Blumenkohlprogramms weiß. Zweitens stellt das Programm eine subtilere Theorie dar als die Vorstellung von Genen «für» bestimmte Merkmale. Gene sind dann nicht mehr atomistische Determinanten einzelner Züge des Organismus, sondern wirken in mehr oder weniger großen Gruppen zusammen. Wenn man sie als die Elemente eines Programms auffaßt, ist ihr harmonisches Zusammenwirken eher zu verstehen. Drittens beinhaltet der Programmbegriff die Vorstellung, daß die Entwicklung zielgerichtet abläuft. Programme enthalten Information über das Ziel, zu dem sie führen sollen. Der Programmbegriff scheint also zu erklären, weshalb lebendige Organismen sich auf eine bestimmte charakteristische Form hin entwikkeln; und da das Programm ein holistisches, zielgerichtetes und erbliches Organisationsprinzip darstellt, erklärt es zugleich das embryonale Regulations- und Regenerationsvermögen. Und viertens scheint dieser Programmbegriff gut in den informationstheoretischen Jargon und zu den linguistischen Metaphern zu passen, die in der heutigen Biologie so beliebt sind. Die DNS «kodiert» Information, die dann in RNS-Moleküle «transkribiert» und schließlich für die Eiweiß-Synthese in Sequenzen von Aminosäuren «übersetzt» werden kann.

Die Metapher des genetischen Programms kann man kaum anders interpretieren, als daß die Entwicklung von präexistierenden zielorientierten Prinzipien bestimmt wird, die entweder selbst geistähnlich sind oder doch zumindest von einem Geist konzipiert wurden. Computerprogramme werden von menschlichen Gehirnen zu bestimmten Zwekken erdacht; sie steuern die elektronische Maschinerie eines Computers und werden durch diese Maschinerie wirksam. Der Computer ist eine Maschine, das Programm nicht.

Vielleicht erhält die Morphogenese ihre Ordnung tatsächlich von solch einem zielgerichteten Lenkungsprinzip, doch dann wäre «genetisches Programm» der falsche Name dafür: Es ist nicht genetisch, liegt also nicht in den Genen, und man kann die Morphogenese auch nicht als «programmiert» bezeichnen. Wäre das Entwicklungsprogramm eines Organismus in den Genen enthalten, dann wären alle Körperzellen identisch programmiert, denn sie enthalten alle dieselben Gene. So sind beispielsweise die Zellen unserer Arme und Beine genetisch identisch. Diese Gliedmaßen enthalten überdies genau dieselben Arten von Eiweißmolekülen, chemisch identische Knochen- und Knorpelsubstanz und so weiter. Aber sie sind von unterschiedlicher Gestalt. Mit den Genen allein sind diese Unterschiede zweifellos nicht zu erklären. Es müssen formative Einflüsse vorhanden sein, die sich bei der Entwicklung verschiedener Organe und Gewebe unterschiedlich auswirken. Da diese Einflüsse sich über ganze Organe erstrecken, können sie nicht in den Genen liegen. An dieser Stelle wird die Theorie der genetischen Programme denn auch fadenscheinig, und man behilft sich mit vagen Ausdrücken wie «komplexe raumzeitliche Muster physikalisch-chemischer Aktivität, die noch nicht gänzlich erforscht sind» oder «unaufgeklärte Mechanismen».

Der Begriff der programmierten Entwicklung ist irreführend, denn wenn man ein Phänomen «programmiert» nennen will, muß nachzuweisen sein, «daß neben dem Phänomen selbst etwas Zweites besteht, das Programm, dessen Struktur dem Phänomen isomorph sein, das heißt, in einer Eins-zu-eins-Beziehung zu ihm stehen muß».[21] Diese Voraussetzung ist in der Tat gegeben bei der klaren Kausalbeziehung zwischen der Abfolge der basischen Bausteine in DNS-Molekülen und der Abfolge der Aminosäuren in Peptiden (lineare Ketten von Aminosäuren). Hier aber hört das Programm auch schon auf. Für die Faltung der Peptidketten zu den charakteristischen dreidimensionalen Strukturen von Eiweißmolekülen ist keine Programmierung – also keine isomorphe Entsprechung in der DNS – zu erkennen. Und wenn wir die Morphogenese als Ganzes betrachten, so ist es höchst unwahrscheinlich, daß sich für ihren Ablauf ein Programm von isomorpher Struktur in den Genen findet. Zum Beispiel haben

> Untersuchungen über die Entwicklung des Nervensystems gezeigt, daß die Vorstellung der genetischen Programmierung nicht allein auf der begrifflichen Ebene zu wünschen übrig läßt, sondern auch eine Fehlinterpretation des anhand von Entwicklungsstudien bereits gewonnenen Wissens darstellt ... Wir wissen genug über die Bildung des Nervensystems, um sagen zu können: Es ist höchst unwahrscheinlich, daß es vorspezifiziert ist; vielmehr deutet alles darauf hin, daß der sichtbaren Regelmäßigkeit der Nervenentwicklung stochastische [das heißt auf statistischer Wahrscheinlichkeit beruhende] Prozesse zugrunde liegen.[22]

Trotz dieser Mängel und obwohl viele Biologen die Theorie inzwischen als irreführend erkannt haben, spielt das genetische Programm in der modernen Biologie immer noch eine große Rolle. Wenn man die Morphogenese erklären will, kommt man offenbar ohne Ideen dieser Art nicht aus – und das sagen die Vitalisten und Organizisten ja schon immer.

Zwar entwickelte sich die moderne Biologie in Opposition zum Vitalismus, also der Lehre, daß lebendige Organismen von zielgerichteten, geistähnlichen Prinzipien organisiert werden, und die Mechanisten verwarfen solche Gedanken.[23] Aber mit den genetischen Programmen haben sich nun doch wieder zielgerichtete geistähnliche Organisationsprinzipien in die moderne Biologie eingeschlichen. Und nicht nur das: Die im Begriff des Programms implizierte Zielgerichtetheit wird sogar offen bestätigt. Man hat lediglich dem alten Begriff «Teleologie» seinen aristotelischen Beigeschmack genommen und spricht statt dessen jetzt von «Teleonomie», der «Wissenschaft der Anpassung». Dawkins sagt dazu: «Teleonomie ist im Grunde nichts anderes als Teleologie in einer von Darwin respektabel gemachten Form. Die Biologen werden jedoch seit Generationen darauf abgerichtet, das Wort ‹Teleologie› zu vermei-

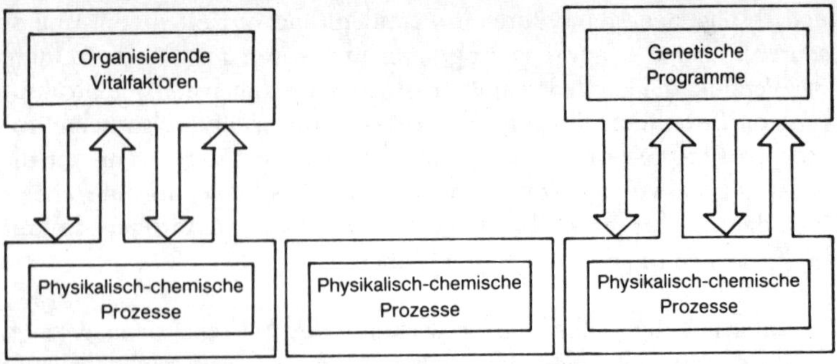

Abbildung 5.5 Links die graphische Darstellung der vitalistischen Theorie: Die physikalisch-chemischen Prozesse im Organismus stehen in Wechselwirkung mit organisierenden Vitalfaktoren wie etwa der Entelechie. Die mechanistische Theorie (Mitte) bestreitet die Existenz solcher Vitalfaktoren und behauptet, das Leben lasse sich allein anhand der physikalisch-chemischen Prozesse verstehen. Nach der modernen Auffassung (rechts) werden diese Prozesse von genetischen Programmen oder genetischer Information gesteuert, und diese spielen eine ganz ähnliche Rolle wie die organisierenden Faktoren des Vitalismus.

den, als sei es eine unkorrekte Konstruktion in der lateinischen Grammatik, und so fühlen sie sich weniger unbehaglich, wenn sie einen Euphemismus verwenden können.»[24] Das nach außen hin mechanistische Paradigma der modernen Biologie ist dem Vitalismus letzten Endes doch erstaunlich ähnlich, denn genetische «Programme» oder «Information» oder «Anweisungen» oder «Botschaften» spielen hier eine ganz ähnliche Rolle wie früher etwa die Entelechien.

Die Mechanisten haben den Vitalisten stets vorgeworfen, sie versuchten, den Geheimnissen des Lebens mit leeren Worten wie «Entelechie» beizukommen, die «alles und daher gar nichts erklären». Doch auch in ihrer mechanistischen Verkleidung haben die alten Vitalfaktoren genau diese Eigenschaft: Sie erklären nichts. Wie kann eine Ringelblume aus einem Samen heranwachsen? Weil sie genetisch dazu programmiert ist. Wie kann eine Spinne ihr Netz spinnen? Weil der Instinkt dazu in ihren Genen kodiert ist. Und so weiter.

Die Dualität von Materie und Information

Alle Versuche, die Organisationsprinzipien des Lebens in materielle Dinge wie Gene zu zwängen, sind fehlgeschlagen: sie sind immer wieder ausgebrochen. Auf der anderen Seite hat sich der Gedanke, daß es zielgerichtete Organisationsprinzipien von nichtmaterieller Natur gibt, immer wieder neu gebildet, so oft er auch verworfen wurde. Der Dualismus von Materie und nichtmateriellen Organisationsprinzipien liegt von Anfang an in der Natur der mechanistischen Theorie. Er tritt uns in reinster Form in der Maschinen-Metapher entgegen: Allen Maschinen eignet die Dualität zwischen ihren materiellen Komponenten auf der einen Seite und den Absichten und Plänen derer, die sie bauten, auf der anderen. Einer der führenden Vertreter der neuen Biologie, Francisco Varela, drückt es so aus:

> Maschinelle Organisation ist durch Beziehungen definiert, und daher hat die Organisation einer Maschine keine Beziehung zur Materialität der Komponenten, das heißt zu jenen Eigenschaften, durch welche diese Komponenten als physikalische Entitäten definiert sind. In der Organisation einer Maschine ist Materialität impliziert, doch sie besitzt keinen eigenen Stellenwert.[25]

Wie wir im vorigen Kapitel sahen, sind alle traditionellen Philosophien mit dieser Dualität von Form und Materie behaftet. Heute spricht man eher von der Dualität von Materie und *Information.* Information ist das, was in-*form*iert; sie spielt eine in-*formative* Rolle, wie es Norbert Wiener, der Begründer der Kybernetik, in seiner Lehre vom Primat der Information über Materie und Energie ausdrückt. Wiener betrachtete diese Unterscheidung als lebensnotwendig für jede materialistische Philosophie: «Kein Materialismus, der dies nicht einräumt, kann heute überleben.»[26]

Das scheint eine sehr radikale Position zu sein, doch tatsächlich konnte der Materialismus von Anfang an nur dadurch überleben, daß er in gut platonischer Manier die Existenz nichtmaterieller Organisationsprinzipien – der ewigen Naturgesetze – voraussetzte.

Was aber ist biologische «Information», wenn wir sie nicht allein aus dem materiellen Aufbau der Gene ableiten können? Ist die Information platonisch, das heißt, ist sie Raum und Zeit transzendent? Oder ist sie dem Organismus selbst immanent? Im folgenden Kapitel werden wir die

Möglichkeit betrachten, daß die Information in morphogenetischen Feldern liegt, die auf nichtmaterielle Weise von einer Generation von Organismen an die nächste vererbt werden. Zuvor aber müssen wir noch anhand von Beispielen zeigen, wie es zu dem Gedanken kam, daß die Information nicht materiell mit den Genen vererbt wird und auch mit der Chemie des sich entwickelnden Embryos nicht hinreichend erklärt werden kann.

Überschätzte Gene

Gene enthalten kodierte Informationen für die Abfolge der chemischen Bausteine in RNS- und Eiweißmolekülen – soviel ist bekannt und nachweislich richtig. Damit läßt sich an den Genen auf detaillierte Weise nachvollziehen, wie sich das biochemische *Potential* der Organismen vererbt. Nicht nachzuweisen ist jedoch, daß die Gene auch Information für die Morphogenese oder für erbliche Verhaltensmuster enthalten. Sie sind keine «Determinanten» für Merkmalsausprägung.

In der Genetik befaßt man sich mit den erblichen *Unterschieden* zwischen den Organismen. Zum Beispiel können Anlage und Gestalt von Taufliegen sehr verschieden sein, je nachdem, ob ein bestimmtes Gen vorhanden ist oder nicht. Die Tatsache aber, daß die Anwesenheit eines mutierten Gens zu Formunterschieden führt, beweist noch nicht, daß die Gene selbst die Form bestimmen.

Um dies zu verstehen, dürfte die Analogie eines Radios nützlich sein. Eine «Mutation» in einem der Transistoren könnte dazu führen, daß der Apparat einen verzerrten Klang produziert. Eine «Mutation» in der Abstimmungseinrichtung für die Empfangsfrequenz könnte dazu führen, daß wir einen ganz anderen Sender empfangen als zuvor: Eine ganz andere Abfolge von Lauten würde dann aus dem Lautsprecher kommen. Die Tatsache aber, daß eine Mutation in den Komponenten dazu führen kann, daß unser Radio etwas ganz anderes von sich gibt, beweist keineswegs, daß die Laute, die wir hören, durch die Komponenten des Radios determiniert oder programmiert sind. Sie sind notwendig für den Empfang des Programms, doch die Klänge selbst haben ihren Ursprung in einer Sendestation und werden elektromagnetisch übertragen. Die mutierte Komponente ist keine Determinante «für» ein bestimmtes Programm oder «für» bestimmte akustische Signale.

Viele Biologen sind sich heute der Tatsache bewußt, daß es irreführ-

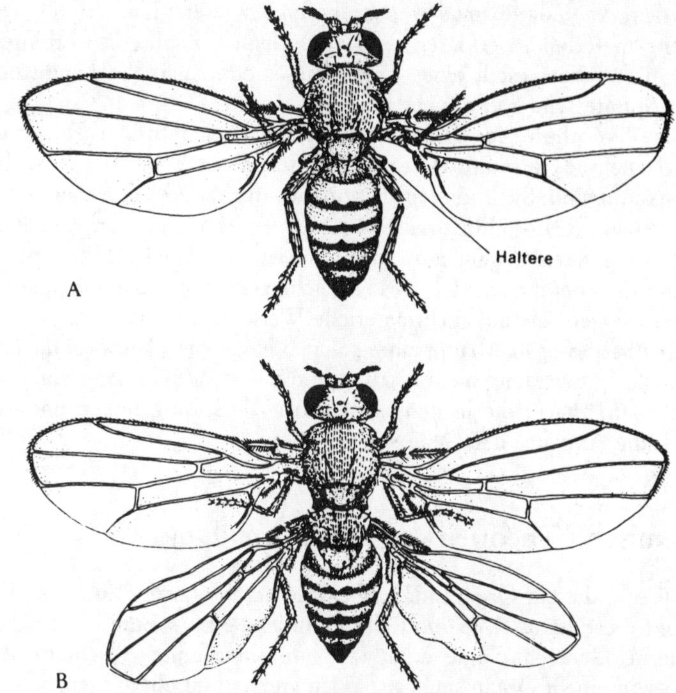

Abbildung 5.6 A: Ein normales Exemplar der Taufliege *Drosophila.* B: Eine Mutante, bei der das dritte Thorax-Segment zu einem Duplikat des zweiten abgewandelt ist. Solche Fliegen nennt man »Bithorax-Mutanten«.

rend, ist, von Genen «für» bestimmte Merkmale zu sprechen. Dawkins etwa macht deutlich, daß ein Genetiker, der von Genen «für» rote Augen bei der Taufliege spricht, im Grunde folgendes meint: «Es gibt in der Fliegenpopulation Variationen der Augenfarbe; unter sonst gleichen Umständen wird eine Fliege mit diesem Gen eher rote Augen bekommen als eine Fliege ohne das Gen.» Er hält es jedoch für sinnvoll, bei dieser Sprachregelung zu bleiben, da es nun mal «in der Genetik so der Brauch» sei.[27]

Solche Denkgewohnheiten haben etwas beinahe Zwanghaftes, selbst wenn bekannt ist, daß sie irreführend sind. Sie sind Zeugnis einer Grundannahme, die sich seit Weismann und der mendelschen Genetik und dem Neodarwinismus in den Köpfen festgesetzt hat: daß die Vererbung materiell zu erklären sein *muß*. Denn wo sollte die Erbinformation für die Gestalt eines Taubenfußes oder den Netzbauinstinkt einer Spinne sein, wenn nicht in den Genen?

Die Hypothese der Formenbildungsursachen gibt der Rolle der Gene eine andere Interpretation. Gene tun nicht mehr als das, wofür sie bekannt sind: Sie kodieren Information für die Abfolge chemischer Bausteine in RNS- und Eiweißmolekülen. Es ist nicht nötig, die Fähigkeit, den ganzen Organismus zu organisieren, auf die Gene zu projizieren. Es scheint eher, daß diese erblichen Organisationsprinzipien in Feldern liegen, die auf nichtmaterielle Weise vererbt werden.

Aber bedarf es überhaupt eines solchen Konzepts? Wieso ist die embryonale Entwicklung nicht erschöpfend zu erklären anhand von chemischen Mustern, die in den Genen ihren Ursprung haben und zugleich die Aktivität der Gene steuern?

Chemische Theorien der Strukturbildung

Die Gene, die ein Organismus erbt, sind verantwortlich für seine Fähigkeit, bestimmte RNS- und Eiweißmoleküle zu synthetisieren. Die moderne Gentechnologie erlaubt es uns, bestimmte Abschnitte der DNS von einem Organismus auf einen anderen zu übertragen, so daß dieser nun Proteine herstellen kann, die nicht zu seinen natürlichen Produkten gehören. So wurde zum Beispiel die DNS für die Insulinproduktion beim Menschen auf das Bakterium *Escherischia coli* übertragen, und nun kann man dieses Eiweiß in kommerziellen Mengen erzeugen, indem man das modifizierte Bakterium «anbaut» und das Insulin, das sie produzieren, reinigt. Noch einmal also: Gene befähigen die Zellen, bestimmte Proteine zu erzeugen.

Im Verlauf der Morphogenese differenzieren sich die Zellen, und verschiedene Zellen stellen nun verschiedene Proteine her. Alle Zellen enthalten die gleichen Gene, doch es kommen nicht in allen die gleichen Gene zum *Ausdruck*. Bei der Entwicklung einer Chrysanthemenblüte etwa werden die Enzyme, die für die Synthese der Pigmentmoleküle verantwortlich sind, in den Zellen der sich entwickelnden Blütenblätter gebildet, und sobald die Enzyme aktiv werden, beginnt in den Blütenblättern die Pigmentbildung. Doch wenn wir diese chemischen Abläufe auch beschreiben können, wissen wir damit noch nicht, weshalb sie so ablaufen und auf welche Weise die Morphogenese gesteuert wird.

Chemische Veränderungen *begleiten* die Morphogenese, und ohne die Produktion der richtigen Moleküle in der richtigen Menge zur richtigen Zeit und in den richtigen Zellen könnte sich ein Organismus nicht entwickeln. Aber welche Beziehung besteht zwischen der Produktion von Molekülen und der Morphogenese? Niemand weiß es. Man nimmt allgemein an, daß diese «Zutaten» sich auf eine noch unaufgeklärte Weise irgendwie selbsttätig zusammenfügen und damit die Morphogenese bewerkstelligen. Das ist so, als brauchte man nur die richtigen Baumaterialien und Maschinen auf ein Baugrundstück zu transportieren und könnte dann zusehen, wie dort ganz von selbst ein Haus der richtigen Form und Größe entsteht.

Das Hauptaugenmerk der Morphogeneseforscher in den letzten Jahrzehnten hat vor allem einem Teilaspekt der Morphogenese gegolten, nämlich der Frage, wie die Proteinsynthese gesteuert wird. Wie geht es vor sich, daß die richtigen Proteine in den richtigen Zellen zur richtigen Zeit und in der richtigen Menge hergestellt werden? Wovon hängt es ab, welche Gene bei der Differenzierung der Zellen in einem sich entwickelnden Organismus zum Ausdruck kommen? Ganz offensichtlich sind bei der Bildung der Gewebe und Organe strukturierende Einflüsse am Werk. Diese Einflüsse werden als «Positionsinformationen» bezeichnet; sie «sagen» den Zellen, wo sie sind, und geben ihnen damit die Möglichkeit, «richtig», das heißt mit der Synthese der richtigen Proteine, zu reagieren. Was aber sind diese Positionsinformationen?

Sehr beliebt ist die Vorstellung, daß diese Information chemischer Natur ist und auf der Konzentration bestimmter chemischer Substanzen namens «Morphogene» beruht. Die Versuche, solche mutmaßlichen Morphogene ausfindig zu machen, haben noch nicht zu greifbaren Erfolgen geführt.[28] Am erfolgversprechendsten sind Versuche, anhand mathematischer Modelle zu beschreiben, wie solche chemischen Muster sich bilden könnten.

Viele dieser Modelle gehen von einem Prinzip aus, das Ilya Prigogine mit dem Ausdruck «Ordnung durch Fluktuation» umschreibt.[29] In einem instabilen, also vom thermodynamischen Gleichgewicht weit entfernten System können zufällige Fluktuationen durch Rückkopplung verstärkt werden, so daß es unter bestimmten Umständen zu einer spontanen Strukturbildung kommt. So können etwa bei man-

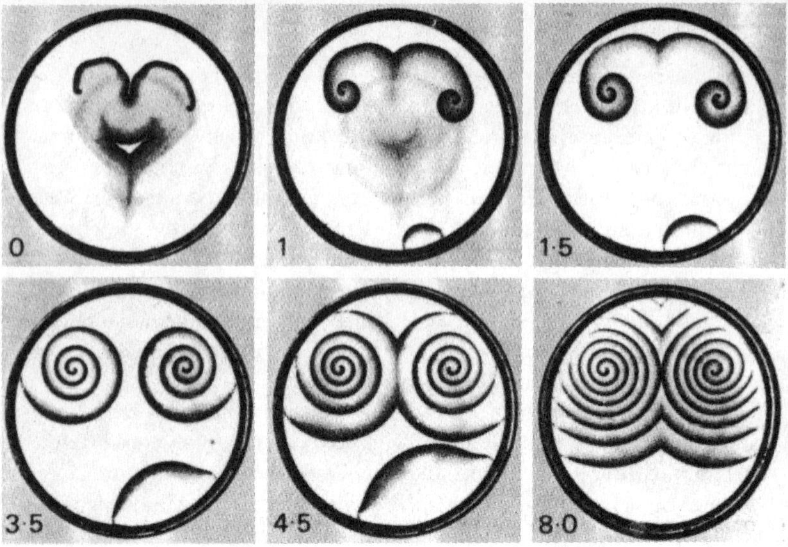

Abbildung 5.7 Die Bildung von spiraligen chemischen Wellen im Belousov-Zhabotinski-Reagens, wenn man es in einer flachen Schale stehen läßt. Die Wellen entstehen entweder spontan mit dem Fortschreiten der chemischen Reaktion oder können (wie im vorliegenden Fall) durch Berührung der Oberfläche mit einem erhitzten Drähtchen ausgelöst werden. Die Ziffern geben die Zeit in Sekunden seit der ersten Photographie an. (Nach Prigogine, 1982)

chen chemischen Reaktionen, in denen mindestens zwei Substanzen katalytisch miteinander reagieren und Diffusion möglich ist, Konzentrationsmuster entstehen. Prigogine zeigte auf, wie solche Prozesse im Rahmen der Ungleichgewichts-Thermodynamik mathematisch beschrieben werden können. «Ordnung» kann, wie er aufzeigte, in verschiedensten Systemen auf vergleichbare Weise aus einem «Chaos» entstehen, sei es in erhitzten Flüssigkeiten, wo sich Konvektionsmuster bilden, oder bei der Entwicklung einer Stadt. Wenn beispielsweise eine Ortschaft sich zur Stadt entwickelt, so zieht sie immer mehr Menschen an, und ihr Wachstum beschleunigt sich; dadurch nimmt aber die Wirtschaft an Umfang und Intensität zu, was wiederum weitere Zuwanderung zur Folge hat. Begrenzt wird dieses Wachstum durch zahlreiche andere Faktoren, etwa die Konkurrenz mit anderen, vor allem nahe gelegenen Städten. Hans Meinhardt zeigt die Prinzipien

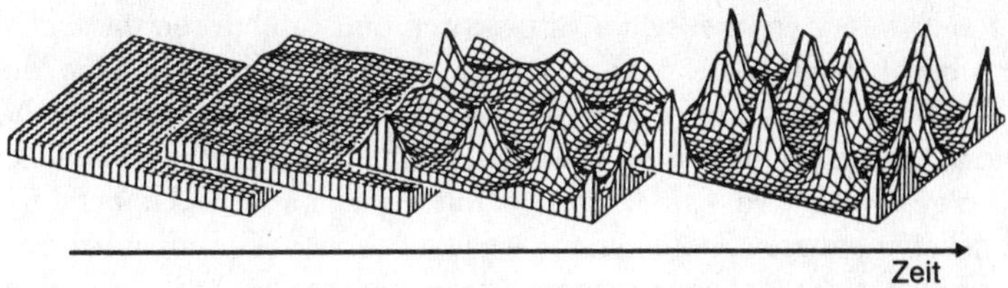

Abbildung 5.8 Ein Computermodell der Musterbildung. In einem Feld, das sich nicht ausbreitet, bildet sich aufgrund von Zufallsfluktuationen ein bürstenartiges Muster: Zunächst wird lokal ein »Aktivator« produziert, der die weitere Aktivator-Produktion in der Umgebung anregt; dabei wird aber zugleich ein »Inhibitor« (»Hemmer«) erzeugt, der nach außen diffundiert und verhindert, daß sich in der näheren Umgebung weitere Zentren bilden. (Meinhardt)

auf, an denen solche Modelle der Bildung von Strukturen oder Mustern an sich entwickelnden Organismen sich orientieren müssen:

> Wenn wir annehmen, daß die Entwicklung von Substanzen gesteuert wird, so muß eine Entwicklungstheorie darstellen, daß Konzentrationsschwankungen eine Funktion anderer involvierter Substanzen und eine Funktion räumlicher Koordinaten und der Zeit sind. Zwei Bedingungen müssen erfüllt sein, bevor ein stabiles Muster erzeugt werden kann. 1. Eine lokale Abweichung von der Durchschnittskonzentration muß sich verstärken, sonst würde sich kein Muster bilden. 2. Diese Verstärkung darf aber nicht ins Endlose gehen, sondern das entstehende Muster soll einen stabilen, gleichbleibenden Zustand erreichen.[30]

Meinhardt und sein Kollege Alfred Gierer haben auf dieser Grundlage etliche mathematische Modelle konstruiert, in denen hypothetische «Aktivatoren» und «Inhibitoren» eine Rolle spielen. Mit diesen Modellen wurden Computersimulationen durchgeführt, um herauszufinden, welche Art von Mustern sie erzeugen können. Der interessante Zug einiger dieser Modelle besteht in ihren selbstregulatorischen Eigenschaften: Das Muster kann wiederhergestellt werden, nachdem ein Teil des Modellsystems entfernt wurde. Und tatsächlich haben Meinhardt und Gierer die Vermutung ausgesprochen, daß es sich hier um Modelle morphogenetischer Felder handelt. Wir werden darauf im folgenden Kapitel zurückkommen, wenn wir die Natur dieser Felder erörtern.

Wenn diese hypothetischen Aktivatoren und Inhibitoren tatsächlich in Embryonen gefunden werden sollten und man nachweisen kann, daß sie die ihnen zugeschriebene Rolle spielen, so wird man mehr darüber wissen, wie die Synthese verschiedener Eiweißarten in verschiedenen Zellen gesteuert wird. Erklärt wäre damit jedoch immer noch nicht, was die Zellen mit diesen Proteinen tun – wie sie also ihre Gestalt annehmen, wie sie sich verhalten, wie es kommt, daß einige sich im Embryo umherbewegen können, wie Gewebe und Organe ihre Form gewinnen und wie ein Organismus auf seine Umwelt reagiert. Wie ist die Kluft zwischen diesen hypothetischen chemischen Agentien und dem tatsächlichen Organismus zu überbrücken? Lewis Wolpert, auf den der Begriff der «positionellen Information» zurückgeht, schlägt als Antwort vor, daß Zellen «diese Information gemäß ihrem genetischen Programm interpretieren».[31]

Wie wir gesehen haben, ist der Begriff «genetisches Programm» irreführend, und so sprechen immer mehr der führenden Entwicklungsbiologen sich dafür aus, ihn aufzugeben.[32] Sydney Brenner etwa schlägt vor, ihn durch Ausdrücke wie «interne Repräsentation» oder «interne Beschreibung»[33] zu ersetzen. Er formuliert den Standpunkt der heutigen Entwicklungsbiologie so:

> Zuerst hieß es, die Antwort auf alle Fragen der Entwicklung werde sich aus der Aufschlüsselung der molekularen Mechanismen der Gensteuerung ergeben. Ich bezweifle, daß irgend jemand das noch glaubt. Die molekularen Mechanismen sind geradezu langweilig simpel, und sie sagen uns nicht, was wir wissen wollen. Wir müssen versuchen, die Prinzipien der Organisation aufzudekken.[34]

Worin könnten diese Prinzipien bestehen? Mit eben dieser Frage ringen die Vertreter der organismischen Philosophie und Biologie seit Jahrzehnten.

Organische Ganzheiten

Der organismische oder ganzheitliche Ansatz entwickelte sich unter dem Einfluß von Whiteheads Philosophie (vgl. S. 80) und spielt in der Biologie seit den dreißiger Jahren eine Rolle. Die ganzheitlichen Eigenschaften von Organismen können im Rahmen dieses Ansatzes erklärt werden, ohne daß man auf vitalistische Positionen zurückgreifen muß, und in der Tat bietet er eine einleuchtende Möglichkeit, die Kontroverse von Vitalismus und Mechanismus zu «transzendieren».[35] Die Vitalisten haben den ganzheitlichen, organischen Charakter des biologischen Lebens herausgearbeitet, das mechanistische Paradigma der Physik jedoch in bezug auf unbelebte Dinge unangetastet gelassen: Sie zogen eine scharfe Trennungslinie zwischen dem Reich des Unbelebten und dem Lebendigen.

Die Mechanisten sehen dagegen keinerlei grundsätzlichen Unterschied zwischen dem Bereich des Biologischen auf der einen Seite und der Chemie und Physik auf der anderen – da gibt es nur Gradunterschiede. Hier, in dieser Intuition von einer fundamentalen Einheit der Natur, stimmen die Organizisten mit den Mechanisten überein. Während aber die Mechanisten in den Lebewesen nichts als Maschinen sehen, dehnen die Organizisten den Bereich des Lebendigen auch auf Atome, Moleküle, Kristalle und alle anderen physikalischen oder chemischen Systeme aus: Es gibt keine unbelebten materiellen Objekte, denn sie alle sind «Aktivitätsstrukturen» und in diesem Sinne Organismen.

Der organismische Ansatz ist nicht von reduktionistischer oder atomistischer Ausrichtung; er geht also nicht davon aus, daß Atome oder subatomare Teilchen eine Sonderstellung einnehmen, und er versucht nicht, die Eigenschaften größerer oder komplexerer Ganzheiten auf die Eigenschaften ihrer Teile zurückzuführen: Alle Organismen, auf welcher Stufe der Organisation auch immer, sind Ganzheiten von einer nicht reduzierbaren organischen Einheit.

Diese Ganzheiten bilden «geschachtelte» Hierarchien, und zwar so, daß höhere Ganzheiten aus Teilen aufgebaut sind, die wiederum organische Ganzheiten einer niederen Art darstellen. Beispielsweise sind Zuckerkristalle Organismen, die sich aus Zuckermolekülen aufbauen, die wiederum Ganzheiten aus Kohlenstoff-, Wasserstoff- und Sauerstoffatomen sind, welche ihrerseits Ganzheiten aus Elektronen und Kernen darstellen, und die Kerne sind Ganzheiten, die aus noch kleineren Organismen bestehen, den Kernpartikeln, welche aus Erscheinungen wie etwa Quarks gefügt sind. Auch an lebendigen Organismen ist diese geschachtelte Hierarchie von Ganzheiten zu erkennen: Organe, Gewebe, Zellen, Zell-Organellen (wie etwa Zellkern und Mitochondrien), komplexe Moleküle und so weiter.

Arthur Koestler hat für solche Ganzheiten oder Organismen den Begriff *Holon* eingeführt. Ein Holon kann sowohl eine Ganzheit sein, die aus untergeordneten Ganzheiten besteht, als auch selbst Bestandteil einer übergeordneten Ganzheit werden:

> Jedes Holon besitzt die doppelte Tendenz, einerseits seine Individualität als quasi-autonome Ganzheit zu wahren und zu bekunden und andererseits als integraler Bestandteil einer (existierenden oder evolvierenden) größeren Ganzheit zu fungieren. Diese Polarität von Selbstbehauptung und Integration liegt im Begriff der hierarchischen Ordnung.[36]

Solch eine geschachtelte Hierarchie von Holons umschreibt er mit dem Ausdruck *Holarchie*.

Einen ähnlichen Sinn wie Holon hat der Begriff *morphische Einheit.*[37] «Morphisch» steht hier für den Formaspekt und «Einheit» für den Ganzheitsaspekt. Solche Einheiten werden in sogenannten morphischen Prozessen gebildet, wobei «ausgeformte Endzustände sich aus weniger geformten Anfangszuständen ergeben können».[38]

Das organismische Denken begründete die Suche nach allgemeinen Organisationsprinzipien für alle Arten von Organismen oder Systemen.

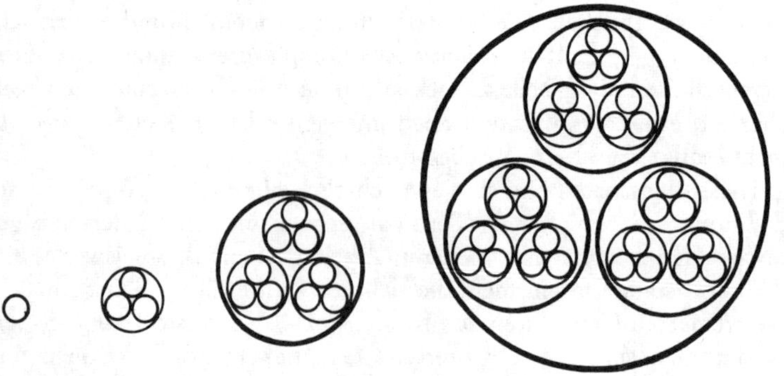

Abbildung 5.9 Ebenen einer geschachtelten Hierarchie von morphischen Einheiten (Holons). Holons sind auf jeder Ebene Ganzheiten, die wiederum aus Ganzheiten einer untergeordneten Art aufgebaut sind. Dieses Diagramm könnte etwa für den Aufbau von Atomen, Molekülen und Kristallen stehen, aber auch für Zellen, Gewebe, Organe und Organismen.

Insbesondere ist dies das Ziel der allgemeinen Systemtheorie, die stark von der Kybernetik beeinflußt ist; Kybernetik können wir als die Theorie der Kommunikation und Prozeß-Steuerung definieren, deren Grundbegriffe «Informationstransfer» und «Rückkoppelung» (*feedback*) sind. Gerade dieses kybernetische Systemdenken hat zur Konstruktion vieler mathematischer Modelle im Bereich der Biologie geführt, aber auch zu Modellen für Industrie und Handel und die Gesellschaft im allgemeinen.[39] Es gibt noch andere Systemansätze, darunter zum Beispiel die Spiel-Theorie; gerade die Spiel-Metapher, die ja ein Wechselspiel von Zufällen und Regeln voraussetzt, eignet sich natürlich als Modell für die Betrachtung der Evolution und der individuellen Entwicklung lebendiger Organismen.[40]

Die Theorie lebendiger Systeme unterscheidet nach J. G. Miller sieben Ebenen lebendiger Systeme (Zelle, Organ, Organismus, Gruppe, Organisation, Gesellschaft und ein übernationales System) und neunzehn «kritische Subsysteme» auf jeder Ebene, zum Beispiel «Reproduktions-», «Grenz-» und «Aufnahme-System». Auf der zellulären Ebene etwa entsprechen diesen Subsystemen die Chromosomen, die Zellmembranen und die Öffnungen in den Zellmembranen.[41] Diese Gliederung verhilft uns zu aufschlußreichen ebenen-übergreifenden Vergleichen und Einsichten.

Andererseits ist die Systemtheorie gerade durch ihre Allgemeinheit nur beschränkt brauchbar, wenn wir die Morphogenese konkreter Pflanzen oder Tiere erklären wollen. Für organismisch denkende Biologen hat sich die Idee des morphogenetischen Feldes als der fruchtbarste Ansatz erwiesen.

Die Morphogenese bleibt ein Rätsel. Können die morphogenetischen Felder uns helfen, es zu lösen?

6. Morphogenetische Felder

Die Felder der Physik

Felder sind nichtmaterielle Einflußzonen physikalischer Größen – so etwa könnte eine Definition des physikalischen Feldbegriffs lauten. Das Gravitationsfeld der Erde umgibt uns überall. Wir können es nicht sehen, denn es ist kein materielles Ding; daß es dennoch real ist, erkennen wir daran, daß es den Dingen Gewicht gibt und sie fallen macht. Es hält uns eben jetzt auf der Erde, und ohne es würden wir schweben. Der Mond zieht seine Bahn um die Erde aufgrund der Krümmung des Erdgravitationsfeldes; die Erde und alle anderen Planeten umkreisen die Sonne aufgrund der Krümmung ihres Feldes. Das Gravitationsfeld durchzieht das gesamte Universum und krümmt sich um alle darin enthaltene Materie. Nach Einstein ist dieses Feld nicht *in* Raum und Zeit, sondern *ist* Raumzeit. Raumzeit ist keine leere Hintergrundsabstraktion; sie besitzt eine Struktur, und sie enthält nicht nur alles, was im physikalischen Universum existiert oder geschieht, sondern formt es auch.

Daneben gibt es die elektromagnetischen Felder, die von ganz anderer Art sind als das Gravitationsfeld. Sie sind von integraler Bedeutung für die Organisation aller materiellen Systeme, von den Atomen bis zu den Galaxien. Die Funktionen unseres Gehirns und Körpers hängen von ihnen ab. Elektrische Geräte wären undenkbar ohne sie. Wir sehen die Dinge um uns her, weil wir mit ihnen durch das elektromagnetische Feld verbunden sind, in dem die Schwingungsenergie des Lichts sich ausbreitet. Stets und überall sind wir von zahllosen anderen Schwingungsmustern dieses Feldes umgeben, die wir nicht unmittelbar mit den Sinnen wahrnehmen, aber doch mit Hilfe entsprechender Instrumente und Geräte – etwa einem Radio- oder Fernsehapparat – empfangen können. Felder sind das Medium von «Fernwirkungen»;

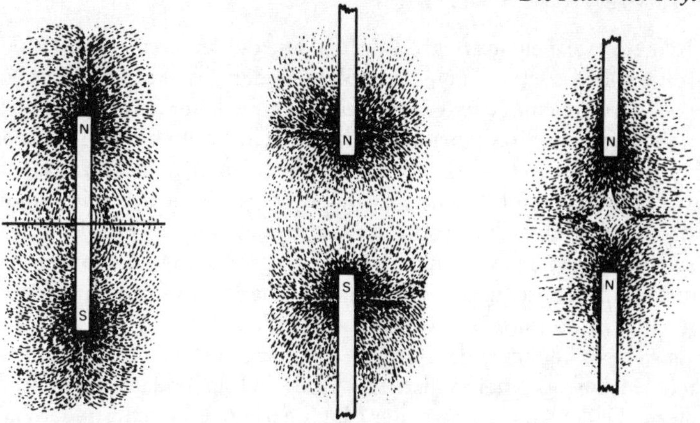

Abbildung 6.1 Links das Magnetfeld um einen Stabmagneten, mit Eisenfeilspänen sichtbar gemacht. In der Mitte das Feld zwischen zwei Magneten, deren Nord- und Südpol einander anziehen. Rechts zwei Nordpole, die einander abstoßen.

über Felder können Dinge aufeinander einwirken, ohne in direktem materiellem Kontakt miteinander zu stehen.

All das ist für uns ganz selbstverständlich. Unser Leben spielt sich ständig in diesen Feldern ab, ob wir die mathematischen Feldmodelle der Physiker nun kennen oder nicht. Die Felder sind von unbestreitbarer physikalischer Wirklichkeit, wie wir sie auch erklären oder nennen mögen. Daß diese Felder existieren, wissen wir aufgrund ihrer physikalischen Effekte, auch wenn wir die meisten Felder nicht direkt wahrnehmen können. Die räumliche Struktur eines Feldes, das einen Eisenmagneten umgibt, ist selbst zwar unsichtbar, doch wir können sie sichtbar machen, indem wir Eisenfeilspäne um den Magneten streuen. Solche Felder haben etwas Kontinuierliches und Ganzheitliches. Man kann sie nicht zerstückeln wie materielle Dinge. Durchtrennt man den Magneten in der Mitte, so hat jetzt nicht etwa jedes der beiden Bruchstücke die Hälfte des ursprünglichen Feldes, das auf der Höhe der Bruchstelle abrupt endet, sondern jedes Teil wird wiederum ein vollständiger Magnet, umgeben von einem vollständigen Feld.

Neben Feldern dieser Art gibt es nach der Quantenfeldtheorie auch noch verschiedene Arten von Materiefeldern – Elektronenfelder, Neutronenfelder und so weiter: mikrophysikalische Felder, in denen alle Materiepartikel als Quanten von Schwingungsenergie existieren.

Keine dieser Feldarten ist auf irgendeine der anderen Arten zurückzuführen. Es ist schon lange die Hoffnung der Physiker, alle diese Felder als Aspekte eines einzigen einheitlichen Feldes erklären zu können. Die theoretische Physik bemüht sich zur Zeit, sie aus einem hypothetischen einheitlichen Ur-Feld des Kosmos abzuleiten; man nimmt an, dieses ursprünglich einheitliche Feld habe sich erst mit der Ausdehnung und Evolution des Universums zu den bekannten Feldern der Physik ausdifferenziert. Diese neuen evolutionären Feldtheorien haben eine verblüffende Konsequenz: «Die Welt, so scheint es, kann mehr oder weniger aus strukturiertem Nichts erbaut werden.»[1]

Es ist kein Wunder, daß uns die Natur der Felder rätselhaft bleibt. Nach den Aussagen der modernen Physik sind sie fundamentaler als die Materie. Felder sind nicht von der Materie her zu erklären, sondern umgekehrt: Um Materie zu erklären, greift man auf die Begriffe «Energie» und «Feld» zurück. Die Physik kann ihre Felder nicht anhand irgendwelcher anderer physikalischer Phänomene erklären; sie kann sie allenfalls auf ein fundamentales Ur-Feld zurückführen. Doch auch das ist dann wieder unerklärlich, es sei denn, wir sagten, es sei von Gott erschaffen worden. Und dann ist Gott unerklärlich.

Wir könnten natürlich sagen, Felder seien so, wie sie sind, weil sie von ewigen mathematischen Gesetzen regiert werden; nur: Wie erklären wir dann diese Gesetze?

Wir werden auf die Felder der Physik im siebenten Kapitel zurückkommen und die neueren Theorien der Evolution von Feldern im siebzehnten Kapitel erörtern. Zuvor wollen wir uns der Möglichkeit zuwenden, daß es vielleicht noch ganz andere als die von der Physik anerkannten Arten von Feldern gibt: die morphogenetischen Felder all der verschiedenen Arten lebendiger Zellen, von Gewebe, Organen und Organismen.

Morphogenetische Felder

Anfang der zwanziger Jahre haben mindestens drei Biologen unabhängig voneinander die Vermutung ausgesprochen, daß die Morphogenese lebendiger Organismen von Feldern organisiert wird: Hans Spemann, 1921; Alexander Gurwitsch, 1922; Paul Weiss, 1923. Sie bezeichneten diese Felder als «Entwicklungsfelder», «embryonale Felder» und «morphogenetische Felder» und schrieben ihnen nicht nur die Organisation der normalen Entwicklung zu, sondern auch die Regulations- und Regenerationsfunktionen, die nach Verletzungen des Embryos wirksam werden. Gurwitsch schrieb über diese Felder:

> Der Ort des embryonalen Geschehens und der Formbildung ist ein Feld (im physikalischen Sprachgebrauch), dessen Grenzen mit den jeweiligen des Embryos im allgemeinen nicht zusammenfallen, vielmehr dieselben überschreiten. Die Embryogenese spiele sich mit anderen Worten innerhalb eines Feldes ab ... Dasjenige, was uns als lebendes System gegeben ist, bestünde demnach aus dem sichtbaren Keim (oder Ei) und aus einem Feld.[2]

Paul Weiss machte den Feldbegriff zur Grundlage einer detaillierten Erforschung der embryonalen Entwicklung und schrieb:

> Ein Feld ist die Rahmenbedingung, der ein lebendiges System seine typische Organisation und seine spezifischen Aktivitäten verdankt. Spezifisch sind diese Aktivitäten insofern, als sie den Charakter der aus ihnen hervorgehenden Formationen bestimmen ... Da das Feldgeschehen räumliche Ordnung schafft, ist zu postulieren, daß die Feldfaktoren selbst eine definitive Ordnung besitzen. Die dreidimensionale Heterogenität sich entwickelnder Systeme, also die Tatsache, daß diese Systeme in den drei Dimensionen des Raumes unterschiedliche Eigenschaften aufweisen, muß zu einer dreidimensionalen Organisation und Heteropolarität der erzeugenden Felder in Beziehung gesetzt werden.[3]

Da die Felder von spezifischem Charakter sind, so argumentiert Weiss, müssen die verschiedenen Arten von Organismen ihr eigenes morphogenetisches Feld besitzen, und natürlich können die Felder verwandter Arten einander ähnlich sein. Im Gesamtfeld eines Organismus gibt es überdies untergeordnete Felder, eine geschachtelte Hierarchie von Feldern in Feldern.

In den dreißiger Jahren versuchte C. H. Waddington diesen Feldbegriff weiter zu klären, indem er «Individuationsfelder» postulierte, die für die Bildung bestimmter Organe mit charakteristischer Form verantwortlich sind. In den fünfziger Jahren konkretisierte er seinen Feldbegriff in seinem «Chreoden-Modell».[4] Eine Chreode ist ein Entwicklungsweg, der sich anhand einer einfachen dreidimensionalen Analogie, der «epigenetischen Landschaft», veranschaulichen läßt. Der Entwicklungsgang eines bestimmten Teils der Eizelle ist hier dargestellt als das Abwärtsrollen einer Kugel. Sie folgt einem bestimmten Pfad durch ein System von Tälern, die sich immer weiter verzweigen; die Täler stehen in diesem Modell für die Entwicklungswege der verschiedenen Organe, die ja gänzlich voneinander verschieden sind: Herz und Leber zum Beispiel sind von charakteristischem Aufbau und nicht über eine Reihe von Zwischenformen ineinander zu überführen. Die Entwicklung wird auf bestimmte Zielpunkte hin «kanalisiert». Störungen der normalen Entwicklung können die Kugel vom Talgrund weg den Hang hinaufstoßen, doch solange sie nicht über den Grat ins Nachbartal rollt, wird sie irgendwann zum Talgrund zurückfinden, wenn auch nicht an der Stelle, an der sie ihn verließ, sondern weiter unten. Dies ist die Veranschaulichung der embryonalen Regulation.

Der Begriff des morphogenetischen Feldes mit seinen Chreoden unterscheidet sich darin von Drieschs Entelechie-Theorie, daß er eine grundlegende Analogie zwischen den Organisationsprinzipien des biologischen Bereichs und den bekannten Feldern der Physik impliziert. Driesch war als Vitalist von einem radikalen Unterschied zwischen dem Reich des Lebendigen und dem der Chemie und Physik ausgegangen.

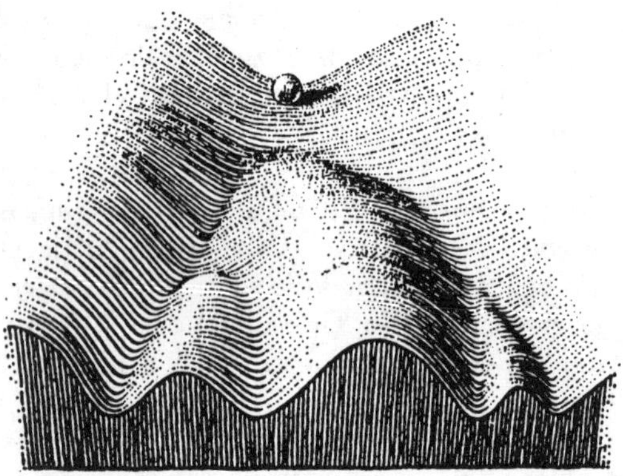

Abbildung 6.2 Ausschnitt aus einer »epigenetischen Landschaft«, die als Veranschaulichung für Waddingtons Chreoden-Begriff dient. Die Chreoden entsprechen den Tälern; sie führen zu bestimmten Entwicklungszielen. (Aus Waddington, 1957)

Dennoch hat der Entelechie-Begriff in mehrfacher Hinsicht auf die Theorie des morphogenetischen Feldes abgefärbt: Wie den Entelechien wird diesen Feldern Zielgerichtetheit und die Fähigkeit zur Selbstorganisation zugeschrieben; und wie die Entelechien betrachtet man sie als Kausalfaktoren, die das unter ihrem Einfluß stehende System auf bestimmte Organisationsmuster zusteuern. Weiss etwa dachte sich die Felder als Komplexe von Organisationsfaktoren, die «den ursprünglich unbestimmten Entwicklungsgang der Teile eines Keims definitiv und spezifisch werden lassen, und dies in Übereinstimmung mit einem typischen Muster».[5] Und Waddingtons Chreoden, die die Entwicklung auf bestimmte Ziele hin kanalisieren, lassen uns an die Zugkraft denken, die von den durch die Entelechie gesetzten Entwicklungszielen ausgeht. Die Zielpunkte der Chreoden liegen, unter dem Gesichtspunkt des zeitlichen Ablaufs aller Entwicklung, in der Zukunft, und Waddington beschreibt sie in der Sprache der Dynamik als «Attraktoren».[6] Die moderne mathematische Dynamik ist insofern teleologisch, als sie von «Bassins» mit darin enthaltenen «Attraktoren» spricht und damit Zustände meint, zu denen dynamische Systeme hinstreben.[7]

René Thom hat Waddingtons Ideen in mathematischen Modellen weiterentwickelt; der stabile Endpunkt, auf den hin ein System sich entwickelt, nimmt hier die Gestalt eines Attraktors oder eines Attraktionsbassins im morphogenetischen Feld an. «Alles Entstehen oder Vergehen von Form, alle Morphogenese, läßt sich beschreiben als das Verschwin-

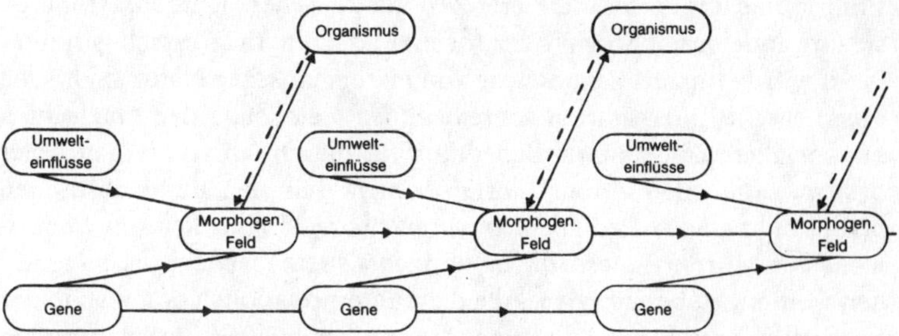

Abbildung 6.3 Der Einfluß von Genen und Umwelt auf morphogenetische Felder (nach Goodwin). Erweitern wir dieses Diagramm um die unterbrochenen Linien, womit angedeutet ist, daß die Organismen auch die Felder beeinflussen, so sind wir damit schon ganz in der Nähe der Hypothese der Formenbildungsursachen.

den der Attraktoren, welche die Anfangsform repräsentieren, und ihre Ersetzung durch die Attraktoren, welche die endgültige Form repräsentieren.»[8] Thom selbst zieht den Vergleich zu Drieschs Ansatz: «Man kann unsere Methode, einem Lebewesen zur Erklärung seiner Stabilität eine formale geometrische Struktur zuzuschreiben, als eine Art geometrischen Vitalismus auffassen, denn wir setzen damit eine übergreifende Struktur, welche die lokalen Einzelheiten auf ähnliche Weise regelt wie Drieschs Entelechie.»[9]

Felder sind nach der Theorie der morphogenetischen Felder der ausschlaggebende Einfluß bei der Morphogenese, doch bestreitet diese Theorie nicht die Wirksamkeit anderer Größen, wie sie von Weismann und seinen Nachfolgern postuliert wurden, also der Gene und der Umwelt. Brian Goodwin hat alle diese Einflüsse und ihren Zusammenhang in einem Diagramm (s. S. 135) zusammengefaßt.

Die Natur morphogenetischer Felder

Was sind eigentlich morphogenetische Felder, und wie wirken sie? Es gibt keine klare Antwort auf diese Frage, obgleich der Begriff in der Biologie häufig verwendet wird. Die Natur dieser Felder ist so rätselhaft geblieben wie die Morphogenese selbst.

Wie nicht anders zu erwarten, gibt es für diese Felder sehr unterschiedliche Interpetationen, die sich an den drei Hauptrichtungen der Philosophie der Form orientieren. Aus platonischer Sicht repräsentieren sie unwandelbare Formen oder Ideen, und ein pythagoreisch gesinnter Geist würde hinzufügen, daß sie von mathematischer Natur sind. Eine aristotelische Interpetation schreibt ihnen viele Züge der Entelechien zu, vor allem eine kausale Bedeutung für die Organisation materieller Systeme, die unter ihrem Einfluß stehen. Für den nominalistischen Standpunkt sind sie lediglich eine brauchbare Möglichkeit, die Phänomene der Morphogenese, die im übrigen als rein mechanistisch angesehen werden, zu beschreiben. Alle diese Interpretationen bestehen in der Entwicklungsbiologie nebeneinander, und manche Autoren springen von einer zur anderen, sogar innerhalb eines Abschnitts. Die kausale Bedeutung der Felder und die Züge, die von Drieschs Entelechien auf sie übergegangen sind, bleiben meist unausgesprochen. Es gibt jedoch explizite Interpretationen in platonischem oder pythagoreischem Geist.

Gurwitsch betonte die geometrischen Eigenschaften der Felder und faßte sie als ideale mathematische Konstruktionen auf. Die Felder sind ihrem Ursprung und ihrer Ausdehnung nach nicht auf die Materie des sich entwickelnden Organismus beschränkt; ihr Zentrum kann durchaus auch ein geometrischer Punkt außerhalb des Organismus sein.[10]

Thom hat ein System zu entwickeln versucht – wir könnten es als dynamischen Platonismus bezeichnen –, das nicht nur die Formen selbst mathematisch zu beschreiben erlaubt, sondern auch die Transformationen, die eine Form in eine andere übergehen lassen. Dies ist die Grundlage seiner «Katastrophentheorie», worin er die Möglichkeiten des Formenwandels anhand einer begrenzten Anzahl von «Grund-Katastrophen» kategorisiert. Auch in seinem Modell der morphogenetischen Felder spielen solche Katastrophen eine Rolle, und die Felder selbst faßt er als mathematische Objekte auf, die biologische Formen determinieren. Er vergleicht sie mit mathematischen Strukturen, die in der Physik als Determinanten chemischer Formen betrachtet werden:

> Wenn Natrium und Kalium existieren, so deshalb, weil es eine korrespondierende mathematische Struktur gibt, welche die Stabilität der Atome Na und K garantiert. Solche Strukturen können in der Quantenmechnaik für einfache Gebilde wie das Wasserstoffatom angegeben werden, und obgleich die Sache beim Na- oder K-Atom weniger leicht zu durchschauen ist, gibt es keinen Grund, daran zu zweifeln, daß es diese Struktur auch hier gibt. Ich glaube, daß es auch in der Biologie formale Strukturen, ja geometrische Objekte gibt, welche die einzig möglichen Formen festlegen, die in einer gegebenen Umwelt eine selbstreproduzierende Dynamik haben können.[11]

Der reduktionistische Versuch, «einen komplexen Raum aus einfachen Elementen zu rekonstruieren», ist seiner Meinung nach außerstande, die Morphogenese zu erhellen, und so kommt er zu dem Schluß, daß der platonische Ansatz sich geradezu aufdrängt.[12]

Auch für Brian Goodwin sind die morphogenetischen Felder von mathematischer Natur, genauer gesagt, sie sind durch «generative Feldgleichungen» zu beschreiben. Die Entwicklung eines Organismus ist nicht anhand von Keimplasma oder DNS oder einem genetischen Programm zu verstehen, sondern «als ein Prozeß, der sich aus den Feldeigenschaften des Lebendigen ergibt, wobei vererbte Besonderheiten für die Stabilisierung einer bestimmten Lösung der Feldgleichung sorgen, so daß eine spezifische Morphologie generiert wird».[13] Mit anderen Worten:

Ein Organismus nimmt die Gestalt an, die für die Stabilisierung der Feldgleichung erforderlich ist, und die Gene beeinflussen die Formenbildung, indem sie ganz bestimmte Lösungen der Feldgleichungen stabilisieren. Goodwin und sein Kollege Webster hoffen, daß ein besseres Verständnis dieser generativen Gleichungen zu einer rationalen Wissenschaft der biologischen Form führen wird.

> Es ist erforderlich, die richtige Beziehungsordnung abzuleiten, die die beobachteten Phänomene generiert, und diese Ordnung oder Organisation ist zwar real, aber nicht direkt beobachtbar. Diese logische Beziehungsordnung ist es, was die charakteristischen Organisationsmerkmale eines lebendigen Organismus ausmacht . . . Die richtige mathematische Beschreibung ist anhand von Feldgleichungen möglich . . . Das Verständnis der Morphogenese bildet die Basis einer rationalen Taxonomie, und diese Taxonomie beruht – im Gegensatz zur genealogischen Taxonomie, die sich an den Zufällen der Geschichte orientiert – auf den logischen Eigenschaften der generativen Prozesse.[14]

Während Felder jedoch für den platonistischen und pythagoreischen Standpunkt eine objektive mathematische Wirklichkeit darstellen und auch das aristotelische Denken sie als objektiv gegebene immanente Organisationsprinzipien betrachtet, besitzen sie für den Nominalismus keine Realität außerhalb unseres Bewußtseins. Selbst von Vertretern der Feldtheorie ist gelegentlich zu hören, daß Felder keine objektive Realität besitzen. Paul Weiss etwa betrachtete sie einerseits als «physikalisch real», fand jedoch andererseits, der Feldbegriff selber sei nicht mehr als eine Abstraktion des Geistes. «Von einer Abstraktion aber können wir nicht erwarten, daß sie mehr hergibt, als wir hineingesteckt haben. Der analytische Wert und der Erklärungswert des Feldbegriffs sind daher gleich Null.»[15]

Ein ähnlicher Zwiespalt zeigt sich bei Waddington, der so viel für die Entwicklung und Verbreitung des Feldkonzepts in der Biologie getan hat.

> Ein Feldkonzept besitzt vor allem deskriptiven Wert, stellt jedoch keine kausale Erklärung dar . . . Die wirksamen Kräfte müssen in jedem Einzelfall wieder gesondert identifiziert werden. Nur wenn die Kräfte immer die gleichen sind oder nur wenige Arten von Kräften

wirksam werden (wie in Schwerkraftfeldern oder elektromagnetischen Feldern) oder wenn die Zuordnungen immer die gleichen sind, wäre der Feldbegriff ein vereinheitlichendes Paradigma – und wir wissen, daß keine dieser Bedingungen erfüllt ist.[16]

Doch wenn die Felder keine kausale Rolle spielen und der Feldbegriff nur als Metapher für die Verständigung über komplexe physikalische und chemische Prozesse von Nutzen ist, dann ist dieser Ansatz kaum mehr als eine verfeinerte Version der mechanistischen Theorie. Und tatsächlich stellen heutige Biologen sich die morphogenetischen Felder häufig so vor, als wären sie von der Art der bekannten Felder der Physik. Verfolgt man diesen Ansatz allerdings weit genug, so führt er früher oder später von rein materialistischen Erklärungen zurück zu mathematischen oder platonischen Anschauungen. Das erlebten Gierer, Meinhardt und andere, als sie mathematische Modelle der morphogenetischen Felder konstruierten. Sie setzen an bei einer konventionellen mechanistischen Annahme:

> Da wir die biochemische oder physikalische Natur der Felder noch nicht kennen, können wir nur vermuten, welcher allgemeinen physikalischen Klasse das Phänomen zuzurechnen ist. Nähmen wir an, das Grundphänomen sei der Magnetismus, so würden wir zur Erklärung die Maxwellschen Gleichungen heranziehen. Die realistische Annahme scheint die zu sein, daß morphogenetische Felder die gleiche Grundlage haben wie andere biologische Phänomene, die bereits eine physikalische Erklärung gefunden haben, nämlich daß sie in erster Linie auf die Wechselwirkung und Bewegung molekularer Verbindungen zurückzuführen sind.[17]

Solche Prozesse können dann mit geeigneten Gleichungen beschrieben werden. Allerdings, so schränkt Gierer ein, sind

> solche Gleichungen nicht sehr aussagekräftig, was die Details der molekularen Mechanismen angeht. Sie sagen aus, daß morphogenetische Felder ein Effekt herkömmlicher Molekularbiologie sind und sonst nichts, und stellen damit den Versuch dar, diese Felder zu entmystifizieren; aber sie erlegen der Konstruktion von Theorien und Modellen strenge Beschränkungen auf.[18]

Solche mathematischen Modelle werden häufig auf die Annahme gegründet, daß es in bestimmten Regionen chemische Prozesse gibt, die sich selbst aktivieren, während hemmende Effekte über ein weiteres Gebiet verteilt sind. Die lokale Aktivierung verstärkt sich selbst, doch die Erzeugung und Ausbreitung hemmender Effekte verhindern eine um sich greifende katalytische Explosion: Die Aktivierung in einer bestimmten Region zieht eine Deaktivierung an einer anderen Stelle nach sich, bis ein stabiles Muster sich bildet. Computersimulationen auf der Basis solcher Modelle zeigen, daß sie eine ganze Reihe einfacher Muster generieren können und daß manche dieser Muster sich nach Beschädigungen re-generieren können.

Nun sagen solche Modelle zwar etwas über die räumliche Verteilung verschiedener Muster chemischer Aktivität in den Zellen aus, doch sie erklären weder die Form der Zellen noch die Strukturen, die aus ihnen aufgebaut werden. Wenn man zum Beispiel etwas über die Faktoren weiß, von denen die räumliche Verteilung von Haaren auf einem Blatt abhängt, so ist damit noch nicht die Gestalt der Haare erklärt. Oder, um auf eines von Prigogines Beispielen zurückzukommen: Ein mathematisches Modell der Stadtentwicklung mag zwar die Wachstumsfaktoren beleuchten, kann aber nichts über verschiedene Architekturstile oder Kulturen und Religionen in, sagen wir, indischen und brasilianischen Städten aussagen.

Diffundierende Chemikalien sind keineswegs das einzige physikalische Erklärungsmodell für die morphogenetischen Felder; unter anderem kommen dafür noch in Frage: chemische und elektrische Impulse[19], elektrische Felder[20] und die viskoelastischen Eigenschaften von Gelen.[21]

Wenn solche Modelle auch auf Annahmen über mögliche chemische und physikalische Mechanismen beruhen, sind sie doch im Grunde mathematischer Natur, und ihr Erklärungswert bleibt an die mathematische Beschreibung gebunden. Die klassische Physik entstand aus einer Kombination von Platonismus und Materialismus, und eine ähnliche Synthese wird, wie Gierer aufzeigt, mit mathematischen Modellen biologischer Phänomene angestrebt:

> Nur eine Kombination von Mathematik und dem Wissen über Materie kann zu einer befriedigenden Erklärung der biologischen Muster-Bildung führen. Psychologisch gesehen, ist es verständlich, daß Biochemiker und Molekularbiologen eher auf den materiellen und Mathematiker eher auf den formalen Aspekt des Problems schauen.

Philosophisch gesehen scheint der formale mathematische Aspekt für das Verstehen grundlegender zu sein als der strukturelle, doch um zu einer experimentellen Bestätigung zu gelangen, reicht er nicht aus. Die Frage, ob der Erklärungswert der Mathematik oder der materialistischen Sicht höher zu veranschlagen sei, ist Gegenstand einer uralten Kontroverse, die sich zurückverfolgen läßt bis hin zu Pythagoras und Platon als Verfechtern der Mathematik und auf der anderen Seite Demokrit (und später Marx) als Vertretern der materialistischen Anschauung. Vielleicht ist eine objektive Entscheidung hier gar nicht möglich.[22]

Die Evolution morphogenetischer Felder

Die bisher erörterten Theorien morphogenetischer Felder haben die moderne Forschung tiefgreifend beeinflußt, und für die Entwicklung von Modellen der Morphogenese scheinen sie am ehesten erfolgversprechend zu sein. Seit über sechzig Jahren existieren diese Felder nun jedoch schon in einer Art theoretischem Niemandsland. Sind sie eine neue, der Physik noch unbekannte Art von Feldern, oder gibt es sie schon immer, oder sind sie am Ende nur Worte, die sich auf beschreibbare Regelmäßigkeiten beziehen?

Ich glaube, wir können hier mehr Klarheit schaffen, wenn wir den historischen Aspekt betrachten, den wir bei diesen Feldern annehmen müssen: Sie haben sich entwickelt. Sie vererben sich von einer Generation von Organismen auf die nächste. Wie aber können Felder vererbt werden?

Hier scheinen nur zwei Antworten möglich zu sein. Die erste, ganz im Geist der mechanistischen Theorie, nimmt eine Kombination von Genetik und Platonismus an. Die zweite geht von der Möglichkeit aus, daß den Feldern so etwas wie *Gedächtnis* innewohnt.

Die erste Antwort impliziert die Existenz transzendenter mathematischer Formeln für alle tatsächlichen und möglichen Arten von Organismen. Richard Dawkins hat ein Computermodell dieses platonischen Reiches entwickelt, das er «Biomorphland» nennt und das alle überhaupt möglichen *Formen* von Organismen, die «Biomorphe», beherbergt. Über Bahnen des allmählichen genetischen Wandels, von Zwischen-Biomorph zu Zwischen-Biomorph, gelangen die Arten schließlich zu neuen Biomorphen, und die treibende Kraft hierfür ist die natürliche Auslese. Alle Biomorphe präexistieren völlig unabhängig von dem tatsächlichen Verlauf, den irgendein Evolutionsprozeß nehmen mag: Sie sind im Computerprogramm von Biomorphland mathematisch vorgeprägt.[23]

Aus platonischer Sicht ist biologische Evolution von der Evolution genetischer Systeme abhängig, denn nur unter dieser Voraussetzung können sich einige der möglichen Formen oder Urbilder in der stofflichen Welt als tatsächliche Organismen manifestieren; die Formen oder Formeln oder Biomorphe selbst evolvieren jedoch nicht. Zum Beispiel haben die morphogenetischen Feldgleichungen für *Tyrannosaurus rex* schon existiert, bevor die Erde entstand, bevor überhaupt der Kosmos geboren wurde. Sie blieben gänzlich unbeeinflußt vom tatsächlichen Auftreten dieser Saurierart und ebenso unbeeinflußt von ihrem Aussterben.

Sollte den morphogenetischen Feldern jedoch ein Gedächtnis innewohnen, so könnten wir uns ein ganz anderes Bild von ihnen machen: Sie sind dann keine transzendenten Formen, sondern den Organismen immanent. Sie evolvieren *im* Bereich der Natur und unterliegen dem Einfluß dessen, was früher geschah. Gewohnheiten bilden sich in ihnen. Für diese Betrachtungsweise wären mathematische Modelle wirklich nur noch Modelle und nicht mehr Repräsentationen transzendenter mathematischer Realitäten, die als Determinanten dieser Felder wirken.

Der Gedanke, daß morphogenetische Felder ein Gedächtnis beinhalten, ist der Ausgangspunkt für die Hypothese der Formenbildungsursachen. Ich stelle diese Hypothese auf, weil ich denke, daß sie uns zu einem wirklich evolutionären Verständnis des Lebendigen hinführen kann. Die bislang einzige Alternative – ich meine die Kombination von Platonismus und Materialismus zu einer mechanistischen Sicht der Dinge – wird dies wohl nie leisten können, denn sie wurzelt in einer vorevolutionären Vorstellung vom Universum, die nun auch von der Physik allmählich aufgegeben wird.

Die Hypothese der Formenbildungsursachen

Die Hypothese der Formenbildungsursachen, die für den Rest des Buches unser Hauptthema sein wird, geht von der Annahme aus, daß morphogenetische Felder physikalisch real sind in dem Sinne, wie wir Gravitationsfelder, elektromagnetische Felder und Quantenmateriefelder für physikalisch real nehmen. Jede Art von Zellen, Geweben, Organen und Organismen besitzt ihre eigene Art von Feldern. Diese Felder gestalten und organisieren die Entwicklung von Mikroorganismen, Pflanzen und Tieren und stabilisieren die Form des ausgewachsenen Organismus. Dies können sie aufgrund ihrer eigenen räumlich-zeitlichen Organisation.

Der zeitliche Aspekt der morphogenetischen Felder wird besonders deutlich in den Begriffen «Chreode» und «morphogenetischer Attraktor». Morphogenetische Felder setzen den Organismus zu künftigen Organisationsmustern in Beziehung, und die Chreoden lenken den Entwicklungsprozeß in diese Richtung.

Damit ist allerdings erst das *expressis verbis* gesagt, was der Begriff des morphogenetischen Feldes ohnehin seit jeher impliziert. Das Neue an der Hypothese der Formenbildungsursachen besteht in der Idee, daß die Struktur diese Felder nicht von transzendenten Ideen oder zeitlosen mathematischen Formeln bestimmt ist, sondern sich aus den tatsächlichen Formen ähnlicher Organismen der Vergangenheit ergibt. So werden etwa die morphogenetischen Felder von Fingerhutpflanzen durch Einflüsse geformt, die von früheren Fingerhutpflanzen ausgehen; sie bilden eine Art kollektive Erinnerung dieser Art. Jedes Exemplar der Art wird von den Art-Feldern geformt, gestaltet selbst aber auch diese Artfelder mit und beeinflußt damit künftige Exemplare seiner Art.

Wie könnte dieses Gedächtnis wirken? Die Hypothese der Formenbildungsursachen postuliert, daß es auf einer Art von Resonanz beruht, die wir «morphische Resonanz» nennen. Morphische Resonanz wiederum beruht auf Ähnlichkeiten: Je ähnlicher ein Organismus früheren Organismen ist, desto stärker die morphische Resonanz. Und je mehr solcher ähnlicher Organismen es in der Vergangenheit gegeben hat, desto stärker ist ihr kumulativer Einfluß. Eine sich entwickelnde Fingerhutpflanze steht in morphischer Resonanz mit zahllosen früheren Pflanzen ihrer Art, und diese Resonanz formt und stabilisiert ihr morphogenetisches Feld.

Die morphische Resonanz unterscheidet sich von den bekannten Arten der Resonanz – etwa der akustischen Resonanz (zum Beispiel beim Mitschwingen von gespannten Saiten), der elektromagnetischen Resonanz (zum Beispiel beim Abstimmen eines Radios auf eine bestimmte Frequenz, also einen bestimmten Sender), der Elektronenspin-Resonanz und der kernmagnetischen Resonanz – darin, daß sie nicht mit einem Energietransfer von einem System auf ein anderes verbunden ist, sondern einen nichtenergetischen Informationstransfer darstellt. Morphische Resonanz stimmt allerdings darin mit anderen Arten der Resonanz überein, daß sie auf rhythmischen Mustern beruht.

Organismen sind Aktivitätsstrukturen, und auf jeder Ebene der Organisation finden wir bei ihnen rhythmische Oszillationen oder Schwingungen, periodische Bewegungen oder Zyklen.[24] Die Elektronen von Atomen und Molekülen befinden sich in ihren Schalen in beständiger Schwingungsbewegung; große Moleküle wie etwa Eiweißmoleküle zeigen wellenartige Bewegungen von charakteristischer Frequenz.[25] In den Zellen finden wir zahllose schwingende Molekularstrukturen, und auch die biochemischen und physiologischen Prozesse lassen einen rhythmischen Ablauf erkennen.[26] Die Zellen selbst durchlaufen Zyklen der Teilung. Pflanzen weisen tägliche und jahreszeitliche Zyklen auf; Tiere wachen und schlafen, ihr Herz schlägt, die Lunge atmet, die Därme kontrahieren sich in rhythmischen Wellen.[27] Die Funktionen des Nervensystems laufen rhythmisch ab, und das Gehirn wird von wiederkehrenden Wellen rhythmischer Aktivität durchflutet.[28] Jede Art der Fortbewegung beruht bei Tieren auf sich wiederholenden Bewegungsabläufen – ob wir einen sich windenden Wurm betrachten, einen krabbelnden Hundertfüßler, einen schwimmenden Hai, eine fliegende Taube oder ein galoppierendes Pferd. Und auch das Leben der Menschen ist von solchen Bewegungszyklen geprägt, zum Beispiel beim Kauen, Gehen, Radfahren, Schwimmen und Kopulieren.

Die Hypothese der Formenbildungsursachen besagt nun, daß sich zwischen solchen rhythmischen Aktivitätsstrukturen eine morphische Resonanz bildet, wenn sie einander ähnlich sind, und aufgrund dieser Resonanz können die Aktivitätsmuster vergangener Systeme die Felder der folgenden beeinflussen. Morphische Resonanz beinhaltet eine Art Fernwirkung sowohl räumlicher als auch zeitlicher Art. Die Hypothese nimmt an, daß dieser Einfluß weder mit der räumlichen noch mit der zeitlichen Entfernung abnimmt.

Die Bildung von Formen findet nicht im leeren Raum statt. Alle Entwicklungsprozesse setzen bei Systemen an, die bereits eine spezifische Organisation aufweisen. Ein Embryo zum Beispiel entwickelt sich aus einer befruchteten Eizelle, die DNS, Proteine und andere Moleküle enthält, die bereits auf bestimmte Weise organisiert und für die Art charakteristisch sir d. Solche organisierten Anfangsstrukturen oder «morphogenetischen Keime» treten in morphische Resonanz zu früheren Exemplaren ihrer Art, es findet eine «Abstimmung» statt zwischen

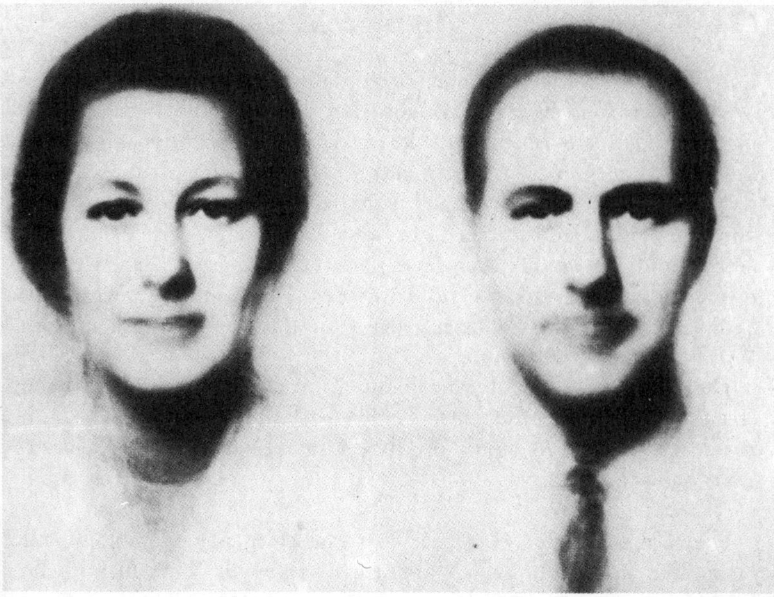

Abbildung 6.4 Überlagerungsphotos von 30 weiblichen und 45 männlichen Mitarbeitern des John Innes Institute, Norwich, England.

ihrem Feld und dem der Art, und dadurch gelangen sie in die Chreoden, die ihre Entwicklung lenken.

Alle Exemplare einer Art tragen zum Art-Feld bei; ihr Einfluß ist kumulativ, wird also mit wachsender Zahl der Individuen größer. Organismen einer Art sind einander ähnlich, aber nicht identisch, und das Art-Feld, von dem ein neuer Organismus geformt wird, stellt eine Art Durchschnittsfeld dar, ebenso unscharf wie etwas die Durchschnittsbilder, die entstehen, wenn man eine Anzahl gleichartiger Porträtphotos von verschiedenen Personen übereinanderkopiert. Morphogenetische Felder sind «Wahrscheinlichkeitsstrukturen», in denen die Durchschnittsmerkmale dominieren, womit sich die Wahrscheinlichkeit erhöht, daß das Typische erhalten bleibt.

Die Gegenwart der Vergangenheit

Für Weismann war es undenkbar, daß vom Somatoplasma eine Wirkung auf das Keimplasma ausgehen könnte (Abb. 5.3); für die moderne Biologie ist es undenkbar, daß vom Phänotyp eine Wirkung auf den Genotyp ausgehen könnte. Auch die platonische Interpretation der Felder anhand von generativen Gleichungen geht von dieser Einbahnstraßen-Sicht aus: Die Felder, im Verein mit Genen und Umweltfaktoren, generieren den ausgewachsenen Organismus; doch die tatsächliche Form des Organismus kann an der Feldgleichung nichts ändern, denn diese ist der physikalischen Wirklichkeit transzendent.

Die Hypothese der Formenbildungsursachen postuliert dagegen einen Strom von Einflüssen in beiden Richtungen: von den Feldern zu den Organismen und von den Organismen zu den Feldern. Dies kann man durch zusätzliche Pfeile in Goodwins Diagramm (Abb. 6.3) andeuten.

Die Unterschiede zwischen den verschiedenen Theorien der Form sind in Abbildung 6.5 graphisch dargestellt. Eine platonische Interpretation der Entstehung der Formen von Organismen anhand von Urbildern oder Ideen impliziert einen Einfluß von der Idee auf den Organismus, aber die Idee bleibt unverändert. Sie kann sich unmöglich ändern, da sie ja transzendent ist, jenseits von Raum und Zeit. Die Formidee ist überall und jederzeit als Potential vorhanden und kann sich unter geeigneten Umständen jederzeit und überall in der Form eines Organismus abbilden. Die mechanistische Theorie betont die Realität der Atome und Moleküle im Organismus, betrachtet ihre Interaktionen jedoch als die Konsequenzen universaler Gesetze. Diese Gesetze sind wie die platonischen Ideen immateriell und dem Bereich von Raum und Zeit transzendent. Sie sind überall im Universum gegenwärtig und wirksam – sie waren es immer und werden es immer sein.

Die aristotelischen Entelechien haben demgegenüber kein transzendentes Sein. Sie sind mit den Organismen verbunden und existieren nicht unabhängig von ihnen. Doch sie bleiben sich stets gleich, entwickeln sich nicht. Wie die platonischen Ideen und die universalen Gesetze wirken sie zwar auf die Organismen ein, werden aber von diesen nicht beeinflußt. Die morphogenetischen Felder sind den Entelechien darin ähnlich, daß sie nicht unabhängig von tatsächlichen Organismen sind und nicht freischwebend in der Transzendenz existieren. Sie beeinflussen den Organismus und werden ihrerseits nicht nur direkt von ihm beeinflußt, sondern durch morphische Resonanz auch von den Feldern ähnlicher Organismen der Vergangenheit.

Räumliche und zeitliche Ferneinflüsse, durch Felder vermittelt, sind für uns keine ungewöhnliche Vorstellung.

Wenn wir etwa ferne Sterne anschauen, erfahren wir einen Einfluß, dessen Ursprung vielleicht Jahrtausende zurückliegt und über unvorstellbare Entfernungen zu uns gelangt. Das Medium dieses Einflusses ist das elektromagnetische Feld, in dem das Licht sich ausbreitet. Morphische Resonanz spricht jedoch eine andere Art von Fernwirkung an, die schwieriger vorzustellen ist, weil sie nichts mit der Bewegung von Energiequanten in irgendeinem der bekannten physikalischen Felder zu tun hat.

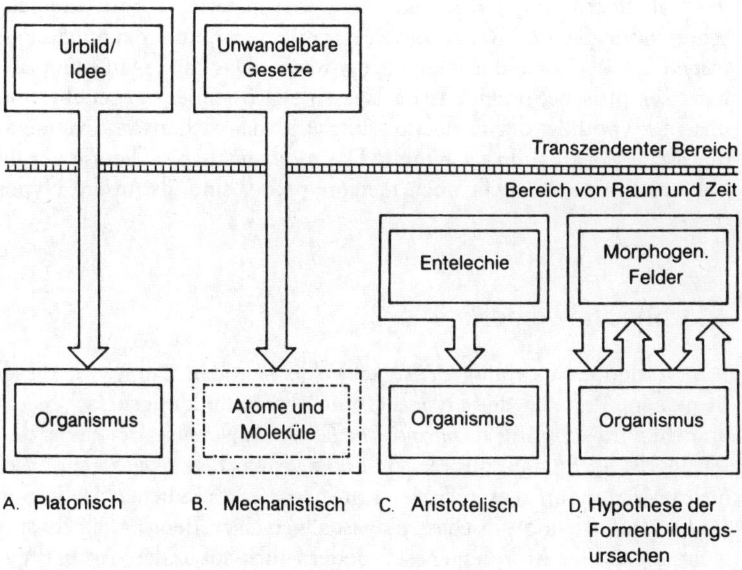

Abbildung 6.5 Ein Diagramm-Vergleich verschiedener Theorien der Form.

Damit stellt sich die Frage nach dem Übertragungsmedium: Wie kann es über Raum und Zeit zu morphischer Resonanz kommen? Wir könnten uns einen «morphogenetischen Äther» vorstellen oder eine andere «Dimension» oder Einflüsse, welche die Raumzeit verlassen und dann wieder in sie eintreten. Befriedigender dürfte aber die Vorstellung sein, daß die Vergangenheit überall potentiell präsent, also gleichsam der Gegenwart aufgeprägt ist. Der morphische Einfluß früherer Organismen könnte für nachfolgende ähnliche Organismen schlicht und einfach gegenwärtig sein.

Damit dürfte die morphische Resonanz dem Leser auf den ersten Blick als etwas recht Mysteriöses erscheinen, aber wenn wir uns einmal die erstaunlichen und im allgemeinen für selbstverständlich erachteten Grundannahmen der konventionellen Theorien mit etwas Distanz anschauen, sind sie dann nicht mindestens ebenso mysteriös? Wir haben uns zum Beispiel den Glauben an unwandelbare physikalische Gesetze so sehr zu eigen gemacht, daß wir gar nicht mehr so ohne weiteres auf die Idee kämen, ihn in Frage zu stellen. Doch wenn wir uns die Natur dieser Gesetze einmal ernsthaft vergegenwärtigen, erweisen sie sich doch als höchst wunderbar. Sie sind weder materieller noch energetischer Natur. Sie sind Raum und Zeit transzendent und – zumindest als Potential – überall und jederzeit gegenwärtig. Das kann man kaum eine harte, empirische, pragmatische Wissenschaft nennen, gegenüber der unsere Hypothese der Formenbildungsursachen sich als bizarre metaphysische Spekulation ausnimmt. Die mechanistische Theorie beruht auf Annahmen, die eher noch metaphysischer sind als unsere Hypothese.

Morphische Felder

Wir werden die morphogenetischen Felder – in dem Sinne, wie dieser Begriff im Rahmen der Hypothese der Formenbildungsursachen gebraucht wird – künftig als *morphische Felder* bezeichnen. Erstens ist dieser Begriff leichter auszusprechen, und zweitens heben wir damit unser neues Verständnis dieser Felder von ihrer herkömmlichen Definition ab. Der Begriff «morphisches Feld» ist allgemeiner, denn er bezieht sich nicht nur auf die Morphogenese, sondern auch auf andere Arten organisierender Felder. Wie wir später sehen werden, lassen sich die Felder, die tierisches und menschliches Verhalten, soziale und kulturelle Systeme, aber auch die mentale Aktivität organisieren, als morphische Felder auffassen, denen ein Gedächtnis innewohnt.

Informationsfelder

Information ist ein Modewort. Wir leben im «Zeitalter der Information», umgeben von Informationstechnik. Information spielt eine formative oder in-formative Rolle. Aber was *ist* Information? Der allgemeine Gebrauch dieses Begriffes, sowohl innerhalb als auch außerhalb der Naturwissenschaften, hat nicht viel gemein mit der Definition und dem Stellenwert der Information in der Informationstheorie. Hier taucht der Informationsbegriff im Rahmen mathematischer Prozeduren auf und ist in seiner Anwendbarkeit so sehr eingeschränkt, daß er für die Biologie nur noch von sehr begrenztem Wert ist.[29] Wenn Biologen etwa von «genetischer Information» sprechen, gebrauchen sie diesen Ausdruck in einem vagen, nicht-technischen Sinne, und darin ist er häufig kaum noch zu unterscheiden von der vagen und nicht-technischen Bedeutung des Wortes «Programm».

> Information, der moderne Ursprung der Form, wird heute als etwas betrachtet, das Molekülen, Zellen, Geweben, der Umwelt als häufig latenter, aber potenter Kausalfaktor innewohnt. Sie erlaubt all diesen Entitäten, einander zu erkennen, auszuwählen und zu instruieren, einander und sich selbst zu konstruieren und Ereignisse aller Art zu regulieren, zu kontrollieren, zu induzieren, zu dirigieren und zu determinieren.[30]

Die Natur der Information bleibt dunkel, und der Gebrauch alternativer Begriffe wie «Instruktion» oder «Programm» trägt wenig zu seiner Klärung bei. Ist Information etwas Physikalisches oder etwas Mentales? Ist sie wesenhaft mathematisch? Oder ist sie eine begriffliche Abstraktion, und wenn ja, wovon?

Wenn man den Informationsbegriff heranzieht, um die Entwicklung und Evolution von Körper, Verhalten, Geist und Kultur zu erklären, kann man die Information selbst nicht als statisch betrachten – sie muß dann selbst in Entwicklung und Evolution begriffen sein.

Morphische Felder spielen in der Hypothese der Formenbildungsursachen eine ähnliche Rolle wie Information und Programme im herkömmlichen biologischen Denken, und wir könnten sie tatsächlich auch als *Informationsfelder* auffassen. Damit wäre dann zugleich der Informationsbegriff – der ansonsten stets auf etwas Abstraktes oder Mathematisches, jedenfalls aber irgendwie Ungreifbares hinzudeuten scheint – ein wenig entmystifiziert. Außerdem wäre damit auch der evolutionäre Charakter biologischer Information herausgestellt, denn diese Felder enthalten ein Gedächtnis, das von morphischer Resonanz getragen wird.

Die Entstehung neuer Felder

Die morphischen Felder eines bestimmten Organismus, etwa einer Sonnenblume, werden durch Einflüsse geformt, die von früheren Generationen von Sonnenblumen ausgehen. Morphische Resonanz erklärt jedoch nicht, wie die ersten Felder dieser Art entstanden. Ohne Frage sind Sonnenblumenfelder eng verwandt mit den Feldern anderer Arten der Gattung *Helianthus*, zum Beispiel mit denen des Topinambur, und es ist auch nicht zu bezweifeln, daß sie von den Feldern einer langen Reihe von Ahnen-Arten stammen. Wie aber die Felder der Gattung *Helianthus* oder der Familie der Korbblüter, der sie angehört, oder der ersten Blütenpflanzen oder überhaupt der ersten lebendigen Zellen entstanden, läßt sich mit der Hypothese der Formenbildungsursachen nicht erklären. Die Frage nach dem Ursprung, der wir im achtzehnten Kapitel nachgehen werden, spielt jedoch für die Hypothese der Formenbildungsursachen eigentlich keine Rolle, denn diese Hypothese bezieht sich nur auf bereits existierende Felder.

Halten wir uns noch einmal vor Augen, daß die Schwierigkeiten, die sich aus anderen Theorien ergeben, mindestens ebenso ernst sind. Wenn man unwandelbare mathematische Gesetze oder generative Gleichungen oder was auch immer den mathematischen Modellen zugrunde liegen mag als das Grundprinzip der Morphogenese betrachtet, brauchen wir zwar nicht nach dem Ursprung dieser Entitäten zu fragen, weil sie *per definitionem* ewig sind, aber dann sind wir gezwungen, unwandelbare Gesetze oder Gleichungen anzunehmen, die schon existiert haben müssen, als es noch gar kein Universum gab.

Auch wenn wir uns von allen metaphysischen Spekulationen fernhalten und einen ganz und gar empirischen Weg einschlagen, bleibt die Tatsache bestehen, daß die Hypothese der Formenbildungsursachen einige überprüfbare Voraussagen macht, die sich von denen der herkömmlichen Theorien radikal unterscheiden. Der Grund dafür liegt darin, daß die gegenwärtig anerkannten Theorien der Naturwissenschaft stillschweigend davon ausgehen, daß die Naturgesetze immer und überall dieselben sind. Diese Annahme ist überall gegenwärtig, ob sie nun als metaphysisch erkannt oder überhaupt zur Kenntnis genommen wird oder nicht. Sie liegt dem Ideal der Reproduzierbarkeit von Experimenten zugrunde; ohne sie wäre der heutigen naturwissenschaftlichen Methode der Boden entzogen. Eben diese Annahme stellt die Hypothese der Formenbildungsursachen in Frage. Sie geht davon aus, daß die Organisationsprinzipien der Natur nicht für alle Ewigkeit fixiert sind, sondern mit den von ihnen organisierten Systemen evolvieren.

7. Felder, Materie und morphische Resonanz

In diesem Kapitel betrachten wir zunächst, wie Physiker sich die Beziehung zwischen Feldern und Materie vorstellen. Dann werden wir die morphischen Felder, wie sie von der Hypothese der Formenbildungsursachen postuliert werden, dem Feldbegriff der Schulphysik gegenüberstellen und uns einige der Konsequenzen dieser Hypothese auf der Ebene der Moleküle und Kristalle vergegenwärtigen, um zu überlegen, wie unsere Theorie experimentell überprüft werden könnte. Am Schluß des Kapitels werden wir dann noch erörtern, welche Rolle die morphische Resonanz aus der eigenen Vergangenheit eines Systems für dessen Entwicklung, Erhaltung und Struktur spielt.

Äther, Felder und Materie

Morphische Felder stehen wie die Gravitationsfelder, elektromagnetischen Felder und Quantenmateriefelder der Physik in einer sehr engen Beziehung zur Materie. Sie stehen mit ihr in Wechselwirkung und organisieren sie. Auf den ersten Blick scheinen Felder und Materie grundverschieden zu sein; doch Materie wird heute nicht mehr als passiver, träger Stoff betrachtet, der aus harten billardkugelähnlichen Atomen besteht. Materie besteht für die heutige Physik aus rhythmischen Prozessen, aus gebundener und strukturierter Energie innerhalb von Feldern.

Um ein deutlicheres Bild von der Beziehung zwischen den morphischen Feldern und den von ihnen geformten Organismen zu gewinnen, wollen wir nun zunächst die Entwicklung des physikalischen Feldbegriffs und seine Beziehung zum Materiebegriff verfolgen.

Moderne Feldtheorien fußen auf der Arbeit Michael Faradays, der bei seiner Erforschung des Magnetismus zu dem Schluß kam, daß von einem Magneten «Feldlinien» ausgehen (Abb. 6.1). In diesen Feldlinien wirken Kräfte der Anziehung oder Abstoßung, und sie sind physikalisch real.[1] Doch sie bestehen nicht aus gewöhnlicher Materie. Welcher Art ist also ihre Realität? Faraday schlug verschiedene Interpretationsmöglichkeiten vor: Sie sind entweder Zustände eines materiellen Mediums, «das wir Äther nennen können», oder Zustände des «bloßen Raumes». Er selbst neigte der zweiten Anschauung zu, denn sie paßte besser zu seiner anderen Überlegung, daß Materieteilchen nichts weiter seien als die Schnittpunkte konvergierender Kraftlinien – und mit dieser Überlegung war der Unterschied von Materie und Kraft aufgehoben.[2] Er nahm sogar an, daß Kräfte die einzige physikalische Substanz seien; der ganze Raum ist von dieser Substanz erfüllt, und jedem Punkt des Kraftfeldes ist eine bestimmte Menge Kraft zugeordnet. Alle Punkte stehen mit ihren Nachbarpunkten in Wechselwirkung, so daß Schwingungen und Schwingungsmuster entstehen, und zu denen rechnete Faraday auch materielle Körper.[3]

Faradays Ideen wurden in seiner Zeit nicht aufgegriffen, und erst mit Einstein bekam der Gedanke, daß Felder Zustände des «bloßen Raumes» sind, den ihm zustehenden Stellenwert. Maxwell hatte Faradays andere Interpretationsmöglichkeit aufgegriffen und betrachtete Felder als Zustände eines materiellen Mediums, des Äthers. Der Äther hatte etwas von der Natur der Fluide (Flüssigkeiten und Gase) an sich, und in ihm gab es röhrenartige Wirbel oder Strudel. Gab es zwischen benachbarten Wirbeln Unterschiede der Rotationsgeschwindigkeit, so kamen Kräfte zur Wirkung und Spannungen entstanden. Maxwell gebrauchte die Fluid-Analogie jedoch mit größter Vorsicht:

> Bei der hier behandelten Substanz darf man jedoch nicht annehmen, sie besitze außer der freien Beweglichkeit und dem Widerstand gegen Kompression noch andere Eigenschaften gewöhnlicher Fluide. Sie ist nicht einmal ein hypothetisches Fluid, das eingeführt wird, um tatsächliche Phänomene zu erklären. Sie ist lediglich eine Sammlung imaginärer Eigenschaften, die man heranziehen kann, um gewisse Theoreme mit den Mitteln der reinen Mathematik zu formulieren – was nicht nur für viele Geister leichter verständlich ist, sondern sich auch besser auf physikalische Probleme anwenden läßt als eine Formulierung mit Hilfe algebraischer Symbole.[4]

Doch abgesehen von ihrer Natur, waren die Felder für Maxwell wichtig, um die Zeitverzögerung bei elektromagnetischen Fernwirkungen zu erklären. Seiner Auffassung nach bedeutete diese Verzögerung, daß in dem Raum zwischen den beiden Endpunkten einer elektromagnetischen Wechselwirkung physikalische Prozesse stattfinden mußten.[5]

Gegen Ende des neunzehnten Jahrhunderts verwarf Hendrik Lorentz den Gedanken, daß der Äther eine mechanische Substanz sei. Er dachte ihn sich bewegungslos und zog eine klare Trennungslinie zwischen Äther und Materie; auch zeitgenössische Versuche, sich den Äther als eine subtile Art von Materie vorzustellen, lehnte er ab: Äther sei etwas ganz anderes. Andere dachten seine Gedanken weiter, und um die Jahrhundertwende war der Primat der Materie durch den Primat des Feldes abgelöst worden: Man suchte nicht mehr nach materiellen Erklärungen für die Felder, sondern ging dazu über, Materie als ein Feldphänomen aufzufassen. So schrieb Joseph Larmor im Jahre 1900: «Materie ist vermutlich eine Struktur im Äther oder könnte es zumindest sein, doch ganz gewiß ist der Äther keine Struktur, die aus Materie besteht.»[6]

Was aber ist der Äther? Lorentz faßte ihn weiterhin als in gewissem Sinne substanzhaft auf. Noch 1916 schrieb er: «Ich kann mir den Äther, welcher Sitz eines elektromagnetischen Feldes mit seiner Energie und seiner Schwingung sein kann, nur als mit einem gewissen Maß von Substantialität begabt denken, wie verschieden diese auch von der Substantialität gewöhnlicher Materie sein mag.»[7] Der Äther war für ihn erstens ein Medium, wenn auch ein nicht-mechanisches, und zweites ein absoluter Bezugsrahmen mit einer ähnlichen Rolle wie Newtons absoluter Raum.

Für Einstein jedoch war der Äther «überflüssig». Nach seiner speziellen Relativitätstheorie (1905) durchzieht das elektromagnetische Feld den leeren Raum, und dieser Raum ist nicht länger absolut. Das Feld besitzt keinerlei mechanische Basis, ist aber dennoch der Ort komplexer Prozesse und hat, wie massetragende Materie, Energie und eine Bewegungsgröße (Impuls). Es kann in Wechselwirkung mit Materie treten, und dabei kommt es zu einem Austausch von Energie und Bewegungskraft. Aber es ist unabhängig von der Materie. Es ist kein Zustand der Materie, sondern ein Zustand des Raumes.[8]

In seiner allgemeinen Relativitätstheorie dehnte Einstein den Feldbegriff auf Gravitationsphänomene aus. An die Stelle von Newtons Schwerkraft, die eine Fernwirkung darstellt, trat das Schwerkraft-Feld, ein Raumzeit-Kontinuum, das in der Nähe von Materie gekrümmt ist. Damit ist Gravitation eine Folge der *geometrischen* Eigenschaften des

Raumes. Es gelang Einstein jedoch nicht, eine einheitliche Feldtheorie zu formulieren, die auch elektromagnetische Effekte auf solche geometrischen Eigenschaften zurückführte. Es hat seither viele Versuche gegeben, eine solche Theorie aufzustellen, und die Bemühungen dauern an (vgl. Kap. 6 und 17).

Die allgemeine Relativitätstheorie befaßt sich mit Phänomenen der oberen Größenordnung, also etwa mit den Planetenbewegungen, und darüber hinaus mit der Struktur des gesamten Universums. Am anderen Ende der Skala, nämlich bei den Wechselwirkungen von Feldern und Materie im Bereich des Allerkleinsten, also der Atome und subatomaren Teilchen, setzt dagegen die Quantentheorie an. Sie nahm ihren Anfang mit der Erkenntnis, daß Licht von den Atomen nicht kontinuierlich, sondern in *Quanten* (kleinsten Einheiten) von Energie abgegeben beziehungsweise aufgenommen wird. Lichtwellen bestehen also aus «Päckchen» oder besser gesagt, sie haben neben ihrem Wellencharakter auch einen Teilchencharakter, und diese Lichtteilchen erhielten den Namen *Photonen*.

Die Quantentheorie erlebte 1924 einen «Quantensprung», als Louis de Broglie den folgenden Verdacht äußerte: Wenn Lichtwellen Teilchen-Eigenschaften aufweisen, dann sollte an subatomaren Teilchen ein Wellencharakter nachzuweisen sein.[9] Das führte zu einem völlig neuen Verständnis der Elektronen und anderer subatomarer Teilchen, die man sich bis dahin als winzige Billardkugeln vorgestellt hatte. Es dauerte nicht lange, bis der Wellencharakter der Elektronen tatsächlich experimentell nachgewiesen wurde. Inzwischen hat dieses Phänomen bereits praktische Anwendung gefunden. Ein Elektronenmikroskop etwa arbeitet ähnlich wie ein normales Lichtmikroskop, nur daß es anstelle von Licht Elektronen verwendet. De Broglies Theorie reichte jedoch noch weiter: Alle Materie, auch ganze Atome oder Moleküle, besitzt einen Wellen-Aspekt.

Auf dieser Basis entstand die Theorie des Quantenmateriefeldes. Solche Felder sind von anderer Art als elektromagnetische Felder, doch ebenso real. Die Materiewellen beschreiben nicht nur das Verhalten einzelner subatomarer Teilchen, sondern werden als Aspekte eines Materiefeldes aufgefaßt, in dem die Teilchen als sogenannte Erregungsquanten wirken. Demnach ist ein Elektron ein Teilchen in einem Materiefeld, so wie ein Photon ein Teilchen in einem elektromagnetischen Feld ist.

Es gibt viele verschiedene Arten von Materiefeldern, nämlich ebenso viele, wie es Teilchenarten gibt: Ein Elektron ist ein Quantum des Elektron-Positron-Feldes, ein Proton ist ein Quantum des Proton-Antiproton-Feldes und so weiter. Verschiedene Arten von Materiefeldern können miteinander, aber auch mit elektromagnetischen Feldern in Wechselwirkung treten. Alle diese Wechselwirkungen laufen über Quanten ab.[10] In diesen Quantenmateriefeldern gibt es keine Dualität von Feld und Teilchen in dem Sinne, daß das Feld «außerhalb» des Teilchens wäre. Felder sind vielmehr die grundlegende physikalische Wirklichkeit geworden, und Felder geben an, mit welcher Wahrscheinlichkeit man an bestimmten Raumpunkten Quanten antreffen wird. Anders gesagt: Teilchen sind Manifestationen der grundlegenden Wirklichkeit der Felder.

Diese Felder sind Zustände des Raumes, und dieser Raum ist nicht leer, sondern voller Energie und erfährt Quantenfluktuationen, bei denen neue Quanten «aus dem Nichts» erschaffen und dann wieder vernichtet werden. Ein Teilchen und sein Antiteilchen können an irgendeinem Raumpunkt urplötzlich in ein «virtuelles» Sein treten und einander augenblicklich wieder auslöschen.[11]

Atome und Organismen: Felder in Feldern

Die zusammenfassende Schlußfolgerung lautet, daß Materieteilchen Energiequanten in Feldern sind, die wiederum Zustände des Raumes darstellen. Dies ist in unserer Zeit die Grundlage für das Verständnis der materiellen Wirklichkeit. Allerdings hat diese revolutionäre theoretische Vision noch kaum auf unser Verständnis des biologischen Lebens abgefärbt. Von Biologen verlangt man kein Wissen über Quantenmateriefelder, und für die Molekularbiologen genügt es in den meisten Fällen nach wie vor, wenn sie sich die Moleküle aus Billardkugeln aufgebaut denken. Die Quantenphysik hat die Atome in komplexe Systeme von quantisierten Feldern zerlegt, doch in anderen Bereichen der Naturwissenschaft feiert der alte Atomismus fröhliche Urstände; in der Biologie und in weiten Bereichen der Chemie glaubt man offenbar nach wie vor, daß das alte Atom-Modell eine hinreichend sichere Grundlage bietet.

Während die Physiker auf der Ebene der Quanten zahlreiche neue Materiefelder einführten, kam es in der Chemie zu keiner vergleichbaren Neuerung auf der Eben der Moleküle. Gewiß, einige der Eigenschaften von Molekülen wurden nach den Prinzipien der Quantenphysik interpetiert, etwa die chemische Bindung, die man sich als Zusammenschluß der Elektronenhüllen um die gebundenen Atome vorstellen kann.[12] Doch solche Interpretationen greifen eben auf das Elektron-Positron-Feld der Quantenphysik zurück und führen keine neue Art von Feldern ein. In der mechanistischen Biologie schließlich wird überhaupt nicht nach der Möglichkeit neuer Felder gefragt, die den Physikern unbekannt wären; die meisten Biologen glauben ganz einfach, daß die bekannten Felder eine völlig ausreichende Grundlage für die Erklärung aller Phänomene des Lebens darstellen. Dieser Glaube entstand mit dem mechanistischen Weltbild der klassischen Physik und hat sich vom Untergang dieses Weltbildes nicht beirren lassen.

Nehmen wir jedoch den organismischen anstelle des atomistischen Standpunktes ein, so ist nicht einzusehen, weshalb Organismen nicht auf allen Ebenen der Organisation ihre charakteristischen Felder haben sollten. Sagt nicht de Broglies ursprüngliches Konzept der Materiewellen eben dies: daß Atome und Moleküle, ja alle Formen von Materie von wellenartigem Quantencharakter sind?

Es ist vielleicht gar nicht so absurd, sich etwa ein Insulinmolekül als Quantum oder Einheit in einem Insulinfeld zu denken oder sogar einen Schwan als Quantum oder Einheit in einem Schwanfeld. Auch so ließen morphische Felder sich betrachten: Jedes Insulinmolekül ist eine Manifestation des insulinmorphischen Feldes; jeder Schwan ist eine Manifestation des schwanmorphischen Feldes. Vielleicht sind morphische Felder überhaupt von ähnlichem Status wie die Quantenmateriefelder. Wenn Atome morphische Felder besitzen, könnte dies durchaus noch eine Art von Feldern sein, wie sie in der Quantenfeldtheorie beschrieben werden. Die morphischen Felder von Molekülen könnten zumindest schon teilweise von der Quantenchemie beschrieben sein. Doch die morphischen Felder von Zellen, Geweben, Organen und Organismen wurden bislang nur sehr vage und allgemein beschrieben. Die Erforschung der Entwicklung von Pflanzen und Tieren hat bereits einige ihrer Eigenschaften aufgedeckt (Kap. 6), doch wie diese Felder den Prozeß der Morphogenese tatsächlich organisieren, bleibt im dunkeln.

Morphische Felder als Wahrscheinlichkeitsstrukturen

Ein wesentlicher Zug morphischer Felder besteht darin, daß sie nicht scharf definiert sind, sondern «Wahrscheinlichkeitsstrukturen» darstellen. Diese Annahme wird von mindestens drei Gründen gestützt:

Erstens ist die Organisation individueller Organismen oder Systeme oder Holons, wie einfach oder komplex sie auch sein mögen, nicht voll determiniert, sondern läßt einen Wahrscheinlichkeits- oder Probabilitätscharakter erkennen. Im biologischen Bereich sehen wir, daß Zellen, Gewebe, Organe und Organismen von gleicher Art niemals genau übereinstimmen, auch wenn sie genetisch identisch sind und sich unter praktisch identischen Bedingungen entwickeln. Hier läßt die Varianz darauf schließen, daß probabilistische Prozesse bei der Entwicklung eine Rolle spielen. Auch detaillierte Funktionsstudien bestätigen immer wieder diesen Unbestimmtheits- oder Wahrscheinlichkeitscharakter; zum Beispiel beeinflussen Zufallsfluktuationen der elektrischen Ladung auf der Membran von Nervenzellen die Bereitschaft dieser Zellen, sich zu entladen, und dies hat für die Funktion des Nervensystems bedeutsame Konsequenzen.[13] Schon das genügt eigentlich für die Annahme, daß morphische Felder von probabilistischer Natur sind;[14] vor allem aber ist es der probabilistische Charakter der materiellen Struktur der Organismen, der uns annehmen läßt, daß auch die Felder, welche diesen Strukturen zugrunde liegen, Wahrscheinlichkeitscharakter haben.

Der zweite Grund für diese Annahme liegt in der Hypothese der Formenbildungsursachen. Morphische Felder werden aufgebaut und aufrechterhalten durch morphische Resonanz mit den Feldern zahlloser früherer Organismen derselben Art. Diese Organismen sind einander zwar ähnlich, doch es gibt einen Variationsspielraum. Keine zwei Kleepflanzen sind einander völlig gleich; auch zwei Blätter ein und derselben Kleepflanze stimmen niemals völlig überein. Die morphische Resonanz von unzähligen früheren Organismen her läßt ein Überlagerungs- oder Durchschnittsfeld entstehen, das nicht scharf definiert sein kann, sondern eine Wahrscheinlichkeitsstruktur darstellt.

Wenn wir drittens eine gewisse Verwandtschaft zwischen morphischen Feldern und Quantenmateriefeldern annehmen, so würde auch das für einen Wahrscheinlichkeitscharakter sprechen. Ob diese Verwandtschaft tatsächlich gegeben ist und worin sie bestehen mag, ist freilich noch völlig ungeklärt; jedenfalls aber würde sie die Feld-Wechselwirkungen verständlicher machen, und möglicherweise ließe sich sogar eine einheitliche Feldtheorie für morphische Felder und Quantenmateriefelder entwickeln.

Das morphische Feld eines Organismus organisiert die Teile oder Holons dieses Organismus; deren Felder wiederum organisieren die untergeordneten Holons und so weiter. So werden etwa von einem Organfeld die Gewebe organisiert, von einem Gewebefeld die Zellen, von einem Zellenfeld die subzellulären Holons wie zum Beispiel der Zellkern und die Zellmembranen. Sowohl die Holons als auch ihre Felder sind in einer geschachtelten Hierarchie angeordnet (Abb. 5.9). Die Felder der Holons sind auf jeder Ebene probabilistisch und die materiellen Prozesse in den Holons daher teilweise beliebig oder unbestimmt. Höhere Felder wirken auf die Felder niederer Ebenen auf eine Weise ein, die deren Probabilitätsstruktur beeinflußt, und zwar im Sinne einer Stabilisierung, das heißt einer Beschränkung ihrer Variationsbreite: Wenn wir das untergeordnete Holon für sich allein betrachten, so stehen ihm vielleicht eine ganze Reihe gleich wahrscheinlicher Entwicklungsmöglichkeiten offen; das übergeordnete Feld übt jedoch eine Ordnungsfunktion aus, durch die nun einige Möglichkeiten wahrscheinlicher werden als andere.

Eine vorläufige Hypothese

Kein Zweifel, die Hypothese der Formenbildungsursachen ist noch nicht ausgereift, und die morphischen Felder entbehren einer klaren Definition. Betrachteten wir die Felder als unveränderlich, so wäre die Hypothese vermutlich überhaupt nicht zu verifizieren: Wir könnten sie dann nicht experimentell gegen eine platonische Sicht dieser Felder abgrenzen oder gegen die Auffassung, daß es solche Felder gar nicht gibt, nur komplexe Muster physikalischer Interaktionen, die im Prinzip (wenn auch nicht unbedingt in der Praxis) anhand der bekannten Felder der Physik zu erklären sind.

Aber die Hypothese der Formenbildungsursachen besagt ja gerade, daß solche Felder *nicht* unveränderlich sind. Sie werden beeinflußt von dem, was in der Vergangenheit geschah. Ihre Wahrscheinlichkeitsstrukturen verändern sich, und solche Veränderungen sollten experimentell nachzuweisen sein. Daher ist diese Hypothese überprüfbar, obgleich vieles an den morphischen Feldern und am Prozeß der morphischen Resonanz noch unbekannt ist. Wir werden in diesem und den folgenden

Kapiteln einige Möglichkeiten der experimentellen Überprüfung erörtern.

Vor Faraday erklärte man sich die magnetische Kraft als die Wirkung von «Ausdünstungen» oder «feinstofflichen Fluiden». Faradays Kraftlinien und Maxwells Ätherwirbel waren zwar schon besser definiert, doch auch ihre Natur blieb letztlich unerklärlich. Die moderne Theorie der elektromagnetischen Felder hat sehr viele Details klären können, doch eine anschauliche Vorstellung von der Natur dieser Felder und ihrer Quantenphänomene haben wir dadurch immer noch nicht gewonnen.

Wir wissen nach wie vor noch nicht viel über Morphogenese, und die morphischen Felder sind so vage definiert wie die magnetischen Ausdünstungen vor Faraday, doch solche verschwommenen Vorstellungen können den Weg zu einer allmählichen Klärung der Phänomene weisen. Die Theorien des Magnetismus gelangten nicht mit einem Sprung von den Ausdünstungen zu den quantisierten elektromagnetischen Feldern; viele Zwischenschritte waren erforderlich, und die Entwicklung der modernen Auffassung dauerte über ein Jahrhundert. Der Begriff des morphogenetischen Feldes entwickelt sich nun seit über sechzig Jahren, und wenn die gegenwärtige Hypothese der morphischen Resonanz sich experimentell erhärten ließe, würde die Forschung gewiß rasch zu einem tieferen Verständnis dieser Felder gelangen. Dennoch müssen wir davon ausgehen, daß die Verfeinerung der Theorie der morphogenetischen Felder und ihrer Beziehung zu den bekannten Feldern der Physik Jahre oder Jahrzehnte in Anspruch nehmen kann.

Doch auch in seiner vorläufigen Gestalt läßt der Begriff der morphischen Resonanz eine Fülle von chemischen, biologischen und sogar psychologischen Phänomenen in einem neuen Licht erscheinen und erlaubt viele Voraussagen. Diese Konsequenzen und Implikationen sollen uns von nun an vor allem beschäftigen.

Morphische Resonanz auf der Ebene der Moleküle

Wenn jedem Holon, einfach oder komplex, ein morphisches Feld zugeordnet ist, so müßte dies auch für jede Art von chemischen Molekülen gelten. Dieser Gedanke erscheint vielen als überflüssig, denn es gilt heute noch weithin als gesicherte Tatsache, daß Molekularstrukturen sich im Prinzip mit Hilfe der Quantentheorie und der Theorie des elektromagnetischen Feldes vollständig beschreiben und erklären lassen.

Das bedeutet natürlich, daß Molekularstrukturen bereits als Feldphänomene aufgefaßt werden, aber es spricht wenig dafür, daß die bekannten Arten von Feldern tatsächlich als Erklärungsgrundlage ausreichen.

Die Quantenmechanik liefert uns ein detailliertes Bild vom einfachsten aller chemischen Systeme, dem Wasserstoffatom. Bei komplizierteren Atomen oder einfachen Molekülen nimmt die Präzision dieser Methode allerdings rasch ab. Die Berechnungen werden über alle Maßen schwierig, so daß man sich mit Näherungsverfahren zufriedengeben muß. Selbst das einfachste aller molekularen Systeme, das Wasserstoffmolekül-Ion, das zwei Protonen und ein Elektron enthält, stellt die Physiker vor unüberwindliche Probleme. Man kann die Eigenschaften dieses Ions nur berechnen, indem man eine ganze Reihe vereinfachender Annahmen macht:

> Der kennzeichnende Zug dieses einfachen Systems besteht darin, daß es ein Drei-Körper-Problem darstellt, das in der Quantenmechanik nicht exakter zu lösen ist als in der klassischen Mechanik . . . Empirische Fakten, anhand derer solche Berechnungen sich überprüfen ließen, sind dünn gesät. Zudem pflegen solche Überprüfungen, wenn sie denn möglich sind, den Autor der Berechnung zu enttäuschen. Doch niemand muß sich schämen, denn die vollständige Berechnung des Wasserstoffmolekül-Ions, Rotationen und Schwingungen eingeschlossen, beruht auf einer ganzen Folge von offenkundig falschen Annahmen.[15]

Bei komplexen Molekülen und Kristallen sind noch weit drastischere Vereinfachungen und Näherungsverfahren nötig, um überhaupt Ansatzpunkte für die mathematische Analyse zu gewinnen. Solche Berechnungen haben zu einem besseren Verständnis mancher Eigenschaften von Molekülen und Kristallen geführt, doch sie berechtigen nicht zu der Aussage, die Formen und Eigenschaften von Molekülen und Kristallen ließen sich rechnerisch bestimmen oder voraussagen. Erst wenn das möglich wäre, könnten wir sagen, daß die bekannten Prinzipien ausreichen für die Erklärung chemischer Phänomene. Damit aber ist, wenn überhaupt, nicht so bald zu rechnen, da schon die Berechnung sehr einfacher Systeme ungeheure Probleme aufwirft.[16]

Struktur und Morphogenese von Proteinen

Gänzlich abenteuerlich wird das Postulat der prinzipiellen Berechenbarkeit, wenn wir an komplexe Systeme wie etwa Eiweißmoleküle denken. Sie bestehen aus Ketten von Aminosäuren, sogenannten Polypeptidketten, die sich spontan zur charakteristischen dreidimensionalen «Konformation» des jeweiligen Eiweißes einfalten. Eiweißmoleküle können «denaturiert» werden, wobei die charakteristische Konformation des Moleküls verlorengeht und es sich zur ursprünglichen Polypeptidkette entfaltet. Eine sehr behutsame Denaturierung ist in der Regel

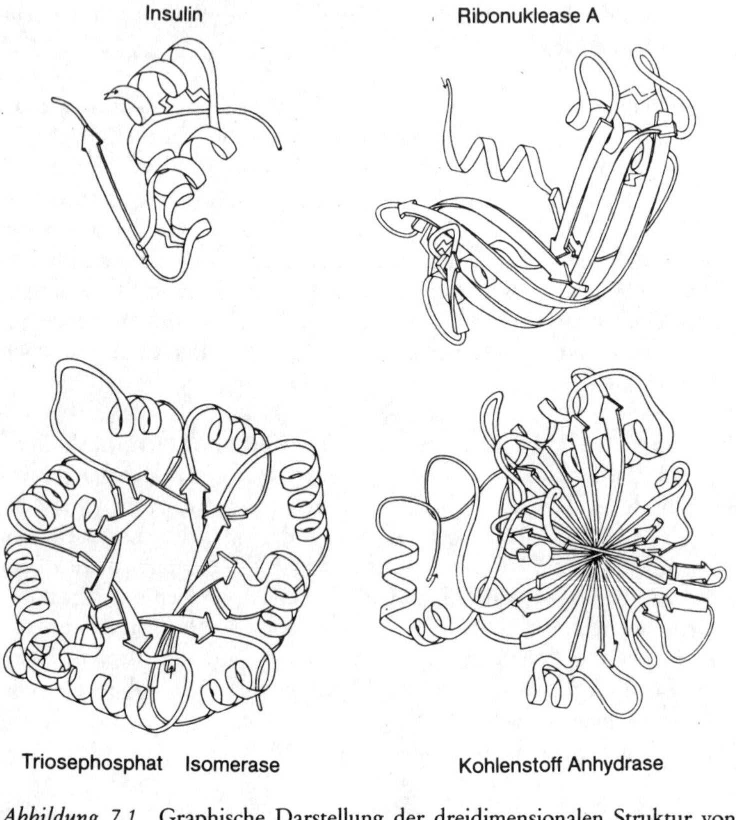

Abbildung 7.1 Graphische Darstellung der dreidimensionalen Struktur von vier Arten von Eiweißmolekülen. (Richardson)

reversibel. Die Polypeptidkette faltet sich spontan wieder ein zur charakteristischen Konformation des Eiweißmoleküls. In einem modernen Lehrbuch heißt es dazu:

> Dieses Verhalten bestätigt, daß alle Information, die der Konformation zugrunde liegt, in der Aminosäurensequenz selbst enthalten sein muß ... Wir haben jedoch noch nicht gelernt, diese Information so zu «lesen», daß wir im Detail die dreidimensionale Struktur eines Proteins mit bekannter Sequenz voraussagen könnten.[17]

Das Problem beim Durchschauen der Eiweiß-Einfaltung besteht in der astronomischen Zahl *möglicher* Einfaltungen der Polypeptidkette. Im eingefalteteten Eiweißmolekül ist immer nur *eine* dieser Möglichkeiten verwirklicht. Beim Einfalten kann das Molekül die Möglichkeiten nicht «durchprobieren», bis es schließlich die richtige, also die energetisch stabilste, findet. Nehmen wir etwa eine Polypeptidkette, die aus 100 Aminosäuren besteht. Für solch eine Kette gibt es bis zu 10^{100} mögliche Konformationen, wobei jede Aminosäure durchschnittlich zehn verschiedene Stellungen einnehmen kann.

> Wenn alle internen Bindungsrotationen, die diese Konformationen ineinander umwandeln, unabhängig voneinander mit der maximalen Rate von 10^{13} Rotationen pro Sekunde einträten, so würden zum Durchspielen aller Möglichkeiten etwa 10^{85} Sekunden oder 10^{77}

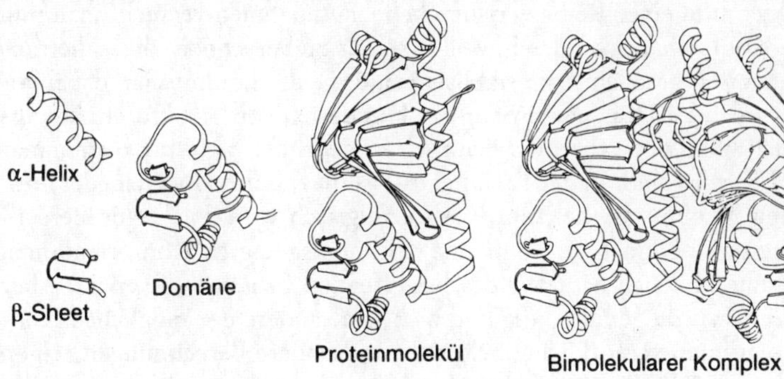

Abbildung 7.2 Hierarchische Ebenen der Proteinstruktur. (Richardson)

Jahre benötigt. Eine andere Schätzung kommt auf 10^{50} Jahre. Da man an Eiweißmolekülen häufig beobachtet, daß sie sich nach Sekunden wieder einfalten, kommt man wohl an dem Schluß nicht vorbei, daß der Einfaltungsprozeß nicht zufällig gerade so abläuft, wie er abläuft.[18]

Die Erforschung der Proteinstruktur hat ergeben, daß Teile der Polypeptidkette (oder «Primärstruktur») sich zu geschraubten Strukturen (α-Helix) und flachen Gebilden (β-Sheet) gruppieren. Sie stellen die «Sekundärstruktur» des Proteins dar. Diese «Strukturschablonen» wiederum arrangieren sich zu bestimmten Mustern, den «Domänen», die in vielen verschiedenen Proteinen ähnlich sind.[19] Ein Protein kann viele verschiedene Domänen enthalten, die wir uns als modulare oder strukturelle Einheiten vorstellen können, aus denen das ganze Eiweißmolekül aufgebaut wird. Die Konformation des ganzen Moleküls wird «tertiäre Struktur» genannt. Schließlich bilden die Eiweißmoleküle charakteristische Gruppenformationen, die ihre «quartäre Struktur» darstellen.

Die Proteinstruktur besteht also offenbar aus einer Hierarchie von Ebenen. Eine der heutigen Theorien nimmt an, daß die Protein-Faltung schrittweise durch diese Ebenen fortschreitet. Eine andere geht davon aus, daß die Einfaltung an «bevorzugten Punkten» der Polypeptidkette beginnt und dann von diesen «Kernbildungszentren» aus fortschreitet.[20]

Es wurden schon viele Versuche unternommen, die Struktur von Eiweißmolekülen anhand ihrer Aminosäuren-Sequenz zu berechnen. Diese Moleküle stützen sich auf bekannte Tatsache der Proteinstruktur und der Eigenschaften verschiedenen Aminosäuren. Aufgrund dieser Fakten und einer Reihe vereinfachender Annahmen versucht man nun die Konformationen des Eiweißmoleküls zu berechnen, die – thermodynamisch gesehen – am stabilsten sind. Leider kommt man dabei immer noch zu Dutzenden oder gar Hunderten von Strukturen, die alle gleich stabil oder, thermodynamisch ausgedrückt, Strukturen «minimaler Energie» sind. In der Fachliteratur ist dies als das «Problem des multiplen Minimums» bekannt.[21] Als erfolgreich wird solch eine Berechnung dann betrachtet, wenn eine der vorausgesagten Konformationen der tatsächlichen Struktur des betreffenden Proteins entspricht. Aber warum wurde gerade diese und nicht eine andere der möglichen Konformationen verwirklicht? Selbst wenn genauere Berechnungen zeigen könnten, daß diese Konformation thermodynamisch gesehen ein wenig stabiler ist als andere, könnte man diesem minimalen Unterschied vielleicht doch nicht die Stabilisierung des Moleküls zuschreiben, da es aufgrund von thermischen Schwingungen weit größeren Energiefluktuationen ausgesetzt ist.

Jedenfalls ist die Annahme, daß die tatsächliche Konformation eines Eiweißmoleküls allein von den Prinzipien der Thermodynamik bestimmt wird, nicht empirisch überprüfbar. Das Molekül faltet sich einfach nicht zu den anderen theoretisch möglichen Strukturen ein, und daher läßt sich deren energetische Stabilität nicht experimentell vergleichen.[22]

Für die einzigartigen Konformationen von Eiweißmolekülen gibt es die Erklärung, sie sei das Ergebnis evolutionärer Spezialisierung. Heutige Proteine «sind die wenigen Überlebenden eines langen Evolutionsprozesses, in dem die große Mehrheit der Proteine zunächst mehr Zufallskonformationen aufwiesen und dadurch weniger brauchbar waren, so daß sie schließlich von der natürlichen Auslese beseitigt wurden».[23] Natürliche Auslese erklärt jedoch nicht die Schnelligkeit des Faltungsprozesses. Hier behilft man sich mit der Vermutung, daß «der beobachtete Faltungszustand nicht der thermodynamisch stabilste aller Konformationen ist, sondern bloß der stabilste all jener Zustände, die *kinetisch* zugänglich sind».[24]

Die Hypothese der Formenbildungsursachen steuert eine Interpretation bei, die zu den genannten nicht im Widerspruch steht, sondern sie ergänzt: Es gibt morphische Felder für Strukturschablonen wie die α-Helix; diese werden von übergeordneten Feldern zu Domänen gruppiert, und das Gesamtfeld des Moleküls organisiert die Domänen zu der charakteristischen Struktur des Proteins. Noch höhere Felder organisieren die Proteine zu den Aggregaten.

Auf jeder dieser Ebenen kanalisieren Felder den Faltungsprozeß auf einen charakteristischen Endzustand hin: Die Faltungsprozesse folgen Chreoden (Abb. 6.2). Unter den vielen möglichen Faltungsarten und Endformen stabilisiert das Feld eine einzige. Anders gesagt: Das Feld erhöht ganz entscheidend die Wahrscheinlichkeit, daß diese Struktur entsteht und nicht irgendeine der anderen, die auch möglich wären. Wir könnten auch sagen, daß das Feld die Beliebigkeit des Faltungsprozesses radikal reduziert.

Die morphischen Felder selbst werden durch Resonanz mit zahllosen früheren Strukturen der gleichen Art stabilisiert. Der lange Evolutionsprozeß hat in der Tat die Strukturen stabilisiert, die nützlich waren und daher von der natürlichen Auslese begünstigt wurden; und die unzähligen früheren Moleküle üben durch morphische Resonanz einen erheblichen Stabilisierungseinfluß auf die Felder aus.

Diese Interpretation besagt, daß nicht nur die Sequenz der Aminosäuren, sondern auch die Felder die Proteinstruktur bestimmen. Dies wiederum bedeutet, daß eben *nicht* «alle Information, die der Konformation zugrunde liegt, in der Aminosäuresequenz selbst enthalten sein muß». Erinnern wir uns an die Hausbau-Analogie: Die Information für die Struktur eines Hauses liegt nur zu einem geringen Teil in den Baumaterialien, selbst wenn diese in modularen Einheiten geliefert würden. Mit demselben Material kann man Häuser verschiedener Form bauen.

Ebenso können Häuser, die sich in Form und Aufbau gleichen, aus verschiedenen Materialien erbaut sein. Wenn die Proteinstruktur von Feldern organisiert wird, könnten wir erwarten, daß diese Felder auch unterschiedlichen Aminosäuren-Sequenzen ähnliche Konformationen geben. Tatsächlich ist bekannt, daß sehr ähnlich strukturierte Domänen in ganz verschiedenen Proteinen auftreten und daß diese Domänen verschiedene Aminosäuren-Sequenzen enthalten können. Selbst ganz verschieden aufgebaute Proteine können von sehr ähnlicher Struktur sein. Ein Beispiel dafür bietet die Familie der Serinproteasen, das sind eiweißspaltende Enzyme, zu denen Verdauungsenzyme wie das Trypsin gehören, aber auch Blutgerinnungsenzyme wie das Thrombin. Vergleicht man zwei beliebige Enzyme dieser Familie miteinander, so zeigt sich, daß nur etwa 40 % der Positionen in ihren Aminosäuren-Sequenzen von den gleichen Aminosäuren eingenommen werden. Dennoch stellt man, durch Röntgenkristallographie, erstaunliche Übereinstimmungen in ihrer dreidimensionalen Konformation fest. Die meisten der Drehungen und Verwindungen in diesen Polypeptidketten, über Hunderte von Aminosäuren, sind identisch.[25]

Ein noch deutlicheres Beispiel liefert uns das Hämoglobin. Diese roten Proteine sind verantwortlich für die Blutfarbe; man findet sie bei sehr vielen Tieren, Wirbeltieren und Wirbellosen. Sogar Erbsen und Bohnen produzieren Hämoglobin; man findet es in ihren Wurzelknötchen, die aufgeschnitten rötlich aussehen. Die dreidimensionalen Strukturen dieser verschiedenen Hämoglobinarten sind außerordentlich ähnlich; die Aminosäuren-Sequenzen sind jedoch ganz unterschiedlich. Nur drei der 140 bis 150 Positionen der Polypeptidkette sind von den gleichen Aminosäuren besetzt.[26]

Solch eine Stabilität der Struktur bei derartigen Unterschieden in der Aminoäurensequenz wäre mehr als erstaunlich, wenn alle Informationen, die zur Einfaltung des Eiweißmoleküls erforderlich sind, in der Aminosäuren-Sequenz enthalten wären. Viel leichter ist dieses Phänomen anhand der Feldhypothese zu verstehen.

Ein mögliches Experiment

Die Hypothese der Formenbildungsursachen besagt, daß die Struktur der Proteine von morphischen Feldern organisiert und durch morphische Resonanz mit den Feldern früherer Eiweißmoleküle derselben Art stabilisiert wird. Könnten wir diese Hypothese nur spekulativ auf die Proteinstruktur anwenden, so wäre damit für die Molekularbiologie wenig gewonnen. Doch vielleicht ist gerade auf diesem Gebiet ein experimenteller Test möglich.[27]

Wird ein Protein künstlich denaturiert, etwa durch eine starke Harnstofflösung, so entfalten seine Moleküle sich zu langen, flexiblen Ketten. Wird das Denaturierungsmittel entfernt, so falten die Moleküle sich normalerweise wieder zu ihrer charakteristischen dreidimensionalen Struktur ein.

Wir wissen wenig darüber, wie der Faltungsprozeß in lebenden Zellen abläuft und ob die Faltung im Laborexperiment diesem natürlichen Prozeß auch nur annähernd entspricht. Wäre die Übereinstimmung gegeben, so könnten wir sagen, daß die Faltungs-Chreoden durch morphische Resonanz mit allen früheren Faltungen stabilisiert sind. Wäre es jedoch möglich, ein Eiweiß durch Denaturierung in einen entfalteten Zustand zu bringen, wie er in lebendigen Organismen nicht vorkommt, so würde die Wiedereinfaltung vielleicht einen unüblichen Verlauf nehmen. Die Wiedereinfaltung würde dann anderen Chreoden folgen als normale natürliche Einfaltung. In diesem Fall würde unsere Voraussage lauten: Je häufiger diese neue Einfaltung im Labor stattfindet, desto mehr wird die zugehörige Chreode durch morphische Resonanz stabilisiert. Diese Chreode wird dann wahrscheinlicher, und dadurch müßte die Wiedereinfaltung immer schneller ablaufen. Vielleicht ist es möglich, diese Beschleunigung zu messen.

Denken wir uns also folgende Versuchsanordnung: Mehrere Arten von Enzym-Molekülen, die noch nicht zu Faltungsexperimenten verwendet wurden, werden ausgewählt.[28] Sie werden unter standardisierten Bedingungen denaturiert und dann zur Wiedereinfaltung veranlaßt. Die Wiedereinfaltungsrate wird in einem Labor, etwa in London, für jedes Enzym gemessen. Dann wird in einem anderen Labor, vielleicht in Berkeley, *eines* dieser Enzyme wahllos herausgegriffen und in großen Mengen, unter gleichen Bedingungen wie in London, zur Entfaltung und Wiedereinfaltung gebracht. Die Experimentatoren in London erfahren nicht, welches Enzym in Berkeley ausgewählt wurde.

Anschließend mißt man in London abermals die Wiedereinfaltungsrate sämtlicher am Versuch beteiligten Enzyme unter den gleichen Bedingungen wie beim ersten Mal. Stellt man fest, daß das eine Enzym sich nun signifikant schneller einfaltet als zuvor und daß bei der Kontrollgruppe der anderen Enzyme keine solche Beschleunigung eintritt, so stünde dieses Ergebnis in Übereinstimmung mit der Idee der morphischen Resonanz. Natürlich würde dieses Ergebnis, das ja eine rätselhafte Fernwirkung impliziert, vor dem Hintergrund aller herkömmlichen Theorien außerordentlich bizarr wirken, aber für die Hypothese der Formenbildungsursachen wäre es eine Bestätigung.[29]

Morphische Resonanz bei der Kristallisation

Die Strukturen vieler Arten von Kristallen sind detailliert beschrieben worden, doch *wie* die Kristalle ihre Strukturen annehmen, liegt weitgehend im Dunkel. Zunächst ist es wie bei den Eiweißstrukturen nicht möglich, aus irgendeinem Grundprinzip abzuleiten, wie die Moleküle sich zur Gitterstruktur des Kristalls zusammenfügen. Selbst bei recht einfachen Molekülen gibt es viele mögliche Gitterkonformationen von gleicher thermodynamischer Stabilität, und es ist kein zwingender Grund zu erkennen, weshalb eine bestimmte Art von Kristallen gerade diese Gitterstruktur aufweist und keine der anderen, die ebenfalls möglich wären.[30] Und auch hier wäre die Annahme, daß die tatsächliche Gitterstruktur die energetisch stabilste ist, nicht empirisch zu überprüfen; die Moleküle bilden einfach die anderen theoretisch möglichen Gitterstrukturen nicht, weshalb man deren Energien nicht messen und vergleichen kann.

Die zweite Schwierigkeit liegt im Verständnis der Art und Weise, wie ein Kristall als Ganzes wächst. Man kann nur sagen, daß die Moleküle der Lösung irgendwie in das wachsende Aggregat «einrasten», wenn sie sich seiner Oberfläche nähern. Das jedoch läßt sich nicht direkt beobachten, und die Versuche, hierzu mathematische Modelle zu konstruieren, sind bislang ohne überzeugende Erfolge geblieben.[31] Solche Mo-

Abbildung 7.3 Schneekristalle. (Bentley und Humphreys)

delle berücksichtigen nur lokale Einflüsse bei der Anlagerung von Molekülen an wachsende Kristalle. Der Kristall als Ganzes weist jedoch Symmetriestrukturen auf, die nicht als die Summe lokaler Einflüsse aufgefaßt werden können. Denken wir etwa an Schneekristalle. Diese Kristalle besitzen für gewöhnlich eine sechsstrahlige Symmetrie, doch jeder Kristall ist einzigartig. Bei ein und demselben Kristall sind alle sechs Arme sehr ähnlich aufgebaut, und diese Arme sind in sich wiederum symmetrisch. Die Unterschiede *zwischen* den Schneekristallen lassen sich als Zufallsvariationen auffassen, aber die symmetrische Entwicklung *innerhalb* eines Schneekristalls bedarf einer ganz anderen Erklärung.[32]

> Sie muß Folge eines «kooperativen» Phänomens sein, das den wachsenden Kristall als Ganzes erfaßt. Was kann das sein? Was kann der einen wachsenden Seite des Kristalls mitteilen . . . von welcher Gestalt die gegenüberliegende Seite ist? Nur die Gitterschwingungen, die sehr subtil geprägt werden von der Gestalt der Struktur, in der sie auftreten (die jedoch so gut wie unkalkulierbar sind, wenn die Formen keine einfache Regelmäßigkeit aufweisen).[33]

Die Hypothese der Formenbildungsursachen besagt in diesem Fall, daß die Gitterstruktur von einem gittermorphischen Feld organisiert wird und ein übergeordnetes Feld die Struktur des gesamten Kristalls organisiert. Dieselbe Gitterstruktur, etwa die von Wasser, kann zu verschiedenen Kristallisationstypen angeordnet werden, etwa Eisschollen, Schneeflocken und anderen gefrorenen Zuständen. Das morphische Feld des gesamten Kristalls und die «Gitterschwingungen, die sehr subtil geprägt werden von der Gestalt der Struktur», greifen ineinander, und das Feld bestimmt das Wachstumsmuster des Kristalls.

Kristallisationsexperimente

Die Felder von Kristall-Arten, die sich in der Vergangenheit schon häufig gebildet haben, sind durch morphische Resonanz stabilisiert, und wir werden durch experimentelle Verfahren keine Veränderungen entdekken können. Das gilt jedoch nicht für neu synthetisierte Substanzen, die es nie zuvor gab. Tausende solcher neuen Stoffe werden Jahr für Jahr in den Labors der Universitäten und Industriebetriebe erzeugt. Bevor solch ein Stoff das erstemal kristallisiert, gibt es weder für die Gitterstruktur noch für die äußere Gestalt des Kristalls ein morphisches Feld, weil noch keine morphische Resonanz mit früheren Kristallen derselben Art bestehen kann. Bei der ersten Kristallisation jedoch entstehen das Gitter- und das Formfeld des Kristalls. Beim zweiten Mal wird die Kristallisation schon durch morphische Resonanz mitbestimmt, und der kumulative Einfluß dieser Resonanz wächst von Mal zu Mal. Jetzt unterliegen die Felder weiterer Kristalle einem immer stärker werdenden stabilisierenden Einfluß, und die Bildung dieses bestimmten Typs von Kristallen wird immer wahrscheinlicher. Die Hypothese der Formenbildungsursachen sagt voraus, daß die neue Substanz um so bereitwilliger kristallisieren wird, je häufiger sie es schon getan hat.

Tatsächlich ist allen Chemikern wohlbekannt, daß neu synthetisierte Verbindungen für gewöhnlich schwer zu kristallisieren sind; Wochen und Monate können vergehen, bis in der übersättigten Lösung die ersten Kristalle erscheinen. Und im allgemeinen gilt auch tatsächlich, daß neue Substanzen sich weltweit um so leichter kristallisieren lassen, je häufiger man es versucht. Das liegt gewiß zum Teil daran, daß die Chemiker sich untereinander über die geeigneten Techniken verständigen. Die übliche Erklärung lautet jedoch, daß Bruchstücke früherer Kristalle von Labor zu Labor weitergetragen werden und überall als «Keime» bei weiteren Kristallisationsexperimenten wirksam werden. Das Legendengut der Chemie ist reich an solchen Geschichten. Wir hören von wandernden Wissenschaftlern, insbesondere von bärtigen Chemikern, in deren Bärten man «Kerne für fast jeden Kristallisationsprozeß» finden kann.[34] Häufig hört man auch, daß die Keime als mikroskopischer Staub in der Atmosphäre um die Erde wandern.

Sollte die morphische Resonanz bei diesem Phänomen eine Rolle spielen, so wäre diese «Gewohnheitsbildung» bei der Kristallisation ohnehin zu erwarten, auch in Labors, die keine Wanderchemiker einlassen und ihre Experimentalräume nur mit gefilterter Luft versorgen. Man kann sich leicht Versuchsanordnungen für die Überprüfung dieser Voraussage ausdenken.[35]

Symmetrie und innere Resonanz

Morphische Resonanz mit den Feldern früherer Kristalle derselben Art genügt jedoch noch nicht als Erklärung für alle Phänomene der Kristallisation. Es scheint, daß die Symmetrie der Kristalle, etwa der Schneeflocken, nur anhand einer Resonanz *im* wachsenden Kristall zu erklären ist. Damit sind wir bei einem sehr allgemeinen Gesichtspunkt für die Morphogenese symmetrischer Strukturen: Die Symmetrie erfordert offenbar eine Resonanzkommunikation zwischen den symmetrischen Teilen. Betrachten Sie zum Beispiel Ihre beiden Hände. Sie unterscheiden sich deutlich von den Händen anderer Menschen, sind einander jedoch so ähnlich wie die Arme einer Schneeflocke.[36] Innerhalb eines sich entwickelnden Organismus könnte eine morphische Resonanz bestehen zwischen ähnlichen Strukturen, in diesem Fall zwischen den Feldern der embryonalen Hände. Ähnliches gilt auch für andere symmetrische Strukturen, etwa die beiden Gesichtshälften; auch hier ist die Symmetrie nicht ganz exakt, die Ähnlichkeit jedoch so groß, daß wir annehmen müssen, die Entwicklung habe unter dem Einfluß eines Resonanzphänomens stattgefunden.

Wir können daraus schließen, daß in sich entwickelnden Organismen generell eine innere Resonanz zwischen den Feldern symmetrischer Strukturen besteht und diese Eigenresonanz für die Symmetrie von entscheidender Bedeutung ist. Da Symmetrie ein so charakteristischer Zug natürlicher Formen ist, dürfte die innere Resonanz zwischen symmetrischen Strukturen ein und desselben Organismus ein allgemeines Kennzeichen der Formenbildung aufgrund morphischer Felder sein. Dies ist jedoch nur *eine* Form der Eigenresonanz. Eine andere und ebenso grundlegende Form der Eigenresonanz ist die morphische Resonanz eines bestimmten Organismus mit seiner eigenen Vergangenheit.

Eigenresonanz

Morphische Resonanz ist um so spezifischer und wirksamer, je ähnlicher die in Resonanz stehenden rhythmischen Muster sind. Besonders spezifisch ist natürlich die Resonanz eines Organismus mit seinen eigenen früheren Zuständen, denn diesen Zuständen – vor allem, wenn sie erst kurze Zeit zurückliegen – ist er ähnlicher als anderen Organismen. Diese Eigenresonanz stabilisiert den Organismus in seiner charakteristischen Form und harmonisiert die Entwicklung symmetrischer Strukturen. Diese Selbststabilisierung morphischer Felder könnte auch vieles beitragen zum Verständnis des Umstands, daß lebendige Organismen ihre typische Form aufrechterhalten können, obgleich die Stoffe, aus denen ihre Zellen und Gewebe bestehen, ständig ausgetauscht werden.

Wenn die Resonanz eines Holons mit seiner eigenen Vergangenheit tatsächlich von solcher Bedeutung ist, wie weit muß dann ein bestimmtes rhythmisches Muster zurückliegen, um durch morphische Resonanz wirksam werden zu können? Der Begriff «Resonanz» impliziert ja eine Beziehung *zwischen* mindestens zwei Schwingungsmustern, und solch ein Muster ist nicht für einen bestimmten Zeit*punkt* zu definieren, da Schwingungen in der Zeit ablaufen. Ein «gegenwärtiges» rhythmisches Muster muß also von einer gewissen Dauer sein, da die Schwingungsfrequenz erst anhand mehrerer Schwingungen zu bestimmen ist. Wenn die «Gegenwart» aber mehrere Schwingungszyklen umfassen muß, ist ihre Dauer abhängig von der Schwingungsfrequenz des jeweiligen Systems oder Organismus. Je niedriger diese Frequenz ist, je länger also ein Schwingungszyklus dauert, desto länger ist das, was wir als «Gegenwart» des Organismus bezeichnen.

Dieses allgemeine Prinzip gilt natürlich für alle Arten von Quanten, denn wir können ihnen wegen ihres Wellencharakters keinen genauen Ort zuweisen und müssen uns mit Wahrscheinlichkeiten begnügen. Wenn wir ihren Ort und zugleich ihre Bewegungsgröße angeben wollen, haben wir mit einer in ihrer Natur liegenden «Unschärfe» zu rechnen. In Quantenmateriefeldern bildet die Feldschwingung den tragenden Grund für die Quanten und Teilchen. Da das Feld in der Zeit bestehen bleibt, muß seine Gegenwart irgendwie mit seiner Vergangenheit verbunden sein, und diese Kontinuität kann nicht durch unabhängig bestehende materielle Strukturen gegeben sein, da die Materieteilchen selbst Manifestationen des Feldes sind. Die Verbindung von Gegenwart und Vergangenheit muß zeitlicher Natur sein und kann daher nur auf Eigenresonanz beruhen. Bei Quanten gibt das Unschärfeprinzip nicht nur für ihre Position und Bewegungsgröße, sondern auch für die Definition ihrer Gegenwart, die aufgrund des Wellencharakters der Teilchen einen Teil ihrer jüngsten Vergangenheit einbeziehen muß. Diese Vergangenheit wird durch morphische Resonanz gegenwärtig und stabilisiert damit das Feld in der Zeit.

Wenn diese Interpretation zutrifft, dann beruht das Fortbestehen von Materie und Strahlung auf beständiger Resonanz der Felder mit ihrer eigenen Vergangenheit. Die Kontinuität jedes selbstorganisierenden Aktivitätsmusters – vom Elektron bis zum Elephanten – wird durch Eigenresonanz mit den Aktivitätsmustern der eigenen Vergangenheit hergestellt. Alle Organismen sind dynamische Strukturen, die sich unter dem Einfluß ihrer eigenen vergangenen Zustände beständig selbst neu erschaffen.

Dieser Kausaleinfluß aus der eigenen Vergangenheit muß nicht nur zeitliche, sondern auch räumliche Distanz überwinden können. Dies wird sofort deutlich, wenn wir uns einen Organismus in Bewegung vorstellen, etwa ein galoppierendes Pferd: Seine früheren Aktivitätsmuster liegen nicht nur zeitlich, sondern auch räumlich zurück. Wenn es in Resonanz mit diesen vergangenen Zuständen ist, muß die Resonanz den dazwischenliegenden Raum und die verstrichene Zeit überbrücken. Andersherum betrachtet: Vergangene Aktivitätsmuster, wann und wo sie auch abliefen, können durch morphische Resonanz gegenwärtig werden.

Wir können die morphische Resonanz mit den Aktivitätsmustern vergangener Organismen derselben Art und die Eigenresonanz eines Organismus mit seiner eigenen Vergangenheit als zwei Aspekte ein und desselben Prozesses betrachten. Bei beiden spielen formative Kausaleinflüsse durch Raum und Zeit eine Rolle. Die Eigenresonanz ist spezifischer und stabilisiert das charakteristische Aktivitätsmuster eines Organismus, während die Resonanz mit ähnlichen Organismen der Vergangenheit die allgemeine Wahrscheinlichkeitsstruktur des Feldes stabilisiert. Morphische Resonanz läßt den Organismus entstehen und stattet ihn mit seinem Potential aus. Wird dieses Potential dann verwirklicht, so sorgt die Eigenresonanz dafür, daß die besondere Struktur des Organismus aufrechterhalten wird.

Betrachten wir nun, welche Rolle die morphische Resonanz bei der biologischen Vererbung spielen könnte.

8. Die biologische Vererbung

Gene und Felder

Lebendige Organismen vererben Gene an ihre Nachkommen. Nach der Hypothese der Formenbildungsursachen vererben sie auch morphische Felder. Vererbung beruht gleichermaßen auf Genen und auf morphischer Resonanz.

Die herkömmliche Theorie bemüht sich, sämtliche erblichen Merkmale in den Genen unterzubringen. Entwicklung wird dann als *Ausdruck* dieser Gene durch die Synthese von Proteinen und anderen Molekülen angesehen. Die Wörter *erblich* und *genetisch* werden synonym verwendet. Ererbte Merkmale – etwa die Fähigkeit einer Eichel, zu einem Eichbaum heranzuwachsen, oder das Nestbauverhalten eines Zaunkönigs – werden meist als genetisch oder genetisch programmiert bezeichnet.

Tatsächlich ist DNS das einzige, wovon wir mit Sicherheit wissen, daß es vererbt wird. Teile der DNS kodieren die Sequenz der Aminosäuren in Proteinen, andere Teile die RNS, wie man sie etwa in den Ribosomen findet, und wieder andere Teile haben mit der Steuerung des Gen-Ausdrucks zu tun. Bei höheren Organismen scheint jedoch nur ein geringer Prozentsatz der DNS (beim Menschen etwa ein Prozent) an dieser Kodierung und genetischen Kontrolle beteiligt zu sein. Über die Funktionen des Rests wissen wir kaum etwas, außer daß er wahrscheinlich eine wichtige strukturelle Rolle in den Chromosomen spielt. Die Gesamtmenge der vererbten DNS scheint überdies keinerlei Rückschlüsse auf den Entwicklungsstand des jeweiligen Organismus zuzulassen. Unter den Amphibien etwa besitzen manche Arten hundertmal mehr DNS als andere; die Zellen von Lilien enthalten etwa dreißigmal mehr DNS als menschliche Zellen.[1]

Es ist auch keineswegs so, daß genetische Unterschiede zwischen verschiedenen Arten in einer klaren Korrelation zu Form- und Verhaltensunterschieden stehen. Zum Beispiel kodieren die Gene von Menschen und Schimpansen Proteine, die nahezu identisch sind: «Ein durchschnittliches menschliches Polypeptid stimmt zu 99 % mit dem entsprechenden Polypeptid des Schimpansen überein.»[2] Und der direkte Vergleich von DNS-Sequenzen, die man für genetisch bedeutsam hält, zeigt, daß die Differenz zwischen den beiden Arten insgesamt nur 1,1 % beträgt. Demgegenüber zeigt sich beim Vergleich mancher sehr ähnlicher Arten, etwa bei verschiedenen Taufliegen der Gattung *Drosophila*, daß die genetischen Unterschiede erheblich größer sind als zwischen Menschen und Schimpansen.[3]

Aus der Perspektive der Hypothese der Formenbildungsursachen gesehen, ist DNS, oder vielmehr ein kleiner Teil davon, für die Kodierung von RNS und die Sequenz der Aminosäuren in Proteinen verantwortlich, und diese spielen natürlich eine wesentliche Rolle für Entwicklung und Funktionen des Organismus. Doch die Formen der Zellen, Gewebe, Organe und des gesamten Organismus werden nicht durch DNS erzeugt, sondern durch morphische Felder. Auch erbliche Verhaltensmerkmale werden von morphischen Feldern organisiert. Genetische Veränderungen können Form und Verhalten *beeinflussen*, aber vererbt werden diese Aktivitätsmuster durch morphische Resonanz.

Nehmen wir als Analogie einen Fernsehapparat, der auf einen bestimmten Sender eingestellt ist. Die Bilder auf dem Schirm entstehen in einem Fernsehstudio und werden durch ein elektromagnetisches Feld als Schwingungen einer bestimmten Frequenz übertragen. Um das Bild auf dem Schirm erzeugen zu können, muß der Apparat mit den richtigen und richtig verdrahteten Komponenten ausgestattet sein und außerdem mit elektrischer Energie versorgt werden. Veränderungen in der Ausstattung, etwa ein fehlerhafter Transistor, verändern das Bild auf dem Schirm oder lassen es ganz verschwinden. Das aber heißt natürlich nicht, daß die Bilder aus den Komponenten oder ihrer Interaktion entstehen oder daß sie dem Apparat einprogrammiert sind. Ebenso beweist die Tatsache, daß genetische Veränderungen die Form und das Verhalten eines Organismus beeinflussen können, nicht, daß Form und Verhalten in den Genen kodiert oder genetisch programmiert sind. Form und Verhalten eines Organismus sind nicht einfach auf mechanistische Wechselwirkungen im Organismus oder zwischen ihm und der unmittelbaren Umwelt zurückzuführen; sie hängen auch von Feldern ab, auf die der Organismus abgestimmt oder eingestellt ist.

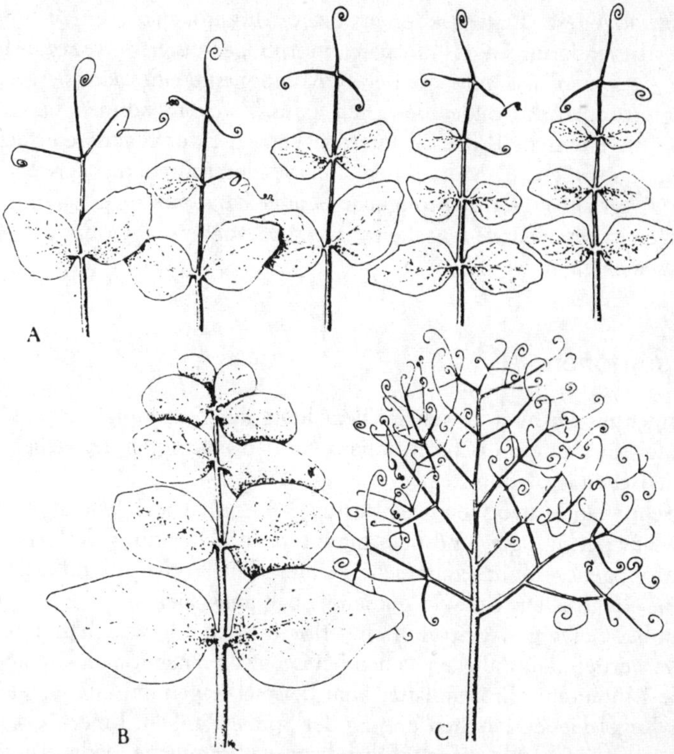

Abbildung 8.1 A: Normale Erbsenblätter mit Fiederblättchen und Ranken. B: Mutante, deren Blätter nur Fiederblättchen bilden. C: Mutante, deren Blätter nur Ranken bilden.

Führen wir die Analogie weiter: Organismen, die sich entwickeln, sind auf ähnliche frühere Organismen eingestellt, die als morphische «Sender» wirken. Die Abstimmung hängt vom Vorhandensein der richtigen Gene und Proteine ab, und so liefert die genetische Vererbung einen Teil der Erklärung dafür, daß die sich entwickelnden Organismen auf die morphischen Felder ihrer eigenen Art abgestimmt sind: Eine Frosch-Zygote (befruchtete Eizelle) stellt sich auf Frosch-Felder ein – und nicht auf Wassermolch-, Goldfisch- oder Hühnerfelder –, weil sie schon Frosch-Gene und Frosch-Proteine enthält.

Es gibt zwei Grundtypen des Einflusses von Genmutationen auf die

Morphogenese. Erstens können solche Mutationen zu Verzerrungen oder Veränderungen des normalen morphogenetischen Prozesses führen – etwa so, wie eine «mutierte» Komponente eines Fernsehgerätes Verzerrungen des Bildes bewirken kann. Zweitens können sie ganze morphogenetische Prozesse unterdrücken oder durch andere ersetzen. Dem entsprächen «Mutationen» im Senderabstimmungsbereich des Fernsehgerätes: Der ursprüngliche Sender kann nun nicht mehr empfangen werden; entweder sehen wir jetzt gar nichts mehr, oder wir empfangen einen anderen Sender.

Mutationen

Betrachten wir nun, in welcher Beziehung die Vererbung morphischer Felder durch morphische Resonanz zu den bekannten Tatsachen der genetischen Mutation steht.

Sehr viele Mutationen beeinflussen den normalen Entwicklungsprozeß nur geringfügig, und man nimmt an, daß der normale Gang der Morphogenese durch zahlreiche «Unter-Gene» oder «modifizierende Gene» abgesichert ist. Wir kennen jedoch auch spektakuläre Mutationen, bei denen ganze Strukturen verlorengehen oder durch andere ersetzt werden. Die dabei entstehenden Lebewesen nennt man «homöotische Mutanten». Erbsenblätter zum Beispiel tragen im unteren Teil in der Regel Fiederblättchen und an der Spitze Ranken. Eine Mutation, ein einziges Gen betreffend, führt dazu, daß sämtliche Fiederblättchen durch Ranken ersetzt werden; eine andere Mutation an einem anderen Gen läßt anstelle der Ranken Fiederblättchen wachsen. Irgendwie beeinflussen diese Mutationen die Abstimmung der embryonalen Blattanlagen, so daß sie sich alle entweder unter dem Einfluß des Fiederblättchen-Feldes oder unter dem des Ranken-Feldes entwickeln.[4] Von ähnlicher Metaphorik ist der normale Sprachgebrauch der Genetiker, denn sie sprechen vom «Einschalten» oder «Abschalten» ganzer Entwicklungswege.

Viele homöotische Mutationen wurden an der Taufliegenart *Drosophila melanogaster* (Kleine Essigfliege) entdeckt. Zum Beispiel können Beine an der Stelle wachsen, wo normalerweise die Fühler sind; diese Beine sind von der Art, wie man sie beim mittleren der drei Beinpaare findet. Eine andere Mutation besteht darin, daß anstelle dieses mittleren Beinpaares Fühler wachsen.[5] Bei Bithorax-Mutanten ist das dritte

Brustsegment, das normalerweise Halteren (klei
gane) trägt, ganz oder teilweise in ein Duplikat
zweiten Segments umgewandelt. Solche Mutanten
zwei Flügel (Abb. 5.6).

Es gibt etliche Arten von Bithorax-Mutationen.[6] S
barten Genen desselben Chromosoms auf und sind
tersucht worden.[7] In jüngster Zeit hat man einige d… den Mitteln der Gentechnologie isolieren und klonen können, um die Basensequenz der DNS zu analysieren.[8] Mit raffinierten Verfahren, zum Beispiel fluroeszierend eingefärbten Antikörpern, konnten die Proteine, die von manchen dieser Gene kodiert werden, im frühen Embryo lokalisiert werden; jetzt weiß man, welches dieser Proteine in welchem Segment produziert wird, so daß man abweichende Verteilungen dieser Proteine bei normalen Fliegen und homöotischen Mutanten miteinander vergleichen kann.[9] Die Produkte homöotischer Gene spielen zweifellos eine wichtige Rolle für die Bestimmung der Entwicklungsbahnen, welche den Organ-Anlagen in den embryonalen Segmenten folgen werden.

Die Hypothese der Formenbildungsursachen besagt hier, daß Gene die Abstimmung dieser Anlagen beeinflußt und ein mutiertes Gen einfach eine Abstimmung auf ein anderes Feld bewirkt. Genmutationen verändern die Abstimmung der Anlagen ebenso, wie eine «Mutation» im Abstimmungsschaltkreis zum Empfang eines anderen Senders führen kann. Manchmal ist diese Änderung nicht vollständig, und dann bleibt die sich entwickelnde Keimstruktur gleichsam in der Mitte zwischen zwei eindeutigen Alternativen der Abstimmung auf verschiedene morphische Felder in der Schwebe: Nicht alle Fliegen mit mutierten Genen entwickeln auch die Mutantenform oder manchmal nur teilweise;

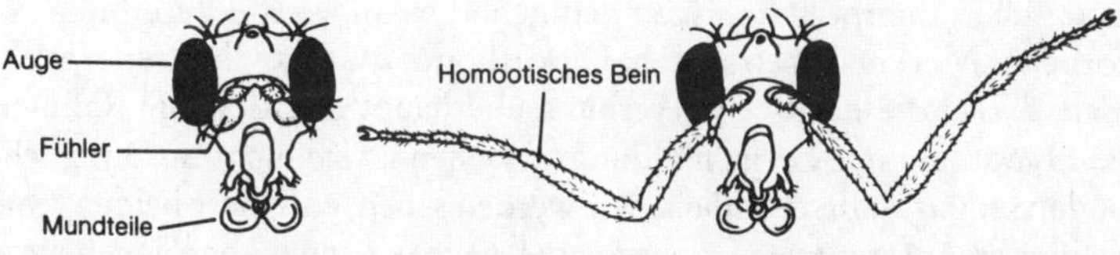

Abbildung 8.2 Links der Kopf einer normalen Taufliege. Rechts eine mutierte Fliege, bei der die Fühler aufgrund einer Veränderung im Fühler-Bein-Genkomplex zu Beinen ausgebildet sind. (Nach Alberts et al.)

piel kann eine Kopfseite einen normalen Fühler aufweisen, d auf der anderen Seite ein Bein anstelle des Fühlers wächst. enn homöotische Mutationen ihre Wirkung dadurch entfalten, daß ie die normalen Schwingungsmuster in morphogenetischen Keimen verändern, dann könnten von anderen Einflüssen, die diese Muster verändern, ähnliche Wirkungen ausgehen. Denken wir wieder an unser Fernsehgerät: Ein Überwechseln von einem Kanal auf einen anderen kann durch eine Mutation in der Abstimmungseinrichtung herbeigeführt werden, aber dazu genügen ja auch schlichte «Umwelteinflüsse» wie etwa die Betätigung des Senderwahlknopfes. Die Ursachen der Abstimmungsänderung mögen verschieden sein, die Wirkung bleibt die gleiche.

Es ist seit vielen Jahren bekannt, daß die normale Entwicklung eines Organismus gestört werden kann, wenn man den Embryo den Einflüssen von giftigen Chemikalien, Röntgenstrahlen, Hitze und verschiedener unspezifischer Reize aussetzt. Interessant ist an diesen Experimenten, daß die aus dieser Behandlung resultierenden Mißbildungen in bestimmte Kategorien fallen, die mit den durch Genmutation erzeugten Mißbildungen übereinstimmen. Die aus solch einer Behandlung hervorgehenden mißgebildeten Organismen nennt man «Phänokopien». Bei Drosophila können praktisch alle homöotischen Mutanten auch als Phänokopien mit normalem Genbestand auftreten.[10] Mutantenformen entstehen also durch Eingriffe in den normalen Entwicklungsgang, und diese Eingriffe können durch die Gene vermittelt werden oder einfach Umwelteinflüsse sein. Für die Hypothese der Formenbildungsursachen sind sie einfach Folgen von Veränderungen in der Abstimmung der Keimstruktur des Embryos – und eine Veränderung der Abstimmung führt zur Resonanz mit einem anderen morphischen Feld, also etwa mit einem Bein-Feld anstelle eines Fühler-Feldes.

Der Unterschied zwischen dieser Hypothese und der herkömmlichen genetischen Interpretation wird deutlicher, wenn wir die Vererbung erworbener Merkmale betrachten. Die orthodoxe Genetik bestreitet energisch, daß es diese Art der Vererbung überhaupt gibt, doch im Rahmen der Hypothese der Formenbildungsursachen ist sie nicht nur möglich, sondern sogar wahrscheinlich. Wir werden sehen, daß diese beiden rivalisierenden Ansätze sogar experimentell gegeneinander abgewogen werden können.

Die Lamarcksche Vererbung erworbener Merkmale

Wenn man Pflanzen bestimmter Arten unter ungewohnten Bedingungen wachsen läßt, zum Beispiel in großer Höhe, so entwickeln sie sich etwas anders als gewöhnlich. Die modifizierte Form, die sie annehmen, ist ein «erworbenes Merkmal», Reaktion auf veränderte Umweltbedingungen. Wenn Ratten etwas Neues lernen, ist dies im Gegensatz zu den angeborenen, also vererbten Instinkten ein erworbenes Verhaltensmerkmal.

Bis gegen Ende des neunzehnten Jahrhunderts zweifelte noch kaum jemand daran, daß erworbene Merkmale vererbt werden können.[11] Schon Jean Baptiste Lamarck hatte dies als selbstverständlich genommen, und Charles Darwin folgte ihm darin.[12] Die Idee der Lamarckschen Vererbung (wie die Vererbung erworbener Eigenschaften heute meist genannt wird) gibt vielen evolutionären Anpassungsphänomenen eine einleuchtende Erklärung. Kamele etwa entwickeln – wie viele andere Tiere – dicke Hornhautschwielen an besonders beanspruchten Hautstellen, nämlich an den Knien. Man könnte annehmen, daß diese Schwielen sich einfach durch häufige Beanspruchung beim Knien bilden, doch tatsächlich werden Kamele schon mit dicken Polstern an diesen Stellen geboren.

Legen wir die Lamarcksche Auffassung zugrunde, so haben die Ur-Kamele sich diese Schwielen durch häufiges Niederknien erworben, und im Laufe vieler Generationen wurde dieses erworbene Merkmal dann zunehmend erblich, bildete sich also schon an Embryonen. Dieser Gedanke wirkt im Grunde vernünftig und naheliegend. Er wird jedoch von den Neodarwinisten dogmatisch abgelehnt; sie bestreiten energisch, daß es diese Art der Vererbung überhaupt gibt. Nach ihrer Auffassung werden Kamele nicht deshalb mit Kniepolstern geboren, weil ihre Ahnen dieses Merkmal aufgrund ihrer Lebensgewohnheiten erwarben und dann vererbten, sondern weil irgendwann zufällig eine genetische Mutation eintrat, die gerade an der richtigen Stelle diese Schwielen entstehen ließ. Die mutierten Gene «für» Knieschwielen wurden dann von der natürlichen Auslese begünstigt, denn es war ja von Vorteil, wenn Kamele gleich mit Schwielen ausgerüstet wurden, die sich ohnehin bilden mußten.

Wir kehren zur Bedeutung der Lamarckschen Vererbung für die Evolution im sechzehnten Kapitel zurück; hier soll uns zunächst einmal die Ablehnung dieser Möglichkeit durch die orthodoxe Genetik interessieren, vor allem unter dem Gesichtspunkt der Hypothese der Formenbildungsursachen.

Die genetische Vererbungstheorie wurzelt in Weismanns Annahme, daß das Keimplasma (heute: «Genotyp») das Somatoplasma («Phänotyp») bestimmt, aber nicht umgekehrt (vgl. S. 106ff.). Durch ein solches Dogma wird die Vererbung erworbener Merkmale natürlich von vornherein ausgeschlossen. Und eben weil hier ein so fundamentales theoretisches Prinzip auf dem Spiel steht, haben sich an dieser Frage erbitterte Kontroversen entzündet. In Westeuropa wurde die Idee der Lamarckschen Vererbung bis in die zwanziger Jahre hinein als Ketzerei erachtet; in der Sowjetunion war die Lage von den dreißigern bis in die sechziger Jahre genau umgekehrt: Die Vererbung erworbener Merkmale war die orthodoxe Doktrin, und Genetiker Mendelscher Prägung wurden verfolgt, manchmal sogar liquidiert.[13] Solche Feindseligkeiten haben einer nüchternen Betrachtung der Fakten nicht gerade Vorschub geleistet.

Vererbungswissenschaftler Weismannscher Prägung sehen ihre Verneinung der bloßen Möglichkeit der Vererbung erworbener Merkmale durch die Entdeckungen der Molekularbiologie bestätigt. Es ist nirgendwo auch nur die Spur eines Mechanismus zu erkennen, der erlernte Verhaltensmuster etwa einer Ratte auf die Gene der Keimzellen übertragen könnte, so daß die Nachkommen dieser Ratte von vornherein auf diese Verhaltensweise «programmiert» wären.

Dennoch existiert eine ganze Menge Forschungsmaterial, welches darauf hindeutet, daß erworbene Merkmale doch vererbt werden können. Manche dieser experimentellen Ergebnisse werden als fingiert angesehen, und das könnte bei einigen Arbeiten des führenden sowjetischen Lamarckisten, T. D. Lysenko, tatsächlich der Fall sein. Auch bei einem anderen berühmten Experiment konnte nachgewiesen werden, daß der Beweisführung für eine Lamarcksche Deutung «nachgeholfen» wurde, wie Arthur Koestler in seinem Buch *Der Krötenküsser. Der Fall des Biologen Paul Kammerer* (Originalausgabe 1971) erzählt. Daneben gibt es jedoch zahlreiche andere Experimente, die in Westeuropa vor 1930[14] und in der Sowjetunion in der Lysenko-Zeit[15] durchgeführt wurden und gültige Zeugnisse für die Vererbung erworbener Merkmale darstellen. Genetiker und Neodarwinisten übergehen oder übersehen diese experimentellen Befunde für gewöhnlich. Es gibt jedoch neuere und überzeugendere Experimente, und denen wollen wir uns nun zuwenden.

Die Vererbung erworbener Merkmale bei Taufliegen

In den fünfziger Jahren wurden in Waddingtons Labor faszinierende Experimente an Taufliegen durchgeführt. Im Entwicklungsstadium wurden die Fliegen starken Reizen ausgesetzt, und so kam es bei manchen zu charakteristischen Abnormitäten: sie waren Phänokopien. Bei einem Experiment wurden verpuppte Larven über Stunden einer Temperatur von 40° C ausgesetzt. Bei manchen der ausschlüpfenden Fliegen fehlten an den Flügeln die Queradern. In einem anderen Experiment wurden die Eier etwa drei Stunden nach dem Legezeitpunkt für 25 Minuten unter Ätherdampf gesetzt. Aus einigen dieser Eier entwickelten sich Phänokopien des Bithorax-Typs. Die anomalen Fliegen wurden als Elterntiere der nächsten Generation ausgesondert und ihre Nachkommen wiederum den künstlichen Reizen ausgesetzt. Dies wurde über Generationen fortgesetzt, und mit jeder neuen Generation wurde der Prozentsatz der Anomalien höher. Nach etlichen Generationen, in einem Fall waren es nur acht, traten die Anomalien bei der Brut auch dann auf, wenn die Eier nicht den abnormen Reizen ausgesetzt wurden.[16] Paarten sich diese künstlich erzeugten queradernlosen Fliegen, so gingen daraus Stämme hervor, die auch unter normalen Zuchtbedingungen queradernlose Nachkommen erzeugten.[17] Auch Bithorax-Fliegen traten Generation für Generation weiterhin auf, nachdem die Ätherbehandlung abgebrochen worden war.

Waddington gab diesem Phänomen den Namen «genetische Assimilation»; er definierte sie als einen «Prozeß, durch welchen Merkmale, die zunächst im herkömmlichen Sinne ‹erworben› sind, aufgrund von Selektion, die über mehrere oder viele Generationen auf die betreffende Population einwirkt, zu ‹erblichen Merkmalen› werden können».[18] Seine Erklärung für die beobachteten Phänomene lautet, daß die abnormen Umweltreize zu einer selektiven Bevorzugung von Genen führte, die den Fliegen erlaubten, auf eben diese Reize zu reagieren; hatten sich diese Gene nach einigen oder vielen Generationen stabilisiert, so blieb das abnorme Entwicklungsmuster auch ohne die entsprechenden Umweltreize bestehen. Das sieht zunächst wie eine neodarwinistische Interpretation der Vererbung erworbener Merkmale aus, und tatsächlich benutzt man den Begriff der genetischen Assimilation heute in der konventionellen Evolutionstheorie, um Erscheinungen zu erklären, die eher auf Lamarcksche Vererbung schließen lassen – etwa die Knieschwielen der Kamele.

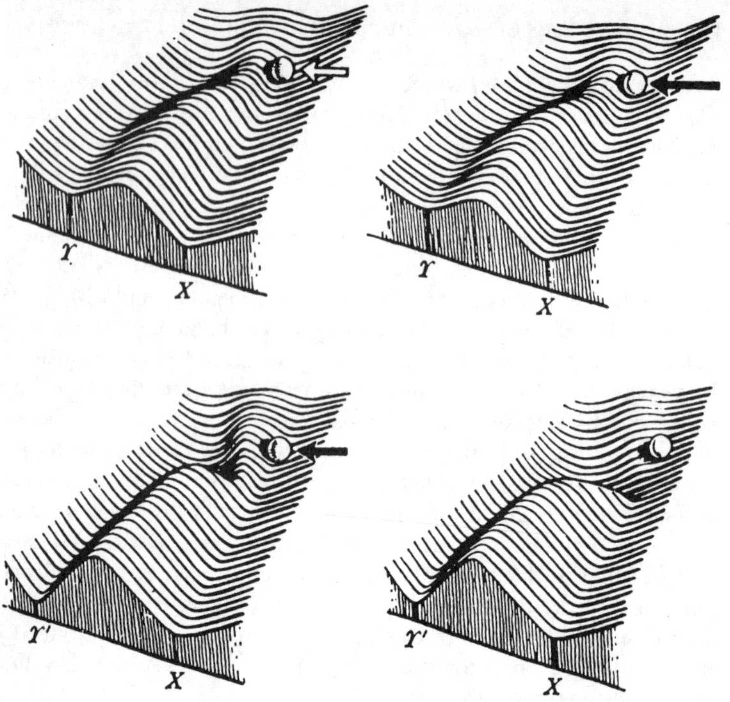

Abbildung 8.3 Waddingtons Chreoden-Modell der genetischen Assimilation. Die Zeichnung oben links stellt einen normalen Zuchtstamm von Taufliegen dar: Die normale Entwicklung folgt einer Chreode, die zur normalen ausgewachsenen Form X führt. Zur abgewandelten Entwicklungsform Y, zum Beispiel zu der vierflügeligen Mutante, führt eine andere Chreode. Das sich entwikkelnde System kann durch Umweltreize (weißer Pfeil) gewaltsam über den Grat ins Nachbartal gedrängt werden. Auch eine genetische Mutation (schwarzer Pfeil, oben rechts) kann diese Wirkung haben. Unten sehen wir zwei verschiedene Modelle der genetischen Assimilation. Im linken Modell, so schreibt Waddington, »ist die Schwelle, die den Wildtyp schützt, etwas niedriger geworden, aber es gibt auch ein identifizierbares Haupt-Gen, das dazu beiträgt, das sich entwickelnde Gen in den Y-Pfad zu drängen. Rechts läßt der Genotyp als Ganzes die Schwelle verschwinden, und es gibt kein identifizierbares ›Schalt-Gen‹. Bei beiden Formen der Assimilation findet eine ›Feinabstimmung‹ des erworbenen Charakters statt, hier dargestellt durch die Vertiefung des Tals und die Verlagerung des Endpunktes von Y nach Y'.« (Waddington, 1957)

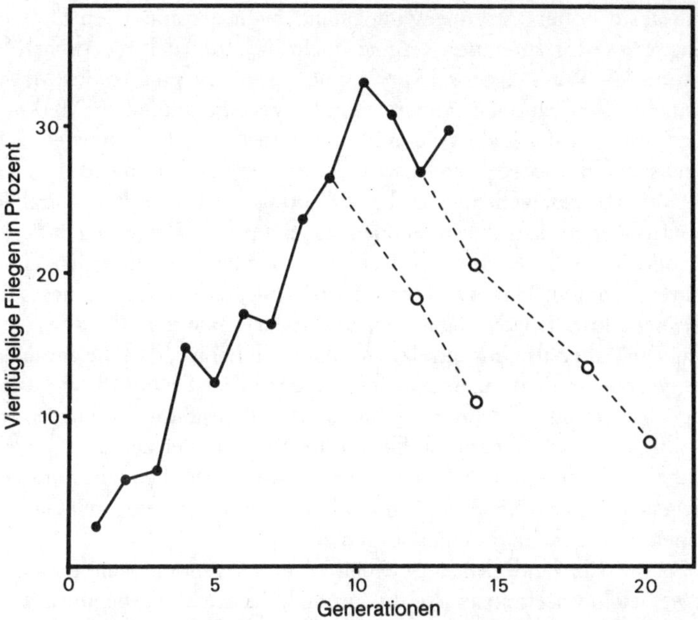

Abbildung 8.4 Der Einfluß der über Generationen fortgesetzten Ätherbehandlung von Taufliegeneiern auf den Anteil vierflügeliger Exemplare in der Population. Die unterbrochenen Linien zeigen, was bei Subpopulationen geschieht, wenn man die Ätherbehandlung abbricht: der Anteil der anomalen Fliegen nimmt von Generation zu Generation wieder ab. (Nach Ho et al.)

Diese Assimilation ist jedoch kein ausschließlich genetisches Phänomen. Daß anomale Fliegen in den assimilierten Zuchtstämmen auch ohne die entsprechenden Umweltreize auftraten, hatte nach Waddingtons Auffassung auch mit den Chreoden oder Entwicklungskanälen zu tun. Er schrieb diesen Chreoden eine Autonomie zu, die unerklärt blieb: «Entwicklungsprozessen eignet eine gewisse strukturelle Stabilität; geht ein Entwicklungsprozeß erst einmal in eine bestimmte Richtung, so behält er sie trotz veränderter Umweltbedingungen bei.»[19]

Eben dies ist auch zu erwarten, wenn wir die Phänomene unter dem Gesichtspunkt der morphischen Resonanz betrachten. Je größer die Anzahl der anomalen Fliegen in der betreffenden Population, desto mehr Stabilität gewinnen die neuen Chreoden durch morphische Resonanz und desto höher wird die Wahrscheinlichkeit der anomalen Entwicklung. Diese Interpretation verneint nicht die Rolle der genetischen Selektion bei Waddingtons Experimenten, sondern sagt voraus, daß in weiteren Generationen immer mehr Fliegen die anomalen Merkmale aufweisen würden, selbst wenn man es unterließe, die anomalen Tiere eigens als Elterntiere der nächsten Generation auszusondern.

Und das geschieht in der Tat. Waddington führte kein paralleles Kontrollexperiment durch, bei dem die anomalen Fliegen nicht ausgesondert wurden, sondern sich frei mit normalen oder anomalen Tieren paaren konnten. Mae-wan Ho und ihre Kollegen haben eben dieses Experiment kürzlich durchgeführt, und zwar benutzten sie, wie Waddington, Äther als Umweltreiz. Es stellte sich heraus, daß die anomalen Fliegen bei der Paarung im Nachteil waren und so die natürliche Auslese gegen sie arbeitete. Dennoch nahm der Anteil der Bithorax-Fliegen von 2 % in der ersten Generation bis auf über 30 % in der zehnten Generation zu.[20] Anders gesagt: In jeder Generation waren die meisten Elternfliegen von normalem Aussehen, und doch wurden in weiteren Generationen immer mehr anomale Fliegen erzeugt.[21]

Da der Einwand nicht ausbleiben konnte, irgendein subtiler genetischer Selektionseffekt müsse die anomale Entwicklung begünstigt haben, wurde ein Parallelexperiment mit einem durch Inzucht gewonnenen Fliegenstamm wiederholt, der sich durch geringe genetische Variabilität auszeichnete und daher wenig Raum bot für natürliche Auslese. Doch auch hier nahm der Anteil der Bithorax-Fliegen von Generation zu Generation zu. Wurden diese Fliegen dann unter normalen Bedingungen weiter gehalten, so war in ihrer Nachkommenschaft immer noch ein beträchtlicher Anteil an anomalen Tieren zu verzeichnen. Dieser Anteil nahm dann von Generation zu Generation allmählich wieder ab.

Nach der herrschenden Schulmeinung kann von Äther keine spezifische Wirkung auf die Gene ausgehen, und ganz gewiß kann er keine spezifische Mutation auslösen, die zu charakteristischen Mißbildungen führt. Tatsächlich deuten die Ergebnisse der von Ho und ihren Kollegen durchgeführten Experimente auch gar nicht auf genetische Veränderungen hin. Durch Kreuzung der ätherbehandelten Fliegen mit gewöhnlichen Exemplaren stellte sich nämlich heraus, daß die Anomalien der folgenden Generation von den Weibchen und nicht von den Männchen der Elterngeneration ausgingen. (Schon Waddington hatte bei einem seiner Experimente etwas Ähnliches festgestellt.[22]) Die Interpretation lautet, daß die Ätherbehandlung das Zytoplasma (die organisierten

Zellstrukturen außerhalb des Zellkerns) und nicht die Gene verändert. Zytoplasma wird nur von der Mutter vererbt, während die Gene von beiden Eltern stammen. Irgendwie hielten sich die durch Äther bedingten Modifikationen des Zytoplasmas auch nach Beendigung der Ätherbehandlung noch generationenlang. Nach der herkömmlichen Vererbungstheorie wäre derartiges nicht zu erwarten.

Wenn die Ätherbehandlung tatsächlich das Zytoplasma modifiziert, dann würden die morphischen Felder der sich entwickelnden Fliegen in morphische Resonanz mit den Feldern früherer Fliegen mit den gleichen Anomalien treten. Im Laufe der Generationen würde dieser kumulative Einfluß immer stärker werden und daher auch die Wahrscheinlichkeit wachsen, daß die Entwicklung weiterer Fliegen der neuen Chreode folgt. Es wäre dann zu erwarten, daß bei einer Wiederholung des Experiments mit Fliegen desselben Züchtungsstammes eine deutliche Zunahme der Mißbildungsrate bei nachfolgenden Generationen zu beobachten sein würde. Die Daten der Ho-Gruppe deuten darauf hin, daß dies tatsächlich der Fall war. Nachdem die Fliegen des Hauptexperiments über sechs Generationen mit Äther behandelt worden waren, begann man die gleiche Behandlung noch einmal mit einer Kontrollpopulation. Hier wiesen in der ersten Folgegeneration bereits 10 % der Tiere die Anomalien auf, und in der zweiten Generation waren es 20 %.[23] Zum Vergleich: Im Hauptexperiment waren es in der ersten Generation 2 % und in der zweiten Generation 5 % gewesen.

Je mehr Fliegen bereits mit Mißbildungen auf die Ätherbehandlung reagiert hatten, desto größer wurde bei neuen Experimentalpopulationen die Tendenz, ebenso zu reagieren. Eben dies wäre nach der Hypothese der Formenbildungsursachen zu erwarten gewesen. Es sollte möglich sein, diesen Effekt anhand weiterer Experimente klar zu dokumentieren. Und diese aufgrund von morphischer Resonanz wachsende Mißbildungswahrscheinlichkeit bei entsprechenden Umweltreizen sollte sich nicht nur in ein und demselben Labor zeigen, sondern auch in anderen, weit entfernten Laboratorien. Dies wäre wirklich ein guter Test für die Hypothese der Formenbildungsursachen. Und sollte dieser Effekt tatsächlich zu beobachten sein, so wäre keine der orthodoxen Theorien imstande, ihn zu erklären.

Der Disput über die Lamarcksche Vererbung dreht sich seit jeher weniger um die empirischen Daten, die für oder gegen diese Vererbung sprechen, als vielmehr um die Frage, ob sie überhaupt theoretisch möglich ist. Für die genetische Vererbungstheorie ist sie unmöglich, weil die

Gene nicht spezifisch verändert werden können durch Merkmale, die ein Organismus unter dem Einfluß der Umwelt oder aufgrund neuer Verhaltensweisen annimmt. Die Lamarckisten nehmen an, daß es solche genetischen Veränderungen gibt, doch es ist ihnen nicht gelungen, plausibel zu erklären, wie sie eintreten.

Die Hypothese der Formenbildungsursachen bietet einen neuen Zugang, der sich keiner der beiden Standardpositionen einfügen läßt. Erworbene Merkmale können vererbt werden, aber nicht aufgrund von

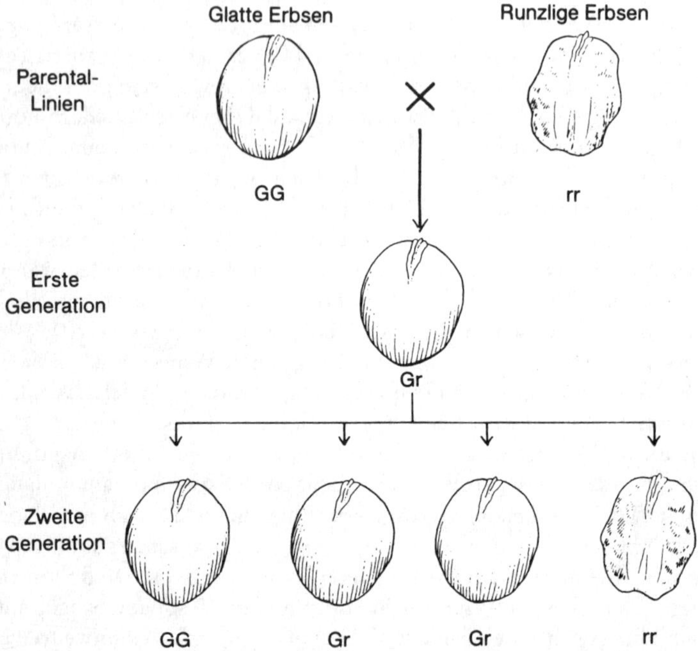

Abbildung 8.5 Die Erbse, ein Standardbeispiel für die Mendelsche Vererbung. Das Gen G ist dominant und führt zur Entwicklung glatter Samen. Die alternative Form dieses Gens, r, ist rezessiv und führt bei Abwesenheit des dominanten Gens G zu runzligen Samen. In jeder Ei- oder Pollenzelle ist das Gen jeweils nur einmal enthalten, weshalb 50 % der Ei- und Pollenzellen der ersten Hybridengeneration das G-Gen tragen und 50 % das r-Gen. In der zweiten Hybridengeneration führt das zu einer Verteilung von einer GG-Pflanze auf zwei Gr-Pflanzen und eine rr-Pflanze. Da G dominant ist, finden wir den runzligen Phänotyp nur bei einer von vier Pflanzen ausgeprägt.

Genveränderungen, sondern aufgrund von morphischer Resonanz. Das bedeutet, daß diese Art der Vererbung ganz ohne Gen-Übertragung auskommt. So könnte es, wie gesagt, sein, daß Taufliegen eine Tendenz, auf Ätherbehandlung mit spezifischen Mißbildungen zu reagieren, von Taufliegen desselben Züchtungsstammes erben, auch wenn die beiden Labors Hunderte von Kilometern voneinander entfernt sind – ohne daß entsprechende Gene ausgetauscht würden, ja ohne daß überhaupt irgendeiner der bekannten Kommunikationswege beschritten würde.

Dominante und rezessive morphische Felder

Wir wollen uns nun vergegenwärtigen, was die Hypothese der Formenbildungsursachen für das Verständnis des Phänomens der genetischen Dominanz leistet.

Mutationen sind in den meisten Fällen *rezessiv*: Wenn wir eine Mutante (d. h. einen durch Mutation veränderten Organismus) mit einem normalen Exemplar ihrer Art (häufig Wildtyp genannt) kreuzen, so sind die Nachkommen normal. Der Normaltyp ist *dominant.* In der zweiten Generation finden wir Exemplare mit dem mutierten Merkmal, doch die meisten sind normal.

Gregor Mendel erforschte dieses Phänomen und legte damit die Grundlagen der Genetik. In einem seiner klassischen Experimente kreuzte er normale Erbsen mit einer Abart, die runzlige Samen bildet. Die erste Folgegeneration trug ausschließlich normale glatte Samen. In der zweiten Generation fand Mendel bei drei Vierteln der Pflanzen wieder die glatten Samen und bei einem Viertel die runzligen. Diese sogenannte Segregation wird genetisch so erklärt, daß das Gen «für» die Ausbildung der Samenform in jeder Pflanze doppelt vorhanden ist, da beide Elternpflanzen jeder Tochterpflanze je eines dieser Gene mitgeben. Im vorliegenden Fall ist es also jeweils ein Gen für die glatte Samenform und ein Gen für die runzlige Samenform. Solche alternativen Formen desselben Gens nennt man Allele. In der ersten Folge- oder Filialgeneration besitzen alle Pflanzen ein Gen «für» glatte Samen und ein Gen «für» runzlige Samen, und da ersteres dominant ist, erzeugen sie alle wiederum glatte Samen. Bezeichnen wir das dominante Gen «für» glatte Samen mit G und das rezessive Gen «für» runzlige Samen mit r. In der zweiten Filialgeneration ist aufgrund der zufälligen Kombinationen von Genen aus den Eizellen und Pollen der ersten Filialgeneration folgende Verteilung zu erwarten: Auf eine Pflanze mit zwei Glattsamen-Allelen (GG) kommen eine Pflanze mit Runzelsamen-Allelen (rr) und zwei Pflanzen, die je eines der beiden Allelen tragen (Gr). Da G dominant ist, werden drei Viertel der Pflanzen dieser Generation glatte Samen ausbilden und ein Viertel runzlige.

Dies ist elementare Genetik, wie sie jedem Studienanfänger sehr bald geläufig wird. Doch gerade in der Vertrautheit und Selbstverständlichkeit dieser Begriffe verbirgt sich eine große Frage. Wie kommt es, daß Wildtyp-Gene fast immer dominant sind? Das Gewicht dieser Frage wird erst deutlich, wenn wir sie vor dem Hintergrund der Evolution betrachten. Neue Merkmale entstehen durch Mutation. Doch Mutationen sind, wie schon gesagt, in der großen Mehrzahl rezessiv gegenüber dem entsprechenden Merkmal des Normal- oder Wildtyps. Werden die Mutanten durch natürliche Auslese begünstigt und setzen sich allmählich durch, so kommt irgendwann der Zeitpunkt, wo die ursprüngliche Mutante den Normaltyp darstellt. Damit aber sind die ursprünglich rezessiven Gene dominant geworden. Dominanz kann demnach keine den Genen innewohnende Eigenschaft sein – sie ist selbst ein evolutionäres Phänomen.

Die Evolution der Dominanz wird für gewöhnlich so erklärt: Erstens treten mit der Zeit etwas dominantere Versionen des ursprünglich rezessiven Gens auf, die durch natürliche Auslese begünstigt werden, und zweitens existieren zahlreiche Hintergrunds-Gene, welche der wachsenden Dominanz des mutierten Gens Vorschub leisten. Hier eine typische Lehrbuch-Darstellung:

> Wenn gewisse phänotypische Eigenschaften begünstigt werden, so werden natürlich auch die Determinanten, von denen sie abhängen, begünstigt. Darüber hinaus ist es gewiß von Vorteil, wenn das günstigere Merkmal bei allen Individuen, welche die entsprechenden Erbanlagen tragen, tatsächlich zum Ausdruck kommt. Anders gesagt: Die Dominanz wird unter dem Gesichtspunkt der Anpassung begünstigt. Das bedeutet, daß bestimmte Allele gegenüber ihren weniger dominanten Iso-Allelen bevorzugt werden und daß jene Teile des Hintergrund-Genotyps, die dem Ausdruck der dominanteren Iso-Allelen Vorschub leisten, ebenfalls gegenüber denen bevorzugt werden, die es nicht tun.[24]

Dies ist eine spekulative Theorie, die praktisch unüberprüfbar ist, da der «Hintergrunds-Genotyp» viel zu komplex ist für eine genetische Analyse.

Die Hypothese der Formenbildungsursachen gibt uns eine andere Erklärung der Dominanz: Der in der Vergangenheit am häufigsten vertretene Typ, also der normale Wildtyp, stabilisiert das Wildtyp-Feld durch morphische Resonanz. Neue Mutationsformen werden durch ein wesentlich schwächeres Feld stabilisiert, weil es zunächst nur sehr wenige von ihnen gibt. Kreuzungen besitzen Gene von beiden Elternorganismen, dem normalen und dem mutierten Typ. Die normalen Felder sind stärker aufgrund des kumulativen Feldeffekts, der von vielen früheren Exemplaren dieses Typs ausgeht, und so werden die Mutantenfelder vollkommen überlagert. Das normale Entwicklungsmuster ist von weit höherer Wahrscheinlichkeit, oder anders gesagt: Es ist dominant. Das aber ist eine Felddominanz und keine Gendominanz.

Wird der mutierte Typ durch natürliche Auslese begünstigt, so wird er immer mehr zum Normaltyp, immer mehr Organismen tragen durch morphische Resonanz zur Stabilisierung dieses Feldes bei, und so gewinnt das Mutanten-Entwicklungsmuster immer mehr Wahrscheinlichkeit. Solche Wandlungen der Dominanz durch morphische Resonanz könnten experimentell erforscht werden. In meinem Buch *Das schöpferische Universum* habe ich mögliche Versuchsanordnungen dargestellt.[25]

Kreuzt man zwei *Arten* miteinander, so werden die Organismen der nächsten Generation mit den Feldern beider Arten in Resonanz stehen. Werden beide Arten durch morphische Resonanz mit etwa gleich vielen früheren Organismen stabilisiert, so dürften ihre Felder ungefähr gleich stark sein; keines von beiden ist dominant, und die Hybriden (Kreuzungen) werden von beiden annähernd gleich stark beeinflußt. Man kann dann erwarten, daß die Hybriden Züge beider Elternarten aufweisen und im wahrsten Sinne des Wortes «Mischlinge» sind. Das ist in der Tat bei Pflanzen und Tieren häufig der Fall. Denken wir zum Beispiel an Maultiere, die ja Kreuzungen von Pferden und Eseln sind.

Abbildung 8.6 Das Kratzverhalten beim Hund und beim Dompfaff. Das Kratzen, bei dem die hinteren Gliedmaßen über die vorderen greifen, finden wir bei den meisten Reptilien, Vögeln und Säugetieren. (Lorenz)

Die morphischen Felder des instinktiven Verhaltens

Nach der Hypothese der Formenbildungsursachen wird nicht nur die Form eines Organismus durch Felder bestimmt, sondern auch sein Verhalten. Verhaltensfelder sind wie die morphogenetischen Felder als geschachtelte Hierarchie organisiert. Sie koordinieren das Verhalten der Tiere vor allem durch rhythmische Ordnungsmuster, die sie dem probabilistischen Geschehen im Nervensystem auferlegen.[26] Ihrer Natur nach sind sie den morphogenetischen Feldern gleichzusetzen: Sie sind morphische Felder, die durch morphische Resonanz stabilisiert werden.[27]

Allen Tieren sind bestimmte Muster motorischer Aktivität angeboren, zum Beispiel die Art, wie Säugetiere und Vögel sich kratzen. Und natürlich erben die Tiere auch ihre Instinkte von ihren Vorfahren. Junge Spinnen besitzen, wenn sie ausschlüpfen, schon die Fähigkeit, das für ihre Art charakteristische Netz zu spinnen; sie spinnen es, selbst wenn sie in vollkommener Isolation aufgezogen wurden, also noch nie ein Netz oder eine andere Spinne gesehen haben. Doch selbst wenn Tiere neue Verhaltensmuster erlernen, so geschieht das innerhalb eines Rahmens ererbter Möglichkeiten, und es gibt keine scharfe Trennungslinie zwischen Instinkten und erlerntem Verhalten aufgrund von vererbten

Abbildung 8.7 Zwei Attrappen, mit denen Rotkehlchen während der Brutzeit konfrontiert wurden. Ein rotes Federbündel (rechts) attackierten sie viel heftiger als ein komplettes Modell mit brauner Brust (links). Für das Angriffsverhalten ist also offenbar der Zeichenreiz »rote Brust« ausschlaggebend. (Tinbergen)

Verhaltensanlagen. Menschen werden nicht mit der Fähigkeit, eine bestimmte Sprache zu sprechen, geboren – sie müssen lernen. Doch die *Fähigkeit*, menschliche Sprachen zu erlernen, wird vererbt, und diese Anlage ist bei anderen Arten nicht vorhanden.

Die Erforschung des instinktiven Verhaltens durch die vergleichende Verhaltensforschung (Ethologie) hat zu folgenden drei Grundaussagen dieser Wissenschaft geführt: Instinkte bilden eine Hierarchie, in der jede Ebene von der über ihr liegenden Ebene aktiviert wird. Zweitens, das Verhalten, das unter dem Einfluß eines Hauptinstinkts zustande kommt, besteht häufig aus Ketten von mehr oder weniger stereotypen Verhaltensmustern, sogenannten festgelegten Aktionsmustern. Drittens, um ein Verhaltensmuster zu aktivieren, bedarf es spezifischer Reize. Der Reiz oder Auslöser kann aus dem Körper selbst kommen oder aus der Umwelt; in letzterem Fall nennt man ihn Zeichenreiz. Nehmen wir als Beispiel unser einheimisches Rotkehlchen. Während der Brutzeit geht das Männchen auf jedes andere Männchen los, das in sein Territorium eindringt. Das festgelegte Aggressionsmuster wird, wie mit einfachen Experimenten nachgewiesen wurde, vornehmlich durch die rote Brust des Eindringlings ausgelöst. Die Männchen reagieren nämlich auf grobe Nachbildungen mit einer roten Brust, ja sogar auf ein bloßes Bündel roter Federn, während sie genaue Modelle mit anderen Brustfarben weitgehend unbeachtet lassen.[28]

Diese Eigenart erblicher Verhaltensweisen läßt sich sehr gut anhand hierarchisch organisierter morphischer Felder erklären. Wir können uns die festgelegten Aktionsmuster als Chreoden denken. Zeichenreize wie die roten Brustfedern spielen die Rolle morphogenetischer Keime, indem sie über die Sinne charakteristische rhythmische Aktivitätsmuster im Nervensystem auslösen, die in morphische Resonanz mit bestimmten Verhaltensfeldern treten – im Falle des Rotkehlchens also mit dem Feld des Angriffsverhaltens.

Verhaltens-Chreoden kanalisieren das Verhalten auf bestimmte Zielpunkte hin, und wie die morphogenetischen Chreoden sind sie in der Lage, den Prozeß so zu regulieren, daß auch unter veränderten Bedingungen der Zielpunkt erreicht wird. Die Verhaltensforscher haben in der Tat festgestellt, daß viele «festgelegte» Verhaltensmuster einen flexiblen Anteil aufweisen, der «Orientierungskomponente» genannt wird. Eine Graugans etwa befördert ein aus dem Nest gerolltes Ei wieder zurück, indem sie mit dem Schnabel vor das Ei greift und es zu sich heranrollt. Natürlich rollt das Ei nicht den geradesten Weg, und die Gans gleicht die unvermeidlichen Seitenbewegungen durch entsprechendes Nachführen des Schnabels aus.[29] Diese kompensatorischen Seitenbewegungen sind der flexible Teil dieses ansonsten festgelegten Verhaltensmusters. Nimmt man das Ei während des Zurückrollens plötzlich weg, so bleiben weitere kompensatorische Bewegungen aus, doch die einmal begonnene Bewegung des Schnabels auf die Brust zu wird zu Ende geführt.

Abbildung 8.8 Ein klassisches Beispiel für ein fixiertes Aktionsmuster: Eine Graugans rollt ein Ei zurück ins Nest. Die Gans verfährt stets auf diese Weise; sie benutzt niemals Fuß oder Flügel oder gebraucht den Schnabel auf andere Weise. (Nach Tinbergen)

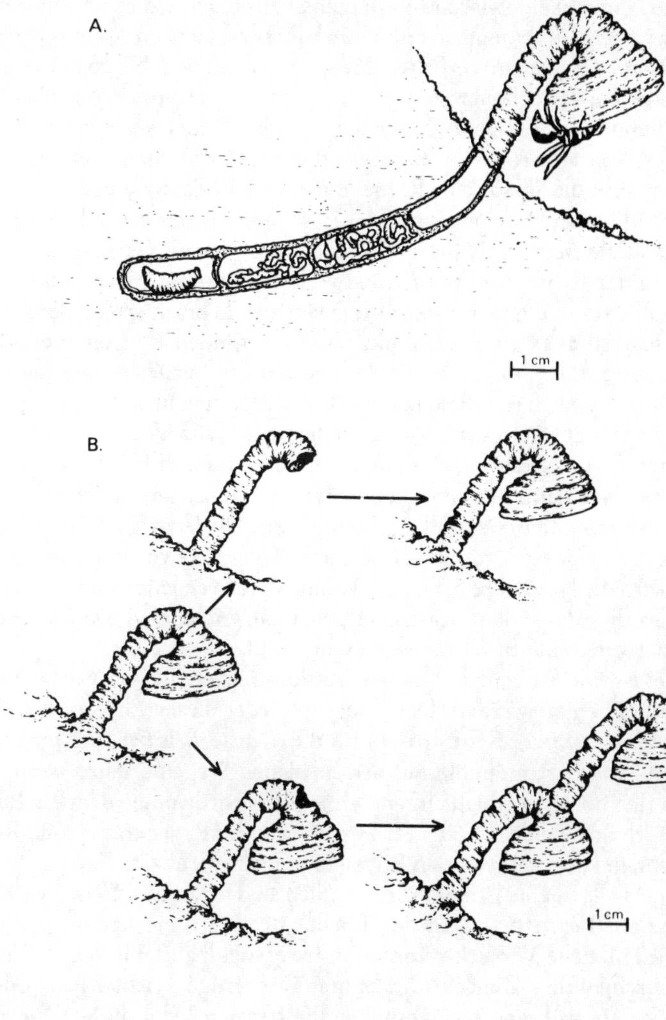

Abbildung 8.9 A: Das mit Futter versehene Nest der Lehmwespe *Paralastor.* B: Reparaturen am Trichter. Oben der Bau eines neuen Trichters nach dessen Entfernung durch den Experimentator. Unten der Doppeltrichter, der als Reaktion auf die dargestellte Bruchstelle entstand. (Nach Barnett)

Die Ähnlichkeit zwischen Verhaltens-Chreoden und morphogenetischen Chreoden – vor allem hinsichtlich ihres regulativen Aspekts – wird besonders deutlich an Verhaltensmustern, die mit dem Nestbau zusammenhängen. Betrachten wir einmal ein Beispiel etwas eingehender: Weibliche Lehmwespen einer in Australien lebenden *Paralastor*- Art bauen ein Erdnest von außerordentlich aufwendiger und zweckmäßiger Anlage. Zuerst gräbt die Wespe eine Röhre von etwa acht Zentimeter Länge und sechs Millimeter Durchmesser in eine Böschung aus harter, sandiger Erde. Dann weicht sie in der Nähe des Nests etwas Lehm mit Wasser aus ihrem Kropf auf und rollt ihn mit den Mundwerkzeugen zu einer Kugel, die sie in die Röhre trägt, um sie mit dem aufgeweichten Lehm auszukleiden. Danach baut sie aus weiteren Lehmkugeln einen großen Trichter über dem Eingang auf. Der Sinn dieses Trichters scheint darin zu bestehen, parasitierende Wespen fernzuhalten, die sich an der glatten Innenwandung des Trichters nicht halten können und wieder herausfallen.

Nach Fertigstellung des Trichters legt die Wespe ein Ei in das Sackende des Nests und legt nun einen Vorrat an Raupen an, die sie in Zellen von etwa zwei Zentimetern Länge einmauert. Die letzte Zelle wird häufig leer verschlossen, vermutlich ebenfalls als Schutz vor Parasiten. Zuletzt wird die Neströhre mit einem Lehmstopfen verschlossen, und dann zerstört die Wespe den sorgsam aufgebauten Trichter, so daß nur noch ein paar verstreute Bruchstücke zu sehen sind.

Dies ist eine Sequenz festgelegter Aktionsmuster, die von Verhaltens-Chreoden regiert werden. Der Endpunkt jeder dieser Chreoden wirkt als Zeichenreiz oder Keimstruktur für die nächste. Wie bei der Morphogenese kann der Endpunkt auf verschiedenen Wegen erreicht werden, wenn der normale Ablauf irgendwie gestört wird; unter dem Einfluß von Verhaltensfeldern findet etwas statt, was der Regeneration und Regulation bei der embryonalen Entwicklung entspricht.

Dieses allgemeine Prinzip wird deutlich an der Art und Weise, wie die Wespe auf Beschädigungen des Trichters reagiert, an dem sie gerade baut. Zahlreiche Versuche wurden in freier Wildbahn mit diesen Wespen durchgeführt. Zunächst brach man fast fertige Trichter ganz oder teilweise ab, während die Wespe gerade frischen Lehm holte. Wieviel von einem Trichter auch fehlen mochte, die Wespe setzte sofort ihre Arbeit fort und baute ihn wieder auf: er wurde regeneriert. Brach man ihn erneut ab, so wurde er abermals wiederaufgebaut. In einem Fall geschah dies sieben Mal, und die Wespe zeigte keinerlei Erlahmen ihrer Entschlossenheit, das Bauwerk fertigzustellen.[30]

Dann stahlen die Forscher fast fertige Trichter von einigen Nestern und transplantierten sie auf andere Niströhren, bei denen der Trichterbau gerade begonnen wurde. Wenn die Wespen mit ihren Lehmkugeln zurückkamen, untersuchten sie nur kurz die plötzlich dastehenden Fertigtrichter und bauten sie dann zu Ende, als wären es ihre eigenen.

Als nächstes nahm man sich Trichter vor, bei denen gerade der aufragende Teil der Röhre in Arbeit war. Dieser Teil ist normalerweise etwa zweieinhalb Zentimeter lang, bevor die Wespe die Krümmung ansetzt, an der die Trichterglocke hängen soll. Wenn diese Höhe fast erreicht war, häuften die Wissenschaftler Sand um den Röhrenstumpf auf, bis nur noch drei Millimeter herausragten. Die Wespe baute dann weiter daran, bis wieder zweieinhalb Zentimeter über dem Boden standen.

Schließlich wurden in verschiedenen Baustadien Löcher in den Trichter gebrochen. Wenn dies in einem frühen Stadium geschah oder das Loch sich in der Trichterglocke befand, entdeckten die Wespen den Schaden sofort und reparierten ihn mit Lehmstreifen. Zu einer besonders interessanten Reaktion kam es, als man an dem fertiggestellten Trichter an der Oberseite des gekrümmten Röhrenteils ein kreisrundes Loch brach. Die Wespe bemerkte das Loch nach ihrer Rückkehr bald, untersuchte es sorgfältig von innen und außen, konnte es jedoch nicht wie gewohnt von innen her reparieren, weil sie an dieser Stelle keinen Halt fand. Nach einer gewissen Zeit der Unschlüssigkeit fing die Wespe an, von außen her neuen Lehm aufzutragen. Dies entsprach jedoch der Situation beim Beginn des Trichterbaus über dem runden Eingang der Niströhre, oder anders gesagt: Das runde Loch im Trichterhals wirkte als Zeichenreiz für «Trichterbau», und so entstand an dieser Stelle ein kompletter neuer Trichter (Abb. 8.9 B).

Verhaltensfelder besitzen also wie morphogenetische Felder eine immanente Zielorientierung, die den Tieren ermöglicht, ihr Verhaltensziel auch bei unerwarteten Störungen zu erreichen – genauso, wie Embryonen Beschädigungen durch Regulation ausgleichen können oder wie Pflanzen und Tiere verlorene Teile durch Regeneration ersetzen können.

Wie aber gelangen solche Felder von einer Generation zur nächsten?

Die Vererbung von Verhaltensfeldern

Erbliche Formen und erbliches Verhalten unterliegen dem Einfluß von Genen, doch das heißt nicht, daß sie «genetisch» oder «genetisch programmiert» wären. Die Hypothese der Formenbildungsursachen besagt, daß die charakteristischen Muster des erblichen Verhaltens von morphischen Feldern organisiert werden, die sich aufgrund von morphischer Resonanz mit früheren Organismen der gleichen Art auf die neue Generation übertragen.

Jedes Verhaltensmuster wird von einem besonderen Verhaltensfeld organisiert. Festgelegte Verhaltensmuster, wie sie von der Verhaltensforschung beschrieben werden – etwa das Angriffsverhalten der Rotkehlchen oder das Nestbauverhalten der Lehmwespen –, sind durch solche morphischen Felder bedingt.

Die Art und Weise, wie ein von solchen Feldern organisiertes Verhalten zum Ausdruck kommt, kann durch Genmutationen beeinflußt werden, doch handelt es sich hier um einen indirekten Einfluß. Wenn etwa die Sinnesorgane oder das Nervensystem oder die Muskulatur abnorme Veränderungen aufweisen oder die allgemeine Lebenstüchtigkeit eines Organismus durch eine Mutation beeinträchtigt wird, so kann sich dies natürlich auf das Verhalten auswirken.[31] Solche Mutationen *bestimmen* jedoch nicht das grundlegende Verhaltensmuster, sondern bewirken lediglich eine Veränderung seines Ausdrucks.

Tatsächlich haben Untersuchungen über die Vererbung festgelegter Aktionsmuster gezeigt, daß verschiedenste Genmutationen die Ausführung solcher Grundmuster beeinflussen können – doch jedes Verhaltensmuster «tritt dennoch in klar erkennbarer Form auf, sofern es überhaupt auftritt».[32] Greifen wir wieder auf die schon mehrfach verwendete Analogie zurück: Solche mutierten Organismen sind fehlerhaften Fernsehgeräten mit «mutierten» Komponenten zu vergleichen. Bild und Ton können auf diese oder jene Art verzerrt sein, doch das eingestellte Programm bleibt nach wie vor identifizierbar, das Gerät bleibt auf denselben Sender eingestellt.

Neben solchen Mutationen, die den Ausdruck eines bestimmten Verhaltensfeldes beeinflussen, können wir auch noch solche erwarten, die der homöotischen Formenmutation (S. 178 ff.) entsprechen, also ganze Aktionsmuster verschwinden lassen oder durch andere ersetzen. Bei einem Fernsehgerät würde solch eine «Mutation» die Empfangsabstimmung in der Weise verändern, daß ein ganzer Kanal verlorengeht oder ein anderer Sender empfangen wird. Solche Mutationen gibt es tatsächlich.

Eines der wenigen eingehend untersuchten Beispiele ist das Nestsäuberungsverhalten amerikanicher Honigbienen im Zusammenhang mit einer dort verbreiteten Bienenstockkrankheit, die die Larven in ihren Wabenzellen tötet. Bei der einen Zuchtform (A) öffnen die Arbeitsbienen die betroffenen Zellen und entfernen die toten Larven. Bei einer anderen Zuchtform (B) tun sie es nicht. Im zweiten Fall geschieht also nichts gegen die Ausbreitung der Infektion. Wie sich zeigt, sind Stöcke der Zuchtform A wegen ihres Hygieneverhaltens resistenter gegen die Krankheit als Staaten der Zuchtform B.

Durch Kreuzungen von Königinnen der einen Form mit Drohnen der anderen Form erhielt man Hybrid-Königinnen, die Hybrid-Staaten gründeten. Diese Staaten erwiesen sich als unhygienisch, so daß man das hygienische Verhalten als rezessiv ansehen mußte. Die weitere genetische Analyse enthüllte, daß zwei rezessive Gene für das Hygieneverhalten eine Rolle spielten: ein Gen «für» das Öffnen der Wabenzellen und ein Gen «für» die Entfernung der toten Larven.[33] Unter dem Gesichtspunkt unserer Hypothese sind solche festgelegten Aktionsmuster nicht in den Genen kodiert, sondern die Gene beeinflussen nur die Abstimmung des Nervensystems der Bienen in der Weise, daß das morphische Feld des Hygieneverhaltens entweder zum Tragen kommt oder nicht.

Wenn man zwei Arten kreuzt, zeigt das Instinktverhalten der daraus hervorgehenden Hybriden häufig Züge beider Elterntypen. Gelegentlich können diese Züge bei den Hybriden sogar in Widerstreit stehen, wie man es bei manchen Papageienarten der Gattung *Agapornis* («Unzertrennliche») beobachtet hat. Die Vögel der beiden hier betrachteten Arten bauen ihre Nester aus in Streifen gerissenen Blättern. Die eine Art trägt diese Streifen jedoch im Schnabel zum Nest, während die andere sie ins Gefieder steckt und so transportiert. Die Hybriden verhalten sich nun zunächst außerordentlich unzweckmäßig, indem sie sich die Blattstreifen zwar ins Gefieder stecken, aber so ungeschickt, daß sie beim Transport wieder herausfallen. Schließlich lernen sie zwar, daß sie ihr Nistmaterial nur im Schnabel transportieren können, doch selbst dann noch versuchen sie immer wieder, es ins Gefieder zu stecken.[34]

In vielen Fällen ist das Verhaltensmuster der Hybriden intermediär, also eine homogene Mischform der beiden Elterntypen. Dies zeigt sich besonders deutlich an stimmlichen Äußerungen, die den Vorteil haben, daß man sie aufzeichnen und quantitativ darstellen kann. Gibbon-Äffinnen etwa stoßen am Morgen im Beisein ihrer Geschlechtspartner einen eindrucksvollen Ruf aus, den sogenannten großen Ruf. Dieser Ruf variiert von Art zu Art. Im zentralthailändischen Dschungel leben zwei Arten im selben Gebiet, und gelegentlich kommt es zu Paarungen zwischen ihnen. Der große Ruf der Weibchen ist bei beiden Arten etwa gleich lang (14 bis 21 Sekunden) und von etwa gleicher Tonhöhe. Bei der einen Art besteht er jedoch aus durchschnittlich acht langgezogenen Tönen und bei der anderen aus durchschnittlich 73 immer kürzer werdenden Tönen. Die Rufe der Hybriden – sowohl im Zoo als auch in freier Wildbahn – sind deutlich von intermediärem Charakter.[35]

Die herkömmliche Theorie und die Hypothese der Formenbildungsursachen interpretieren die bekannten Fakten über die Vererbung von Verhalten auf ganz unterschiedliche Weise; an den Fakten selbst läßt sich jedoch nicht unterscheiden, welche Interpretation die bessere ist. Die beiden Ansätze führen aber zu unterschiedlichen Voraussagen in Fällen, wo neue Verhaltensmuster erworben werden. Nach der ortho-

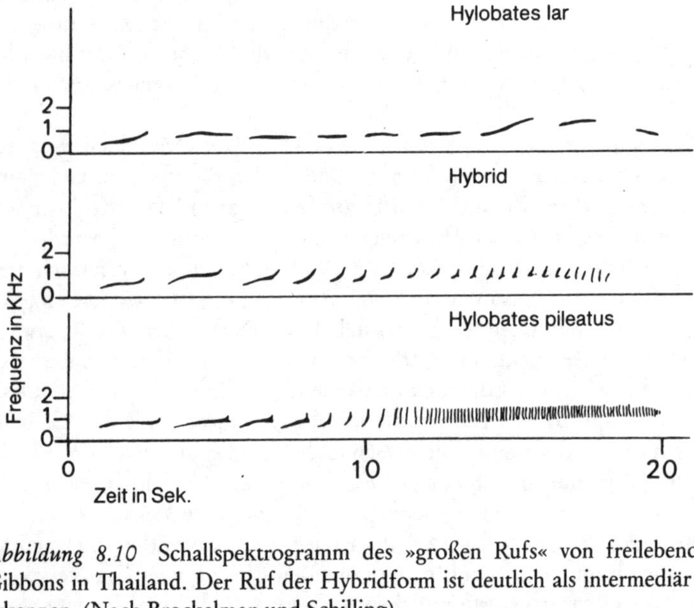

Abbildung 8.10 Schallspektrogramm des »großen Rufs« von freilebenden Gibbons in Thailand. Der Ruf der Hybridform ist deutlich als intermediär zu erkennen. (Nach Brockelman und Schilling)

doxen Theorie können erworbene Verhaltensweisen nicht auf die Nachkommenschaft vererbt werden. Auf der anderen Seite jedoch ist im Konzept der morphischen Resonanz impliziert, daß neue Verhaltensmuster von Exemplaren der gleichen Art leichter erlernt werden, auch in ganz anderen Teilen der Welt. Diese Voraussagen lassen sich empirisch nachvollziehen, und wir werden gegen Ende des nächsten Kapitels einige hierzu mögliche Experimente erörtern.

In der herkömmlichen Theorie existieren keine morphischen Felder und keine morphische Resonanz, und so ist man gezwungen, sämtliche Aspekte der Vererbung sowie der Formen- und Verhaltensbildung allein auf die Wirkung der Gene zurückzuführen. Das jedoch geht weit über deren bekannte chemische Funktionen hinaus und stellt eine krasse Überbewertung ihrer Rolle dar. Ähnlich ist es bei zwei anderen Phänomenen, denen wir uns nun zuwenden wollen: Lernen und Gedächtnis. Hier werden dem Nervensystem Eigenschaften zugeschrieben, die weit über das hinausgehen, was tatsächlich bekannt ist. Das Gehirn wird ebenso wie die Gene notorisch überschätzt.

9. Das Gedächtnis der Tiere

Morphische Resonanz und Gedächtnis

Mit der Hypothese der Formenbildungsursachen gewinnen wir eine völlig neue Interpetation der Natur des Gedächtnisses. Sie behauptet nämlich, daß Gedächtnis oder Erinnerungsvermögen in allen Organismen auf zweierlei Weise gegenwärtig ist: Alle Organismen erben – durch morphische Resonanz mit früheren Organismen ihrer Art – ein kollektives Gedächtnis ihrer Art, individuelle Organismen stehen in morphischer Resonanz mit ihren eigenen vergangenen Zuständen, und diese Eigenresonanz bildet die Grundlage ihres individuellen Gedächtnisses und ihrer Gewohnheiten.

Nach dieser Hypothese werden die Verhaltensmuster, wie wir im vorigen Kapitel gesehen haben, von geschachtelten Hierarchien von Verhaltensfeldern organisiert, so wie die Muster der Morphogenese von geschachtelten Hierarchien morphogenetischer Felder organisiert werden. Die Funktionen des Nervensystems sind von Natur aus zunächst unbestimmt und probabilistisch, und die organisierende Wirkung der Verhaltensfelder besteht darin, daß sie diesen Funktionen ein raumzeitliches Muster auferlegen. Das Verhalten wird nicht nur vom «Leitungsnetz» des Nervensystems und den darin ablaufenden physikalisch-chemischen Prozessen bestimmt, sondern vor allem von der ordnenden Wirkung dieser Felder.

Wie die richtigen Gene erforderlich sind für eine normale Morphogenese, so ist ein funktionierendes Nervensystem unabdingbar für normales Verhalten. Beeinträchtigungen der Nerven durch chemische oder physikalische Einflüsse können sich auf das Verhalten auswirken, ebenso wie Störungen der Gene die Morphogenese beeinflussen können. Das jedoch heißt nicht, daß das Verhalten im Nervensystem oder die Morphogenese in den Genen programmiert ist.

Für die Hypothese der Formenbildungsursachen gibt es nur einen graduellen, nicht jedoch einen grundsätzlichen Unterschied zwischen vererbtem und erlerntem Verhalten. Beide hängen von morphischen Feldern ab, die durch morphische Resonanz stabilisiert werden. Bei instinktivem Verhalten überwiegt der Einfluß unzähliger früherer Organismen der gleichen Art, während es beim erlernten Verhalten mehr auf die Resonanz des betreffenden Tieres mit seiner eigenen Vergangenheit ankommt. Meist sind beide Einflüsse beteiligt: Instinktives Verhalten verlangt von jedem Tier eine gewisse Anpassung an seine jeweiligen Lebensumstände, während das Erlernen neuer Verhaltensweisen im Rahmen der Möglichkeiten geschieht, die in den morphischen Feldern der Art liegen.

Lernen ist nur möglich aufgrund von Gedächtnis, denn frühere Erfahrung könnte sich nicht auf gegenwärtiges Verhalten auswirken, wenn die Erfahrung nicht irgendwie «behalten» worden wäre. Erinnerungsvermögen setzt nicht in jedem Fall Bewußtsein voraus; in unserem Verhalten kommen viele unbewußte Erinnerungen zum Ausdruck. Wir wissen jederzeit, wie man schwimmt, schreibt oder ein Fahrrad fährt, doch diese Gewohnheitserinnerungen sind nicht bewußt – und wir haben keinen Grund anzunehmen, daß sie bei Tieren bewußter sind als beim Menschen.

Gedächtnis wird im allgemeinen anhand von physikalisch-chemischen Modifikationen des Nervensystems erklärt: Erinnerungen sind materielle «Spuren» früherer Erfahrung. Die Versuche, solche Spuren im Gehirn zu lokalisieren und zu analysieren, sind bislang ohne Erfolg geblieben, doch für die mechanistische Theorie *muß* es sie einfach geben, denn im Rahmen dieser Theorie ist keine andere Erklärung möglich:

> Erinnerungen sind irgendwie «im» Bewußtsein und daher – für den Biologen – «im» Gehirn. Wie aber? Der Begriff «Gedächtnis» impliziert mindestens zwei getrennte Prozesse: Auf der einen Seite das *Lernen* von etwas Neuem über die Welt um uns her und auf der anderen Seite das spätere *Erinnern* dieses Gelernten. Unsere Schlußfolgerung lautet, daß zwischen dem Lernen und dem Erinnern eine permanente Aufzeichnung liegen muß, eine *Gedächtnisspur* im Gehirn.[1]

Im Gegensatz dazu beruht das Gedächtnis nach der Hypothese der Formenbildungsursachen auf morphischer Resonanz zwischen gerade jetzt bestehenden Aktivitätsmustern im Nervensystem und ähnlichen Mustern in der Vergangenheit. Es bedarf hier keiner physikalisch-chemischen Modifikationen des Nervensystems. Wenn Gedächtnis auf morphischer Resonanz beruht, müssen Erinnerungen nicht als materielle Spuren gespeichert sein: Die Vergangenheit kann einen direkten Einfluß auf die Gegenwart ausüben.

In diesem Kapitel wollen wir zunächst betrachten, worauf die Theorie der Erinnerungsspeicherung im Gehirn beruht. Danach werden wir verschiedene Arten des Lernens untersuchen und dabei die orthodoxe mechanistische Interpretation mit der der morphischen Resonanz vergleichen. Schließlich werden wir uns überlegen, welche Experimente man durchführen könnte, um festzustellen, welche der beiden Interpretationen besser mit den beobachtbaren Tatsachen übereinstimmt.

Speichert das Gehirn Erinnerungen?

Die Vorstellung, daß Erinnerungen im Gehirn gespeichert werden, ist uralt. Sinnesreize erzeugen Erregungen des Gehirns, und daraus folgt die Wahrnehmung des Reizes. Dieser Vorgang hinterläßt Spuren, winzige Veränderungen in der Struktur des Gehirns. Aufgrund dieser bleibenden Veränderungen wird die Gehirnaktivität künftig dazu tendieren, in den gleichen Bahnen zu verlaufen, wenn ein gleichartiger Reiz aufgenommen wird oder wenn die Spur des neuen Reizes eine «assoziative» Beziehung zu der des alten Reizes hat.

Descartes entwickelte im siebzehnten Jahrhundert eine hydraulische Version dieser Theorie, gegründet auf die Annahme, daß die Nerven hohl sind und als Leitbahnen «animalischer Geister» fungieren. Die sensorischen Nerven enthalten nach seiner Auffassung feine Fäden, die an Klappen im Gehirn befestigt sind; öffnen sich diese Klappen, so werden die animalischen Geister freigesetzt und gelangen durch die Nerven in die entsprechenden Muskeln. Descartes prägte sogar den Begriff des «Reflexes»: Animalische Geister werden im Gehirn «reflektiert» und gelangen so zurück in die Muskeln.[2] Die «Spuren», die von solch einem Vorgang im Gehirn zurückbleiben, bestehen nach Descartes einfach darin, daß die Geister auf ihrem Weg zum Gehirn und zurück in die Muskeln bestimmte «Poren» im Gehirn öffnen, die sich weiteren Geistern oder Nervenimpulsen dann bereitwilliger öffnen als Poren, die noch nicht benutzt wurden.[3] Diese bestechend einfache Theorie finden wir heute noch wieder in den Theorien der synaptischen Modifikation.

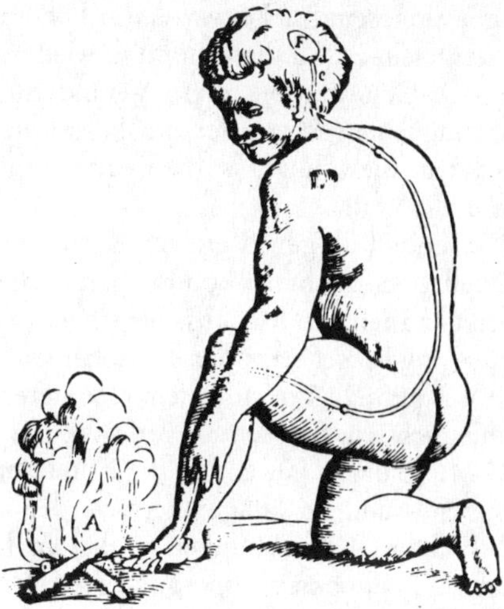

Abbildung 9.1 Descartes' Anschauung von der Natur der Reflexe. (Boakes)

Iwan Pawlows Arbeiten über den bedingten Reflex schienen die traditionellen Vorstellungen von der Natur der Erinnerungsspuren voll zu bestätigen. Er selbst fand allerdings Vorsicht angebracht bei der Behauptung, daß Reflexbögen auf ganz spezifisch lokalisierten Spuren in der Großhirnrinde beruhen; er hatte nämlich festgestellt, daß die Konditionierung auch größere chirurgische Eingriffe ins Gehirn überstand.[4] Nach ihm kamen jedoch andere, die weniger vorsichtig waren. In den ersten Jahrzehnten unseres Jahrhunderts gingen viele Biologen davon aus, daß *alles* psychische Geschehen, auch die Phänomene des menschlichen Bewußtseins, auf einfache Assoziationen und Reflexe zurückführbar sei. Man nahm Schaltkreise an, die von den Sinnesorganen zu den Sinnesregionen des Gehirns führten, von dort über assoziative Zonen zum motorischen Kortex und schließlich in die motorischen Zellen, die Impulse an die Muskeln weiterleiten.[5] Man verglich dieses Geflecht von Verbindungen, gern mit einem Telefonnetz: Die Nervenfasern sind die Leitungen, und das Gehirn ist die zentrale Schaltstelle, die die richtigen Verbindungen herstellt.

Heutige Theorien bedienen sich eher des Computers als Veranschaulichungsmodell. Es geht um «Kodierung», «Speicherung» und «Datenrückgewinnung». Sinneseindrücke werden in kodierter Form als Nervenimpulse weitergeleitet, und diese Impulse wiederum bewirken Veränderungen in den Gehirnzellen; diese Veränderungen «repräsentieren» den ursprünglichen Reiz, der in Form dieser Veränderung gespeichert wird. Rückgewinnung ist die Reaktivierung des gespeicherten Musters im Bedarfsfall.

Das Computermodell ist gewiß ein feiner strukturierter Ansatz als das Telefonmodell, doch auch hier kommt man noch nicht ohne die Erinnerungsspuren der alten Modelle aus. Bei einem Computer sind diese Spuren entweder eingespeichert, oder sie stehen auf Discs und Tapes abrufbereit zur Verfügung. Wird in einem Computer der Speicher zerstört, so ist damit auch sein Gedächtnis verloren.

Man hat viel Mühe daran gewendet, die Erinnerungsspuren im Gehirn zu lokalisieren – und unzählige Tiere wurden diesem Zweck geopfert. Die klassischen Untersuchungen zu diesem Thema führte Karl Lashley mit Ratten, Schimpansen und anderen Affen durch. Mehr als dreißig Jahre lang versuchte er, die Pfade der bedingten Reflexe im Gehirn zu verfolgen und bestimmte Erinnerungsspuren oder «Engramme» zu lokalisieren. Er trainierte die Tiere auf bedingte Reflexe oder richtete sie auf die Lösung schwieriger Aufgaben ab. Vor oder nach der Abrichtung wurden Nervenbahnen im Gehirn durchtrennt oder Teile des Gehirns entfernt, und dann wurden die Auswirkungen dieser Eingriffe auf die Lern- und Merkfähigkeit gemessen.

Erste Zweifel an der Theorie der Reflexbögen kamen ihm, als Ratten, denen er bestimmte Reaktionen auf Licht beigebracht hatte, ihre Lektion auch dann noch beherrschten, als er den größten Teil ihres motorischen Großhirns entfernte. Ebenso war es bei Affen, die er darauf abgerichtet hatte, Kisten mit verschiedenen Riegeln zu öffnen; die Operation erzeugte zunächst eine Lähmung, doch nach acht bis zwölf Wochen hatten sich die Tiere so weit erholt, daß sie die erforderlichen Bewegungen zum Öffnen der Riegel machen konnten. Legte man ihnen dann die Kisten vor, so konnten sie die Riegel sofort und ohne jede Unsicherheit öffnen.

Danach zeigte Lashley auf, daß erlernte Gewohnheiten erhalten bleiben, wenn man die assoziativen Zonen des Gehirns zerstört. Gewohnheiten bleiben sogar dann erhalten, wenn man die Querverbindungen in der Großhirnrinde durch tiefe Einschnitte unterbricht. Auch die Entfernung subkortikaler Strukturen wie etwa des Kleinhirns – bei intakter Großhirnrinde – zerstört das Gedächtnis nicht.

Lashley begann als eifriger Befürworter der Reflextheorie des Lernens, doch seine Forschungsergebnisse zwangen ihn, sie aufzugeben:

> Das Forschungsprogramm war ursprünglich darauf angelegt, die Bögen bedingter Reflexe durch die gesamte Großhirnrinde zu verfolgen – so wie es offenbar gelungen war, die Bahnen, die einfache Reflexe durch das Rückenmark nehmen, ausfindig zu machen. Die experimentellen Befunde haben sich diesem Plan nicht gefügt. Sie sprachen vielmehr für den ganzheitlichen Charakter jeder Gewohnheit, für die Unmöglichkeit, das Lernen als Verkettung von Reflexen aufzufassen: Die Funktionen des Gehirns werden nicht über genau definierte Leitungsbahnen abgewickelt, sondern involvieren große Massen von Nervengewebe.[6]

Er untersuchte auch die Typen des Gedächtnisverlustes, die beim Menschen nach Schädigungen des Gehirns auftreten, und kam zu einem ähnlichen Ergebnis:

> Alles deutet darauf hin, daß Gedächtnisverlust nach Hirnschädigung selten oder nie auf die Zerstörung spezifischer Erinnerungsspuren zurückzuführen ist. Gedächtnisverlust stellt vielmehr eine allgemeine Reduzierung der Wachheit dar, ein mehr oder weniger starkes Unvermögen, die organisierten Spurenmuster zu aktivieren, oder die Störung eines größeren Systems organisierter Funktionen.[7]

Lashley erwog allerdings nicht die Möglichkeit, daß Erinnerungen vielleicht gar nicht im Gehirn gespeichert sind. Da nichts für genau lokalisierte Erinnerungsspuren sprach, nahm er an, daß *multiple* Erinnerungsspuren über ganze Funktionsgebiete des Gehirns verteilt sind: «Wird das Nervengeflecht einem Erregungsmuster ausgesetzt, so kann sich in ihm ein Aktivitätsmuster bilden, das sich durch Erregungsausbreitung in einem ganzen Funktionsgebiet vervielfältigt – etwa in der Art, wie sich an der Oberfläche einer Flüssigkeit ein Interferenzmuster von Wellen bildet, wenn diese Oberfläche an mehreren Punkten angeregt wird.» Folglich war das Erinnern für ihn «eine Art Resonanz zwischen sehr vielen Neuronen».[8] Diese Gedanken wurden weiterverfolgt von seinem Schüler Karl Pribram, der schließlich zu der Auffassung gelangte, daß Erinnerungen nach der Art des Interferenzmusters eines Hologramms gespeichert werden.[9]

Weitere Tierexperimente haben gezeigt, daß auch bei wirbellosen Tieren wie Polypen keine spezifischen Erinnerungsspuren lokalisiert werden können. Es wurde untersucht, wie weit erlernte Gewohnheiten nach der Zerstörung verschiedener Teile des Gehirns erhalten bleiben, und dies führte zu einer scheinbar paradoxen Schlußfolgerung: «Das Gedächtnis ist überall, aber nirgendwo im besonderen.»[10]

Die übliche Antwort auf solche Feststellungen lautet, daß es multiple oder redundante Speichersysteme geben muß, die über verschiedene Gebiete des Gehirns verstreut sind: Gehen einige verloren, so können immer noch die Reservesysteme einspringen. Diese Hypothese, eine Reaktion auf die vielen fehlgeschlagenen Versuche, spezifisch lokalisierte Erinnerungsspuren ausfindig zu machen, ergibt sich zwangsläufig aus der Grundannahme, daß Erinnerungen irgendwie im Gehirn gespeichert sein *müssen*. Das aber ist nach wie vor unbewiesen und daher ein reiner Glaubenssatz.

Demonstrierbar ist allerdings, daß die Umstände, unter denen ein junges Tier aufwächst, *Veränderungen* im Gehirn bewirken können. Man hat etwa junge Ratten in zwei Gruppen eingeteilt, wobei die Tiere der einen Gruppe einzeln in eintönigen Käfigen gehalten wurden, während die der anderen Gruppe zu mehreren in großen Käfigen lebten und allerlei anregendes Spielzeug erhielten, das regelmäßig durch neuartige Dinge ersetzt wurde. Nach bestimmten Zeitabschnitten tötete man Tiere beider Gruppen und untersuchte ihr Gehirn. Bei den Tieren, die in anregender Umgebung gelebt hatten, war nicht nur das Gehirn insgesamt größer, sondern auch die einzelnen Nervenzellen und Synapsen waren es.[11] Die Entwicklung des Nervensystems wird also von der Art seiner Beanspruchung beeinflußt.

An jungen Affen wurde eingehend untersucht, wie sich der Ausfall eines Auges (durch Zusammennähen der Lider) auf ihre Entwicklung auswirkt. Bei normal aufwachsenden Affen erhält sowohl der rechte als auch der linke visuelle Kortex Nervenimpulse von beiden Augen. Daher finden sich im linken visuellen Kortex zwei Repräsentationen der rechten Hälfte des Gesichtsfeldes, vermittelt vom rechten und vom linken Auge, und im rechten visuellen Kortex existieren zwei Repräsentationen der linken Hälfte des Gesichtsfeldes. Die Impulse aus beiden Augen werden im Gehirn in einem Muster von etwa 0,4 Millimeter breiten kortikalen Streifen «sortiert». Junge Affen, bei denen ein Auge zugenäht wurde, erblindeten nach einigen Wochen auf diesem Auge, und die mit diesem Auge verbundenen kortikalen Streifen wurden sehr schmal, während die mit dem anderen Auge verbundenen breiter wurden und fast den gesamten Raum einnahmen. Zu ähnlichen Ergebnissen kam man bei Experimenten mit jungen Katzen. Die Veränderungen scheinen mit Unterschieden der Nerventätigkeit zusammenzuhängen: Die inaktivierten Nerven, die mit dem geschlossenen Auge verbunden sind, leiten weniger Impulse an den visuellen Kortex weiter als die aktiven Nerven des geöffneten Auges.[12]

Im Grunde sollte es uns nicht verwundern, daß Funktionsveränderungen im Nervensystem mit Veränderungen im Nervengewebe selbst einhergehen; schließlich wissen wir ja, daß auch der Zustand anderer Gewebe, etwa der Muskeln, von der Art ihres Gebrauchs abhängt. Bei den Body-Buildern sehen wir, wie weit solche Veränderungen gehen können. Die Tatsache, daß solche Veränderungen auch im Gehirn möglich sind, weist noch einmal auf den dynamischen Charakter auch der *Struktur* des Nervensystems hin.

Aus allen Versuchen, eine Beziehung zwischen Veränderungen im Gehirn und der Bildung von Erinnerungsspuren nachzuweisen, hebt sich eine Experimentalreihe durch besondere Raffinesse und Gründlichkeit heraus. Hühnerküken wurden am Tag nach dem Ausschlüpfen einem simplen Training unterzogen, und man verfolgte die Auswirkungen dieses Lernens mit Hilfe radioaktiver Substanzen, die injiziert wurden. Gegenüber einer Kontrollgruppe von Küken, die nicht trainiert wurden, zeigte sich bei den Küken, die auf einen Reiz zu reagieren gelernt hatten, daß die Nervenzellen einer bestimmten Region des Vorderhirns, vor allem in der linken Hemisphäre, größere Mengen der radioaktiven Substanzen aufnahmen.[13] Die Experimente haben also gezeigt, daß Wachstum und Entwicklung der Nervenzellen dieser Region durch das Lernen aktiviert wurden.[14] Diese Befunde stimmen mit den Ergebnissen der bereits beschriebenen Experimente überein. Sie beweisen jedoch nicht, daß die aktivierten Zellen Erinnerungsspuren enthalten. Entfernte man nämlich bei den Küken den durch das Lernen aktivierten Teil des Gehirns, so zeigte sich, daß sie ihre einfache Lektion nach wie vor beherrschten. Obgleich die Zellen also offensichtlich mit dem Lernprozeß zu tun hatten, waren sie *nicht* notwendig für das Erinnerungsvermögen. Wieder einmal hatten sich die hypothetischen Erinnerungsspuren dem Zugriff entzogen, und wieder blieb den Forschern nichts anderes übrig, als Hilfssysteme der Erinnerungsspeicherung zu postulieren, die bislang noch nicht identifiziert sind.[15]

Doch nicht nur die Lokalisierung der hypothetischen Erinnerungsspuren bereitet Schwierigkeiten; wir wissen auch kaum etwas über ihre physikalische Natur. In den sechziger Jahren wurden spezifische «RNS-Gedächtnismoleküle» als Kandidaten für die Aufgabe der Erinnerungsspeicherung angesehen, doch man ist von dieser Idee wieder abgekommen. Die Theorie schwingender elektrischer Schaltkreise, die eine Art Echo erzeugen, könnte vielleicht das Kurzzeitgedächtnis bis hin zu einigen Minuten erklären, nicht jedoch das Langzeitgedächtnis. Am populärsten ist nach wie vor die Hypothese, daß Gedächtnis auf noch unbekannten Modifikationen der synaptischen Verbindungen zwischen den Nervenzellen beruht.

Wären Erinnerungen in den Synapsen gespeichert, dann müßten die Synapsen selbst über lange Zeiträume stabil bleiben; das Nervensystem als Ganzes müßte stabil sein, wenn es als Gedächtnisspeicher dienen soll. Davon ist man bis in die jüngste Zeit hinein auch tatsächlich ausgegangen, obgleich längst bekannt ist, daß im Gehirn ein kontinuierliches Zellensterben stattfindet. Neueste Erkenntnisse deuten jedoch darauf hin, daß das Nervensystem ausgewachsener Tiere dynamischer sein könnte, als man bisher angenommen hat.

An Kanarienvogelhirnen, insbesondere an den Teilen, die zum Gesang in Beziehung stehen, wurde festgestellt, daß sich nicht nur immer neue Verbindungen zwischen den Nervenzellen bilden, sondern sogar viele neue Nervenzellen entstehen. Bei den Männchen, die im Frühjahr geschlechtsreif werden, vermehren sich die Neuronen, um dann zum Herbst um 40 % zurückzugehen. Zur nächsten Paarungszeit nimmt die Anzahl der Nervenzellen jedoch wieder zu und so weiter. Solche Fluktuationen wurden auch in anderen Teilen der Kanarienhirne gefunden, und inzwischen hat sich gezeigt, daß es solche Neuronen-Fluktuationen auch bei anderen Arten im Vorderhirn gibt, dem «Sitz» des komplexen Verhaltens und der Lernfähigkeit.[16]

Doch auch in seinen Funktionen scheint das Gehirn dynamischer zu sein, als man bisher annahm. Neuere Untersuchungen an Affen haben gezeigt, daß die sensorischen Regionen des Gehirns, in denen die verschiedenen Körperteile «abgebildet» sind, nicht «starr verdrahtet» oder anatomisch fixiert, sondern im Gegenteil überraschend flexibel sind. In einer Serie von Experimenten wurden die Regionen des sensorischen Kortex ermittelt, die mit den Berührungsempfindungen in den Händen der Affen in Verbindung stehen. Die «Abbildung» der Hand im Gehirn erwies sich als gegliedert: Für jeden der fünf Finger und für andere Flächen der Hand konnten spezifische Regionen ermittelt werden. Wurde einer der Finger amputiert, so gelangten die Nervenimpulse von den benachbarten Fingern nicht mehr ausschließlich in die ihnen zugeordneten Hirnregionen, sondern wanderten im Verlauf mehrerer Wochen allmählich auch in die Region des amputierten Fingers aus. Diese Ausweitung der Hirnregionen der benachbarten Finger hatte zur Folge, daß die Empfindungsfähigkeit dieser Finger erhöht wurde.[17]

Der dynamische Charakter des Nervensystems zeigt sich auch bei Schädigungen des Gehirns. Wird etwa ein Teil des sensorischen Kortex verletzt, so kann die Abbildung, die hier ihren Sitz hatte, sich in die Nachbarregion verlagern, wenn sie dabei auch ein wenig an Schärfe einbüßt. Diese Verlagerung der Abbildung dürfte weniger mit Wachstum oder Bewegung von Nervenzellen zu tun haben als vielmehr mit einer räumlichen Verlagerung der Nervenzellenaktivität.[18]

Diese strukturelle und funktionelle Flexibilität des Nervensystems

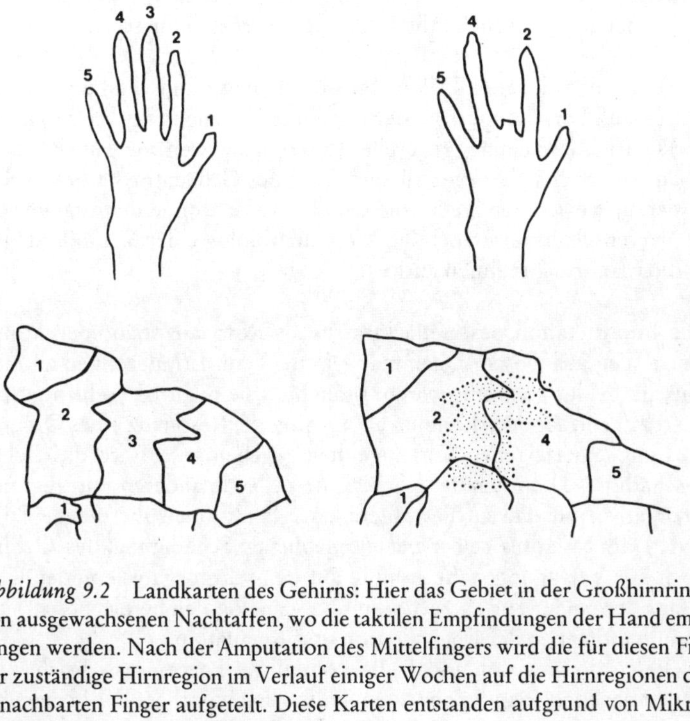

Abbildung 9.2 Landkarten des Gehirns: Hier das Gebiet in der Großhirnrinde von ausgewachsenen Nachtaffen, wo die taktilen Empfindungen der Hand empfangen werden. Nach der Amputation des Mittelfingers wird die für diesen Finger zuständige Hirnregion im Verlauf einiger Wochen auf die Hirnregionen der benachbarten Finger aufgeteilt. Diese Karten entstanden aufgrund von Mikroelektroden-Analyse. (Nach Fox)

stellt für die Vorstellung der Erinnerungsspuren ein erhebliches Problem dar. Auch auf der molekularen Ebene gibt es, wie Francis Crick kürzlich aufgezeigt hat, eine Dynamik, die die Langzeitspeicherung von Erinnerungsspuren äußerst fragwürdig macht. Das menschliche Gedächtnis reicht Jahre und Jahrzehnte zurück, aber «fast alle Moleküle unseres Körpers, mit Ausnahme der DNS, werden innerhalb von Tagen, Wochen oder höchstens Monaten ausgetauscht. Wie könnten Erinnerungen im Gehirn so gespeichert sein, daß ihre Spuren den Molekülaustausch überdauern?» Crick glaubt, «daß die Moleküle in den Synapsen derart miteinander wechselwirken, daß sie eines nach dem anderen durch neues Material ersetzt werden können, ohne daß die Gesamtstruktur sich ändert». Für seine scharfsinnige Hypothese postuliert er Eiweißmoleküle, die einige sehr ungewöhnliche Eigenschaften aufweisen. Bislang gibt es noch nichts, was die Existenz solcher Moleküle beweisen könnte.[19]

Ein neueres Lehrbuch faßt den Stand der Forschung so zusammen:

> Trotz verschiedener Teilergebnisse der physiologischen und biochemischen Forschung, trotz der ungeheuren Fülle des psychologischen Materials und einiger genereller Prinzipien wissen wir immer noch so gut wie nichts über die zelluläre Basis des Gedächtnisses bei Wirbeltieren; wir kennen weder die detaillierte Anatomie der zugehörigen Nervenschaltkreise noch die Molekularbiologie der Veränderungen, die Erfahrung in ihnen auslöst.

Die Interpretation des Gedächtnisses als Resonanzphänomen könnte einen Weg aus diesem Dilemma weisen. Wenn Erinnerungen an morphische Felder geknüpft wären, brauchten sie nicht im Gehirn gespeichert zu sein, sondern könnten als morphische Resonanz eines Organismus mit seiner eigenen Vergangenheit gegeben sein. Wird das Gehirn geschädigt, so könnten diese Felder die Zellen in anderen Hirnregionen so organisieren, daß sie die ausgefallenen Funktionen übernehmen können. Daß Erlerntes selbst nach erheblicher Schädigung des Gehirns noch zur Verfügung steht, könnte auf den selbstorganisierenden Charakter der Felder zurückzuführen sein – analog den bereits beschriebenen Phänomenen der Regeneration und Regulation.

Diese Interpretation und die herkömmliche Theorie lassen sich experimentell gegeneinander abwägen. Sollte die Hypothese der Formenbildungsursachen zutreffen, dann müßte das Gewohnheitengedächtnis

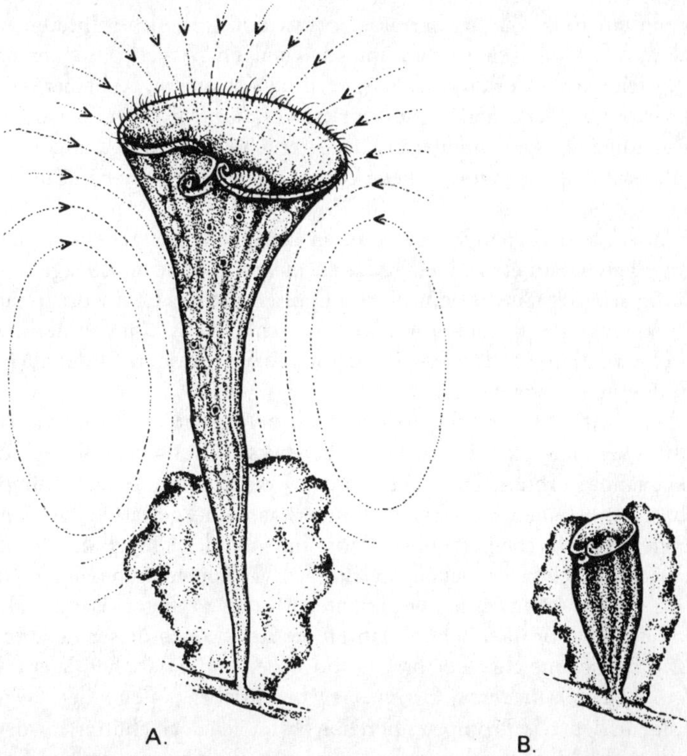

Abbildung 9.3 Der einzellige Organismus *Stentor raesilii*; angedeutet sind die Strömungen, die er mit seinen Wimpernhaaren erzeugt. Auf nicht vertraute Reize hin zieht sich der Trichter rasch zusammen. (Nach Jennings)

eines Organismus einen anderen Organismus durch morphische Resonanz in der Weise beeinflussen können, daß er die gleichen Gewohnheiten leichter annimmt. Nach der mechanistischen Theorie der Erinnerungsspeicherung wäre dergleichen nicht zu erwarten.

Wenn Gedächtnis tatsächlich auf morphischer Resonanz mit der eigenen Vergangenheit beruhen sollte, was würde dies dann für das Lernen bedeuten? Beginnen wir unsere Betrachtung mit der einfachsten Form des Lernens, der Gewohnheitsbildung oder Habituation.

Gewohnheitsbildung

Wenn ein Reiz sich als harmlos erweist und ihm nichts Interessantes folgt, so fällt die Reaktion auf ihn nach einigen Wiederholungen immer schwächer aus – der Organismus gewöhnt sich an ihn. So bemerken wir den Kontakt der Kleidung mit unserer Haut nicht mehr; wir nehmen beständige Hintergrundgeräusche, -gerüche und -dinge nicht mehr wahr; wir gewöhnen uns an neue Umgebungen und richten uns in neuen Lebenslagen ein.

Auch Tiere leben in ihrer vertrauten Umgebung weitgehend nach Gewohnheiten. Auf etwas Neues, das sie nicht gewohnt sind, reagieren sie häufig schreckhaft und mit Fluchtimpulsen. Ist der Reiz jedoch harmlos, so reagieren sie immer weniger und schließlich gar nicht mehr. Fast jeder wird diese Art der Gewöhnung schon bei Haustieren oder auch bei Wildtieren beobachtet haben.

Habituation finden wir jedoch auch bei niederen Tieren wie etwa Schnecken, ja sogar bei einzelligen Lebewesen. Das wegen seiner Form so genannte Trompetentierchen (*Stentor raesilii*), das in Sumpftümpeln lebt, ist mit feinen fächelnden Wimperhaaren ausgestattet. Die Bewegungen der Härchen erzeugen Strömungen in der Umgebung des Einzellers, die Schwebeteilchen, welche dem Trompetentierchen als Nahrung dienen können, in die Trichteröffnung gelangen lassen. H. S. Jennings hat vor über achtzig Jahren die Reaktionen dieser Lebewesen auf verschiedene Reize erforscht und in seinem klassischen Werk *Das Verhalten der niederen Organismen* beschrieben. Wenn der Gegenstand, an dem das Trompetentierchen haftet, leicht erschüttert wird, «so zieht es sich blitzschnell in seine Röhre zurück. Etwa eine halbe Minute später dehnt es sich wieder aus, und die Wimperhärchen nehmen ihre Tätigkeit auf.» Wird der gleiche Reiz wiederholt, so reagiert es nicht mehr, sondern bleibt bei seiner gewohnten Tätigkeit. Daß dies nichts mit Ermüdung zu tun hat, zeigt sich, wenn man das Tierchen einem neuen Reiz aussetzt, indem man es zum Beispiel berührt. Wird jedoch dieser neue Reiz wiederholt, so bleibt die Reaktion abermals aus.

Gewöhnung setzt irgendeine Form von Gedächtnis voraus, aufgrund dessen harmlose oder irrelevante Reize erkannt werden können, wenn sie sich wiederholen. Hierfür könnte durchaus die Resonanz mit der eigenen Vergangenheit – vor allem der jüngsten Vergangenheit – verantwortlich sein. Auch das Wiedererkennen und Nichtbeachten irrelevanter Reize wäre damit erklärt: Sie werden in die dem Organismus eigene

Hintergrundresonanz assimiliert, werden also gleichsam ein Teil seiner selbst.

Bei komplexeren Organismen ist das Nervensystem in den Gewöhnungsprozeß einbezogen. Besonders eingehend wurde der Gewöhnungsprozeß bei der Seeschnecke *Aplysia* erforscht, die etwa dreißig Zentimeter lang wird. Diese Schnecke zieht ihre Kiemen ein, sobald sie berührt wird. Dieser Reflex bleibt jedoch bald aus, wenn schwache oder harmlose Reize wiederholt werden. (Auf starke Reize hin reagiert die Schnecke wie ein Polyp und hüllt sich in eine strahlend violette Tintenwolke.)

In den Nervensystemen verschiedener Schnecken dieser Art sind kaum Unterschiede festzustellen. Die sensorischen und motorischen Zellen, die den Kiemenreflex steuern, sind lokalisiert worden; es wurden nur wenige motorische Zellen gefunden, die für den Einzugsreflex verantwortlich sind.[20] (Bei höheren Organismen sind die «Schaltpläne» wesentlich komplexer und die Unterschiede zwischen einzelnen Individuen größer.) Elektrische Messungen an einzelnen Nervenzellen haben ergeben, daß die sensorischen Zellen im Falle einer Gewöhnung allmählich aufhören, die motorischen Zellen anzuregen, sie setzen dann immer

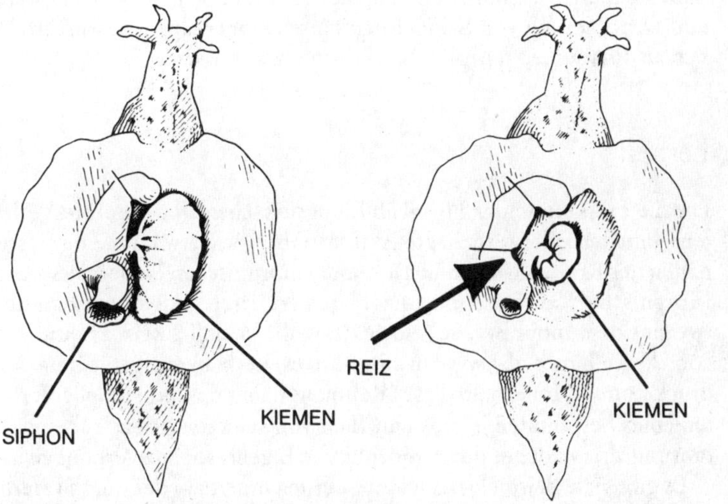

Abbildung 9.4 Die Seeschnecke *Aplysia.* Links sind Kiemen und Siphon gedehnt. Berührt man den Siphon, so wird ein Abwehrreflex ausgelöst, der Siphon und Kiemen kontrahiert. (Nach Kandel, 1970)

weniger «Quanten» von chemischen Überträgersubstanzen (Transmitter) an den synaptischen Verbindungen mit den motorischen Zellen frei.[21] Diese Veränderungen können für Minuten oder Stunden anhalten, je nachdem, wie häufig der Reiz gesetzt wurde. Mit vier Trainingsabschnitten von je zehn Reizen kann eine tiefgreifende Gewöhnung erzielt werden, die wochenlang anhält. Es muß also eine Art Erinnerung an den Reiz vorhanden sein, die das Verhalten der sensorischen Zellen für längere Zeit beeinflussen kann.

Wir brauchen solche Phänomene jedoch nicht auf physikalische oder chemische Erinnerungsspuren in diesen Zellen zurückzuführen. Sie könnten auch auf morphischen Feldern beruhen, die durch Resonanz des Organismus mit seiner eigenen Vergangenheit stabilisiert werden. Diese Felder, modifiziert durch morphische Resonanz mit den früheren Reaktionen des Nervensystems auf harmlose Reize, organisieren die physikalische und chemische Aktivität der Zellen, also auch die Entsendung von Transmittern an den Synapsen. Es können dadurch Veränderungen in den Zellen auftreten, doch bedeutet dies nicht, daß Erinnerungen als materielle Spuren in ihnen gespeichert werden.

Bei höheren Tieren können Verhaltensfelder Millionen von Zellen umfassen, doch auch hier braucht die Gewöhnung nicht mit der Bildung und Deponierung von Erinnerungsspuren einherzugehen, sondern läßt sich als Phänomen morphischer Resonanz auffassen.

Lernen

Für die Hypothese der Formenbildungsursachen sind vererbte Verhaltenseinheiten oder festgelegte Aktionsmuster wie etwa das Angriffsverhalten der Rotkehlchen mit bestimmten morphischen Feldern assoziiert. Morphische Resonanz mit unzähligen früheren Individuen derselben Art gibt dem mophischen Feld seine Wahrscheinlichkeitsstruktur, und von dieser hängt ab, wie ein instinktives Verhaltensmuster zum Ausdruck kommt. Innerhalb dieses Rahmens hängt das individuelle Verhalten eines bestimmten Tieres natürlich von seiner eigenen früheren Erfahrung ab, mit der es durch morphische Eigenresonanz verbunden ist.

Es gibt viele Beispiele für solches Lernen innerhalb des durch vererbte Instinkte gesetzten Rahmens. Die meisten Jungtiere bewegen sich zunächst recht ungeschickt, doch mit der Zeit wird die Bewegungskoordination immer besser. Zum Teil ist diese wachsende Geschicklichkeit natürlich auf die Reifung des Nervensystems und des Körpers im allgemeinen zurückzuführen, aber sie hat auch mit Übung zu tun.[22] Ein Tier *lernt*, ein ererbtes Aktionsmuster so auszuführen, wie es seinem Körper und seiner Umwelt entspricht.

Bienen und Wespen fliegen zur Futtersuche aus und zeigen dabei eine erstaunliche Fähigkeit, sich die Umgebung ihrer Nester einzuprägen und anhand vertrauter Wegzeichen heimzufinden.[23] Dieses räumliche Lernen ist im Tierreich weit verbreitet; es läßt eine feine Anpassung des instinktiven Verhaltens an den jeweiligen Lebensbereich zu.

Eine besonders sinnfällige Art des instinktiven Lernens ist die sogenannte Prägung. Fast jeder hat schon einmal das typische Folgeverhalten von Hühner-, Gänse- und Entenküken beobachtet, wenn sie dicht gedrängt oder in Reih und Glied hinter ihrer Mutter herlaufen. Konrad Lorenz berichtet, wie er einmal frisch geschlüpfte Gänseküken darauf abrichtete, ihm als Mutter zu folgen. Tatsächlich sind Gänseküken bei diesem Instinkt fast jeder Art von Prägung zugänglich; man kann sie sogar dazu bringen, einem Luftballon nachzulaufen.[24] Nach nur fünfzehn bis dreißig Minuten Prägung auf einen bestimmten Gegenstand erkennen die Küken diesen Gegenstand noch nach siebzig Stunden als «Mutter» und laufen auf ihn zu. Diese Fähigkeit, einen bewegten Gegenstand zu erkennen, wird normalerweise auf Erinnerungsspuren zurückgeführt, doch die morphische Resonanz stellt eine direktere Verbindung her: Das Objekt wird erkannt, weil es über die Sinne bestimmte Aktivitätsmuster des Nervensystems in Gang setzt und diese dann mit den früher vom selben Objekt erzeugten Aktivitätsmustern in Resonanz treten.

Die Experimentalpsychologen haben sich auf eine Art des Lernens konzentriert, die «assoziatives Lernen» genannt wird. Bei der Pawlowschen Konditionierung kann ein automatischer oder unbedingter Reflex – etwa der Speichelfluß, den der Anblick von Fleisch bei einem hungrigen Hund auslöst – durch wiederholte Verknüpfung mit einem anderen Reiz – etwa dem Klang einer Glocke – zu einem bedingten Reflex werden: Der Speichelfluß setzt beim Klang der Glocke ein, selbst wenn kein Fleisch dargeboten wird.

Daneben gibt es noch eine andere Art des assoziativen Lernens, die auf den eigenen Aktivitäten des Tieres beruht. B.F. Skinner und die behavioristische Schule der Psychologie prägten dafür den Begriff «operante Konditionierung»; eine andere gebräuchliche Bezeichnung ist «instrumentelles Lernen». Wenn beispielsweise eine Katze durch Versuch und Irrtum lernt, eine Tür zu öffnen, und dahinter Nahrung findet, wird sie früher oder später das Öffnen der Tür mit dem Empfang von Nahrung assoziieren: Eine konditionierte Reaktion schleift sich ein.

Nach der mechanistischen Theorie beruht das assoziative Lernen auf der Bildung neuer Muster von Nervenverbindungen im Gehirn. Die Hypothese der Formenbildungsursachen gibt hier eine andere Interpretation: Durch die Assoziation bilden sich morphische Felder einer höheren Art für früher getrennte und jetzt verschmolzene Aktivitätsmuster im Nervensystem. Solche höheren Felder stellen also eine Synthese dar, und sie treten urplötzlich als eine neue Ganzheit in Erscheinung. Tatsächlich beobachten wir bei Prozessen des assoziativen Lernens häufig klar erkennbare Diskontinuitäten oder Umschlagspunkte. Beim Versuch-und-Irrtum-Lernen scheinen die Tiere nach längerem Probieren ganz plötzlich eine Verbindung zu erfassen, und wir selbst kennen den «Aha-Effekt», wenn uns etwas blitzartig aufgeht.

Dieses Herstellen einer Verbindung kann sich auch ohne Versuch und Irrtum aufgrund von Einsicht vollziehen. Die Verhaltensforscher gebrauchen den Begriff «Einsicht» in Fällen, wo höher entwickelte Tiere Probleme schneller lösen, als nach der Methode von Versuch und Irrtum zu erwarten wäre. Das klassische Anschauungsmaterial besitzen wir in Wolfgang Köhlers Experimenten mit Schimpansen, die er vor über sechzig Jahren durchführte. Um an eine in unerreichbarer Höhe aufgehängte Banane heranzukommen, fingen sie nach einiger Zeit an, Kisten aufeinanderzustapeln oder zwei Stöcke zu einem längeren zusammenzufügen. Sie besaßen zwar Erfahrung im spielerischen Umgang mit Kisten und Stöcken und mußten den Gebrauch dieser Dinge als Instrumente der Nahrungsbeschaffung erst noch durch Versuch und Irrtum erlernen, aber die *Idee* zur Lösung des Bananenproblems kam ihnen offenbar ganz plötzlich.[25]

Solche Beispiele deuten darauf hin, daß hier Prozesse im Spiel sind, die wir wohl als *mental* bezeichnen müssen.[26] Im Augenblick der Einsicht fügt sich ein potentielles Muster organisierten Verhaltens zusammen. Wir können es als ein neues morphisches Feld betrachten. (Wir werden auf die Entstehung neuer Felder im achtzehnten Kapitel zurückkommen.) Wiederholt sich das Verhaltensmuster, so wird das Feld durch morphische Resonanz weiter stabilisiert. Das Verhalten wird wahrscheinlicher, wird immer mehr zur Gewohnheit und damit immer unbewußter.

Kann Erlerntes vererbt werden?

In der Literatur der Jahrhundertwende findet sich eine Fülle von Berichten über die mutmaßliche Erblichkeit von erworbenem Verhalten, vor allem bei Hunden. Ein Mann, der einen reinrassigen Dobermann besaß – ein junges, noch nicht abgerichtetes Tier –, wollte dessen Anlagen prüfen und bat irgendeinen Fremden auf der Straße, ihn (den Halter) zum Schein anzugreifen. Als der Mann auch nur die Hand hob, ging der Hund mit wütendem Gebell auf ihn los. Man könnte nun sagen, dies offenbare lediglich den Instinkt des Hundes, seinen Herrn zu verteidigen. Der Hundehalter selbst entdeckte hier jedoch etwas, das ihn erstaunte:

> Mich, der ich schon mehr als einen Hund perfekt auf Schutzhund dressierte, hat besonders die Allüre interessiert: dieselbe Allüre, wie sie hochwertige Polizeihunde beim Attackieren von Verbrechern zeigen und die jedem, der sich mit derlei beschäftigt, wohlbekannt ist.[27]

Dem könnte man nun wieder entgegenhalten, daß Dobermänner eben wegen dieser instinktiven Veranlagung als Polizeihunde verwendet werden und die Abrichtung diese Veranlagung nur verstärkt. Betrachten wir aber den Fall eines anderen Hundes, bei dem man das Argument der instinktiven Veranlagung gewiß nicht verwenden kann (jedenfalls nicht im Rahmen einer mechanistischen Interpretation), da es sich bei ihm um die Reaktion auf einen Gewehrschuß handelte:

> Und doch erzählt der vorsichtige, kritische Psychologe S. Exner, wie ein junger, vorher nie aufs Feld geführter Jagdhund den ersten Schuß fallen hörte und augenblicklich daran ging, das Rebhuhn zu suchen, welches gar nicht getroffen worden war, das der Hund also auch nicht hatte stürzen sehen.[28]

Darwin zeigte ein großes Interesse an Berichten dieser Art; er selbst veröffentlichte in der Zeitschrift *Nature* die Geschichte eines Mastiff, der beim Anblick von Metzgern oder Metzgereien von heftigem Widerwillen ergriffen wurde. Man nahm an, daß er früher von einem Metzger mißhandelt worden war. Jedenfalls zeigten noch mindestens zwei Generationen seiner Nachkommen diese gleiche Antipathie.[29]

Erst in den zwanziger Jahren unseres Jahrhunderts wurde damit begonnen, die Vererbung erworbener Gewohnheiten experimentell zu erforschen. Manche Experimente sprachen dafür, daß es diese Form der Vererbung tatsächlich gibt.[30] Pawlow zum Beispiel dressierte Mäuse darauf, zu einem Futterplatz zu laufen, wenn eine elektrische Glocke anschlug. Die erste Generation von Mäusen brauchte 300 Versuche um dies zu lernen, die zweite 100, die dritte 30 und die vierte 10 Versuche.[31] Später teilte er noch mit, man habe versucht, diese Experimente zu wiederholen, doch sie seien «sehr kompliziert, ungewiß und schwer zu kontrollieren».[32] Es wurden keine weiteren Ergebnisse veröffentlicht. (Und nach unserer Hypothese wären auch nicht dieselben Resultate zu erwarten, weil neue Mäuse durch morphische Resonanz mit denen des ursprünglichen Experiments beeinflußt würden.) Seine abschließenden Worte zu diesem Gegenstand lauteten: «Wir müssen die Frage der Erblichkeit bedingter Reflexe oder der erblichen Disposition, sie zu erwerben, vollkommen offenlassen.»[33]

Die gründlichste Untersuchung zu dieser Frage wurde 1920 in Harvard durch William McDougall eingeleitet. Seine eigenen Forschungen und ihre Fortsetzungen in Schottland und Australien zogen sich über mehr als dreißig Jahre hin, und es dürfte sich hier wohl um die längste Experimentalreihe in der Geschichte der experimentellen Psychologie handeln. McDougall verwendete die üblichen weißen Laborratten und brachte sie in ein Wasserbecken, das sie nur verlassen konnten, wenn sie schwimmend den richtigen von zwei einander gegenüberliegenden Aufgängen erreichten. Der eine war hell erleuchtet, aber wenn sie ihn erreichten und aus dem Wasser klettern wollten, erhielten sie einen elektrischen Schlag. Der andere lag im Halbdunkel, war dafür jedoch ungehindert zu benutzen. Beim nächsten Mal, als die Ratten ins Wasser kamen, war die Situation vertauscht: Der zuvor beleuchtete Ausgang, der Schläge ausgeteilt hatte, lag jetzt im Halbdunkel und führte keinen Strom, während der vorher sichere Ausgang jetzt beleuchtet war und unter Strom stand. Die Ratten sollten lernen, daß es schmerzhaft war, den beleuchteten Ausgang zu nehmen.

Die Tiere der ersten Generation brauchten im Durchschnitt 165 Elektroschocks, bis sie lernten, den halbdunklen Ausgang zu benutzen. Spätere Generationen lernten dann immer schneller, und in der dreißigsten Generation lernten die Tiere ihre Lektion schon nach 20 Fehlversuchen. McDougall stellte sicher, daß diese erstaunliche Entwicklung nicht auf der genetischen Selektion besonders intelligenter Ratten beruhte, denn selbst als er die dümmsten Ratten jeder Generation als Elterntiere der nächsten auswählte, zeigte sich, daß die Schnelligkeit des Lernens deutlich zunahm.[34] Er interpretierte seine Befunde als Lamarcksche Vererbung, das heißt als Modifikation der Gene.

Diese Interpretation schmeckte vielen Biologen gar nicht. Es blieb also nichts anderes übrig, als McDougalls Experimente zu wiederholen. Als F. A. E. Crew sich in Edinburgh an die Arbeit machte, lernten seine Ratten bereits in der ersten Generation erstaunlich schnell; sie brauchten im Durchschnitt nur 25 Fehlversuche, und manche fanden auf Anhieb heraus, worum es ging.[35] Seine Ratten schienen da weiterzumachen, wo McDougalls aufgehört hatten. Weder er noch McDougall konnte sich diesen Effekt erklären.

In Melbourne stellten auch W. E. Agar und seine Kollegen fest, daß ihre Ratten von Anfang an weitaus schneller lernten als die ersten Generationen von McDougalls Ratten. Sie setzten ihre Arbeit über fünfzig Generationen von Ratten und über einen Zeitraum von zwanzig Jahren fort und stellten wie McDougall fest, daß die Schnelligkeit des Lernens von Generation zu Generation zunahm. Zusätzlich unterzogen sie jedoch immer wieder auch Kontrollratten aus ganz anderen Zuchtstämmen diesem Test und mußten auch an ihnen eine Verbesserung der Lernfähigkeit konstatieren.[36] Genetische Vererbung schied damit als Erklärung für die beobachteten Phänomene aus. Wie also kam es zu der Verbesserung der Lernfähigkeit? Bis heute wurde keine zufriedenstellende Antwort gefunden. Für unsere Hypothese sind die beobachteten Phänomene allerdings genau das, was zu erwarten war.

Andere Experimentalpsychologen sind zu ihrem Erstaunen auf ähnliche Dinge gestoßen, und zwar bei Experimenten, die einem ganz anderen Forschungsziel dienen sollten. R.C. Tryon zum Beispiel züchtete an der Universität von Kalifornien Ratten, um möglichst reinerbige «schlaue» und «dumme» Zuchtstämme zu erhalten. Um die Schlauen jeder Generation von den Dummen zu sondern, benutzte er ein besonderes Labyrinth,[37] und wie erwartet stellte sich heraus, daß die Nachkommen von schlauen Eltern häufiger schlau als dumm waren und umgekehrt. Was er allerdings nicht erwartet hatte, war der Umstand, daß *beide* Züchtungen das Labyrinth von Generation zu Generation immer schneller bewältigten.[38]

Nach der Hypothese der Formenbildungsursachen sollte eine Beschleunigung des Lernens immer dann zu verzeichnen sein, wenn Tiere auf etwas Neues dressiert werden oder sich an neue Lebensumstände anpassen, und die Beschleunigung sollte – unter sonst gleichen Umständen – immer weiter zunehmen, je häufiger der Vorgang wiederholt wird. Nun bleiben allerdings die Umstände selten gleich, und sei es nur deshalb, weil die Versuchsleiter oder Dresseure mit wachsender Erfahrung ebenfalls geschickter werden. Dennoch spricht vieles dafür, daß es solche Veränderungen tatsächlich gibt. In den letzten Jahren habe ich faszinierende Berichte von Hundehaltern, Pferdetrainern, Falknern, Viehzüchtern und Milchbauern erhalten, in denen erzählt wird, wie die Tiere von Generation zu Generation immer leichter abzurichten waren oder sich immer besser auf neue Methoden einstellten. Alle diese Leute meinen, daß nur ein Teil dieser Veränderungen auf ihre eigene wachsende Erfahrung zurückgeführt werden kann und darüber hinaus reale Veränderungen in den Tieren selbst stattgefunden haben müssen. Ich weiß nicht, ob solche Beobachtungen Ausnahmen oder die Regel sind; eine systematische Untersuchung wäre gewiß höchst interessant.

Ähnliche Veränderungen gehen vielleicht auch in psychologischen Laboratorien ständig vor sich, doch sie werden nur ganz selten systematisch dokumentiert. Ich habe diese Möglichkeit mit zwei der einfallsreichsten Experimentalpsychologen Großbritanniens erörtert. Bei der Entwicklung neuer Aufgabenstellungen für Ratten haben beide immer wieder festgestellt, daß die ersten Ratten im allgemeinen recht langsam lernen, während nachfolgende Generationen die Tricks immer schneller durchschauen. Beide glauben jedoch, daß diese Verbesserungen auf ihre eigene wachsende Erfahrung als Experimentatoren zurückzuführen sind.[39] Daß es diesen «Experimentator-Effekt» tatsächlich gibt, steht außer Zweifel.[40] Mir scheint aber, daß er die beobachteten Phänomene keineswegs erschöpfend erklären kann. Es sieht vielmehr so aus, als würde die Lernfähigkeit der Tiere tatsächlich von Generation zu Generation wachsen, und dies könnte aufgrund von morphischer Resonanz geschehen.

Bei Experimenten, die als Tests für die Hypothese der Formenbildungsursachen gedacht sind, müßten diese beiden Einflüsse – «Experimentator-Effekt» und morphische Resonanz – natürlich klar auseinandergehalten werden. Ein möglicher Versuchsablauf wäre etwa der folgende: Es werden zahlreiche neue Aufgabenstellungen für Ratten entworfen und die entsprechenden Gerätschaften in doppelter Ausführung gebaut. Die Duplikate werden zu einem zweiten Labor geschickt, wo die Versuchsleiter die Ratten alle Aufgaben ausführen lassen und die Lerngeschwindigkeit notieren. Sie werden gebeten, die gleiche Versuchsreihe sechs Monate später noch einmal mit einem neuen Zuchtstamm durchzuführen. Inzwischen wird im ersten Labor *eine* der Aufgaben willkürlich herausgegriffen, und man dressiert Tausende von Ratten auf ihre Lösung.

Die Versuchsleiter im zweiten Labor erfahren nicht, welche der Aufgaben im ersten Labor ausgewählt wurde. Sollten sie nun bei der Wiederholung der Experimente gerade bei dieser Aufgabe eine deutlich überdurchschnittliche Verbesserung der Lernfähigkeit feststellen, so könnte man dies nicht mehr dem Experimentator-Effekt zuschreiben, sondern müßte wohl annehmen, daß hier morphische Resonanz mit den dressierten Ratten des anderen Labors eine Rolle spielt.

Solche Experimente wären naturgemäß nicht exakt wiederholbar, weil man die morphische Resonanz mit früheren Experimenten nicht ausschließen kann; mit neuen Tierarten oder Aufgabenstellungen könnte man jedoch endlos Experimente der gleichen Art entwerfen.

Das Meisenrätsel

Das am besten dokumentierte Beispiel für die spontane Ausbreitung einer neuen Gewohnheit ist das Öffnen von Milchflaschen durch Vögel, wie es in Großbritannien seit langem beobachtet wird. Die Vögel reißen die Deckel der Milchflaschen auf, die frühmorgens vor die Haustüren gestellt werden, und trinken, so weit ihre Schnäbel reichen, bis zu fünf Zentimeter. Gelegentlich findet man ertrunkene Vögel kopfunter in den Milchflaschen vor. Schon in den ersten Minuten nach der Lieferung fallen die Tiere über die Flaschen her, und es heißt sogar, daß sie mitunter in kleinen Schwärmen dem Milchwagen folgen und sich gleich dort bedienen, während der Milchmann gerade Flaschen abliefert.

1921 kamen aus Southampton erste Berichte von Vorfällen solcher Art, und in den Jahren von 1930 bis 1947 wurde die Ausbreitung dieses neuen Verhaltens genau dokumentiert. Es wurde bei elf Vogelarten beobachtet, doch vor allem bei Kohlmeisen, Tannenmeisen und Blaumeisen. Wurde das Verhalten irgendwo erstmals entdeckt, so breitete es sich lokal rasch aus, vermutlich durch Imitation.

Nun entfernen Meisen sich normalerweise nicht sehr weit von ihrem Nistplatz, unter außergewöhnlichen Umständen vielleicht bis zu maximal 25 Kilometer. Wo das Verhalten an Orten auftauchte, die mehr als 25 Kilometer von Stellen entfernt lagen, an denen es bereits beobachtet worden war, mußte man von einer unabhängigen Neuentdeckung

Abbildung 9.5 Eine Blaumeise, die den Metallfolienverschluß von einer Milchflasche reißt. (Nach Hinde)

durch einzelne Vögel ausgehen. Eine detaillierte Analyse der Aufzeichnungen zeigt, daß die neue Gewohnheit sich mit der Zeit immer schneller ausbreitete und daß sie auf den Britischen Inseln mindestens 89 Mal neu entdeckt wurde.[41]

Sie breitete sich auch nach Schweden, Dänemark und Holland aus. Die holländischen Daten sind besonders interessant. Während des Krieges verschwanden die Milchflaschen nämlich praktisch ganz und kamen erst 1947 oder 1948 allmählich wieder in Gebrauch. Kaum eine der Meisen, die das Öffnen der Flaschen vor dem Krieg erlernt hatten, konnte noch am Leben sein; dennoch setzte der Milchraub sehr rasch wieder ein, und «es scheint gewiß, daß die Gewohnheit an vielen verschiedenen Orten von vielen Individuen entwickelt wurde».[42]

Hinde und Fisher machen deutlich, daß das Flaschenöffnen dem instinktiven Verhalten der Meisen entspricht:

> Die ursprüngliche Entdeckung der Milchflasche als Nahrungsquelle dürfte eine logische Folge der Ernährungsgewohnheiten der Meisen sein. Sie scheinen eine natürliche Neigung zu besitzen, auffällige Dinge in ihrer Umgebung zu erkunden und sich zu vergewissern, ob

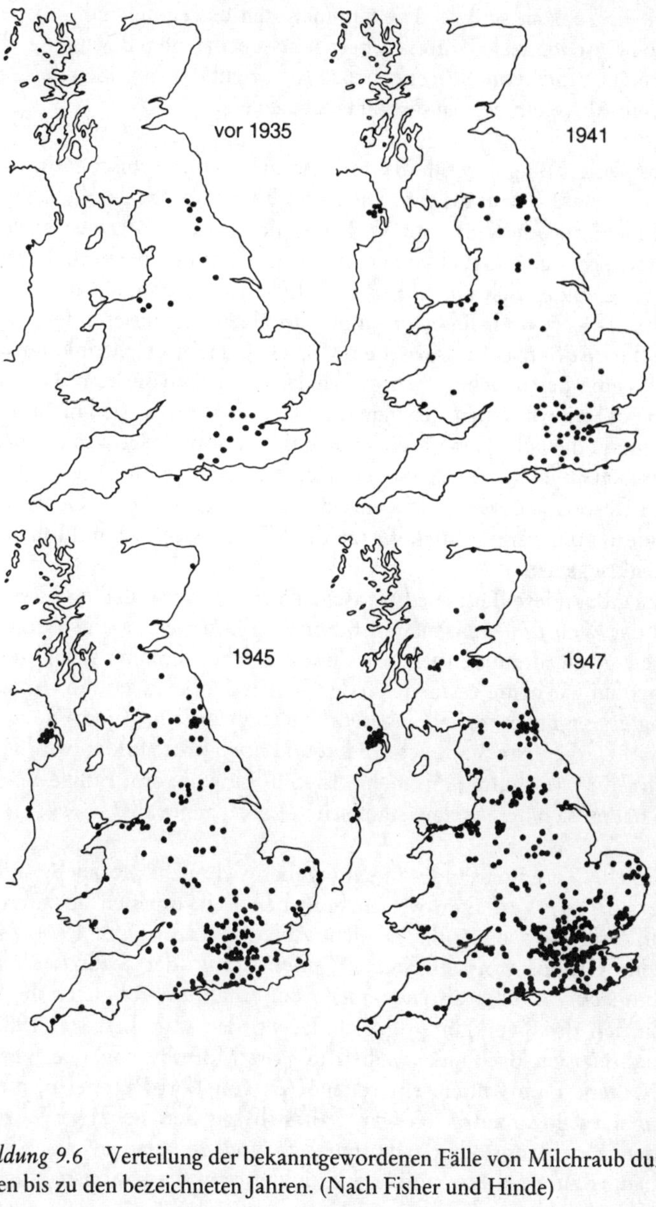

Abbildung 9.6 Verteilung der bekanntgewordenen Fälle von Milchraub durch Meisen bis zu den bezeichneten Jahren. (Nach Fisher und Hinde)

> sie verzehrbar sind ... Die hämmernden Bewegungen, mit denen sie die Flaschendeckel durchlöchern, entsprechen dem Bewegungsablauf beim Öffnen von Nüssen; ebenso entspricht das Abreißen der Deckel dem Abziehen der Rinde von einem Zweig.[43]

Eine Betrachtung unter dem Gesichtspunkt der morphischen Resonanz ergänzt diese Vermutungen. Die instinktiven motorischen Muster führen nicht automatisch zum Verhalten des Flaschenöffnens; wird aber diese Verhaltensmöglichkeit einmal – vielleicht durch Zufall – verwirklicht, so bildet sich ein höheres Verhaltensfeld, nämlich das des Flaschenöffnens, und dieses gewinnt nun einen organisierenden Einfluß auf die instinktiven motorischen Muster. Je mehr milchtrinkende Meisen es gibt, desto mehr verstärkt sich das Feld durch die kumulative Wirkung der morphischen Resonanz, und damit verstärkt sich nicht nur die Neigung, die neue Gewohnheit zu imitieren, sondern es wächst auch die Wahrscheinlichkeit ihrer Neuentdeckung an anderen Orten. Morphische Resonanz erklärt nicht nur die Ausbreitung dieser Gewohnheit, sondern zum Beispiel auch ihr rapides Wiedereinsetzen im Holland der Nachkriegszeit.

Es gibt andere Beispiele für raschen Verhaltenswandel bei Tieren, die mit der Welt des Menschen in Berührung kommen, doch sie sind sehr selten so gut dokumentiert wie dieses. Solche Verhaltensevolution beobachten wir heute vermehrt in den Teilen der Welt, wo die Urbanisierung erst in neuerer Zeit eingesetzt hat. So wurde in Papua-Neuguinea erst 1870 die erste Stadt gegründet, und noch heute finden wir hier nur sechzehn Ortschaften mit mehr als 4000 Einwohnern. Einige Vogelarten haben sich bereits dem städtischen Leben angepaßt.

> Solche Verhaltensänderungen ergeben sich nicht plötzlich, und neu erworbene Verhaltensweisen brauchen Zeit, um sich auszubreiten. In einigen Fällen ist der zeitliche Ablauf bekannt. Erst 1971–74 ließ eine Gruppe von schwarzen Weihen sich in der Stadt Lae nieder, um sich von überfahrenen Tieren zu ernähren – obgleich die Stadt in den dreißiger Jahren gegründet worden war. Erst seit 1983 ernähren sich Brahminenweihen in Port Moresby von überfahrenen Kröten. Eine früher sehr seltene Art von Lori-Papageien, die nur im Urwald anzutreffen war, hält sich seit den siebziger Jahren in den Hochlandstädten auf, um sich von den Samen des Keulenbaums zu ernähren, und ist hier inzwischen die häufigste Vogelart.

> Gelbbrüstige Fliegenschnäpper wanderten zwischen 1976 und 1978 aus der Savanne in die Gegend von Wau ein, fünfzig Jahre nach der Gründung der Stadt.[44]

Solche Entwicklungen wären eine gute Gelegenheit, die Ausbreitung neuer Verhaltensgewohnheiten zu studieren und die mögliche Rolle der morphischen Resonanz zu erforschen.

10. Wie lernt der Mensch?

Die Aneignung körperlicher Fertigkeiten

Wir lernen für gewöhnlich unter der Führung von Menschen, die das zu Erlernende bereits beherrschen. Körperliche Fertigkeiten erlernen wir vor allem durch Nachahmung, und Worte spielen dabei eine untergeordnete Rolle: Jeder weiß, daß man Radfahren kaum aus einem Buch wird lernen können. Indem wir einfach ganz praktisch ans Werk gehen, stimmen wir uns auf die morphischen Felder der betreffenden Fertigkeit ein, und das Lernen wird uns erleichtert durch morphische Resonanz mit unseren Lehrern, aber auch mit den vielen anderen Menschen, die bereits in ähnlicher Weise geübt und diese Fertigkeit erworben haben.

In traditionellen Kulturen haben sich die Handwerke und die zum Überleben notwendigen Fertigkeiten über viele Generationen kaum verändert – denken wir nur an Jagd, Zubereitung der Speisen, Ackerbau, Weberei und Töpferei oder an das Handwerk der Schmiede und Zimmerleute. Auch in unserer Gesellschaft gehört zu den meisten Handwerken und vielen anderen Berufen eine Lehrzeit. Zu allem, was hier gelernt wird, gehören nach unserer Hypothese geschachtelte Hierarchien von morphischen Feldern, die durch morphische Resonanz mit unzähligen Menschen der Vergangenheit stabilisiert werden.

Wo es sich um alte Handwerke und Fertigkeiten handelt, wäre es sehr schwierig, die Rolle der morphischen Resonanz für die Erleichterung des Lernens empirisch zu erforschen. Selbst bei relativ neuen Fertigkeiten wie dem Radfahren fehlen uns objektive Daten, aufgrund derer wir ermitteln könnten, ob heutige Kinder es schneller lernen, als es beispielsweise um die Jahrhundertwende der Fall war. Nach unserer Hypothese sollte dies der Fall sein, da inzwischen Millionen von Menschen das Radfahren erlernt haben und demzufolge ein starkes radfahrmorphisches Feld vorhanden ist; verstreute Hinweise deuten in der Tat darauf hin, daß heutige Kinder sich mit dem Radfahren leichter tun, als es früher der Fall war. Doch wir dürfen dies nicht als Beweis für den Einfluß morphischer Resonanz werten, denn etliche andere Faktoren haben sich inzwischen geändert: Die Räder sind heute anders gebaut, und es gibt für Kinder spezielle Lern-Fahrräder; auch die Motivation dürfte heute nicht mehr dieselbe sein wie früher, und so wäre noch manches andere zu nennen.

Der Sport ist eines der wenigen Gebiete, auf denen uns detaillierte quantitative Angaben über die Entwicklung körperlicher Fähigkeiten zur Verfügung stehen. Das beste Beispiel ist der Mittelstreckenlauf über eine Meile. Seit Roger Bannister 1954 als erster die «Vier-Minuten-Schallmauer» durchbrach, haben viele andere es ebenfalls geschafft, und die Bestzeit wurde immer kürzer: 3 Minuten, 51,1 Sekunden im Jahr 1967 und 3 Minuten, 46,3 Sekunden im Jahr 1985. Ähnliche Verbesserungen beobachten wir auch in praktisch allen anderen Disziplinen. Nicht nur werden die Rekorde immer wieder gebrochen, sondern auch die durchschnittliche Leistung bei internationalen Wettkämpfen steigt an. Auch hier läßt sich die Rolle der morphischen Resonanz nicht eindeutig bestimmen, da zu viele andere Faktoren ins Spiel kommen: bessere Ernährung, bessere Trainingsmethoden, psychologische Faktoren, größere Motivation, bessere Nachwuchsförderung und so weiter.

Experimentelle Tests für die Auswirkungen der morphischen Resonanz müssen so angelegt sein, daß andere Einflußgrößen so konstant wie möglich gehalten werden. Wir werden gegen Ende dieses Kapitels einige Versuchsanordnungen und experimentelle Resultate vorstellen.

Das Erlernen der Sprache

Der Mensch wird mit der erblichen Anlage, Sprachen zu erlernen, geboren – das unterscheidet ihn von allen anderen Lebewesen. Üblicherweise denkt man sich diese Anlage als eine Art Programmierung in der DNS. Im Rahmen unserer Überlegungen handelt es sich jedoch um ein Phänomen morphischer Resonanz mit unzähligen anderen Menschen, die bereits Sprachen erlernten. Diese Resonanz liegt nicht nur der generellen Sprachbegabung des Menschen zugrunde, sondern auch dem Erlernen einer ganz bestimmten Sprache.

Sprachen besitzen einen hierarchisch gegliederten Aufbau, den man sich, nach René Thom, als Hierarchie von Chreoden oder «kanalisierten Pfaden des Wandels» vorstellen kann. Die Satzchreoden organisieren die untergeordneten Wortkomplexe oder Phrasen, die Phrasenchreoden die Wörter, die Wortchreoden die Silben und die Silbenchreoden schließlich die Chreoden der untersten Ebene, die Phoneme.[1]

Solche hierarchischen Organisationsmuster treffen wir in allen Sprachen an. Die grammatikalische Anordnung der Wörter, ihr Beziehungsgefüge, bildet die Syntax einer Sprache. Die Syntax allein schafft jedoch noch nicht den Sinn der Sätze. Es ist durchaus möglich, grammatisch korrekte, aber vollkommen sinnlose Sätze zu konstruieren – und natürlich sind sinnvolle Sätze nicht unbedingt wahr. Der grammatische Satzbauplan stellt die von Noam Chomsky so genannte Oberflächenstruktur des Satzes dar; darunter gibt es weitere Organisationsebenen, die dem Satz seine Tiefenstruktur geben, und diese Tiefenstrukturen der Sätze sind wiederum mit weiteren Organisations- und Beziehungsebenen verbunden, welche die Grundlage des Sinns darstellen.

Es gibt die verschiedensten Theorien über die Struktur der Sprache, und jedes Nachdenken über sinnschaffende Organisationsmuster führt zwangsläufig über die Linguistik hinaus in den Bereich der Psychologie und Philosophie. Die unsichtbaren und unhörbaren Strukturen unter oder hinter der Oberflächenstruktur der Sprache sind außerordentlich schwer zu charakterisieren. Was soll man sich darunter vorstellen? Gewiß sind sie Organisationsmuster, aber von welcher Art? Für die mechanistische Sicht können sie nur irgendwie mit den Aktivitätsmustern des Gehirns in Verbindung stehen. Die Hypothese der Formenbildungsursachen widerspricht dieser Auffassung nicht, sondern ergänzt sie: Wir können uns diese Tiefenstrukturen als geschachtelte Hierarchien morphischer Felder vorstellen, die auf die Aktivitätsmuster des Nervensystems einwirken und durch sie wirksam werden.

Das Verständnis dieser Strukturen ist nicht bloß von akademischem oder philosophischem Interesse, sondern von großer praktischer Bedeutung etwa für die Bemühungen, Übersetzungscomputer oder «künstliche Intelligenz» zu entwickeln. Diesen Bemühungen war bisher nur sehr begrenzter Erfolg beschieden. Daß man auf diesen Gebieten trotz gewaltiger Investitionen an Geld und grauen Zellen nur sehr langsam vorankommt, könnte zum Teil daran liegen, daß man von ganz falschen Voraussetzungen ausgeht: Vielleicht sind Sprache und Intelligenz gar nicht nach mechanistischen Prinzipien organisiert; vielleicht hängen sie von morphischen Feldern ab, die in diesen Computermodellen gar nicht berücksichtigt werden.

Chomsky hält dafür, daß die Schnelligkeit, mit der Kinder eine Sprache erlernen und sogar die grammatischen Regeln erfassen, nicht nach behavioristischer Manier als bloßes Reiz-Reaktions-Lernen aufgefaßt werden kann. Es kommt nämlich sehr bald, schon im Alter von fünf oder sechs Jahren, ein eindeutig kreativer Aspekt ins Spiel: Die Kinder können Aussagen machen und verstehen, die ihnen nie zuvor begegnet sind.[2] Chomsky sieht diese Entwicklung mehr als organischen denn als mechanischen Prozeß: «Sprache, so scheint mir, wächst im Bewußtsein, wie die physischen Systeme des Körpers wachsen.»[3]

Als Erklärung für die erstaunlichen Sprachlernfähigkeiten der Kinder nimmt er an, daß die grundlegenden Organisationsstrukturen der Sprache angeboren, also erblich sind.[4] Da jedoch die Kinder aller Rassen anscheinend die Fähigkeit besitzen, jede Sprache zu erlernen, sah er sich zu der Annahme gezwungen, daß diese erblichen Strukturen allen Sprachen gemeinsam sind: Sie bilden eine «universale Grammatik», und eine der Aufgaben der Linguistik besteht darin, die universalen und grundlegenden Eigenschaften der Sprache, die er als «genetisch programmiert» betrachtet, herauszuarbeiten.

Die universale Grammatik stellt den umstrittensten Begriff von Chomskys System dar. Daß allen Sprachen die von ihm theoretisch abgeleiteten generativen Organisationsprinzipien und Tiefenstrukturen zugrunde liegen, ist keineswegs ohne weiteres ersichtlich – zumal noch nicht spezifiziert wurde, worin sie eigentlich bestehen. Die generelle morphische Resonanz mit allen Menschen, die je gelebt haben, würde in der Tat solche organisierenden Felder und Chreoden verstärken, die den meisten oder allen Sprachen gemeinsam sind, und bis hierher wäre die Übereinstimmung mit Chomskys Theorie noch gegeben. Es ist aber unter dem Gesichtspunkt der morphischen Resonanz gar nicht notwendig anzunehmen, daß die grammatischen Strukturen aller Sprachen aus einer grundlegenden universalen Grammatik hervorgehen. Aufgrund der generellen morphischen Resonanz haben Kinder die *Anlage* zur Spracherlernung, doch sobald sie eine Sprache zu sprechen anfangen, befinden sie sich in morphischer Resonanz mit den Menschen, die sie eben diese Sprache sprechen hören, und die Resonanz erleichtert es ihnen, Grammatik und Wortbestand dieser Sprache zu erfassen.

Chomsky sagt, daß seine Theorie eine Voraussage macht, die – zumindest im Prinzip – überprüfbar ist: Konstruierte man eine künstliche Sprache, welche der universalen Grammatik zuwiderläuft, so würde sich zeigen, daß sie unter normalen Umständen nicht auf natürlichem

Wege zu erlernen ist.[5] Dasselbe wäre natürlich im Rahmen der Hypothese der Formenbildungsursachen zu erwarten (wenn wir, um des Gedankenexperiments willen, einmal davon ausgehen, daß es eine universale Grammatik gibt). Unsere Hypothese macht jedoch darüber hinaus noch eine ganz andere Voraussage, die von Chomskys Gedanken radikal abweicht: Eine künstliche Sprache, die mit der universalen Grammatik *übereinstimmt*, aber in wesentlichen Einzelheiten von sämtlichen natürlichen Sprachen der Vergangenheit und Gegenwart abweicht, wäre sehr viel schwerer zu erlernen als jede natürliche Sprache; hier würde die Unterstützung durch die morphische Resonanz mit anderen, die diese Sprache sprechen, entfallen, denn es gibt und gab sie nicht.

Unsere Hypothese sagt außerdem voraus, daß Sprachen, die von sehr vielen Menschen gesprochen werden und wurden, leichter zu erlernen sein müßten als Sprachen, die keine so weite Verbreitung haben. Warum sind wir dann nicht ohne weiteres in der Lage, Mandarin oder Spanisch zu lernen, Sprachen, die von so vielen Millionen Menschen gesprochen wurden? Bei Erwachsenen stehen dem natürlich die eigenen tiefsitzenden Sprachgewohnheiten entgegen, aber bei Kleinkindern sollte man tatsächlich erwarten dürfen, daß sie eine weitverbreitete Sprache leichter erlernen als einen Dialekt aus dem Amazonasdschungel – einfach deswegen, weil bei einer Sprache, die von vielen Menschen gesprochen wurde und wird, die morphische Resonanz stärker ist. Die praktische Erforschung dieses Gegenstands wäre natürlich sehr schwierig, da noch viele andere schwer kalkulierbare Faktoren im Spiel sind. Wie soll man etwa klar unterscheiden zwischen den Wirkungen der morphischen Resonanz und Einflüssen, die von der jeweiligen genetischen Konstitution, vom kulturellen Umfeld oder von der Art der Kinderpflege ausgehen? Dennoch, vielleicht ist es nicht ganz unmöglich, diese Voraussage empirisch zu verifizieren.

Bildung und Intelligenzquotient

Die allgemeine Schulpflicht hat sich im Laufe der Zeit über die ganze Welt ausgebreitet, und heute können viele Hundertmillionen Menschen lesen und schreiben, während diese Fähigkeiten noch vor hundert Jahren einer kleinen Minderheit vorbehalten waren. Ist es dadurch, daß viele Menschen sich diese Fähigkeiten angeeignet haben, für die nachfolgenden Generationen leichter geworden, sie zu erwerben? Wenn unsere Hypothese zutrifft, so sollte es den Kindern tatsächlich im Durchschnitt leichter geworden sein, all die Dinge zu lernen, die an den Schulen unterrichtet werden, und dazu gehört in jüngster Zeit auch der Umgang mit Computern. Doch wie immer sind neben der morphischen Resonanz noch andere Größen im Spiel: psychologische, soziale, ökonomische Faktoren beeinflussen die Interessenlage und Motivation der Kinder, und von technischen und anderen praktischen Gegebenheiten hängt ab, welche Schulungsmöglichkeiten jeweils gegeben sind. Unter diesen Umständen ist es kaum möglich, ein klares Bild vom Wirken der morphischen Resonanz zu gewinnen. Und davon abgesehen, gibt es kaum quantitatives Datenmaterial, mit dem sich nachweisen ließe, daß Kinder heute aufgrund des kumulativen Einflusses von morphischer Resonanz schneller lernen.

Standardisierte Intelligenztests stellen eine der wenigen Methoden der Datensammlung dar, die uns eine Beurteilung allmählicher Veränderungen erlauben. Solche Tests werden nun seit einigen Jahrzehnten in größerem Umfang angewendet. Die Hypothese der Formenbildungsursachen sagt voraus, daß die Aufgaben solcher Tests im Laufe der Zeit und unter sonst gleichen Umständen leichter zu lösen sind als bei ihrer Einführung. Dies läßt allerdings nicht auf ein allgemeines Anwachsen der Intelligenz schließen, sondern nur auf die Zunahme der Fähigkeit, solche Tests zu lösen. In der Tat hat sich gezeigt, daß bei solchen standardisierten Tests mit der Zeit eine Verbesserung der Leistung eintritt.

Die durchschnittliche Intelligenzleistung innerhalb einer bestimmten Bevölkerung und zu einer bestimmten Zeit bildet die Bezugsgröße, der die Zahl 100 zugeordnet wird; der Intelligenzquotient (IQ) eines jeden Testteilnehmers wird in bezug auf diesen Mittelwert errechnet. Vergleicht man nun die tatsächlich erzielten Punktwerte bei verschiedenen Altersgruppen oder über längere Zeiträume, so lassen sich allmähliche Veränderungen des Durchschnitts-IQ errechnen. 1982 entstand eine heftige Diskussion um die Behauptung, der Durchschnitts-IQ der Japaner sei in unserem Jahrhundert angewachsen und liege nun schon um elf Punkte vor dem Durchschnitts-IQ der Amerikaner.[6] Aufgrund von Detailstudien in Amerika zeigte sich jedoch bald, daß auch hier die Punktzahlen in etwa dem gleichen Maß gestiegen waren; zu ähnlichen Ergebnissen ist man inzwischen auch in mindestens zwölf anderen Ländern gelangt.[7] In der Zeit von 1932 bis 1978 stieg der Durchschnitts-IQ der Amerikaner um 13,8 Punkte, also um durchschnittlich 0,3 Punkte pro Jahr.[8] Auch frühere Untersuchungen an amerikanischen Soldaten des

Ersten und Zweiten Weltkrieges hatten bereits darauf hingedeutet, daß der IQ zwischen 1918 und 1943 beträchtlich zugenommen hatte.[9]

Wie diese Befunde zu interpretieren sind, ist umstritten. Für den Anstieg des IQ in Japan seit dem Zweiten Weltkrieg glaubte man eine Reihe von Einflußgrößen benennen zu können: rapide Urbanisation, Abkehr vom feudalen Gesellschaftssystem, Abnahme der Inzucht, höhere Lebenserwartung, bessere Ernährung und Schulbildung.[10] Diese Erklärungen verloren jedoch an Gewicht, als sich herausstellte, daß die IQ-Punktzahlen in den Vereinigten Staaten zur gleichen Zeit in ähnlicher Weise zugenommen hatten, aber ohne vergleichbare gesellschaftliche Umwälzungen. Führende Gelehrte auf diesem Gebiet führen neuerdings zwei mögliche Ursachen für die IQ-Zunahme an: größere Geläufigkeit beim Umgang mit standardisierten Tests und wachsende Bildung.[11] Wiederholungsversuche mit parallelen Formen von IQ-Tests haben tatsächlich ergeben, daß die getesteten Personen aufgrund des Übungseffekts bis zu fünf oder sechs IQ-Punkte zulegen können – mehr jedoch nicht.[12] Damit bleibt also wachsende Bildung als mögliche Erklärung übrig.

Beide Erklärungen werden jedoch fragwürdig angesichts des Umstands, daß amerikanische High-School-Schüler bei einem standardisierten Eignungstest (Scholastic Aptitude Test, SAT), den jedes Jahr mehr als eine Million Schüler ablegen, zwischen 1963 und 1981 einen Leistungs*rückgang* zeigten. Der Test gliedert sich in mehrere Hauptabschnitte, und der größte Einbruch war in seinem verbalen Teil zu verzeichnen. Eine Untersuchungskommission stellte fest, daß man den Rückgang der Leistungen zur Hälfte anhand der veränderten gesellschaftlichen Schichtenstruktur in der Schülerschaft der High-Schools erklären konnte; die andere Hälfte repräsentierte jedoch einen echten Abwärtstrend, wie er auch in der Gesamtbevölkerung quer durch alle Schichten zu erkennen war. Als mögliche Ursachen nannte die Kommission: gesunkene Leistungsnormen, vermehrtes Schuleschwänzen, die Zerrüttung der Kernfamilie und den Einfluß des Fernsehens.

Wie aber kann der durchschnittliche IQ-Wert steigen, während der durchschnittliche SAT-Wert fällt? Einer der führenden Forscher auf diesem Gebiet, J. R. Flynn, sagt dazu, daß die Faktoren, die zum Leistungsrückgang beim SAT (vor allem in seinem verbalen Teil) führten, möglicherweise ohne Auswirkungen auf die zum IQ-Test erforderlichen Fähigkeiten geblieben sind. Das aber erklärt noch nicht den *Anstieg* der durchschnittlichen IQ-Punktzahl: «Die Zunahme des IQ bei gleichzeitigem Rückgang der SAT-Punktzahlen scheint unerklärlich ... IQ-Zunahmen von dieser Größenordnung stellen für alle Versuche der kausalen Erklärung ein ernstes Problem dar.»[13]

Auch eine Erklärung der beobachteten Phänomene anhand der Hypothese der Formenbildungsursachen scheitert an der Vielfalt der zu berücksichtigenden Faktoren; es dürfte kaum jemals möglich sein, zwischen den Wirkungen der morphischen Resonanz und denen der anderen Faktoren klar zu differenzieren. Kurzum: Anhand des vorliegenden Datenmaterials werden wir zu keiner gültigen und sicheren Schlußfolgerung gelangen. Wenn wir die Hypothese empirisch testen wollen, müssen wir eigens zu diesem Zweck entworfene Experimente durchführen. Wie könnten solche Experimente aussehen?

Einige experimentelle Tests

Wenn wir feststellen wollen, ob morphische Resonanz im Bereich des Lernens eine Rolle spielt, so sind dazu zwei Typen von Experimenten möglich. Beim ersten Typ handelt es sich um Experimente, bei denen während der Experimentierzeit selbst neue Fertigkeiten erlernt werden. Dabei könnten etwa neuartige Puzzles oder Videospiele verwendet werden. Wir lassen Gruppen von Probanden diese Puzzles lösen oder die Videospiele erlernen und ermitteln in regelmäßigen Abständen, wie schnell ihnen das im Durchschnitt gelingt. Inzwischen legen wir dieselben Aufgaben Tausenden von Menschen in einem anderen Land vor. Nun sollte sich bei Versuchspersonen im ersten Land, die erstmals mit den Aufgaben konfrontiert werden, zeigen, daß sie immer schneller lernen, je mehr Menschen anderswo mit den Puzzles oder Videospielen vertraut sind.

Bei den Experimenten der zweiten Art geht es um Fertigkeiten, die schon lange existieren. Hier geht es um den möglichen Einfluß der morphischen Resonanz mit vielen Menschen, die in der Vergangenheit bereits diese Fertigkeit erworben haben. Etliche Experimente dieser Art wurden bereits durchgeführt.

Kinderreime

Im Oktober 1982 (zeitgleich mit der Ausschreibung eines 10000-Dollar-Preises durch die Tarrytown Group von New York für den besten experimentellen Test der Hypothese der Formenbildungsursachen) startete die britische Zeitschrift *New Scientist* einen Wettbewerb, bei dem es um geeignete Versuchsanordnungen zur Überprüfung der Hypothese ging.[14] Die Ergebnisse dieses Wettbewerbs wurden im März 1983 bekanntgegeben. Der Gewinner, Richard Gentle, schlug ein Experiment mit einem türkischen Kinderreim vor.[15] Dabei sollten Englisch sprechende Versuchspersonen unter standardisierten Bedingungen zwei kurze türkische Reime auswendig lernen; einer war ein traditioneller Kinderreim, der Millionen von Türken geläufig war und ist, während der zweite durch Umstellung der Wörter entstand. Die Versuchspersonen sollten nicht erfahren, welcher Reim der echte ist. Beim Auswendiglernen sollte für beide Reime gleich viel Zeit gegeben werden, und anschließend war festzustellen, welchen sie besser behielten. Wenn das Auswendiglernen des echten Reimes durch morphische Resonanz mit Millionen von Türken unterstützt wird, so sollte man erwarten, daß er sich besser einprägt.

Ich griff diesen Vorschlag auf, verwendete jedoch japanische Verse. Der japanische Lyriker Shuntaro Tanikawa war so freundlich, mir für diesen Zweck drei Verse zukommen zu lassen: einen echten Vers, den Generationen japanischer Kinder kennen, und zwei weitere von ganz ähnlichem Aufbau, die eigens zu diesem Zweck verfaßt worden waren. Der eine dieser beiden Verse besaß einen Sinn, der andere nicht.

Wir bildeten nun Experimentalgruppen in Großbritannien und Amerika, die diese Reime (ohne zu wissen, welcher welcher war) durch eine festgelegte Anzahl lauter Rezitationen auswendig lernten. 62% der Versuchspersonen konnten sich eine halbe Stunde danach am besten an den echten Vers erinnern. Dieses Resultat lag weit über den (bei annähernd gleichem Schwierigkeitsgrad aller Reime) zu erwartenden 33%. Auch wenn wir die Verse in schriftlicher Form zum stummen Auswendiglernen vorlegten, konnten 52% sich den echten Reim am besten einprägen – wieder ein hochsignifikantes Ergebnis. Diese letztere Methode ist nicht so effektiv wie das laute Rezitieren, das natürlich sehr viel mehr mit der Art und Weise zu tun hat, in der japanische Kinder tatsächlich diese Verse lernen. Kein signifikanter Unterschied ließ sich bei den beiden neu verfaßten Versen erkennen.

Ein ermutigendes, aber doch noch kein eindeutiges Ergebnis, denn der traditionelle Reim könnte ja, trotz der Bemühungen des Dichters um gleiche Schwierigkeitsgrade, doch leichter zu lernen sein als die beiden neuen. Es wäre ja möglich, daß solche Kinderverse ebenfalls einer Art natürlicher Auslese unterliegen, so daß am ehesten die besonders eingängigen Reime «überleben». Es ist bei dieser Art von Experimenten nie auszuschließen, daß gleichartig wirkende Dinge doch subtile Unterschiede aufweisen, die das Ergebnis verfälschen. Wir werden hier kaum jemals zu einwandfrei gesicherten Resultaten gelangen.

Nehmen wir zum Beispiel den Vorschlag, Passagen aus dem arabischen Koran auswendig lernen zu lassen. Millionen von Muslimen haben bereits solche Passagen auswendig gelernt, viele sogar den ganzen Koran. Selbst in traditionellen islamischen Schulen in Indien ist es keineswegs ungewöhnlich, daß zwölfjährige Jungen diese Leistung vollbringen, ohne auch nur eingehende Kenntnisse des Arabischen zu besitzen. Da also sehr viele Menschen in der Lage waren und sind, den Koran oder Passagen daraus aus dem Gedächtnis zu rezitieren, ist eine starke morphische Resonanz zu erwarten, die das Lernen erleichtern sollte. Dann müßten Passagen des Koran aber deutlich leichter zu erlernen sein als neuere arabische Texte von vergleichbarem Schwierigkeitsgrad. Doch auch hier fehlen uns stichhaltige objektive Kriterien für den Schwierigkeitsgrad (ganz davon abgesehen, daß – zumindest aus islamischer Sicht – ein neuerer Text unmöglich mit dem von Gott inspirierten Koran verglichen werden kann). Dieselbe Schwierigkeit würde sich auch bei der Verwendung von Sanskrit-Mantras ergeben, die seit Jahrhunderten oder Jahrtausenden in Gebrauch sind; oder beim lateinischen Glaubensbekenntnis, das unzählige Katholiken auswendig gelernt haben; oder auch bei häufig gelernten Passagen aus den Werken großer Dichter. In keinem dieser Fälle wäre sicherzustellen, daß neue Texte wirklich vergleichbar wären.

Um dieses Problem zu umgehen, müßten wir den Versuchsablauf ändern. Wir könnten mehrere neue Verse verwenden, zum Beispiel japanische, die von gleichem Metrum, gleicher Klangstruktur und etwa gleichem Schwierigkeitsgrad sind. Man würde nun bei Menschen in einem anderen Land ermitteln, wie schnell diese Verse auswendig gelernt werden können. Dann würde man irgendeinen dieser Verse von vielen Menschen in Japan auswendig lernen lassen (vielleicht ließe er sich sogar zu einem Schlager oder zu einem Reklamespruch verarbeiten). Danach würde man in dem anderen Land wiederum neue Versuchspersonen die

Verse auswendig lernen lassen und messen, wie schnell sie dabei sind. Der Vers, den inzwischen viele Japaner gelernt haben, sollte von dieser zweiten Gruppe von Versuchspersonen nun deutlich leichter zu lernen sein als von der ersten, während bei den anderen Versen, die lediglich der Kontrolle dienen, keine wesentliche Veränderung zu erkennen sein dürfte.

Hebräische und persische Wörter

Die Preise des Tarrytown-Wettbewerbs für die beste Bestätigung oder Widerlegung der Hypothese der Formenbildungsursachen[16] wurden im Juni 1986 verliehen, zuerkannt von einer internationalen Jury von Professoren: David Bohm, University of London; David Deamer, University of California in Davis; Marco de Vries, Ersamus-Universität, Rotterdam; Michael Ovenden, University of British Columbia. Es wurden zwei erste Preise vergeben. Beide Preisträger hatten unabhängig voneinander ähnliche Experimente durchgeführt, der eine mit Wörtern in hebräischer Schrift, der andere mit Wörtern in persischer Schrift.

Diese Experimente fußten auf dem Gedanken, daß Wörter, die von Millionen von Menschen gelesen worden sind, starke morphische Felder haben, die es erleichtern, die Struktur der Wörter zu erkennen. Für Menschen, die diese Sprache und Schrift überhaupt nicht kennen, sollten *echte* Wörter dieser Sprache leichter zu erkennen oder zu lernen sein als willkürlich aus Buchstaben zusammengesetzte Kunstwörter. Diese letzteren sind ja nicht tatsächlich in Gebrauch und daher ohne morphisches Feld. Halten wir fest, daß diese Experimente allein von der visuellen Struktur der Wörter ausgehen, also weder ein Hören noch ein Aussprechen erfordern; der phonetische Wert der Buchstaben spielt hier überhaupt keine Rolle.

Gary Schwartz, Professor für Psychologie an der Yale University, wählte 48 Drei-Buchstaben-Wörter aus dem hebräischen Alten Testament aus, von denen je 24 gebräuchlich beziehungsweise selten waren. Durch Permutation der Buchstaben erzeugte er zu jedem der Wörter ein sinnloses Anagramm. Zusammen waren es also 96 Wörter, die Hälfte echt, die andere Hälfte sinnlos.

Über 90 Studenten, die nach eigenen Aussagen keine Kenntnisse des Hebräischen besaßen, wurden diese Wörter nun in willkürlicher Reihenfolge als Leinwandprojektionen gezeigt. Sie wurden aufgefordert, die *Bedeutung* jedes einzelnen Wortes zu erraten und das erste englische Wort aufzuschreiben, das ihnen in den Sinn kam. Dazu sollten sie auf einer von 0 bis 4 reichenden Skala einschätzen, wie sicher ihre Wahl ihnen selbst bei jedem einzelnen Wort erschien. Man teilte ihnen weder den Zweck der Untersuchung mit, noch erfuhren sie, daß es sich zum Teil um sinnlose Kunstwörter handelte.

Einige wenige Versuchspersonen errieten in der Tat die richtige Bedeutung mancher Wörter. Schwartz berücksichtigte diese Leute bei der Auswertung nicht, um sicherzustellen, daß wirklich keiner der Teilnehmer Vorkenntnisse besaß. Dann analysierte er die Antworten der Teilnehmer, die in keinem Fall die richtige Bedeutung vermutet hatten. Es zeigte sich, daß sie im Durchschnitt mehr Zutrauen zu ihrer Bedeutungs-Vermutung hatten, wenn es sich um echte Wörter handelte (die sie, wie gesagt, von den sinnlosen nicht unterscheiden konnten). Dieser Effekt war bei den gebräuchlichen Wörtern doppelt so stark wie bei den seltenen. Die Resultate waren statistisch hochsignifikant.

Nach Abschluß dieses Teils des Experiments teilte Schwartz seinen Versuchspersonen mit, daß es sich nur bei der Hälfte der Wörter um echte handelte und die anderen künstlich und sinnlos waren. Nun führte er ihnen sämtliche Wörter eines nach dem anderen noch einmal vor und forderte sie auf, die echten und unechten zu identifizieren. Die Auswertung zeigte eine Zufallsverteilung: Was die Studenten unbewußt bereits geleistet hatten, war ihnen nun als bewußte Wahl nicht nachzuvollziehen. Schwartz interpretierte das größere Zutrauen der Versuchspersonen zu ihren (falschen) Vermutungen über den Sinn der *echten* Wörter als «unbewußten Struktur-Erkennungs-Effekt».

Alan Pickering, ein Psychologe des Hatfield Polytechnic in England, verwendete zwei Paare von echten und künstlichen persischen Wörtern in persischer Schrift. Achtzig Studenten nahmen an dem Versuch teil, und jedem von ihnen wurde nur eines der Wörter gezeigt. Jeder hatte sich sein Wort zehn Sekunden lang anzuschauen und es dann nachzuzeichnen. Die Reproduktionen der echten und unechten Wörter wurden von unabhängigen Auswertern nach verschiedenen Methoden verglichen. Die Auswerter erfuhren nichts über den Zweck des Experiments und wußten nicht (was übrigens für Pickering selbst auch galt), welches die echten und unechten Wörter waren.

Die echten Wörter wurden besser reproduziert als die künstlichen. Nach einer Beurteilungsmethode, bei der willkürlich gebildete Paare von Antworten mit den entsprechenden echten und unechten Wörtern verglichen wurden, ergab sich, daß die Reproduktionen der echten Wörter bei 75 % der Paare als besser bewertet wurden als die der unechten. Dieses Ergebnis ist statistisch hochsignifikant; Zufall ist hier mit einer Wahrscheinlichkeit von 10 000 zu 1 ausgeschlossen. Pickering gelangte wie Schwartz zu der Auffassung, daß seine Resultate in Einklang sind mit der Idee der morphischen Resonanz.

Ein möglicher Einwand wäre, daß echte Wörter ästhetische oder andere Qualitäten aufweisen, die bei unechten fehlen – und dies aus Gründen, die mit morphischer Resonanz nichts zu tun haben. Das jedoch ist ein sehr verschwommenes Argument, wie sofort deutlich wird, wenn wir es im Detail anwenden. Schwartz stellte bei gebräuchlichen hebräischen Wörtern einen größeren «unbewußten Struktur-Erkennungs-Effekt» fest als bei seltenen. Wäre dieser Effekt nicht auf morphische Resonanz, sondern auf die ästhetischen oder andere Qualitäten echter Wörter zurückzuführen, weshalb sollte dann das Schriftbild gebräuchlicher Wörter ästhetischer sein als das seltener Wörter? Werden Wörter etwa deshalb gebräuchlicher, weil ihr Schriftbild dem Auge einen erfreulicheren Anblick bietet als andere? Oder werden niedergeschriebene gebräuchliche Wörter deshalb leichter erkennbar, weil sie so häufig verwendet werden, also aufgrund von morphischer Resonanz? Oder spielen gar beide Ursachen eine Rolle, morphische Resonanz und ästhetische Qualitäten?

Jedenfalls bilden beide Experimente einen vielversprechenden Ausgangspunkt für weitere Forschungen anhand von fremdsprachigen Wörtern.

Das Morsealphabet

Um die Mitte des vorigen Jahrhunderts entwickelte Samuel Morse den ersten funktionierenden Telegraphenapparat und ersann dazu einen Code, der jedem Buchstaben des Alphabets eine bestimme Sequenz von Längen und Kürzen zuordnete. Dieses sogenannte Morsealphabet ist im Laufe der Zeit von unzähligen Menschen erlernt und benutzt worden und befindet sich heute noch in Gebrauch. Ist es durch morphische Resonanz mit der Zeit leichter geworden, diesen Code zu erlernen?

Der amerikanische Psychologe Arden Mahlberg, Gewinner des dritten Preises beim Tarrytown-Wettbewerb, hat ein Experiment entwickelt, das diese Frage beantworten sollte. Er konstruierte einen neuen

Code, indem er die Sequenzen von Kürzen und Längen einfach anderen Buchstaben zuordnete. Nun ließ er seine Probanden, die keine Vorkenntnisse besaßen, den echten und den konstruierten Code auswendig lernen und stellte fest, welchen sie leichter lernten. Er präsentierte alles Lernmaterial in geschriebener Form, also als Buchstaben mit den zugehörigen Kürzen und Längen. (S und O wurden ausgeklammert, weil viele Menschen, die nichts vom Morsen verstehen, dennoch mit dem Zeichen S.O.S vertraut sind.) Alle Versuchspersonen bekamen die beiden Codes gleich lange vorgelegt.

In der Anfangsphase stellte Mahlberg fest, daß der echte Morsecode mit signifikant höherer Treffsicherheit gelernt wurde als der künstliche.[17] Bei weiteren Tests mit neuen Probanden zeigte sich jedoch, daß der künstliche Code immer besser gelernt wurde, bis schließlich kaum noch ein Unterschied zu erkennen war. Mahlberg vermutet, daß zunächst der Einfluß der morphischen Resonanz mit den zahllosen Anwendern des echten Morsecodes überwog, später jedoch durch die morphische Resonanz mit früheren Absolventen seines Tests überlagert wurde. Diese Egalisierung der Resultate läßt vielleicht darauf schließen, daß die morphische Resonanz mit früheren Absolventen desselben Tests spezifischer und daher stärker ist als die diffusere Resonanz mit Anwendern des Morsealphabets. Mahlberg nennt dies eine vorläufige Deutung der Resultate und betont die Notwendigkeit, die Zusammenhänge mit weiteren Experimenten gründlicher zu erforschen.

Die Versuchsanordnung ließe sich vielleicht verbessern, indem man für die Kürzen und Längen Töne anstelle der graphischen Zeichen verwendet. Hier wäre eine größere Nähe zur tatsächlichen Erfahrung von Telegraphierern gewahrt. Man könnte einen Kleincomputer leicht darauf programmieren, eine Standardsequenz von Buchstaben auf dem Schirm zu zeigen und dazu die entsprechenden Morsezeichen zu piepsen.

Im ersten von Morse entworfenen Code waren die Kürzen und Längen den Buchstaben noch recht willkürlich zugeordnet. Spätere Abwandlungen, bei denen es um Zeitersparnis und Fehlerreduzierung ging, ordneten den häufigsten Buchstaben die kürzesten Morsezeichen zu.[18] Die Zuordnung von Buchstaben und Morsezeichen war in keinem Fall von dem Gedanken geleitet, den Code leichter erlernbar zu machen. Wir können demnach davon ausgehen, daß Mahlbergs neuer Code tatsächlich nicht aufgrund seiner Anlage schwerer zu erlernen war als der echte Morsecode. Das ist, wenn wir etwa an die Versuche mit

Kinderreimen zurückdenken, ein ganz wesentlicher Vorteil dieser Versuchsanordnung. Auch bei weiteren Experimenten wird man stets darauf zu achten haben, daß man beim Vergleich von Lernleistungen wirklich von gleich schwierigen Lerninhalten ausgeht.

Ein mögliches Experiment mit Schreibmaschinen

Die ersten kommerziell erfolgreichen Schreibmaschinen wurden in den siebziger Jahren des vorigen Jahrhunderts von Remington hergestellt. Die Tastatur war nicht auf leichten Gebrauch oder leichte Erlernbarkeit angelegt, sondern wurde von mechanischen Zwängen diktiert: Man mußte verhindern, daß die Typenhebel der am häufigsten gebrauchten Buchstaben sich ständig in der Mitte verklemmten. Diese nach den ersten Buchstaben der oberen Buchstabenreihe QWERTY-Tastatur genannte Anlage wurde (abgesehen von einigen Anpassungen an spezifische Erfordernisse mancher europäischer Sprachen) im wesentlichen beibehalten. Wir finden sie heute noch auf Computerkonsolen, obgleich die ursprünglichen mechanischen Gründe längst keine Rolle mehr spielen. Immer wieder mal wurden Versuche unternommen, neue und leichter zu bedienende Tastaturen einzuführen, doch keine konnte bisher das alte QWERTY-System verdrängen.

Viele Millionen Menschen haben inzwischen mit QWERTY-Schreibmaschinen gearbeitet. Also kann man damit rechnen, daß das zugehörige morphische Feld durch morphische Resonanz gut stabilisiert ist und das Erlernen des Maschineschreibens erheblich erleichtert. Das Maschineschreiben fasziniert die Psychologen übrigens schon lange, denn «die Schnelligkeit, mit der (auch durchschnittliche) Typisten schreiben, ist weit größer, als ein Experimentalpsychologe aufgrund seiner Erfahrung mit Labortests erwarten würde».[19]

Einer der Gründe, weshalb neue Tastaturen so schwer durchzusetzen sind, besteht natürlich darin, daß alle Benutzer dann umzulernen hätten und man die alten Geräte umbauen oder ersetzen müßte. Darüber hinaus aber könnte das QWERTY-System trotz seines nicht zufriedenstellenden Aufbaus leichter zu erlernen sein, weil schon so viele Menschen damit vertraut sind.

Es gibt Forschungsergebnisse, die darauf hindeuten, daß Anfänger mit der QWERTY-Tastatur schneller lernen als mit irgendeiner Zufallsverteilung der Buchstaben.[20] Alphabetische ABCD-Tastaturen, zum leichteren Lernen gedacht, haben sich in einigen Experimenten als schwieriger[21] und bei anderen als zumindest nicht leichter erwiesen als die Standard-Tastatur.[22] «Anfänger mit wenig oder keiner Erfahrung – und für diese sind alphabetische Tastaturen meist gedacht – waren mit der Standard-Tastatur ebenso schnell oder sogar schneller.»[23]

Bei Experimenten, die als Test für die Auswirkungen der morphischen Resonanz gedacht sind, könnte man Anfänger auf der QWERTY-Tastatur lernen lassen und dann auf einer anderen Tastatur, die nach den Kriterien der heutigen Psychologie gleich schwierig ist, um dann zu ermitteln, auf welcher Tastatur es schneller geht. In der westlichen Welt dürfte es natürlich schwierig sein, hundertprozentige Anfänger zu finden, denn jeder wird schon einmal eine QWERTY-Tastatur zumindest gesehen haben, und schon das könnte das Untersuchungsergebnis verfälschen. Diese Schwierigkeit ließe sich umgehen, indem wir etwa russische Englisch-Studenten als Versuchspersonen wählen, die zwar mit dem lateinischen Alphabet vertraut sind, aber noch nie eine westliche Schreibmaschine gesehen haben. Wenn wir nun den beschriebenen Vergleichstest durchführen und die Studenten auf der QWERTY-Tastatur schneller lernen, so wäre zu vermuten, daß dies auf morphische Resonanz mit westlichen Typisten zurückzuführen ist.

Wir könnten auch die Gegenprobe machen mit westlichen Russisch-(oder Griechisch- oder Hindi-)Studenten, die zwar die betreffenden Alphabete kennen, aber noch keine entsprechenden Schreibmaschinen gesehen haben. Wiederum lassen wir sie mit der Standard-Tastatur der jeweiligen Sprache lernen und dann mit irgendeiner anderen Buchstabenverteilung von gleichem Schwierigkeitsgrad. Die Hypothese der Formenbildungsursachen sagt voraus, daß die Standard-Tastatur leichter zu erlernen ist, weil schon so viele Menschen mit ihr gearbeitet haben. Computer könnten hier die Forschungsarbeit wesentlich erleichtern. Die Tastatur müßte jeweils entsprechend beschriftet und der Computer auf die jeweilige Beschriftung programmiert werden. Außerdem könnte man einen standardisierten Lernablauf einprogrammieren und die Lerngeschwindigkeit automatisch festhalten.

Diese wenigen Beispiele werden gezeigt haben, daß es sich durchaus lohnt, solche Experimente durchzuführen, und daß dies auch mit vertretbarem Aufwand möglich ist. Sollten weitere Experimente unserer Hypothese immer mehr Gewicht verschaffen, so könnte das weitreichende Auswirkungen auf die schulische und berufliche Ausbildung haben. Vielleicht werden wir einmal neue Lehrmethoden entwickeln, die gezielt den hilfreichen Einfluß der morphischen Resonanz nutzen.

11. Erinnern und Vergessen

Welche Rolle könnte die morphische Resonanz für unser persönliches Gedächtnis spielen? Daß wir uns an Menschen, Orte, Melodien, Worte, Ideen, Geschichten, Ereignisse und vieles mehr erinnern können, ist uns so selbstverständlich, daß wir uns normalerweise gar nicht zu fragen brauchen, wie unser Gedächtnis funktioniert.

Die herkömmliche Theorie besagt, daß alles, woran wir uns erinnern können, in Form von materiellen Mustern – den Erinnerungsspuren – in unserem Gehirn gespeichert ist. Es gibt solche materiellen Muster für jede Melodie, die wir kennen, für jeden Menschen, der uns vertraut ist, für jedes Wort in unserem Wortschatz, für jedes Ereignis, dessen wir uns entsinnen können – Myriaden von Erinnerungsspuren für alle Inhalte unseres Gedächtnisses. Doch eigentlich ist das pure Spekulation. Niemand hat je eine Erinnerungsspur gesehen, und Wissenschaftler, die nach ihnen forschten, fanden keine.

In diesem Kapitel werde ich eine andere Möglichkeit erkunden, nämlich daß Erinnerungen eben *nicht* im Gedächtnis gespeichert sind. Die raum-zeitlichen Muster, die wir erinnern, sind vielleicht nicht dem Gehirn eingeschrieben, sondern beruhen möglicherweise auf der Wirkung morphischer Felder. Die morphischen Felder, die in der Vergangenheit unsere Erfahrung, unser Verhalten und unsere geistigen Aktivitäten organisierten, können durch morphische Resonanz wieder gegenwärtig werden. Wir erinnern uns aufgrund dieser morphischen Resonanz mit unserer eigenen Vergangenheit.

Verhaltensfelder und mentale Felder

Wenn unser Verhalten von morphischen Feldern organisiert wird, so enden diese Felder natürlich nicht an den Grenzen unseres Gehirns oder unseres Körpers, sondern breiten sich in die Umgebung aus und verbinden den Körper mit seiner Umwelt. Sie koordinieren die Sinneswahrnehmung und das Handeln, verbinden die sensorischen und motorischen Regionen des Gehirns, bilden eine geschachtelte Hierarchie morphischer Felder, bis hinunter zu den Feldern einzelner Nerven- und Muskelzellen.

Ähnliche Vorstellungen entwickelte die Gestaltpsychologie in den zwanziger und dreißiger Jahren. In der akademischen Psychologie ist dieser Ansatz aus der Mode gekommen, doch im Zusammenhang mit der Theorie morphischer Felder gewinnt er eine neue Bedeutung. In beiden Ansätzen spielen holistische Organisationsmuster eine Rolle, die den Körper *und* die Umwelt einbeziehen. Gestaltpsychologen haben diese Ganzheiten häufig als «psychophysische Felder» bezeichnet.

Für die Gestaltpsychologen hat das Verhaltensumfeld nicht einfach Objektcharakter, sondern bildet zusammen mit dem Verhalten ein psychophysisches Feld mit «dynamischen Eigenschaften». Kurt Koffka veranschaulichte dieses Prinzip an einem einfachen Beispiel: Stellen Sie sich vor, Sie liegen auf einer Bergwiese in der Sonne, entspannt und mit der Welt im Frieden. Plötzlich hören Sie einen Hilfeschrei – und Ihr Empfinden und Ihre Umwelt verändern sich augenblicklich.

> Zuerst war Ihr Feld homogen, und Sie befanden sich im Einklang mit ihm. Keine Aktion, keine Spannung. Tatsächlich wird in solch einem Zustand sogar die Unterscheidung von Ich und Umwelt undeutlich; ich bin ein Teil der Landschaft, und die Landschaft ist ein Teil von mir. Dann durchdringt dieser schrille Laut die einschläfernde Stille, und alles ist verändert. Dynamisch gesehen waren zuvor alle Richtungen gleichwertig, nun hebt sich plötzlich eine Richtung aus allen anderen hervor, und in diese Richtung werden Sie gezogen. Diese Richtung ist mit Kraft aufgeladen, die Umgebung scheint sich zu kontrahieren, es ist, als hätte sich in einer glatten Oberfläche eine Furche gebildet, der Sie nun folgen müssen. Zugleich bildet sich eine scharfe Differenzierung zwischen Ihrem Ich und dieser Stimme, und das ganze Feld gewinnt einen höheren Spannungsgrad.[1]

Der erste Typ von Feldern, das homogene Feld, ist sehr selten; jedes Handeln setzt inhomogene Felder voraus, Felder mit Kraftlinien. Diese Felder organisieren das Verhalten auf bestimmte Ziele hin. Wenn Footballspieler beispielsweise auf die Torlinie des Gegners zustürmen, so «sehen sie das Spielfeld als ein Feld sich verändernder Linien, deren Hauptrichtung sie zum Tor hinführt . . . Alle motorischen Aktivitäten der Spieler, die Ortswechsel auf dem Feld, sind mit den visuellen Verschiebungen verbunden.» Und diese Reaktionen haben nichts mit logischem Denken zu tun, denn im Spannungsfeld des Spielgeschehens »bildet die visuelle Situation den direkten Auslöser für die motorischen Aktivitäten».[2]

Der Feldbegriff ist das, worin die Gestaltpsychologie und die Hypothese der Formenbildungsursachen einander ähnlich sind, doch die Gestaltpsychologen erkannten nicht die Möglichkeit der morphischen Resonanz, sondern blieben bei der Theorie der Erinnerungsspuren: Felder können erinnert werden, weil Spuren von ihnen im Gehirn zurückbleiben. «Die Felder des gegenwärtigen Geschehens umfassen die Spuren des früheren Geschehens.»[3] Für unsere Hypothese brauchen Felder keine materiellen Spuren im Gehirn zu hinterlassen, so wie ja auch ein Programm, auf welches ein Radio eingestellt ist, keine Spuren im Gerät hinterläßt. Ein Feld hat Einfluß auf ein System, das auf dieses Feld abgestimmt ist. Wird die Abstimmung verändert, so kommen andere Felder ins Spiel und das ursprüngliche Feld «verschwindet». Es erscheint wiederum, wenn das von ihm beeinflußte System erneut in den früheren Zustand eintritt und wieder in morphischer Resonanz mit diesem Feld steht.

Verhaltensfelder organisieren unser Gewohnheitsverhalten, und zwar für gewöhnlich so, daß wir uns dessen nicht bewußt sind. Demgegenüber muß bewußte mentale Aktivität, etwa das Nachdenken über alternative Handlungsmöglichkeiten, nicht unbedingt mit äußerem Verhalten verbunden sein. Hier geht es mehr um virtuelles oder mögliches Verhalten und Handeln. Die Felder, die gemäß unserer Hypothese mit mentaler Aktivität verbunden sind, unterscheiden sich von Verhaltensfeldern und sollen daher auch einen eigenen Namen erhalten: mentale Felder. Auch sie sind morphische Felder, die durch morphische Resonanz mit früheren Aktivitätsmustern ähnlicher Art stabilisiert werden. Wenn wir die verschiedenen Arten organisierter Aktivität betrachten, ist es durchaus sinnvoll, bei den morphischen Feldern zwischen morphogenetischen Feldern, Verhaltensfeldern und mentalen Feldern zu unterscheiden, doch wir können hier keine scharfen Trennungsstriche ziehen. Die verschiedenen Arten von morphischen Feldern sind vielleicht eher wie Bänder eines Spektrums, die ineinander übergehen wie die Bänder eines Lichtspektrums. Bei Amöben, die sich durch Änderung ihrer Gestalt fortbewegen, könnten wir beispielsweise von einem Mittelding zwischen einem morphogenetischen und einem Verhaltensfeld sprechen. Im Falle neuer menschlicher Fertigkeiten – denken wir etwa an das Spielen neuer Video-Spiele – geht das mentale Feld, dem das Spiel seine Entstehung verdankt, mit wachsender Übung beim tatsächlichen Spielen allmählich in ein Verhaltensfeld über.

Erinnerungen und morphische Resonanz

Wie wir die Dinge erfahren und wie wir uns ihrer erinnern, hängt von unseren Interessen und Motiven ab. Was eine Bedeutung für uns hat, prägt sich uns besser ein als anderes. Nichts hat an und durch sich selbst Bedeutung; die Dinge sind nur in ihrem Kontext wichtig und nur für den, der sie wichtig nimmt: Ihre Bedeutung hängt ab von Beziehungen. Solche Beziehungs- und Interaktionssysteme haben die unterschiedlichsten Namen bekommen. Einige Beispiele: F. C. Bartlett, einer der Pioniere der Gedächtnisforschung, nannte sie *Schemata*;[4] Arthur Koestler verstand diese Systeme als *Hierarchien* der Wahrnehmung und des motorischen Geschehens;[5] G. H. Bower spricht von «Organisationsfaktoren des Erinnerns» und meint damit einerseits das *Kategorisieren* psychischer Inhalte aufgrund gemeinsamer Eigenschaften und andererseits den Prozeß, durch den diese Klassen auf vielfache Weise zueinander in *Beziehung* gesetzt werden.[6]

Aus der Sicht unserer Hypothese sind solche Schemata, Hierarchien und Organisationsfaktoren als morphische Felder zu betrachten, die zu Hierarchien angeordnet sind und durch höhere Felder auf vielfache Weise miteinander verknüpft werden.

Unsere Fähigkeit, Dinge zu erkennen und zu kategorisieren, hängt von Beziehungsmustern ab. Ein Wort beispielsweise erkennen wir unter den verschiedensten Umständen: Es kann mit hoher oder tiefer Stimme gesprochen werden, mit regionalem oder ausländischem Akzent, von einem alten Menschen oder einem Kind; es kann auch von Hand oder mit der Maschine geschrieben sein. Wir erkennen es aufgrund von *Mustern*: das gesprochene Wort anhand der Sequenz seiner Elemente oder

Phoneme in der Zeit, das geschriebene Wort als die räumliche Sequenz seiner Buchstaben. Wir erkennen auch einen einzelnen Buchstaben in vielen verschiedenen Schriftarten oder Drucktypen. Auch eine Melodie, mag sie gesummt oder auf irgendeinem Instrument gespielt sein, erkennen wir trotz der großen Klangunterschiede; und wir können den Klang verschiedenster Instrumente und Stimmen anhand ihrer jeweiligen Eigenart erkennen, welche Melodie sie auch anstimmen mögen. Wir erkennen Pflanzen, Tiere und Gegenstände, mag auch jedes einzelne Lebewesen oder Ding, dem wir begegnen, sich von allen anderen unterscheiden, die wir schon kennen.

Die Klassen oder Kategorien, anhand derer wir die Einzeldinge erkennen, sind nach unserer Hypothese mit charakteristischen morphischen Feldern verknüpft, die unsere Wahrnehmung organisieren, und zwar meist in enger Beziehung zu der Sprache, anhand derer wir unsere Erfahrung nicht nur einordnen und beschreiben, sondern auch mitteilen. Diese Klassen oder Kategorien der Erfahrung gehören zu unserem biologischen und kulturellen Erbe, und stabilisiert werden sie durch morphische Resonanz mit unserer eigenen früheren Erfahrung und mit der Erfahrung anderer Menschen. Wie alle morphischen Felder sind auch die Felder unserer Wahrnehmungen, Kategorien und Begriffe nicht starr definiert, sondern stellen Wahrscheinlichkeitsstrukturen dar. Nur aufgrund dieser fließenden Konturen ist es möglich, Dinge, die nicht identisch, sondern einander nur ähnlich sind, als gleichartig zu erkennen und der gleichen Kategorie zuzuordnen.[7]

Die Elemente einer konkreten Erfahrung werden nicht nur kategorisiert, sondern auch zueinander in Beziehung gesetzt. Auch dies können wir uns als die Wirkung morphischer Felder vorstellen: Morphische Felder verknüpfen und vereinigen die Elemente zu integralen Ganzheiten. Sie geben den Elementen Sinn durch die Einbindung in solche Ganzheiten höherer Ordnung. Und da jedes bestimmte Element der Erfahrung mehr als einen Sinn haben kann, gibt es mehr als eine Möglichkeit der Einbindung in Felder höherer Ordnung. Aufgrund unserer bewußten Erfahrung bilden sich ganze Verknüpfungs-Muster, und das Erinnern ist ein Rekonstruieren dieser Muster; wir erinnern uns nicht an das eigentliche Geschehen, sondern an die subjektive Erfahrung, die damit verbunden war. Diese Erfahrung wird von Feldern organisiert, und deshalb geschieht das Erinnern durch Eigenresonanz.

Das Kurzzeitgedächtnis bewahrt Erfahrungen für eine begrenzte Zeit – ähnlich einem verebbenden Nachhall. Diese Art von Gedächtnis ist vielleicht mit elektrischen Schwingungsmustern im Nervensystem, die sich durch Selbstresonanz tragen, ausreichend erklärt. Werden die Elemente der Erfahrung nicht durch Felder einer höheren Ordnung aufeinander bezogen, so haben sie keinen Zusammenhalt. Ihr vorübergehendes Nebeneinander löst sich auf, und es bleibt kein Verknüpfungsmuster, das erinnert werden könnte. Beim Langzeitgedächtnis hängt alles von der Bildung übergeordneter Felder ab, die später durch morphische Resonanz wieder gegenwärtig werden können. Diese Bildung morphischer Felder hängt vom Grad unserer Bewußtheit ab. Bewußtheit ist gleichsam die Kehrseite der Medaille, deren Vorderseite – Gewöhnung – wir bereits kennengelernt haben.

Gewöhnung und Bewußtheit

Wir erinnern uns an Ereignisse, die an bestimmten Orten und zu bestimmten Zeiten stattfanden, auch wenn wir unsere Erinnerungen nicht immer exakt einem Ort und einer Zeit zuordnen können. Daß wir uns vergangene Ereignisse ins Gedächtnis zurückrufen können, liegt an ihrer Einmaligkeit oder Besonderheit.

Unsere bewußte Erfahrung ist eingebettet in ein Umfeld von Gewohnheiten und gewohnten Abläufen. Gewöhnung schafft ein Gefühl der Vertrautheit, aufgrund dessen wir viele Dinge in unserer Umgebung gar nicht mehr eigens wahrnehmen. Um so deutlicher nehmen wir das wahr, was sich von diesem Hintergrund des Vertrauten abhebt. Alles Neue zieht unsere Aufmerksamkeit an. Und Aufmerksamkeit ist das Prinzip, aufgrund dessen wir Beziehungsmuster herstellen und uns erinnern können.

Gewöhnung kann als ein Phänomen der Eigenresonanz aufgefaßt werden: Je ähnlicher gegenwärtige Muster denen der Vergangenheit sind, um so spezifischer ist die morphische Resonanz. Je geringer aber der Unterschied zwischen Vergangenem und Gegenwärtigem ist, desto weniger nehmen wir das Gegenwärtige wahr. Gewöhnung ist ein Grundzug unserer Wahrnehmung, und das ist bereits in der Natur und Funktionsweise des sensorischen Systems begründet: Wir bemerken eher Veränderungen und Unterschiede als das Gleichbleibende, denn wenn ein bestimmter Reiz immer wiederkehrt und immer wieder dasselbe rhythmische Muster in den Sinnesorganen und dem Nervensystem auslöst, unterliegt er der Eigenresonanz und wird nicht mehr bemerkt.

Wir alle wissen, daß wir gleichbleibende Berührungsreize nicht mehr bemerken, etwa den Kontakt des Gesäßes mit der Sitzfläche oder das Gefühl der Kleidung auf der Haut. Was wir aber bemerken, sind *Veränderungen* in der Art oder Intensität der Berührung. Und das gilt auch für die anderen Sinne; vertraute Gerüche, Geräusche und Anblicke nehmen wir bald nicht mehr wahr. Bei der Gewöhnung ist auch eine zeitliche Komponente zu berücksichtigen: Sie kann über einen langen Zeitraum allmählich eintreten, aber auch im Augenblicksgeschehen von Sekunde zu Sekunde eine Rolle spielen. Die Kurzzeit-Gewöhnung im visuellen System etwa gibt uns die Möglichkeit, auch feine Unterschiede wahrzunehmen, wenn wir die Dinge mit dem Blick abtasten; wir nehmen eher die Grenzen wahr als die relativ homogenen Flächen dazwischen; wir bemerken bewegte Dinge eher als stillstehende.

Wie langsam oder schnell die Gewöhnung jedoch eintreten mag, stets ist mit ihr eine Art unbewußte Erinnerung des Vertrauten verbunden, und diese stellt den Hintergrund dar, vor dem wir Veränderungen, Bewegungen und Unterschiede wahrnehmen. Unsere bewußte Erinnerung hängt von diesem Gewahrsein ab, denn wir können uns nicht an etwas erinnern, dessen wir gar nicht erst gewahr gewesen sind.

Unser Gedächtnis weist zwei Hauptaspekte auf, das Wiedererkennen und das Erinnern; betrachten wir nun, welche Rolle die morphische Resonanz für diese beiden Aspekte spielt.

Wiedererkennen

Beim Wiedererkennen bemerken wir, daß eine gegenwärtige Erfahrung irgendwie auch mit einem Erinnern verbunden ist: Wir *wissen*, daß wir an diesem Ort schon einmal gewesen sind oder diesen Menschen schon einmal getroffen haben oder diesem Gedanken schon irgendwo begegnet sind, doch es fällt uns nicht unbedingt ein, wo oder wann das war. Wiedererkennen und Erinnerung sind verschiedene Gedächtnisleistungen: Wiedererkennen beruht auf der Ähnlichkeit von gegenwärtiger und früherer Erfahrung und ist mit einem Bewußtsein der Vertrautheit verbunden; zum Erinnern bedarf es jedoch einer aktiven Rekonstruktion der Vergangenheit. Daher ist das Wiedererkennen in der Regel leichter als das Erinnern. So kann es etwa sein, daß uns bei einer wohlvertrauten Gartenpflanze, die wir jederzeit wiedererkennen, der Name nicht einfällt, selbst wenn er uns «auf der Zunge liegt» und wir vielleicht sogar den Anfangsbuchstaben wissen. Sagt uns dann jemand den Namen, so erkennen wir ihn natürlich augenblicklich wieder.

Dieser Unterschied von Wiedererkennen und Erinnern ist in vielen psychologischen Experimenten sogar quantitativ aufgezeigt worden. Bei einem dieser Experimente hatten die Probanden 100 Wörter zu lernen, die ihnen fünfmal vorgelegt wurden. Sie konnten sich anschließend nur noch an durchschnittlich 38 Wörter erinnern. Mischte man die 100 Wörter jedoch mit 100 anderen und legte sie zum Wiedererkennen vor, so stieg die Trefferquote auf 96.[8] Noch erstaunlicher fallen die Ergebnisse bei visuellen Experimenten aus. Man legt den Versuchspersonen etwa eine Figur von beliebiger, aber bedeutungsloser Form vor und fordert sie auf, sich den Umriß einzuprägen und ihn anschließend nachzuzeichnen. Schon innerhalb weniger Minuten zeigt sich, daß das Erinnerungsvermögen rapide nachläßt und damit auch die Fähigkeit, die Form nachzuzeichnen. Legt man diese Form jedoch nach Wochen, gemischt mit einer Reihe ähnlicher Umrisse, noch einmal vor, so wird sie von den Probanden mit großer Treffsicherheit wiedererkannt.[9] Überhaupt ist die Fähigkeit des visuellen Wiedererkennens bei uns in der Regel sehr gut ausgebildet, ohne daß wir uns dessen eigens bewußt wären. Bei einem Experiment wurden den Probanden 2650 Farbdias für jeweils zehn Sekunden gezeigt. Später wurden sie mit Paaren von Dias getestet, von denen eines jedesmal ein neues war; bei jedem Paar hatten sie das Dia zu identifizieren, das sie bereits gesehen hatten. Noch nach mehreren Tagen gaben sie 90% richtige Antworten. Dieses Ergebnis verschlechterte sich nur unwesentlich, wenn man die Bilder nur für eine Sekunde oder seitenverkehrt zeigte.[10]

Nach unserer Hypothese beruht Wiedererkennen ebenso wie Gewöhnung auf morphischer Resonanz mit ähnlichen früheren Aktivitätsmustern in den Sinnesorganen und dem Nervensystem; ähnlich sind diese Muster dadurch, daß die ihnen zugrundeliegenden sensorischen Reize ähnlich (wenn nicht gleich) sind. Voraussetzung für Wiedererkennen und Gewöhnung ist, daß gewisse Strukturen und Züge des Körpers und der Umwelt relativ unverändert bleiben, so daß die Aktivitätsmuster sich wiederholen können.

Erinnern

Für das Wiedererkennen spielt die *sensorische* Seite des Gedächtnisses die wichtigste Rolle; es hängt von den Sinnesorganen und vom sensorischen Teil des Nervensystems ab. Das Erinnern ist demgegenüber vor allem ein Prozeß aktiver Rekonstruktion, also der *motorische* Aspekt des Gedächtnisses; es hängt von den motorischen Organen und vom motorischen Teil des Nervensystems ab. Dies ist ohne weiteres zu erkennen an unserem Gedächtnis für körperliche Fertigkeiten wie Radfahren oder Klavierspielen oder auch das Sprechen und Schreiben. Bei dieser Art von Erinnerung kommen gewohnte und mehr oder weniger unbewußte Aktivitätsmuster ins Spiel. Nach unserer Hypothese werden diese Muster von Chreoden organisiert und die Chreoden wiederum durch morphische Resonanz mit ähnlichen früheren Mustern stabilisiert.

Auch das bewußte Erinnern, selbst wenn es sich nicht in äußerer Aktivität bekundet, ist ein aktiver Prozeß. Wenn wir denken, rufen wir uns frühere Erfahrungen oder auch früher erworbenes Faktenwissen ins Gedächtnis zurück, etwa um praktische Probleme zu lösen; diese Erinnerungen tragen häufig zur Bildung neuer Organisationsmuster bei, mit deren Hilfe das Problem zu lösen ist. Auch in Träumen oder Tagträumen erinnern wir uns, und auch hier ist es ein aktiver, konstruktiver Prozeß; nicht selten werden hier die Elemente früherer Erfahrung auf geradezu erstaunliche Weise miteinander verwoben. Häufig erinnern wir uns in Gesprächen mit anderen an etwas, und manchmal werden diese Erinnerungen durch besondere Umstände oder Sinneswahrnehmungen ausgelöst; besonders verblüffend ist mitunter, was bestimmte Gerüche alles in uns wachrufen können. Das Er-innern ist ein beständiger Teil unseres Innenlebens, begleitet unseren «Bewußtseinsstrom», unseren «inneren Dialog».

Bei Tieren, an denen wir so etwas wie Denktätigkeit beobachten, spielt vielleicht auch das Erinnerungsvermögen eine entscheidende Rolle. Denken wir nur an Köhlers Affen, die den spielerischen Umgang mit Kisten und Stäben gewohnt waren und diese Dinge dann einsetzen konnten, um an die viel zu hoch aufgehängten Bananen heranzukommen. Solche Fähigkeiten setzen ein kinästhetisches, ein räumliches und ein visuelles Gedächtnis voraus.

Eine Art von Gedächtnis, die wir nur beim Menschen finden, ist das sprachliche Erinnerungsvermögen. Wir können anderen von unseren

Erfahrungen erzählen, sofern wir sie in Worte zu kleiden vermögen. Daß uns die Worte einfallen, ist ein aktives Erinnern, das auf früherem Gebrauch der Sprache beruht und natürlich auf der grundlegenden Fähigkeit, Erfahrung in Sprache umzumünzen. Selbst wenn wir nur stumm denken, ist damit ein «virtuelles» Sprechen verbunden. Auch unser nichtverbales akustisches Erinnerungsvermögen besitzt aktiven Charakter; wir können eine Melodie summen, die wir kennen, oder sie stumm in uns erklingen lassen als ein «virtuelles» Summen.

Unsere Fähigkeit, uns an bestimmte Erfahrungen zu erinnern, hängt davon ab, welche Verknüpfungen wir zu jener Zeit und an jenem Ort in unserem Bewußtsein knüpften und wie diese Erfahrung durch morphische Resonanz mit anderen verbunden war. Sofern wir die Sprache gebrauchen, um die Elemente unserer Erfahrung zu kategorisieren und zu verknüpfen, kann die Sprache uns auch helfen, die vergangenen Muster zu rekonstruieren. Wo keine Verknüpfungen stattfanden, wird auch das Erinnern schwierig.

Aufgrund unseres Kurzzeitgedächtnisses können wir uns an Wörter und Wortsequenzen gerade lange genug erinnern, um die Beziehungen zwischen ihnen zu erfassen und ihren Sinn zu verstehen. Wir erinnern uns vor allem an den Sinn, an das Verknüpfungsmuster, das zwischen den Wörtern besteht, und nicht so sehr an die Wörter selbst. Es ist relativ einfach, das Wesentliche eines kürzlich geführten Gesprächs zusammenzufassen, aber wir können es selten wörtlich wiedergeben. Das gilt auch für die geschriebene Sprache: Sie können sich vielleicht noch an Fakten und Ideen aus dem vorigen Kapitel dieses Buches erinnern, aber vermutlich könnten Sie keinen einzigen Satz so wiederholen, wie er dasteht.

Doch nicht nur im Hinblick auf die Sprache, sondern ganz allgemein gilt, daß wir die Elemente unserer jüngsten Erfahrung aufgrund des Kurzzeitgedächtnisses untereinander und mit früheren Erfahrungen, an die wir uns erinnern, verknüpfen können. Was unverbunden bleibt, wird vergessen. Die Verknüpfungen beruhen nach unserer Hypothese auf morphischen Feldern. Bei der Sprache weist dieser Verknüpfungsprozeß zwei Aspekte auf: die verbale Kategorisierung der Erfahrung und das Herstellen von Beziehungen durch virtuelles oder tatsächliches Sprechen. Die Strukturen der Sprache, die mit geschachtelten Hierarchien von Chreoden verbunden sind, bilden die Grundlage für solche Verknüpfungen.

Im Falle des räumlichen Erinnerns – etwa an die Anlage eines bestimmten Hauses – stehen die morphischen Felder, welche die Dinge und Örtlichkeiten miteinander verbinden, zu entsprechenden körperlichen Bewegungsmustern in Beziehung: durch eine Tür gehen, einen Flur entlanggehen, eine Treppe hinaufsteigen, einen Raum betreten und so weiter. Diese Bewegungsmuster werden von Chreoden in morphischen Feldern organisiert, und eben diese werden durch morphische Resonanz erinnert. Diese morphischen Felder bestehen nicht nur für die Bewegungsmuster selbst, sondern für Bewegungsmuster in einem bestimmten Umfeld; sie verknüpfen also die körperlichen Bewegungen mit relevanten Zügen der wahrgenommenen Umwelt. Es sind räumlich-zeitliche Felder: räumlich in dem Sinne, daß sie sich nicht nur im Körper befinden, sondern auch auf seine Umgebung erstrecken; zeitlich in dem Sinne, daß sie mit zeitlich ablaufenden Aktivitätsmustern verbunden sind.

Die Prinzipien, nach denen wir uns etwas einprägen und uns daran erinnern, werden von verschiedenen Methoden der Gedächtnisschulung (Mnemonik) schon seit langer Zeit praktisch angewendet. Es sind Techniken der Verknüpfung der zu erinnernden Dinge mit solchen, die sich besonders leicht einprägen. Im Bereich der Sprache sind dies die allen bekannten «Eselsbrücken»: Wir prägen uns bestimmte Dinge anhand von Reimen oder eingängigen Wortfolgen ein: «3–3–3, bei Issus Keilerei», oder: «Wer ‹brauchen› ohne ‹zu› gebraucht, braucht ‹brauchen› gar nicht zu gebrauchen.»

Andere Techniken sind räumlicher Art und beruhen auf bildlicher Vorstellungskraft. Bei der Lokalisationsmethode prägt man sich zunächst eine Sequenz von Örtlichkeiten ein, etwa die verschiedenen Zimmer und Schränke des eigenen Hauses, und visualisiert dann jeden der zu erinnernden Gegenstände in einem dieser Zimmer oder Schränke.

Die Grundprinzipien der Mnemonik waren schon im Altertum bekannt und gehörten zum Studium der Rhetorik. In der Renaissance erwachte ein neues Interesse an der «Gedächtniskunst», und man entwikkelte etliche komplexe Systeme auf der Basis der Lokalisationsmethode.[11] Moderne Methoden der Gedächtnisschulung, wie sie in den Illustrierten angepriesen werden, sind die Erben dieser langen Tradition.[12]

Manche Menschen sind ganz außerordentlicher Gedächtnisleistungen fähig, und einige von ihnen haben sich der Wissenschaft zur Verfügung gestellt. Der sowjetische Neuropsychologe Alexander R. Luria beschreibt den Fall des jungen Zeitungsreporters S., der seinen Redakteur durch die erstaunliche – und für ihn selbst ganz selbstverständliche – Fähigkeit verblüffte, detaillierte Berichte zu verfassen, ohne dabei auf irgendwelche Notizen zurückzugreifen. Luria legte ihm immer länger werdende Listen von Wörtern und Zahlen vor – anfangs dreißig, dann fünfzig, dann siebzig – und stellte fest, daß er sie sich, auch nach Jahren noch, präzise und in jeder Reihenfolge und offenbar mühelos ins Gedächtnis zurückrufen konnte. Er lernte Gedichte in fremden Sprachen, die er nicht verstand, aber auch komplexe mathematische Formeln. Es stellte sich heraus, daß er eine ganz eigene Lokalisationsmethode anwendete:

> Als S. eine lange Liste von Wörtern durchging, rief jedes Wort ein graphisches Bild hervor. Und da die Liste ziemlich lang war, mußte er diese Bilder irgendwie aufreihen oder in eine Sequenz bringen. Meistens (und diese Methode behielt er sein Leben lang bei) verteilte er sie entlang einer Straße, die er innerlich visualisierte ... Diese Technik, eine Reihe von Wörtern in eine Reihe graphischer Bilder umzuwandeln, macht verständlich, weshalb S. eine ganze Liste von Anfang bis Ende und sogar in umgekehrter Reihenfolge reproduzieren konnte und wie er es fertigbrachte, die beiden Nachbarwörter eines von mir willkürlich herausgegriffenen Wortes zu benennen: Er schritt einfach die Straße ab, vom Anfang oder vom Ende her, suchte das Bild des Wortes auf, das ich genannt hatte, und «schaute sich an», was links und rechts davon war.[13]

Nicht alle Gedächtniskünstler setzen visuelle Hilfsmittel ein. Mitunter werden auch Zahlen als Gedächtnisstützen für Wörter verwendet.[14] Nirgendwo jedoch finden wir ein passives Einprägen, wie es der geläufige Begriff «photographisches Gedächtnis» impliziert: Das Einprägen und das Erinnern sind stets aktive Prozesse. Erinnert werden nicht die Gegenstände selbst, völlig isoliert, sondern die Assoziationen oder Beziehungen, in die sie eingebunden sind.

Vergessen

Wenn das Gedächtnis auf morphischer Resonanz beruht und die Wirksamkeit der Resonanz nicht mit der Zeit schwindet, weshalb wird dann überhaupt etwas vergessen?

Auf den ersten Blick scheint die Theorie der Erinnerungsspuren eine einfache und naheliegende Erklärung des Vergessens zu liefern: Erinnerungsspuren nutzen sich ab, sie verfallen. Doch selbst die orthodoxen Gedächtnistheoretiker teilen diese Anschauung nicht. Denn wenn sie zuträfe, müßten alte Leute sich besser an die jüngste Vergangenheit erinnern als etwa an ihre Kindheit, und gerade das Gegenteil ist der Fall. Wir alle wissen, wie das ist, wenn etwas jahrelang Vergessenes uns wieder einfällt. Es dürfte schwierig, wenn nicht unmöglich sein zu beweisen, daß irgend etwas auf Dauer verlorengeht.

Die Gedächtnistheoretiker unterscheiden verschiedene Arten des Vergessens. Zur Erklärung führen sie hypothetische «Rückgewinnungsmechanismen» und Erinnerungsspuren im Nervensystem an, doch bei näherem Zusehen zeigt sich, daß man die beobachteten Phänomene ebenso gut anhand von morphischer Resonanz interpretieren kann.

Der Großteil dessen, was wir sehen, hören oder sonstwie erfahren, wird fast augenblicklich vergessen, wenn es unser Kurzzeitgedächtnis verläßt. Den meisten Dingen schenken wir keine Aufmerksamkeit und binden sie daher nicht in Beziehungsgefüge ein: Es bleiben keine Verknüpfungen und Assoziationen zurück, die erinnert werden könnten. Die mechanistische Theorie sagt in diesem Fall, es seien gar keine Erinnerungsspuren gebildet worden; unsere Hypothese hält die Behauptung dagegen, es seien keine entsprechenden morphischen Felder gebildet worden.

Zweitens hängt das Vergessen aber auch vom Zusammenhang ab. Es ist wohlbekannt, daß wir uns an Namen, Fakten oder fremdsprachige Wörter am besten erinnern, wenn sie in ihrem natürlichen Zusammenhang stehen. Die «Kontextabhängigkeit» des Erinnerungsvermögens ist vielfach experimentell demonstriert worden.[15] Vergessen ist hier nicht als Verfall von Erinnerungsspuren zu erklären, sondern macht deutlich, welche Rolle die Bildung von Beziehungsmustern für das Erinnerungsvermögen spielt.

Drittens ist eine bestimmte Art des Vergessens in dem von Sigmund Freud geprägten Begriff der Verdrängung impliziert; gemeint ist die Unfähigkeit, sich an bestimmte «traumatische» Ereignisse zu erinnern, die sich jedoch trotzdem sehr tiefgreifend auf das Verhalten auswirken. Sie sind, wenn überhaupt, nur sehr schwer ins Bewußtsein zurückzurufen, weil sie etwas Unerträgliches beinhalten.

Hier sind es gerade die Verknüpfungen oder Beziehungsmuster, die aufgrund ihrer besonderen Art zum Vergessen führen. Niemand nimmt an, daß sie aufgrund des Verfalls von Erinnerungsspuren vergessen werden.

Verschiedene Arten von Gedächtnisverlust können viertens nach Gehirnverletzungen eintreten, und Gehirnerschütterungen sind häufig mit Gedächtnisverlust für mehr oder weniger lange Zeiträume verbunden. Diese Art von Gedächtnisverlust erweist sich jedoch oft als reversibel: Die Erinnerungen kehren allmählich zurück. Wir werden die Auswirkungen von Gehirnverletzungen im nächsten Kapitel eingehender betrachten; hier genügt es zunächst, wenn wir festhalten, daß Gedächtnisverlust nach solchen Verletzungen nicht bedeuten muß, daß die verlorenen Erinnerungen als materielle Spuren im geschädigten Gewebe gespeichert waren. Es könnte, selbst nach der herkömmlichen Theorie, bedeuten, daß die geschädigte Region lediglich der «Datenrückgewinnung», nicht aber der «Datenspeicherung» diente. Unsere Hypothese schließlich würde in diesem Fall sagen, das zerstörte Gewebe habe der morphischen Resonanz der Person mit ihrer eigenen Vergangenheit gedient.

Eine fünfte Art des Vergessens scheint auf der Überlagerung verschiedener Erfahrungen von ähnlicher Art zu beruhen: Ähnliche Erfahrungen fließen manchmal zusammen, so daß wir sie uns nicht mehr getrennt ins Gedächtnis zurückrufen können. Wiederholungen führen zu Gewöhnung und vermindern im selben Maße die Fähigkeit, sich bewußt zu erinnern. So können wir uns beispielsweise nicht an alle Gelegenheiten erinnern, bei denen wir ein Auto steuerten, doch eben dies ist auf der anderen Seite der Gewöhnungseffekt, der uns zu fähigen Fahrern macht. Oder wenn wir zum Beispiel einen interessanten Ort nur *einmal* besuchen oder einem faszinierenden Menschen nur *einmal* begegnen, werden wir vermutlich einen detaillierten Eindruck davon behalten. Geschieht es jedoch häufig, so sind die Einzelheiten des ersten Mals immer schwerer zu erinnern, verschwimmen in einer Art kumulativer Gesamterinnerung an den Ort oder die Person. Diese Überlagerung einer Erfahrung durch spätere ähnliche Erfahrungen wird in der psychologischen Literatur als retroaktive oder rückwirkende Interferenz bezeichnet; sie wurde vielfach experimentell demonstiert.[16]

Das «Zusammenfließen» oder «Verschwimmen», das diese Art des Vergessens ausmacht, läßt sich auch gut durch morphische Resonanz erklären, die ja Einflüsse von ähnlichen früheren Aktivitätsmustern kumuliert und verschmilzt. Die Unterschiede zwischen ähnlichen Aktivitätsmustern gehen zwar nicht verloren, aber sie können nicht mehr getrennt erinnert werden.

12. Geist, Gehirn und Gedächtnis

Niemand weiß, in welcher Weise unsere bewußte Erfahrung mit dem Körper und dem Gehirn verbunden ist. Ohne weiteres ersichtlich ist, daß unsere subjektive Erfahrung von dem Geschehen um uns her und in unserem Körper beeinflußt wird. Ebenso ersichtlich ist aber auch, daß unser Denken, Sprechen und Verhalten von nichtmateriellen Gegebenheiten abhängt: von Theorien, Überzeugungen, Wünschen, Hoffnungen, Ängsten, Gewohnheiten, Erinnerungen und Absichten. Wie können solche rein subjektiven Gegebenheiten objektive, beobachtbare Auswirkungen haben? Welche Beziehung besteht überhaupt zwischen dem Subjektiven und dem Objektiven?

Diese Frage der Beziehung zwischen Seele und Körper oder zwischen Geist und Gehirn ist eines der ältesten Probleme der Philosophie und nach wie vor ungelöst. Wir werden in diesem Kapitel zunächst die Aussagen der beiden Hauptschulen des Denkens betrachten: des Materialismus oder Physikalismus auf der einen Seite und des Dualismus oder Interaktionismus auf der anderen. Die Hypothese der Formenbildungsursachen läßt diesen uralten Disput in einem ganz neuen Licht erscheinen und schenkt uns eine neue Sichtweise des in Mode gekommenen Vergleichs des Gehirns mit einem programmierten Computer. Wir kehren dann zur Frage des Gedächtnisses zurück und werden uns fragen, welcher Zusammenhang zwischen Gehirnverletzungen und Gedächtnisverlust besteht und was die Auslösung von Erinnerungen durch elektrische Stimulation des Gehirns bedeuten mag. Am Schluß des Kapitels stehen einige Schlußfolgerungen, die sich aus diesen Überlegungen ergeben.

Materialismus und Dualismus

Die Materialisten glauben, daß der Geist im Gehirn ist. Manche betrachten das bewußte mentale Geschehen als Begleiterscheinung der Gehirntätigkeit – eine Art Schatten: Das Bewußtsein ist Auswirkung des physikalischen Geschehens im Gehirn, kann aber selbst nicht kausal wirken; es besitzt keinerlei Funktion, und ob es vorhanden ist oder nicht, macht keinen Unterschied. Andere glauben, daß die bewußten mentalen Prozesse und die Gehirnaktivität einfach zwei Aspekte ein und derselben Wirklichkeit sind. Man gebraucht verschiedene Bezeichnungen, doch eigentlich sind sie identisch – wie der Morgen- und der Abendstern.

Ein Grundzug des Materialismus besteht in der Annahme, daß in der physikalischen Welt keinerlei Kausaleinflüsse von anderswoher wirksam werden können: Weder die Seele noch das Bewußtsein noch der Geist noch irgend etwas, das nicht physikalisch zu definieren ist, kann irgendwelche Einflüsse auf physikalische Prozesse ausüben. Was wir denken, sagen oder tun, ist nach dieser Auffassung – zumindest im Prinzip – vollständig erklärbar durch physikalisch-chemische Gehirnprozesse, die den bekannten Naturgesetzen unterliegen. Wir haben keinen freien Willen insofern, als nichts in uns einen Einfluß auf die Dinge ausüben kann, die ohnehin aus rein physikalischen Gründen geschehen würden. Zufallsereignisse in unserem Körper mögen für unsere Entscheidungen und für unsere Kreativität eine Rolle spielen, doch sie begründen keine Freiheit des Willens oder der Wahl – ihre Beliebigkeit ist nicht unser Belieben.[1]

Als wichtigste Alternative zum Materialismus haben wir seit Descartes die Schulen des dualistischen oder interaktionistischen Denkens, die eine durch das Gehirn vermittelte Wechselwirkung zwischen Geist – oder Ich, Seele, Psyche, Bewußtsein – und Körper postulieren. Wir können auch eine dynamischere Ausdrucksweise wählen und sagen: Das bewußte mentale Geschehen steht über die Gehirntätigkeit mit dem physikalischen Geschehen im Körper in Wechselwirkung. Man hat versucht, diese Wechselwirkung durch Analogien zu verdeutlichen: Geist oder Bewußtsein seien wie der Fahrer eines Wagens oder wie der Pianist am Flügel, wobei die Tastatur für das Gehirn steht; oder wie die «Software» eines Computers, die mit der «Hardware», dem Gehirn, in Wechselwirkung steht. Diese letzte Analogie läßt sich noch weiterführen, wenn wir das bewußte Ich dem Programmierer analog setzen, also dem Erzeuger der Software, durch die er mit der Hardware in Wechselwirkung treten kann.

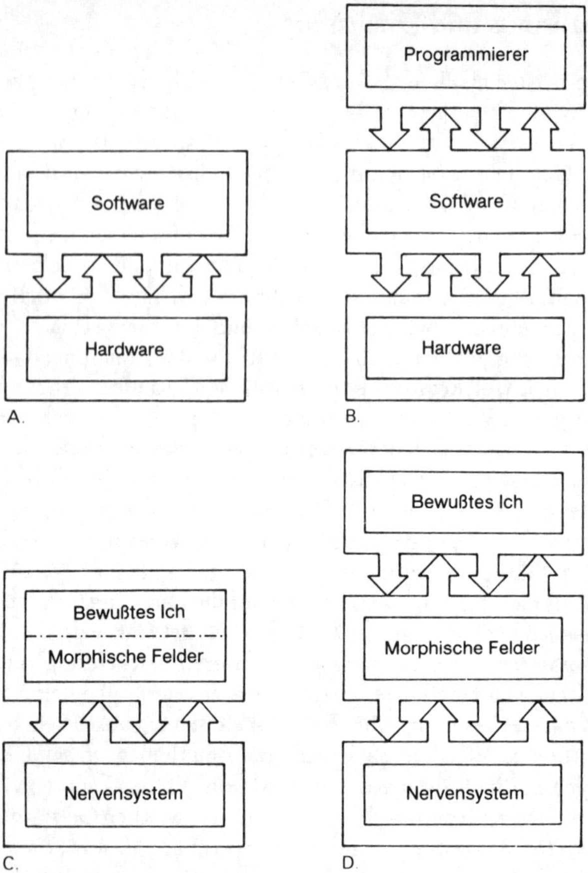

Abbildung 12.1 Oben: Die Computer-Analogie für die Wechselwirkung von Geist und Gehirn. A: Geist oder Bewußtsein wird mit der Software verglichen. B: Die Software entspricht den Programmen des bewußten und unbewußten Geistes; das bewußte Ich ist der Programmierer. Unten: C: Die »physikalistische« Interpretation: Das bewußte Ich ist der subjektive Aspekt des morphischen Feldes, das mit dem Nervensystem in Wechselwirkung steht. D: Die »interaktionistische« Interpretation: Das bewußte Ich steht in Wechselwirkung mit den morphischen Feldern, die auf der anderen Seite auch mit dem Nervensystem in Wechselwirkung stehen.

Der Materialismus ist zwar die «offizielle» Philosophie der modernen Naturwissenschaft, doch auch der Interaktionismus hat seine Verfechter, in der Philosophie zum Beispiel Karl Popper;[2] im Bereich der Naturwissenschaften finden wir erstaunlich viele Befürworter dieses Denkansatzes, zum Beispiel die Quantenphysiker Werner Heisenberg und Wolfgang Pauli[3] oder Neurophysiologen wie Wilder Penfield,[4] John Eccles[5] und Roger Sperry.[6]

Die alte Debatte zwischen Materialisten und Dualisten hat in den letzten Jahren eine neue Wendung genommen. Viele, die sich als Materialisten oder Physikalisten betrachten, haben das Computermodell der Beziehung zwischen Geist und Gehirn akzeptiert, doch auch die Interaktionisten haben sich diese Metapher zu eigen gemacht – und ihnen ist sie eigentlich viel gemäßer als den traditionellen monistischen Materialisten.

Die Hypothese der Formenbildungsursachen führt die Idee der morphischen Felder ein, die mit dem Nervensystem in Wechselwirkung stehen und eine ganz ähnliche Rolle spielen wie das Programm oder die Software in der Computermetapher. Diese Felder lassen die alte Physikalismus-Interaktionismus-Debatte in einem neuen Licht erscheinen und sind in beiden Denkansätzen interpretierbar, wie wir es in Abbildung 12.1 schematisch als Möglichkeit C und D dargestellt haben: Im Rahmen der physikalistischen Theorie können wir das Bewußtsein als den subjektiven Aspekt jener morphischen Felder betrachten, welche die Gehirntätigkeit organisieren; das Bewußtsein steht nicht über den Feldern, sondern existiert irgendwie in ihnen. Aus der Sicht des Interaktionismus stehen die Felder mit dem bewußten Ich in Wechselwirkung, sind vielleicht auch in diesem bewußten Ich enthalten, das zugleich auch der schöpferische Ursprung neuer Felder sein könnte.

Diese beiden Interpretationen entsprechen denen der Computermetapher; dort wurde der Geist entweder als ein Aspekt der Software betrachtet oder dem bewußten Programmierer analog gesetzt, der *über* die Software mit dem Computer in Wechselwirkung tritt.

Gehirnprogramme

Chreoden in morphischen Feldern ähneln Programmen insofern, als sie Organisationsstrukturen darstellen und eine Zielorientierung aufweisen. Weshalb es solcher Vorstellungen bedarf, wird deutlich, wenn wir betrachten, wie die Computermetapher zu ihrer beherrschenden Stellung im modernen Denken über die Organisation der mentalen Aktivität kam. Einen Großteil dieses Denkens können wir in die Terminologie unserer Hypothese übersetzen, indem wir für «Programm» einfach «morphisches Feld» einsetzen.

J. Z. Young zum Beispiel, der viele Jahre der Erforschung des Nervensystems gewidmet hatte, äußerte schließlich die Ansicht, das Leben des Menschen werde wie das der Tiere von Programmen regiert:

> Manche dieser Programme kann man «praktisch» oder physiologisch nennen; sie stellen sicher, daß wir atmen, essen, trinken und schlafen. Andere sind sozialer Art; sie regeln unser Sprechen und andere Formen der Kommunikation; sie ermöglichen, daß wir zu Übereinstimmungen kommen, steuern unser Lieben und Hassen. Daneben haben wir auch Langzeitprogramme, die den Fortbestand unserer selbst und der Rasse sichern: Programme der Sexualität, Programme für Wachstum und Entwicklung, aber auch Programme des Alterns und Sterbens. Am wichtigsten sind vielleicht die Programme für das, was wir «geistig» oder «mental» nennen – für das Denken, Vorstellen, Träumen, Glauben.[7]

Young zitiert die Definition für «Programm» in *Webster's Third New International Dictionary*: «Verfahrensplan; ein Konzept oder System, nach dem man auf ein angestrebtes Ziel hinarbeiten kann.» Er bezeichnet die Programme des Gehirns als «Aktionspläne», die in Kraft treten, wenn besondere Situationen dies erfordern.

Dieser Programmbegriff unterscheidet sich deutlich von all den Bestrebungen, Geist oder Bewußtsein auf die Physik der Nervenimpulse oder die Molekularbiologie der Nervenzellen zurückzuführen. Tatsächlich kommen wir heute an einer ganzheitlichen Sicht der Gehirntätigkeit kaum noch vorbei, und so stoßen wir in der Fachliteratur auch allenthalben auf Begriffe wie «integrierte Muster» oder «organisierte Systeme». Sogar Francis Crick, der Nestor der Molekularbiologie, sah sich zu dem Schluß gezwungen, daß manche Abläufe im Gehirn «einer Art übergreifendem Kontrollsystem»[8] unterstehen.

Die Vertreter der allgemeinen Systemtheorie sind der Auffassung, man müsse den übergreifenden oder integrativen Aspekt der Gehirntätigkeit aufgrund der Dynamik selbstorganisierender Systeme interpretieren,[9] und es gibt bereits Ansätze zu mathematischen Modellen solcher Systeme.[10] Auch hier steht die Computer-Analogie im Vordergrund:

> Das Gehirn ist ein Kommunikationsmechanismus, der von der Selbstorganisation der Information benutzt oder gesteuert wird. Es hat mit dieser Information nicht mehr zu tun als etwa ein Computer mit der Information, die er verarbeitet. Obwohl der Vergleich zwischen Gehirn und Computer nicht zu weit getrieben werden kann – sie verkörpern zum Teil ganz verschiedene Prinzipien –, ist es vielleicht doch nützlich, auch beim Gehirn zwischen «hardware» und «software» zu unterscheiden. Das Netzwerk von Neuronen stellt dann die «hardware» dar und seine vielleicht mehrschichtige Selbstorganisations-Dynamik die «software».[11]

Wenn wir dies als eine Form des Materialismus betrachten, so ist es jedenfalls nicht der traditionelle monistische Typus, sondern die moderne dualistische Spielart, die den Primat der Information über Materie und Energie anerkennt – und das ist ja, wie wir bereits von Norbert Wiener hörten (S. 119), die Bedingung für das Überleben des Materialismus in der heutigen Welt. Diese moderne dualistische Sicht wird in einem neueren Werk auf einen kurzen Nenner gebracht:

> Das Mentale hängt nicht von einem bestimmten physischen Substrat ab, sondern von der funktionellen Organisation der Prozesse, die dieses Substrat ermöglicht. Es ist nach wie vor nicht nötig, mystische Eigenschaften heranzuziehen, um den Geist zu erklären, aber die Theorie der Programmsteuerung kann durchaus zur Ausgestaltung dieses Ansatzes beitragen.[12]

In den letzten Jahren macht sich ein wechselseitiger Einfluß zwischen den Bemühungen um Modelle der Gehirntätigkeit und dem neuen Forschungsfeld der künstlichen Intelligenz bemerkbar.[13] Man hofft durch die Verbesserung der Computertechnologie zu besseren Modellen der «Informationsverarbeitung» im Nervensystem zu gelangen, und andererseits wird erwartet, daß bessere Modelle des Nervensystems die Entwicklung der künstlichen Intelligenz fördern werden. Doch die Zweifel bleiben, und nicht zuletzt bei denen, die diese Forschung vorantreiben:

> Wie erklärt die Computeranalogie das Erkennungs- und Wahrneh-

> mungsvermögen? Den meisten Neurobiologen ist nicht ganz wohl bei dieser Analogie, doch sie haben kaum etwas, das an ihre Stelle zu setzen wäre. Auch die Computerleute haben keine Ahnung, wie weit diese Analogie überhaupt reicht ... In der «Künstliche-Intelligenz-Gemeinde» ist es in den letzten Jahren üblich geworden zu behaupten, die Fähigkeit des Wahrnehmens und Erkennens könne erst dann als verstanden galten, wenn es gelänge, eine Maschine zu bauen, die den Prozeß genau nachbildet. Die Strategie erscheint vernünftig: Könnte man tatsächlich eine Maschine bauen, die das Sehvermögen des Menschen nachvollzieht, so würde eine Demonstration ihrer Fähigkeiten alle möglichen Leute davon überzeugen, daß man dem Problem des Sehvermögens nun wirklich auf die Spur kommt. Die Skeptiker werden allerdings einwenden, Simulation sei noch nicht Verstehen.[14]

Hier stellt sich das gleiche Problem wie bei den Computermodellen der Morphogenese: Wovon oder wofür sind diese Modelle eigentlich Modell? Es nimmt ja wohl niemand an, ein sich entwickelnder Organismus oder ein menschliches Gehirn sei tatsächlich ein elektronischer Computer aus Silikonchips und anderen nichtorganischen Komponenten. Die Plausibilität solcher Modelle beruht nicht auf materieller Ähnlichkeit von Computern und Organismen, sondern auf der klaren Trennung von Software und Hardware. Die Programme mit ihrer Zielorientierung und Organisationsfunktion sind auf Form, Struktur, Beziehung und Information ausgerichtet; sie sind nicht auf die Wechselwirkungen der Elektronen, Atome und Moleküle der Hardware zu reduzieren. Im Grunde sind diese zielorientierten Programme wie morphische Felder.[15] Es gibt allerdings einen wesentlichen Unterschied: Die Programme, so wird angenommen, sind «den Genen und Gehirnen eingegeben»[16] und werden gespeichert (so wie Computerprogramme in entsprechenden Einrichtungen des Computers gespeichert werden), während morphische Felder nicht im Gehirn fixiert sind, sondern durch morphische Resonanz gegenwärtig werden. Die Programmtheorie der Gehirnorganisation und die Hypothese der Formenbildungsursachen führen also zu ganz verschiedenen Aussagen über die Natur des Gedächtnisses.

Gehirn und Gedächtnis

Die Spurentheorie des Gedächtnisses ist, wie schon mehrfach betont, eher eine Annahme als ein empirisch erwiesenes Faktum. Etliche Philosophen, zumindest seit Plotin (3. Jahrh.),[17] haben diese Annahme in Frage gestellt. Die inspirierendste Kritik ist nach wie vor Henri Bergsons *Materie und Gedächtnis* (Originalausgabe 1896). Inzwischen kamen jedoch noch Argumente hinzu, die darauf hindeuten, daß alle Spurentheorien des Gedächtnisses mit fundamentalen *logischen* Problemen behaftet sind.[18]

Eines dieser Probleme hängt mit der «Daten-Rückgewinnung» zusammen, also mit dem Erinnern von Inhalten des hypothetischen Gedächtnisspeichers. Wenn diese Inhalte konsultiert und damit reaktiviert werden müssen, werden sie durch ein Rückgewinnungssystem abgerufen. Damit aber das Rückgewinnungssystem die von ihm gesuchten Inhalte erkennen kann, muß es selbst wiederum eine Art Gedächtnis besitzen . . . und so weiter *ad infinitum.*[19]

Trotz solcher Argumente, trotz des Umstands, daß es nach wie vor keine empirischen Beweise für die Existenz von Erinnerungsspuren gibt, und trotz der Probleme, vor die mechanistische Modelle der Gedächtnisspeicherung sich gestellt sehen, erweist sich das Spurenmodell als erstaunlich zählebig. Der Mangel an Alternativen dürfte ein Grund dafür sein. Wichtiger dürfte jedoch sein, daß die Spurentheorie sich auf zwei recht gründlich erforschte Umstände stützen kann: daß Schädigungen des Gehirns zu Gedächtnisverlust führen können und daß die elektrische Anregung bestimmter Hirnteile Erinnerungen evozieren kann. Schauen wir uns diese Forschungsergebnisse einmal näher an.

Gehirnschädigung und Gedächtnisverlust

Bei Gedächtnisverlust oder Amnesie durch Gehirnschäden unterscheidet man zwei grundsätzliche Formen, die retrograde und die anterograde Amnesie. Retrograde Amnesie ist die Unfähigkeit, sich an Ereignisse zu erinnern, die der schädigenden Einwirkung vorausgingen, während es bei der anterograden Amnesie um die Ereignisse nach der Schädigung geht.

Aus mechanistischer Sicht ist die retrograde Amnesie entweder auf den Verlust von Erinnerungsspuren zurückzuführen oder auf den Verlust der Fähigkeit, Erinnerungen aus dem Gedächtnisspeicher zurückzurufen (oder auf eine Kombination von beiden). Nach der Hypothese der Formenbildungsursachen kann das Vermögen früherer Aktivitätsmuster, die Gegenwart durch morphische Resonanz zu beeinflussen, nicht zerstört werden, aber das Gehirn verliert aufgrund einer Schädigung die Fähigkeit, sich auf diese früheren Aktivitätsmuster einzustimmen.

Anterograde Amnesie wäre aus mechanistischer Sicht die Unfähigkeit, neue Spuren zu bilden, während sie nach unserer Hypothese anzeigt, daß die Bildung neuer morphischer Felder irgendwie blockiert ist.

Wie wir jetzt sehen werden, sind beide Ansätze in der Lage, die bekannten Fakten plausibel zu interpretieren. Wir gehen diesen Dingen hier nach, um zu zeigen, daß die beobachtbaren Folgen von Gehirnschädigungen für das Gedächtnis keineswegs die Richtigkeit der materialistischen Theorie beweisen, wie so häufig angenommen wird. Die Hypothese der Formenbildungsursachen wird den Fakten mindestens ebenso gerecht.

Das geläufigste Beispiel für retrograde Amnesie ist der Verlust von Erinnerungen an Ereignisse, die einer Gehirnerschütterung vorausgingen. Bei einer Gehirnerschütterung, verursacht durch einen Schlag gegen den Kopf, wird man bewußtlos und bewegungsunfähig. Ob das Bewußtsein nur für Augenblicke oder für viele Tage aussetzt, hängt von der Schwere des Schlages ab. Wenn der Verletzte sich erholt und wieder sprechen kann, so erscheint er uns meist im großen und ganzen wieder als normal, doch mitunter kann er sich nicht mehr an Ereignisse erinnern, die dem Unfall unmittelbar vorausgingen oder auch Wochen, Monate oder Jahre zurückliegen. Bei fortschreitender Genesung tauchen im allgemeinen die am weitesten zurückliegenden Erinnerungen zuerst wieder auf, und das Gedächtnis tastet sich von dort her allmählich an die Ereignisse der näheren Vergangenheit heran.

Hier hat die Verletzung offenbar die Fähigkeit des Erinnerns beeinträchtigt, aber keineswegs die «Erinnerungsspuren» gelöscht. Die konventionelle Theorie nimmt hier eine Wiederherstellung der Rückgewinnungsfähigkeit von Erinnerungen aus dem Gedächtnisspeicher an, während nach unserer Hypothese die Fähigkeit, zu diesen Gedächtnisinhalten in morphische Resonanz zu treten, wiederhergestellt wird.

Es gibt aber auch den Fall, daß die Ereignisse, die dem traumatischen Schlag unmittelbar vorausgehen, nie wieder erinnert werden können, so daß eine permanente Lücke bleibt. Ein Autofahrer etwa erinnert sich noch, wie er sich der Kreuzung näherte, auf der der Unfall geschah, aber dann weiß er von nichts mehr. Eine ähnliche retrograde Amnesie beobachtet man auch bei der Elektroschocktherapie. Die Patienten, die so behandelt werden, können sich anschließend meist nicht mehr an die Ereignisse unmittelbar vor dem Stromstoß erinnern.[20]

Man könnte hier an Verdrängung aller Eindrücke denken, die mit der unangenehmen Erfahrung unmittelbar zusammenhängen. Doch bei manchen Kopfverletzungen, die nicht mit Bewußtlosigkeit einhergehen – wie es manchmal bei Schußverletzungen und Schädelbrüchen der Fall ist –, entsteht normalerweise keine solche Gedächtnislücke, obgleich es hier gewiß auch Grund zum Verdrängen gäbe. Die allgemein akzeptierte Erklärung des permanenten Gedächtnisverlustes für die Zeit unmittelbar vor der traumatischen Einwirkung besagt, daß hier die Umschichtung der Eindrücke vom Kurzzeitgedächtnis ins Langzeitgedächtnis unterblieb: Aufgrund der Bewußtlosigkeit können die Inhalte des Kurzzeitgedächtnisses nicht zu Beziehungsmustern verknüpft werden und gehen verloren, ohne rückrufbare Erinnerungsspuren zu hinterlassen.

Diese Unfähigkeit, Verknüpfungen herzustellen, das heißt, Kurzzeiterinnerungen in Langzeiterinnerungen zu überführen, bleibt manchmal auch für einige Zeit nach einer Gehirnerschütterung bestehen und ist dann eine anterograde Amnesie. Die Patienten vergessen dann alles, was sich ereignet, fast augenblicklich wieder; zum Beispiel wissen sie unmittelbar nach einer Mahlzeit schon nicht mehr, daß sie eben erst gegessen haben. Dieses Versagen des Langzeitgedächtnisses, welche Ursachen auch zugrunde liegen mögen, ist für die herkömmliche Theorie stets darauf zurückzuführen, daß keine Erinnerungsspuren gebildet und deponiert wurden. Unsere Hypothese besagt demgegenüber, daß keine entsprechenden morphischen Felder gebildet wurden.

Schädigungen der Großhirnrinde durch Gehirnschlag, Schädelverletzungen oder chirurgische Eingriffe können zu verschiedenen charakteristischen Gedächtnisdefekten führen. Manche Verletzungsformen, zum Beispiel massive Zerstörungen in den Stirnlappen, wirken sich generell auf die Konzentrationsfähigkeit aus und damit auf die Bildung neuer Gedächtnisinhalte. Andere Formen beeinträchtigen das Erkennungs- und Erinnerungsvermögen auf spezifische Weise.[21] So kann eine Verletzung des sekundären visuellen Kortex in der rechten Hemisphäre dazu führen, daß der Betroffene nicht mehr in der Lage ist, Gesichter zu erkennen. Das ist dann sogar bei den nächsten Angehörigen der Fall, obgleich er sie immer noch an der Stimme und anderen Dingen erkennt. Diese Ausfallserscheinung wird als Prosopagnosie (von gr. *prosopon*, «Gesicht», und *agnosis*, «nicht erkennen») bezeichnet und stellt eine von vielen Formen der Agnosie dar, also der Unfähigkeit, sensorische Eindrücke zu deuten. Die Neurologen kennen Agnosien für Farben, Geräusche, belebte Dinge, Musik, Worte und vieles mehr.

Manche Neurologen meinen, Agnosien seien grundsätzlich am besten als Defekte in den höheren Schichten des hierarchischen Systems zu erklären, in dem Sinneseindrücke zu Mustern kombiniert, erkannt und benannt werden. Andere sehen hier eher Unterbrechungen der Kommunikationswege zwischen ansonsten intakten Gehirnregionen; wurden etwa die Sprachregion und die visuelle Region der Großhirnrinde voneinander getrennt, so können die Dinge nicht mehr benannt werden, und dies erklärt den Eindruck, daß die betroffene Person sie nicht erkennt. Bezeichnenderweise ist in keiner dieser mechanistischen Interpretationen der Agnosie vom Verlust von Erinnerungsspuren die Rede.

Ähnliches gilt auch für andere Ausfallserscheinungen wie etwa Aphasien (Sprachstörungen) aufgrund von Schäden in der linken Hemisphäre und Apraxien (Verlust einer früher vorhandenen Fähigkeit des koordinierten Hantierens mit Dingen). Auch diese werden weniger auf den Verlust von Erinnerungsspuren als vielmehr auf Störungen organisierter Aktivitätsmuster im Gehirn zurückgeführt.[22]

Nach der Hypothese der Formenbildungsursachen gehen diese Fähigkeiten verloren, weil Gehirnteile geschädigt sind, mit denen die morphischen Felder dieser Fähigkeiten normalerweise assoziiert sind. Wenn das Gehirn nicht mehr die richtigen Muster erzeugen kann, so kann es auch nicht mehr mit den morphischen Feldern in Resonanz treten und unterliegt nicht mehr deren stabilisierendem und organisierendem Einfluß. Aufgrund dieser Interpretation ist viel leichter zu verstehen, weshalb verlorene Fähigkeiten häufig zurückkehren; viele Menschen überwinden die Folgen von Gehirnverletzungen teilweise oder ganz, obwohl das geschädigte Gewebe sich nicht regenerierte. Die entsprechenden Aktivitätsmuster etablieren sich einfach anderswo im Gehirn. Wenn man solche Aktivitätsmuster als Programme versteht, die dem Nervensystem irgendwie aufgeprägt sind, dürften Lageveränderungen dieser Art kaum zu erklären sein; im Gegensatz zu fixierten materiellen Strukturen können Felder jedoch ihre Lage verändern und sich in der neuen Position reorganisieren. Solche Genesungen erinnern uns an die Regenerationskraft der Pflanzen und Tiere, und sie stellen die mechanistische Theorie vor die gleichen Probleme wie die Regeneration.

Für die Genesung nach Kopfverletzungen gilt ganz allgemein:

> Erinnerungen und Fertigkeiten kehren in den ersten sechs Monaten sehr rasch zurück, und dieser Genesungsprozeß setzt sich, langsamer werdend, über bis zu 24 Monate fort. Sensorische, motorische und kognitive Defekte aufgrund von Gehirnverletzungen, insbesondere Durchbohrungswunden, lassen in der großen Mehrzahl der Fälle ein enormes Regenerationsvermögen dieser Funktionen erkennen, so daß schließlich nur leichte oder nicht mehr zu erkennende Defekte zurückbleiben.[23]

Einer der führenden Forscher auf dem Gebiet der Langzeitfolgen von Gehirnverletzungen, Hans Teuber, hat jahrelang die Genesung von Soldaten des Zweiten Weltkriegs sowie des Korea- und Vietnamkriegs verfolgt und sagte schließlich: «Diese weitgehende Funktionswiederherstellung ist meiner Ansicht nach bislang unerklärt.»[24]

Wir sind weit davon entfernt zu verstehen, wie das Gehirn organisiert ist, wie das Gedächtnis funktioniert, wie Gehirnverletzungen und Amnesie zusammenhängen und wie die Funktionswiederherstellung nach Gehirnverletzungen zustande kommt. Die mechanistischen Interpretationen dieser Phänomene sind nach Jahrzehnten intensiver Forschung immer noch vage und spekulativ. Die Hypothese der Formenbildungsursachen bietet hier einen neuen Ansatz, der sich als fruchtbarer erweisen könnte. Gegenwärtig jedoch sind die Fragen noch offen. Und das gilt auch für die Phänomene, die wir nun betrachten wollen.

Elektrische Reize als Erinnerungsauslöser

Bei Operationen an bewußten Patienten mit verschiedenen neurologischen Störungen testeten Wilder Penfield und seine Kollegen die Wirkung leichter elektrischer Reize an verschiedenen Gehirnregionen. Berührten die Elektroden Teile des motorischen Kortex, so stellten sich entsprechende Bewegungen der Gliedmaßen ein. Reizung des primären Hör- oder Sehzentrums löste akustische oder visuelle Halluzinationen aus, Lichtblitze, summende Geräusche und ähnliches. Die Reizung des sekundären Sehzentrums führte zu erkennbaren visuellen Halluzinationen von Blumen, Tieren, vertrauten Menschen und so weiter. Wenn man bei Epileptikern bestimmte Stellen auf den Schläfenlappen anregte, berichteten die Patienten von spezifischen Erinnerungssequenzen, etwa einem Abend im Konzert oder einem Telefongespräch. Häufig weisen sie auf den traumartigen Charakter dieser Erfahrungen hin.[25]

Diese Befunde könnten bedeuten, daß die Erinnerungen in dem elektrisch angeregten Gewebe gespeichert waren, und dies nahm Penfield ursprünglich auch an; eine andere mögliche Deutung wäre, daß die Reizung dieser Region andere Teile des Gehirns aktivierte, die für das Erinnern der Episode «zuständig» waren.[26] Und schließlich könnte die Reizung auch ein Aktivitätsmuster ausgelöst haben, das dann zu dieser Erinnerung in morphische Resonanz trat.

Penfield selbst gab seine ursprüngliche Deutung nach weiterer Beschäftigung mit diesen und anderen Befunden schließlich auf:

> 1951 hatte ich vorgeschlagen, bestimmten Regionen der Schläfenlappen den Namen «Gedächtniskortex» zu geben; ich hatte ausgeführt, die Erinnerungsaufzeichnung müsse dort im Kortex in der Umgebung der Punkte lokalisiert sein, an denen die Reizungselektrode eine Erfahrungsreaktion auslösen kann. Das war ein Irrtum ... Die Aufzeichnung ist nicht im Kortex.[27]

Penfield gab ebenso wie Lashley und Pribram (S. 206 f.) die Idee der lokalisierten Erinnerungsspuren auf und gelangte zu der Auffassung, daß sie statt dessen (oder auch) über verschiedene Teile des Gehirns verteilt sind. Diese Hypothese klingt einerseits plausibel, denn sie erklärt, weshalb die Erinnerungsspuren nach wie vor unauffindbar bleiben; andererseits ist sie leider nicht empirisch überprüfbar. Im Rahmen unserer Hypothese findet die Unauffindbarkeit der Erinnerungsspuren eine ganz einfache Erklärung: Sie existieren nicht. Das Gedächtnis basiert vielmehr auf morphischer Resonanz des Gehirns mit seinen eigenen früheren Aktivitätsmustern. Wir tragen unsere Erinnerungen nicht als materielle Spuren im Gehirn mit uns herum, sondern treten in Resonanz mit unserer eigenen Vergangenheit.

Können wir uns auch auf andere Menschen so einstimmen, daß eine Resonanzbeziehung entsteht?

Resonanz mit anderen Menschen

Nach der Hypothese der Formenbildungsursachen haben wir unsere *eigenen* Erinnerungen, weil wir dem, was wir in der Vergangenheit waren, ähnlicher sind als irgendwem sonst: Wir stehen in hochspezifischer Eigenresonanz mit unserer eigenen Vergangenheit. Doch wir sind, in geringerem Maße, auch unseren Familienmitgliedern ähnlich und in noch geringerem Maße den Mitgliedern unserer sozialen Gruppe, den Menschen, die unsere Sprache sprechen und unserer Kultur angehören, ja letztlich allen Menschen, die jetzt leben und je gelebt haben.

Wenn es morphische Resonanz gäbe zwischen uns und bestimmten Menschen, mit denen uns etwas verbindet, so wäre denkbar, daß wir – gänzlich abseits der bekannten und akzeptierten Kommunikationswege – Bilder, Gedanken, Eindrücke und Gefühle von ihnen aufnehmen. Für solche Resonanzbeziehungen würde Entfernung keine Rolle spielen. Spricht irgend etwas dafür, daß es so etwas gibt? Vielleicht ist solch eine Resonanzverbindung etwas Ähnliches oder das gleiche wie Telepathie. Es gibt eine Fülle von Berichten, die für die Existenz von Telepathie sprechen;[28] viele Menschen behaupten, sie selbst erlebt zu haben;[29] in zahlreichen parapsychologischen Experimenten wurde sie nachgewiesen.[30] Natürlich ist dieses Material umstritten, vor allem aber deshalb, weil Telepathie und andere parapsychologische Erscheinungen nach der naturwissenschaftlichen Schulmeinung *theoretisch* nicht möglich sind. Für die Theorie der morphischen Resonanz stellt Telepathie überhaupt kein Problem dar.

Auch für ein anderes, relativ seltenes, aber gut dokumentiertes Phänomen könnte die morphische Resonanz eine neue Interpretation liefern: die Erinnerung an frühere Leben. Kleine Kinder erzählen manchmal spontan, sie könnten sich an ein früheres Leben erinnern, und manchmal können sie Einzelheiten über Leben und Tod jener Person angeben, die sie einmal gewesen zu sein glauben. Sorgfältige Untersuchungen haben mitunter ergeben, daß die Kinder von manchen dieser Einzelheiten unmöglich auf normalen Wegen erfahren haben können.[31] (Auch Erwachsene haben unter Hypnose solche Beschreibungen gegeben, aber hier scheint doch die Phantasie eine sehr große Rolle zu spielen; jedenfalls sind die Berichte von paranormalen Erinnerungsleistungen Erwachsener weit weniger eindrucksvoll als die spontanen Schilderungen kleiner Kinder.)

Wo die Erinnerung an frühere Leben für möglich oder wahrscheinlich gehalten wird, ist damit für gewöhnlich der Glaube an Reinkarnation oder Wiedergeburt verbunden. Die Hypothese der Formenbildungsursachen ermöglicht hier eine andere Deutung: Jemand tritt aus nicht näher bekannten Gründen in morphische Resonanz mit einem Menschen, der in der Vergangenheit gelebt hat. Das wäre eine Art von Gedächtnisübertragung, bei der wir nicht anzunehmen gezwungen wären, daß die gegenwärtige Person jener andere Mensch der Vergangenheit tatsächlich *ist.*

Ich glaube, daß Beeinflussung durch morphische Resonanz mit anderen Menschen vor allem durch eine Art kumulatives oder gemeinschaftliches Gedächtnis zustande kommt. Wir haben bereits vom kollektiven Einfluß der Gewohnheiten anderer Menschen auf das Erlernen der Sprache und anderer geistiger und körperlicher Fertigkeiten gesprochen, und wir haben uns überlegt, wie solche Phänomene experimentell erforscht werden können. Der Gedanke, daß unsere Bewußtseinsfunktionen vor dem Hintergrund eines kollektiven Gedächtnisses zu sehen sind, ergibt sich als natürliche Schlußfolgerung aus unserer Hypothese. Ganz ähnliche Ideen begegnen uns bereits in dem Begriff des «kollektiven Unbewußten», wie er von C.G. Jung und anderen Tiefenpsychologen entwickelt wurde.

Kollektive Erinnerungen ähneln Gewohnheiten darin, daß die Wiederholung ähnlicher Aktivitätsmuster die Besonderheit jedes einzelnen Musters verwischt oder auslöscht; alle früheren Aktivitätsmuster der gleichen Art tragen durch Resonanz zu einem morphischen Gesamtfeld bei und werden gleichsam in dieses Feld eingeschmolzen. Es entsteht ein Überlagerungs- oder Durchschnittsmuster, das wir uns nach Art der in Abbildung 6.4 gezeigten Überlagerungsphotos vorstellen können. Jung bezeichnete solche Gewohnheitsmuster als «Archetypen»; er glaubte, daß sie durch kollektive Wiederholung entstehen:

> Es gibt so viele Archetypen, als es typische Situationen im Leben gibt. Endlose Wiederholung hat diese Erfahrungen in die psychische Konstitution eingeprägt ... Wenn sich im Leben etwas ereignet, was einem Archetypus entspricht, wird dieser aktiviert ...[32]

Bevor wir darauf jedoch im Zusammenhang mit den sozialen und kulturellen Aspekten des menschlichen Lebens näher eingehen, wollen wir noch die Rolle der Formenbildungsursachen für die Organisation tierischer Gesellschaften erörtern.

13. Die morphischen Felder von Tiergesellschaften

Tiergesellschaften als Organismen

Die Hypothese der Formenbildungsursachen besagt, daß soziale Gruppen von gruppenmorphischen Feldern organisiert werden. Wie alle anderen morphischen Felder werden auch diese durch morphische Resonanz geformt und stabilisiert.

Termiten-, Ameisen-, Wespen- und Bienenstaaten können aus Tausenden oder gar Millionen von Insekten bestehen. Sie können große und weitverzweigte Nistbauten anlegen und verfügen über ein bestens organisiertes System der Arbeitsteilung. Man hat solche Staaten mit Organismen verglichen oder sie als Superorganismen beschrieben. Selbstverständlich ist diese Frage strittig: Sind solche Tiergesellschaften wirklich Organismen einer höheren Art, oder sind sie nur komplexe Aggregate, gänzlich zu erklären durch die Eigenschaften und das Verhalten der Einzelorganismen? Anders gefragt: Ist der ganzheitlichen Sicht solcher Gesellschaften der Vorzug zu geben oder der reduktionistischen Sicht, die das Ganze nur als die Summe seiner Teile auffaßt?

Gegenwärtig lassen sich die Biologen bei der Erforschung von Tiergesellschaften eher von reduktionistischen Anschauungen leiten. Doch es ist noch gar nicht so lange her, daß dieser mechanistische Ansatz den ganzheitlichen verdrängte. Edward O. Wilson, der Begründer der Soziobiologie, beschreibt den Niedergang des Superorganismus-Begriffs so:

> In den Jahren von 1911 bis etwa 1950 bildete dieser Begriff eines der Hauptthemen in der Literatur über staatenbildende Insekten. Und hier, scheinbar auf dem Höhepunkt seiner Entwicklung und Reife, begann er zu verblassen; heute wird er kaum noch explizit erörtert. Doch dieser Niedergang ist nur *ein* Beispiel dafür, wie inspirierte

Abbildung 13.1 Bauten der Kompaßtermiten in Australien. Die Breitseiten sind nach Osten und Westen gewandt (oben). Die Schmalseiten (unten) weisen genau nach Norden und Süden. Aufgrund dieser Anlage heizen sich die Bauten in der Mittagshitze nicht übermäßig auf. (Nach von Frisch)

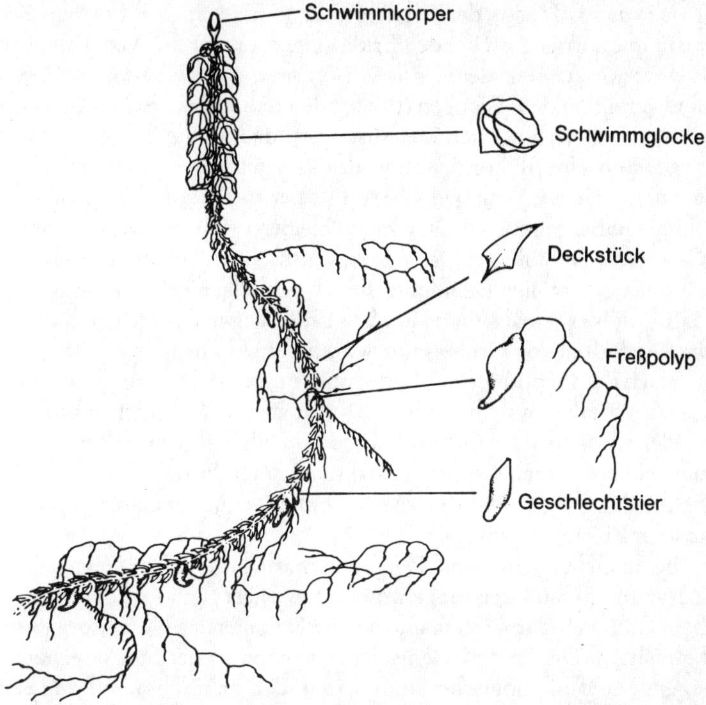

Abbildung 13.2 Eine Kolonie von *Nanomia cara.* Die einzelnen Lebewesen sind in so extremer Weise modifiziert, daß man sie Organen eines einzigen Organismus vergleichen kann. (Nach Mackie)

ganzheitliche Ideen in der Biologie häufig sehr bald durch reduktionistische experimentelle Ansätze verdrängt werden. Für die heutige Generation, die sich der reduktionistischen Philosophie so ganz und gar verschrieben hat, war der Superorganismus-Begriff eine verlokkende *Fata morgana.* Sie zog uns an, auf einen Punkt am Horizont zu. Doch als wir uns heranarbeiteten, löste die Luftspiegelung sich auf – für den Augenblick zumindest – und ließ uns in unbekanntem Gelände zurück, dessen Erkundung dann unsere ungeteilte Aufmerksamkeit verlangte.[1]

Doch wie so oft kann der mechanistische Ansatz auch auf diesem Gebiet nicht mit zufriedenstellenden Erklärungen aufwarten. Man hält aber an diesem Ansatz fest, denn, wie Wilson sagt, «die Experimentalforscher sind vereint in dem Glauben (der für den reduktionistischen Geist in der Biologie überhaupt charakteristisch ist), daß all die Einzelanalysen irgendwann eine Rekonstruktion des Gesamtsystems *in vitro* erlauben werden». Gegenwärtig jedoch, so fährt er fort, «können wir dem nicht einmal nahekommen».[2] Die Fragen bleiben offen, hier wie auf anderen Gebieten der Biologie. Der reduktionistische Glaube hat die Forscher zu vielen wertvollen Detailuntersuchungen angeregt, aber wenig spricht dafür, daß er jemals überzeugende Erklärungen für die ganzheitlichen Eigenschaften von Organismen wird liefern können.

Nach der Hypothese der Formenbildungsursachen hängt die Organisation sozialer Systeme von geschachtelten Hierarchien morphischer Felder ab, wobei das Gesamtfeld der Gesellschaft durch Resonanz auf die Felder der Einzelwesen einwirkt und deren Felder wiederum auf die Felder der Organe und so weiter bis hinunter zur zellulären und subzellulären Ebene.

Bei manchen Arten von Tiergesellschaften finden wir einen so engen Zusammenschluß der Einzelwesen, daß selbst Soziobiologen eine höhere Ganzheit darin sehen und solche Kolonien als Gesamtorganismen betrachten. Die Einzelwesen solcher Kolonien oder Stöcke gehen eine so enge und harmonische Bindung ein, daß man schon auf den ersten Blick den Eindruck gewinnt, hier einen Einzelorganismus vor sich zu haben. Dieser Organisationstyp ist besonders gut entwickelt in Kolonien der Ordnung *Siphonophora* (Röhrequallen oder Staatsquallen), die im offenen Meer leben und mit ihren nesselkapselbewehrten Fangfäden Fische und andere Kleinlebewesen fangen. Eine der bekanntesten Arten ist die Portugiesische Galeere. Bei einer anderen Art, *Nanomia*, setzen sich die Kolonien aus vielen hochspezialisierten Einzelorganismen zusammen. Am oberen Ende befindet sich ein Individuum, das zu einer sogenannten Gasflasche ausgebildet ist, ein Schwimmkörper. Darunter befinden sich Schwimmglocken, die die Kolonie mit blasebalgähnlichen Pumpbewegungen voranbewegen; sie können ihre Öffnung und damit die Richtung des ausgestoßenen Wasserstrahls verändern. Sie bilden ein koordiniertes Rückstoßsystem, durch das die *Nanomia*-Kolonie sich frei in jede Richtung bewegen, ja sogar Loopings drehen kann. Weiter unten finden wir Freßpolypen, Organismen, die darauf spezialisiert sind, Nahrung aufzunehmen und für die ganze Kolonie aufzubereiten;

von ihnen gehen die langen verzweigten Fangarme aus. Daneben gibt es noch sogenannte Deckstücke, schuppenartige Organismen, die dem Schutz der Kolonie dienen und ansonsten untätig sind. Die Geschlechtstiere schließlich erzeugen Keimzellen, die nach der Befruchtung die Organismen für neue Kolonien entstehen lassen.

Diese spezialisierten Einzelwesen innerhalb der Kolonie sind tatsächlich wie die Organe eines Organismus, und manche von ihnen sind sogar miteinander verbunden und koordinieren ihre Aktivitäten über Nervenbahnen. Manche dieser Lebensformen sind ebensogut Organismen wie Kolonien.[3] Auch andere koloniebildende Wirbellose, etwa die Korallen, lassen sich auf die gleiche Weise betrachten.

Insektenstaaten

Auch bei den staatenbildenden Insekten finden wir eine erstaunliche Spezialisierung der Einzelwesen. Die Königin ist im allgemeinen größer als die anderen Tiere und auf das Eierlegen spezialisiert – bei manchen Termitenarten bis zu 30 000 am Tag.[4] Unter den nicht fortpflanzungsfähigen Arbeitern vieler Ameisen- und Termitenstaaten gibt es klar erkennbare Kasten, zum Beispiel die Soldaten mit ihren mächtigen Mundteilen. Selbst in Bienenstaaten, in denen alle Arbeitstiere gleich aussehen, finden wir eine kluge Arbeitsteilung. Bei den Honigbienen zum Beispiel säubern manche Arbeiterinnen die Waben, während andere die Königin und die Larven füttern; wieder andere bauen und verschließen die Wabenzellen oder bewachen den Bau oder fliegen zum Sammeln aus. Jede Arbeiterin kann alle diese Rollen spielen, und für gewöhnlich fallen ihr mit wachsendem Alter nacheinander verschiedene Aufgaben zu: Sie beginnt als Putzbiene und endet als Sammelbiene.

Die Angehörigen eines Insektenstaates verständigen sich untereinander durch den Austausch von Nahrung, durch verschiedene chemische Substanzen, durch Berührung und auf mancherlei andere Arten; denken wir nur an den berühmten Tanz der Honigbienen, in dem zurückkehrende Sammlerinnen den anderen mitteilen, wo und in welcher Menge Nahrung zu finden ist.[5]

In solchen Tiergesellschaften finden wir erstaunliche Selbstorganisationsstrukturen. Honigbienen verfügen über Mittel, die Temperatur im Stock von Frühjahr bis Herbst so konstant zu halten, daß sie nur um etwa ein Grad schwankt. Sie verschließen alle Spalten und Löcher und lassen nur ein einziges Einschlupfloch. Die Wärme erzeugen die Tiere selbst, und bei kühlem Wetter drängen sie sich einfach dichter zusammen. Wird es zu warm, so fächeln die Arbeiterinnen mit ihren Flügeln; genügt das nicht, so holen einige von ihnen Wasser und verteilen es auf die Brutzellen; andere verteilen es ganz fein, um die Verdunstung zu beschleunigen, während eine dritte Gruppe die feuchte Luft von den Brutzellen fort und aus dem Stock fächelt.[6]

Nach unserer Hypothese sind den Verhaltensfeldern der einzelnen Insekten höhere Gesamtfelder übergeordnet, welche die Aktivitäten der Individuen koordinieren. Diese Felder umfassen den gesamten Staat, und alle Einzeltiere leben in ihnen. Erst diese überindividuellen Felder konstituieren den Staat und halten seine Struktur und Organisation aufrecht – trotz des ständigen Austauschs sterbender Arbeitsbienen durch neue. Der selbstorganisatorische Charakter dieser Felder erlaubt es dem Staat, sich auf störende Umwelteinflüsse und allerlei Bedrohungen einzustellen und auch unter widrigen Umständen zu überleben.

Daß wir ohne solche Erklärungen nicht auskommen, zeigt sich noch deutlicher, wenn wir Termitenhügel betrachten; diese Bauten können enorme Ausmaße annehmen und von sehr komplexem Aufbau sein, ja sogar ein ausgeklügeltes Belüftungssystem enthalten.

Die in Afrika heimische pilzzüchtende Termitenart *Macrotermes natalensis* baut riesige Nester, die über Jahre bestehenbleiben und im Stadium der vollen Entwicklung jederzeit etwa zwei Millionen Insekten beherbergen. Der Bau entwickelt sich aus einer kleinen unterirdischen Kammer, die vom Königspaar angelegt wird, und sein oberirdischer Teil kann mehr als drei Meter hoch werden. An der Basis des Hügels liegt das eigentliche Nest, in dessen Zentrum sich die Königskammer befindet. Die vielen Kammern des Nestes, durch zahllose Gänge miteinander verbunden, enthalten fein zerkautes Holz, auf dem die Termiten die Pilze anbauen, von denen sie sich ernähren. Darüber befindet sich ein großer Luftraum, umschlossen von der Außenwand des Hügels. Armdicke Gänge führen von den Pilzkammern bis unter die Oberfläche der Außenwandung, wo sie in dünnen Röhren enden. Die Luft in den Pilzkammern wird durch Fermentation und durch die Termiten selbst erwärmt; sie steigt auf und strömt durch das Röhrensystem in der Außenwand, die so porös ist, daß ein Gasaustausch stattfinden kann: Kohlendioxyd entweicht, und Sauerstoff dringt von außen ein. Aus dieser Lunge strömt die nun kühlere und regenerierte Luft durch ein zweites Röhrensystem ins Untergeschoß zurück.[7]

Das ganze Bauwerk wird von Arbeitern aus Erdklümpchen errichtet, die mit Kot und Speichel zusammengeklebt werden. Woher aber wissen die Arbeiter, wie sie vorzugehen haben? E. O. Wilson schreibt:

> Es ist vollkommen undenkbar, daß ein einzelnes Mitglied des Staates mehr als einen winzigen Teil des Bauwerks überblicken oder gar dessen Gesamtanlage gegenwärtig haben könnte. Die Bauzeit mancher Nester zieht sich über viele Generationen von Arbeitern hin, und jeder neue Bauteil muß ja in genau der richtigen Beziehung zum bereits Vorhandenen stehen. Die Existenz solcher Bauten läßt nur den einen Schluß zu, daß unter den Arbeitern eine sehr genau geregelte Kooperation herrscht. Doch wie verständigen sie sich über einen so langen Zeitraum? Und wer hat die Baupläne?[8]

Eingehende Beobachtungen deuten darauf hin, daß die Bautätigkeit eher durch die bereits fertiggestellten Teile der Neststruktur gesteuert wird als durch Kommunikation unter den Arbeitern. Wenn die Arbeiter zum Beispiel Bögen bauen, so errichten sie zuerst zwei Säulen, deren

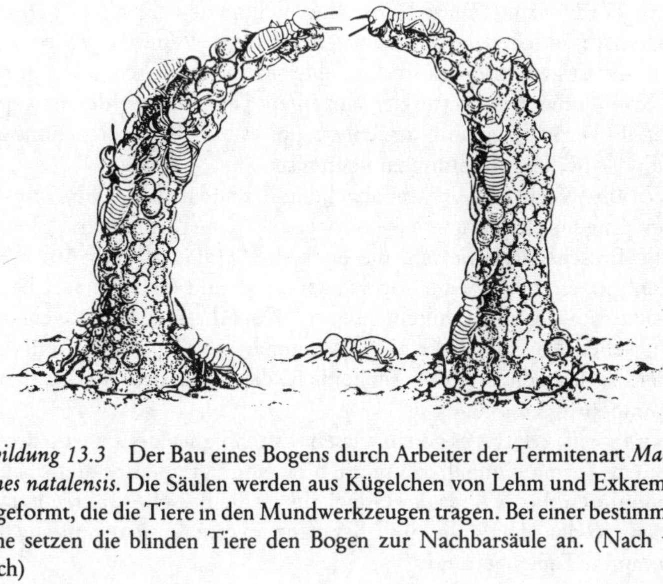

Abbildung 13.3 Der Bau eines Bogens durch Arbeiter der Termitenart *Macrotermes natalensis.* Die Säulen werden aus Kügelchen von Lehm und Exkrementen geformt, die die Tiere in den Mundwerkzeugen tragen. Bei einer bestimmten Höhe setzen die blinden Tiere den Bogen zur Nachbarsäule an. (Nach von Frisch)

oberes Ende sie dann im Bogen auf die andere Säule zu verlängern, bis die beiden Enden sich treffen.[9] Niemand weiß, wie sie das schaffen; sie können die andere Säule nicht sehen, denn sie sind blind, und sie laufen offenbar auch nicht auf dem Boden zwischen den Säulenfüßen hin und her, um den Abstand zu messen. Und «es ist auch unwahrscheinlich, daß sie inmitten all der hektischen Betriebsamkeit bestimmte Ortungsgeräusche wahrnehmen, die sich durch den Boden übetragen».[10] Durch schrittweise Elimination aller Möglichkeiten gelangte man schließlich zu der Annahme, daß sie die andere Säule irgendwie über den Geruchssinn wahrnehmen.[11]

Kurzum, wir wissen noch kaum etwas darüber, wie die Termiten diese gewaltigen Bauten errichten. Wenn wir im übrigen von der Annahme ausgehen, daß Instinktverhalten irgendwie dem Nervensystem einprogrammiert ist, dann müßten wir bei Termiten ein komplexeres Nervensystem erwarten als bei Arten, die einfachere Nester bauen. Das aber ist nicht der Fall.[12]

Unsere Hypothese bietet hier eine andere Deutung: Die Anlage der Nester ist durch morphische Felder organisiert, die den Bau als Ganzes umspannen und nach innen eine geschachtelte Hierarchie untergeordneter Felder aufweisen, die den verschiedenen Teilen der Gesamtstruktur zugeordnet sind. Diese Felder sind nicht in den einzelnen Termiten, sondern diese leben in den sozialen Feldern. Wenn das so ist, dann reicht die Organisationskraft der Felder natürlich weiter als die normalen Kommunikationsmittel der einzelnen Tiere. Diese Idee ist experimentell überprüfbar, und tatsächlich gibt es bereits Untersuchungsmaterial, das in diese Richtung zu deuten scheint.

Vor über sechzig Jahren beobachtete der südafrikanische Naturforscher Eugene Marais, wie die Arbeiter der Termitenart *Eutermes* große Breschen reparierten, die er in ihre Hügel schlug. Auf beiden Seiten gingen die Arbeiter sofort ans Werk, und obgleich sie über die Bresche hinweg nicht miteinander in Kontakt kamen und einander nicht sehen konnten (fast alle Termitenarten sind blind), verlief die Arbeit so koordiniert, daß schließlich alle Teile sich wieder nahtlos zusammenfügten.

Nun wollte Marais es genau wissen. Er schlug wiederum eine Bresche in einen Termitenhügel. Dann trieb er eine Stahlplatte, die erheblich breiter und höher war als der Hügel, durch die Bresche senkrecht in den Boden, so daß der Hügel und der ganze Termitenstaat nun aus zwei getrennten Teilen bestand:

> Die Arbeiter auf der einen Seite der Bresche wissen nichts von denen auf der anderen Seite. Dennoch errichteten die Termiten auf beiden Seiten ähnliche Bögen oder Türme. Entfernt man dann die Stahlplatte, so fügen sich die beiden Hälften nach der Schließung der Lücke perfekt zusammen. Wir kommen nicht an der Schlußfolgerung vorbei, daß irgendwo ein fertiger Plan existiert, den die Termiten lediglich ausführen.[13]

Offenbar ist dieses faszinierende Experiment nie wiederholt worden; es wäre sicher lohnend, das zu tun, vielleicht mit einem Material, das eine bessere akustische Isolation bietet als Stahl.

Marais glaubte, die Königin sei eine Art Gehirn des ganzen Staates und nicht nur über die bekannten chemischen und sonstigen Einflüsse mit dem ganzen Staat verbunden, sondern irgendwie auf direkte Weise. Aufgrund unserer Hypothese wäre das sehr leicht als der Einfluß morphischer Felder zu verstehen. Marais führte einfache Experimente wie das folgende durch und interpretierte sie als Beweis für die Existenz solcher nichtmateriellen Verbindungen:

> Während die Arbeiter beiderseits der Stahlplatte mit ihren Reparaturarbeiten beschäftigt sind, grabe man sich so behutsam wie möglich zur Königinnenkammer vor. Man lege sie frei und töte sie. Augenblicklich steht im gesamten Staat, auf beiden Seiten der Platte, die Arbeit still.[14]

Auch diese Ansätze scheinen nicht weiterverfolgt worden zu sein; aber es wäre doch sicher interessant, genau festzustellen, wie schnell diese Wirkung eintritt: Wären morphische Felder das Medium, so könnte der Effekt in der Tat augenblicklich eintreten, während wir bei Vermittlung über die normalen sensorischen Kommunikationswege mit einer gewissen Verzögerung zu rechnen hätten. Vielleicht wäre es bei solchen Experimenten gar nicht nötig, die Königin zu töten; man könnte zumindest versuchen, ob es genügt, sie einfach aus dem Bau zu entfernen. Ich glaube, daß Termiten und andere soziale Insekten sich besser als alle anderen Lebewesen zu Experimenten eignen, mit denen wir die Feldtheorie der Tiergesellschaften und die konventionellen Erklärungsmodelle gegeneinander abwägen können.

Schulen, Schwärme und Herden

Auch bei Wirbeltieren ist die Koordination innerhalb einer Gruppe manchmal so verblüffend, daß man kaum umhin kann, sie als eine Art Gesamtorganismus aus vielen Einzelwesen zu betrachten. Viele Fischarten etwa leben in Schwärmen oder Schulen:

> Eine Fischschule wirkt von außen betrachtet wie ein großer Organismus, dessen «Glieder» – das können ganz wenige oder auch Millionen sein – in dichter Formation schwimmen und in fast vollkommenem Gleichtakt Schwünge und Wendungen ausführen. Es gibt hier entweder gar kein Dominanzsystem, oder es ist so schwach, daß es keinen oder kaum einen Einfluß auf die Dynamik der Schule als Ganzheit hat: Macht die Schule eine seitliche Wendung, so übernehmen die Fische, die bis dahin die Flanke bildeten, die Führung.[15]

Schulen zeigen charakteristische Verhaltensmuster, vor allem in der Reaktion auf potentielle Räuber. Zum Beispiel kommt es vor, daß eine Schule einen großen Hohlraum um einen Raubfisch freiläßt. Häufiger

Abbildung 13.4 Eine Fischschule bildet einen Leerraum um einen Raubfisch. (Nach McFarland [Hrsg.]: *The Oxford Companion to Animal Behaviour)*

teilt sich die Schule vor dem Räuber, und die beiden Hälften führen eine seitliche Kehrtwendung aus, um sich dann weiter hinten wieder zu vereinigen: Das ist der sogenannte Springbrunnen-Effekt. Die eindrucksvollste Schutzreaktion einer Schule ist die «Blitz-Expansion», so genannt, weil diese Reaktion wie die Explosion einer Bombe aussieht, da alle Fische bei einem Angriff blitzschnell vom Zentrum der Schule her auseinanderstieben. Diese Explosion kann in einer Fünfzigstelsekunde stattfinden, und in dieser Zeit beschleunigen die Fische auf zehn bis zwanzig Körperlängen pro Sekunde, ohne dabei zusammenzustoßen. «Nicht nur, daß jeder Fisch weiß, wohin er im Falle eines Angriffs schwimmen wird, nein, er muß auch wissen, wohin seine Nachbarn schwimmen werden.»[16]

Wie die Koordination dieses Schwarmverhaltens zustande kommt, bleibt ein Geheimnis. Das Sehvermögen spielt gewiß eine Rolle, doch manche Arten schwimmen auch nachts in Schulen. Bei einem Experiment wurden mehreren Fischen eines Schwarms undurchsichtige Kontaktlinsen eingesetzt, und sie blieben dennoch über einen langen Beobachtungszeitraum fähig, ihr normales Verhalten innerhalb der Schule beizubehalten. Man könnte annehmen, dafür seien die sogenannten Seitenlinien der Fische verantwortlich, Strömungs-Sinnesorgane, die für Druckschwankungen empfindlich sind. Doch selbst Tiere, bei denen man diese Organe ausschaltete, bewegten sich wie normale Fische in der Schule.[17] Und selbst wenn man einen Mechanismus entdeckte, aufgrund dessen die Fische ihre relativen Positionen bestimmen, ließen sich damit noch nicht solche urplötzlichen koordinierten Reaktionen wie die Blitz-Expansion erklären, denn wie soll ein Fisch *im voraus* wissen, wohin seine Nachbarn sich wenden werden?

Wäre die Schule jedoch als Ganzes von einem übergreifenden Feld organisiert, so wäre damit auch das koordinierte Verhalten der einzelnen Tiere erklärt. Wie das Feld im einzelnen wirkt, müßte natürlich erst noch durch geeignete Experimente ermittelt werden; einstweilen müssen wir uns leider mit sehr ungenauen und allgemeinen Ausdrücken zufriedengeben.

Auch Vogelschwärme zeigen häufig ein derart exakt koordiniertes Verhalten, daß man versucht ist, sie als Gesamtorganismen zu verstehen. So schrieb der Naturforscher Edmund Selous über die Flugmanöver eines großen Starenschwarms:

Große Massen wogten in Kehren und Schwüngen unter urplötzlichem Wechsel der Farbe von Braun zu Grau, von hell zu dunkel, so als wären alle Einzeltiere Bestandteile eines einzigen Organismus.[18]

Er beobachtete auch, wie Schwärme von Kiebitzen, Möwen und anderen Vögeln urplötzlich und ohne erkennbaren äußeren Grund gemeinsam aufflogen:

> Eine Schar von Alpenstrandläufern – 150 bis 200 Tiere, würde ich sagen – ging auf der Schlammzone am Ufer nieder. Einige Zeit später, ich konnte im Fernglas die ganze Linie auf einen Blick sehen, flogen sie plötzlich alle zugleich auf, ohne ersichtlichen Grund. Bald ließen sie sich wieder nieder, und dann kreuzte ein Schwan die Linie, nicht mehr als einen halben Meter über den Strandläufern. Wären sie jetzt aufgeflogen, wen hätte es gewundert? Doch es geschah nicht. Einige setzten an, aber machten nur einen kleinen Hopser, während die übrigen einfach stehenblieben. Minuten später, und nun wieder ohne erkennbaren Grund, flogen sie alle zugleich jäh auf.[19]

Mehr als dreißig Jahre lang studierte Selous solche Vogelschwärme und gelangte zu der Überzeugung, daß ihr Verhalten keine normale sensorische Erklärung zuläßt: «Wie, frage ich, will man diese Dinge erklären, ohne eine Art Gedankenübertragung anzunehmen, die so schnell sein muß, daß sie praktisch auf ein simultanes kollektives Denken hinausläuft?»[20]

In neuerer Zeit wurden die Flugbewegungen großer Strandläuferschwärme anhand von Zeitlupenfilmen untersucht; man wollte herausfinden, wo und wie die Bewegungen des Schwarms eingeleitet werden. Es zeigte sich, daß die Bewegungen nicht ganz simultan waren, sondern von einem einzigen oder auch von zwei oder drei Vögeln ausgingen. Dieser Ausgangspunkt konnte überall im Schwarm sein und breitete sich von dort her wie eine Kreiswelle durch den ganzen Schwarm aus. Diese Welle bewegte sich sehr schnell; durchschnittlich brauchte sie 15 Millisekunden (15 Tausendstelsekunden) von einem Vogel zum nächsten.

Man fing einige Alpenstrandläufer ein und testete im Labor, wie schnell sie auf plötzliche Reize reagierten. Die durchschnittliche Reaktionszeit auf einen plötzlichen Lichtblitz war 38 Millisekunden. Es ist also sehr unwahrscheinlich, daß sie im Flug ihre Richtung aufgrund des Verhaltens ihrer Nachbarn ändern, denn für diese Reaktion hätten sie ja nur 15 Millisekunden Zeit.

Bei näherer Betrachtung der Filme stellte sich jedoch heraus, daß die Verhältnisse am Beginn einer Richtungsänderung etwas anders lagen: Die unmittelbaren Nachbarn des Vogels, von dem die Bewegung ausging, reagierten noch relativ langsam, und erst dann setzte die Welle sich mit der genannten Geschwindigkeit durch den Schwarm fort; anstatt 15 Millisekunden brauchten die unmittelbaren Nachbarn ganze 67 Millisekunden, um zu reagieren.

Wayne Potts, der diese faszinierende Untersuchung durchführte, kam auf eine sehr originelle Erklärung, die er «Tanzreihen-Hypothese» nannte. Er ging dabei von Erfahrungen aus, die man in den fünfziger Jahren bei Experimenten mit echten Tänzern gemacht hatte. Die Tanzreihe *(chorus line)* hatte zunächst bestimmte Bewegungsabläufe einzuüben. Im nächsten Abschnitt wurden diese Bewegungen dann von einer bestimmten Person ohne Vorwarnung eingeleitet, und dann errechnete man anhand von Filmen, mit welcher Geschwindigkeit sich die Tanzfiguren durch die Reihe fortsetzten. Es dauerte durchschnittlich 107 Millisekunden von einem Tänzer zum nächsten, und das ist nur etwas mehr als die Hälfte der durchschnittlichen visuellen Reaktionszeit des Menschen (194 Millisekunden). Potts führte als Erklärung an, daß jeder einzelne Tänzer die herannahende Bewegungswelle sehen und sich darauf einstellen konnte. Diese Erklärung glaubte er auf das Verhalten der Vögel übertragen zu können: Die unmittelbaren Nachbarn des Vogels, von dem die Bewegungsänderung ausging, reagierten langsamer, weil sie, im Unterschied zu allen übrigen Vögeln, sich noch nicht auf eine herannahende Welle einstellen konnten.[21]

Auf den ersten Blick ist das eine naheliegende und plausible Interpretation, die ohne «mystische» Faktoren wie Gedankenübertragung oder – wie Potts wohl hinzufügen würde – morphische Felder auskommt. Doch schauen wir uns Potts' Hypothese einmal genauer an – gerade weil sie die einzig wirklich plausible konventionelle Erklärung für dieses ganzheitliche Schwarmverhalten darstellt.

Da diese Wellen sich von jedem Punkt des Schwarms aus in alle Richtungen ausbreiten können, ist Potts zu der Annahme gezwungen, daß die Vögel diese Wellen auch dann augenblicklich wahrnehmen können, wenn sie direkt von hinten kommen. Das würde bedeuten, daß jeder Vogel ständig ein 360-Grad-Gesichtsfeld haben müßte, und das erscheint mir nicht sehr wahrscheinlich.

Nehmen wir aber für den Augenblick ruhig einmal an, diese Voraussetzung sei gegeben. Sofort stellt sich ein neues Problem: Die Vögel reagieren auf die herannahende Manöverwelle nicht mit einem unspezifischen Schreckreflex wie etwa auf einen plötzlichen Lichtblitz, sondern verändern ihre Flugbewegung sehr präzise; Richtung, Radius, Geschwindigkeit und Dauer einer Kehre sind genau auf die Bewegungen des ganzen Schwarms abgestimmt, und wenn die Vögel auch noch so dicht gedrängt fliegen, sie stoßen nicht zusammen. Es gibt zwar nur relativ wenige Grundformen von Flugmanövern, doch innerhalb dieser Grundformen unendlich viele Variationen. Sie sind mit anderen Worten flexibler als die einstudierten Bewegungsabläufe einer Tanzreihe. Kurzum, die Vögel müssen nicht nur die herannahende Welle wahrnehmen, sondern auch genau voraussehen, wie sie sich nun zu bewegen haben. Die für eine so vielschichtige Reaktion erforderliche Zeit könnte durchaus länger sein als die Reaktionszeit auf einen unspezifischen Schreck-Reiz. Wenn ja, dann müßten die Vögel die Bewegungswelle noch früher wahrnehmen und in allen Einzelheiten einschätzen können, als Potts annimmt, und man müßte die ständige Rundum-Sicht aller Vögel zur unabdingbaren Voraussetzung machen.

Oder aber wir ersparen den Vögeln die vielen blitzschnellen Einzelberechnungen, die zum präzisen Reagieren erforderlich wären, und gehen davon aus, daß sie den Flug des Schwarms als Gestalt wahrnehmen und jede Manöverwelle als Ganzheit ausführen, in die jedes einzelne Tier von Anfang an eingebunden ist. Dann wäre der Schwarm ein Kontinuum, in dem sich Bewegungsmuster ausbreiten, und wer dächte bei dieser Beschreibung nicht gleich an ein Feldphänomen? Unsere Hypothese schlägt als Deutung des Verhaltens vor, daß es von einem morphischen Feld organisiert wird.

Wollten wir im Rahmen der konventionellen Theorie bleiben, so müßten wir annehmen, daß die Manöverwelle im «Datenprozessor» des Vogels analysiert wird und der Vogel dann aufgrund der in seinem Nervensystem gespeicherten Programme reagiert. Dann aber würden wir am Ende unserer Überlegungen nur vor einem Fragezeichen stehen, denn die Natur solcher Programme oder Organisationsprinzipien im Nervensystem ist vollkommen unbekannt. Nach unserer Hypothese sind diese Organisationsprinzipien nicht einprogrammiert, sondern durch morphische Felder gegeben.

Unter diesem Gesichtspunkt ist Potts' Tanzreihen-Hypothese schon im Ansatz fragwürdig. Er geht ja davon aus, daß die Wellen gut einstudierter Bewegungen, die sich durch eine menschliche Tanzreihe fortsetzen, anhand bekannter physikalischer Prinzipien mechanistisch zu erklären sind. Wenn es aber morphische Resonanz tatsächlich gibt, so stehen die Tanzbewegungen unter dem Einfluß morphischer Felder, und zwar um so mehr, je intensiver sie einstudiert, das heißt je öfter sie wiederholt wurden. Die Tanzreihen-Hypothese, selbst wenn wir sie akzeptieren, genügt also nicht als Erklärung für die Flugbewegungen von Schwärmen. Die Natur der Manöverwellen und die Reaktionen der Vögel sind mit einem mechanistischen Ansatz nicht gänzlich zu erfassen; die Theorie der morphischen Felder wird diesen Phänomenen eher gerecht.

Auch an den Herden und Rudeln gesellschaftsbildender Säugetiere beobachten wir häufig dieses koordinierte Bewegungsverhalten, das so präzise abläuft, daß die Tiere auch in vollem Lauf nicht miteinander kollidieren. Nichts spricht dagegen, auch hier morphische Felder als Koordinationsprinzipien anzunehmen.[22] Damit ist jedoch wiederum nicht gemeint, daß wir die durch die Sinne vermittelte Kommunikation unter den Tieren einer Herde vernachlässigen können: Morphische Felder machen diese Art der Kommunikation natürlich nicht bedeutungslos, sondern stellen ihren strukturierten und strukturierenden Rahmen dar.

Die Organisation tierischer Gesellschaften

Schulen, Schwärme und Herden führen uns eindrucksvolle Beispiele für das koordinierte Verhalten einzelner Tiere in einem größeren Ganzen vor Augen. Tatsächlich finden wir solche Organisations- und Koordinationsmuster in allen Arten von tierischen Gesellschaften, denn sie liegen in der Natur solcher Verbände. Sie bilden den Kontext oder Rahmen für die Reaktionen und Beziehungen innerhalb einer Tiergesellschaft.

Bei vielen Arten ist die Sozialstruktur relativ einfach und spielt häufig nur zeitweilig eine Rolle – etwa wenn Männchen und Weibchen sich zur Paarungszeit zusammenfinden und anschließend gemeinsam die Jungen aufziehen, um dann wieder ein weitgehend einzelgängerisches Leben zu führen. Am anderen Ende des Spektrums finden wir eine breite Vielfalt komplexer und dauerhafter Sozialstrukturen wie etwa bei den Termiten und Schimpansen. Die Verhaltensforscher haben viele solcher sozialen Organisationsformen detailliert beschrieben, zum Beispiel Dominanzhierarchien, wie wir sie in der Hackordnung der Hühner finden, oder komplexe Kooperationsmuster wie etwa das Jagdverhalten eines Wolfsrudels.[23]

Einmütigkeit herrscht darüber, daß die Organisationsmuster solcher Gesellschaft größtenteils vererbt werden. Die herkömmliche Theorie besagt, daß sie weitgehend genetisch programmiert sind und die soziale Ordnung sich irgendwie aus den Interaktionen zwischen den einzelnen Tieren «ergibt». Doch damit schieben wir die Frage nur vor uns her. Müssen wir denn nicht, um überhaupt zu stichhaltigen Erklärungen zu kommen, wissen, *wie* solche Muster sozialer Organisation sich «ergeben»? Nach der Hypothese der Formenbildungsursachen sind sie auf morphische Felder zurückzuführen, und diese morphischen Felder werden durch morphische Resonanz mit ähnlichen früheren Gesellschaften stabilisiert: Die Muster der sozialen Organisation werden nicht mit den Genen vererbt.

Um es auch hier noch einmal zu betonen: Der Begriff des sozialmorphischen Feldes versteht sich nicht als Alternative zu den bekannten Formen der Interaktion und Kommunikation unter den Tieren einer Gruppe. Physische oder chemische Signale von einem Tier zum anderen haben jedoch nur Sinn in einem Kontext – wie wir ja überhaupt nur da von Sinn oder Bedeutung sprechen können, wo Beziehungen bestehen oder sich Bezüge herstellen lassen. Dieser Kontext wird durch die morphischen Felder gebildet.

Ebenso sind morphische Felder auch keine Alternative zu physiologischen Einflüssen auf das Verhalten, wie sie etwa durch die Hormone gegeben sind. Gewiß besteht bei Vögeln ein Zusammenhang zwischen der vermehrten Ausschüttung von Geschlechtshormonen in die Blutbahn und dem Eintritt in die Brutphase. Doch das charakteristische Verhalten der Vögel bei der Balz, beim Nestbau, beim Brüten und bei der Aufzucht der Jungen läßt sich ebenso gewiß nicht einfach auf die Chemie der Geschlechtshormone zurückführen: Verschiedene Arten mit gleichen Geschlechtshormonen zeigen sehr unterschiedliche Verhaltensmuster. Die Hormone bewirken vielmehr spezifische physiologische und biochemische Veränderungen in den Vögeln, durch die sie in Resonanz mit den morphischen Feldern des Brutverhaltens treten – einschließlich der sozialen Felder für die komplementären Aktivitäten von Männchen und Weibchen.

Kulturelle Vererbung

Jedes Einzeltier zeigt ein arttypisches Verhalten, doch innerhalb dieses Rahmens entwickelt es auch individuelle Gewohnheiten und Eigentümlichkeiten. Ebenso sind auch Gesellschaften ein und derselben Tierart einander mehr oder weniger ähnlich und besitzen daneben ihre ganz eigenen Gebräuche, Gewohnheiten und Traditionen. Viele dieser Verhaltensmuster hängen mit besonderen Umweltbedingungen zusammen, unter denen eine Gruppe lebt, und sie werden von neuen Mitgliedern der Gruppe übernommen, insbesondere natürlich von den Jungtieren, die in ihr aufwachsen. Wir können hier von einer Art gesellschaftlichem Gedächtnis sprechen. Bei vielen Wandertieren finden wir verblüffende Beispiele für solch traditionsgebundenes Verhalten. Rentierherden folgen traditionellen Zugwegen und kehren jedes Jahr zum Kalben an denselben Ort zurück; verschiedene Spezies von Enten, Gänsen und Schwänen benutzen Jahr für Jahr dieselben Zugwege; und von manchen Brutkolonien weiß man, daß sie seit Jahrhunderten an ein und derselben Stelle bestehen.[24]

Solche Gruppenverhaltensmuster besitzen eine gruppenspezifische Autonomie; sie werden nicht individuell vererbt. Werden junge Tiere aus ihrer ursprünglichen Gruppe in eine andere versetzt und wachsen dort auf, so nehmen sie die Gewohnheiten dieser neuen Gruppe an. Diese Gewohnheiten oder Traditionen bilden sich im Laufe vieler Generationen. Sie sind eine Art kulturelles Erbe. Die Biologen stimmen durchweg darin überein, daß kulturelle Vererbung nicht genetisch zu erklären ist, sondern andere Übermittlungswege nimmt, die durch den Gruppenzusammenhang gegeben sind.

Die einfachste Form der kulturellen Vererbung ist vielleicht als individuelles Nachahmungslernen zu erklären. Bei Vogelarten, deren Junge den arttypischen Gesang durch Zuhören erlernen, entwickeln sich häufig lokale Dialekte. Wo die Traditionen jedoch auf dem Verhalten beruht, das die Gruppe als Ganzes zeigt, wird sie auch durch die Gruppe selbst weitergegeben.

Unsere Hypothese besagt, daß soziale Verhaltensweisen durch die morphischen Felder der Gruppe geformt werden. Durch morphische Resonanz werden diese Felder von dem Verhalten beeinflußt, das alle früheren Gruppen der gleichen Art unter ähnlichen Umständen zeigten. Da eine bestimme Gruppe jedoch über die Jahre hin im allgemeinen sich selbst ähnlicher bleibt als jeder anderen Gruppe der gleichen Art, wird sie in erster Linie durch morphische Resonanz mit ihrer eigenen Vergangenheit geformt und bestimmt. Diese Eigenresonanz ist das Übertragungsmedium der Gruppentraditionen. Die morphischen Felder der Gruppe enthalten eine Art Gruppengedächtnis.

Betrachten wir nun, ob diese Prinzipien sich auch auf menschliche Gesellschaften und Kulturen anwenden lassen.

14. Die Felder menschlicher Gesellschaften und Kulturen

Menschliche Gesellschaften und Kulturen weisen charakteristische Muster und Strukturen auf. In früheren Gesellschaften blieben diese Strukturen häufig über viele Generationen relativ stabil, und selbst in modernen Gesellschaften mit ihrem raschen Wandel finden wir typische Muster, die auch über längere Zeiträume erkennbar bleiben. So unterscheidet sich zum Beispiel der *«American way of life»* sehr deutlich von polnischer und japanischer Lebensart. Und natürlich gibt es auch in modernen Gesellschaften eine ganze Reihe wohlunterschiedener sozialer, kultureller und religiöser Gruppierungen: Familien, Wirtschaftszweige, Stadtverwaltungen, Gewerkschaften, Polizei, Fabriken, Kirchen, Streichquartette, Clubs, Schulen, politische Parteien und so weiter. Sie alle besitzen ihre ganz eigenen Organisationsmuster, ihre geschriebenen und ungeschriebenen Regeln, ihre Bräuche und Traditionen.

Wir alle sind uns der Existenz solcher Muster sozialer und kultureller Organisation mehr oder weniger bewußt. Wir könnten nicht Mitglieder einer Gesellschaft sein, ohne etwas von deren Sitten, Erwartungen, Statushierarchien und so weiter zu wissen. In diesem Kapitel wollen wir dem Gedanken nachgehen, daß solche Strukturen von sozial- und kulturmorphischen Feldern organisiert sein könnten.

Aus mindestens zwei Gründen ist dazu mehr erforderlich als die Einführung einer neuen Terminologie. Erstens erlaubt dieser Ansatz uns, die Strukturen sozialer und kultureller Organisation in einem viel breiteren Kontext zu sehen als sonst, denn die sozialen und kulturellen morphischen Felder sind von derselben Natur wie die morphogenetischen Felder von Proteinmolekülen oder Weidenbäumen oder Hühnerküken, wie die Verhaltensfelder von Spinnen oder Blaumeisen, wie die sozialen Felder von Termiten oder Vogelschwärmen und wie die mentalen Felder, die das Rechnen und andere Fähigkeiten dieser Art organisieren. Die sozialen und kulturellen Strukturen menschlicher Gruppierungen unterliegen dem Einfluß der Formenbildungsursachen, und diese verschaffen sich auf allen Ebenen der Organisation durch morphische Felder Ausdruck.

Zweitens stimmen die Felder von Gesellschaften und Kulturen auch darin mit den anderen Arten morphischer Felder überein, daß sie durch morphische Resonanz mit ähnlichen früheren Systemen stabilisiert werden. Dieses Prinzip wirft auch ein neues Licht auf die *Vererbung* sozialer und kultureller Muster, ein Gebiet, über das wir noch kaum etwas wissen.

Betrachten wir zunächst, wie die herkömmlichen Theorien der Sozialwissenschaften die Organisation menschlicher Gesellschaften und Kulturen interpretieren.

Die Gesellschaft als Organismus

Bei all ihrer Vielgestaltigkeit weisen menschliche Gesellschaften doch bestimmte gemeinsame Grundzüge auf: Ihre Angehörigen sind sozialen Gruppen eingegliedert; alle besitzen Sprachen; alle weisen Strukturen der Verwandtschaftsbeziehung und der sozialen Organisation auf; alle haben Mythen und Rituale, bei denen es sich um Ursprung und Fortbestand der sozialen Gruppe dreht; alle haben Sitten, Gebräuche und Traditionen; alle stellen an ihre Angehörigen Erwartungen und erlegen ihnen Pflichten, Regeln und Gesetze auf; und alle sind selbstorganisierende Ganzheiten von mehr oder weniger starkem innerem Zusammenhalt.

Zu allen Gesellschaften und gesellschaftlichen Gruppierungen gehört auch ein entsprechendes Gruppenbewußtsein. Wir sind nicht nur Angehörige oder Mitglieder von Familien, Stämmen, Klanen, Gemeinden, Nationen, Teams, Schulen, Regimentern, Universitäten, Firmen, Clubs und Vereinen, sondern wir *wissen*, daß wir ein Mitglied der Gruppe sind und haben eine gewisse Vorstellung von der Gruppe als Einheit. Daneben wissen wir aber auch um die Existenz anderer sozialer Einheiten, denen wir nicht angehören.

Der Gedanke, daß Gesellschaften Ganzheiten darstellen, die mehr sind als die Summe ihrer Teile, scheint überall auf der Welt ganz selbstverständlich zu sein. Wir wachsen auf damit. Wir geben dem organismischen Charakater von Gruppen und Gesellschaften sogar Ausdruck in Wendungen wie *Körper*schaft oder *Arm* des Gesetzes oder Staatsober-

haupt. Auch die Wirtschaft kommt uns vor wie ein lebendiger Organismus: sie entwickelt sich und wächst, erzeugt Bedürfnisse, verbraucht Rohstoffe, kann gesund oder krank sein und so weiter. In den Äußerungen der Politiker wimmelt es von Begriffen, die den kollektiven Charakter der Gesellschaft und ihrer Untergruppierungen betonen, und verschwommene Begriffe wie «der Wille des Volkes» oder «nationales Interesse» oder «Einflußsphäre» sind mehr als bloße Abstraktionen: Sie gestalten maßgeblich das politische Handeln und sind von enormer Wirkung für die ganze Welt.

Die organische Sicht der Gesellschaft, überall auf der Welt Tradition und sogar im Westen immer noch die vorherrschende Anschauung, wurde bislang nur von der Philosophie des Individualismus ernsthaft in Frage gestellt, die sich im politischen Denken des siebzehnten Jahrhunderts auszubreiten begann. Sie entwickelte sich parallel zur mechanistischen Naturwissenschaft und der atomistischen Naturphilosophie. Der philosophische Individualismus beinhaltet eine atomistische Sicht der Gesellschaft. Die Gemeinschaft stellt keine höhere Einheit dar, der das Individuum untergeordnet ist, sondern das Individuum ist die primäre Wirklichkeit, und die Gesellschaft setzt sich aus Individuen zusammen. Zu Ende gedacht, führt der Individualismus allerdings in die Anarchie, und nur wenige Menschen sind bereit, so weit zu gehen. Ins politische Denken ging nur ein sehr aufgeweichter Begriff des Individualismus ein, der nicht mehr besagt, als daß der Staat sich nicht mehr als unbedingt nötig in die Belange des einzelnen einmischen soll. Dies ist seit jeher der Kerngedanke des politischen Liberalismus und in der heutigen Zeit vor allem seines rechten Flügels. Was die Aufrechterhaltung von Gesetz und Ordnung, die Erhebung von Steuern, die Außenpolitik, die Kriegsführung und dergleichen anging, so wurde die Oberhoheit des Staates mehr oder weniger fraglos anerkannt. Letztlich sind also auch individualistische Ideologien wie die der Neuen Rechten nur um einige Grade weniger kollektivistisch als erklärtermaßen kollektivistische Ideologien wie der Sozialismus. Alle diese Ideologien halten an gesellschaftlichen Ganzheiten fest, die mehr sind als die Summe ihrer Teile.

Nach unserer Hypothese werden alle gesellschaftlichen Gruppierungen, in welcher Staatsform auch immer, von morphischen Feldern organisiert. Und wie bei allen anderen Organismen oder Holons, vom Molekül bis zum Ökosystem, sind diese morphischen Felder zu geschachtelten Hierarchien gruppiert.

Kulturelle Vererbung

Kultur leitet sich ab von dem lateinischen *colere,* «graben», «bebauen», «pflegen». In unserem Fremdwort für Landwirtschaft, Agrikultur, ist diese ursprüngliche Bedeutung noch gegenwärtig. So wie die Agrikultur der Erde, die ja in ihrem natürlichen Zustand wild und unkultiviert ist, eine neue Ordnung auferlegt, wird auch die menschliche Kultur als nicht natürlich aufgefaßt, denn sie bildet sich in heranwachsenden Kindern nicht spontan: Wir müssen alle erst in unsere jeweilige Kultur hineinwachsen, müssen kultiviert oder gar, wie die Pädagogen heute sagen, enkulturiert werden. In diesem Sinne steht Kultur im Gegensatz zur Natur.

Andererseits aber ist Kultur etwas ganz Natürliches, denn erstens ist kein Mensch – auch der nicht, der uns «unkultiviert» oder «kulturlos» erscheint – ohne Kultur, und daß überhaupt Kulturen entstehen, muß wohl in der Natur des Menschen begründet sein; zweitens aber läßt die Kultur selbst sich mit einem lebendigen Organismus vergleichen. Kulturen besitzen Formen, die vererbt und immer aufs neue reproduziert werden; sie besitzen die Fähigkeit der Selbstorganisation; sie wandeln und entwickeln sich.

Daß die Vererbung der Kultur nicht genetisch erklärt werden kann, ist so gut wie unbestritten.[1] Ein jeder weiß ja, daß Kinder die Sprache ihrer leiblichen Eltern oder Adoptiveltern *erlernen* und die Kultur ihres Lebensraumes allmählich *annehmen.* Brauchtum und Traditionen werden von einer Generation an die nächste weitergegeben, und auch hier kann man gewiß ausschließen, daß es sich um genetische Übertragung handelt. Selbst die Sozialbiologen, die entschiedensten Verfechter des Neodarwinismus, behaupten nicht, kulturelle Formen seien genetisch programmiert. E.O. Wilson zum Beispiel begrenzt die Rolle der genetischen Evolution auf die angeborene Fähigkeit – ja den überwältigenden Drang – des Menschen, Kultur zu schaffen. «Insofern, als die spezifischen Details einer Kultur nicht-genetisch sind, kann man sie vom biologischen System abkoppeln und ihm als Hilfssystem zur Seite stellen.»[2] Richard Dawkins hat diesen Gedanken weitergedacht und den Begriff «Mem» geprägt für etwas, das er «Einheit der kulturellen Vererbung»[3] nennt. Das Mem ist in seiner Theorie eine Art Gegenstück zum eigennützigen oder egoistischen Gen:

Beispiele für Meme sind Melodien, Ideen, Schlagworte, Kleidermo-

> den, Besonderheiten der Töpferei oder des Baues von Gewölbebögen. Wie Gene sich fortpflanzen, indem sie über Samen- und Eizellen von Körper zu Körper hüpfen, so pflanzen Meme sich fort, indem sie – über einen Prozeß, den wir im weitesten Sinne als Imitation bezeichnen können – von Gehirn zu Gehirn hüpfen ... Mein Kollege N. K. Humphrey hat es auf den Nenner gebracht: «Meme sollten als lebendige Strukturen – und zwar nicht im metaphorischen, sondern im eigentlichen Sinne dieses Ausdrucks – betrachtet werden.»[4]

Für Dawkins sind die Meme so etwas wie die Atome der kulturellen Vererbung, so wie die Gene die Atome der biologischen Vererbung sind. Gegen diesen Aspekt seiner Ausführungen haben die Sozialwissenschaftler und Anthropologen Widerspruch erhoben, denn sie verstehen unter Kultur im allgemeinen eher etwas Organisches – eine Ganzheit, deren Elemente in durchgängige Verknüpfungsmuster eingebunden sind. Dennoch spricht für den Mem-Begriff, daß er die Aufmerksamkeit auf die Analogien zwischen biologischer und kultureller Vererbung, aber auch auf deren Verschiedenheit lenkt.

Morphische Felder weisen einige der Eigenschaften auf, die Dawkins den Memen zuschreibt: sie sind «lebendige Strukturen» die innerhalb der Gesellschaft durch einen Prozeß, den wir im weitesten Sinne als Nachahmung bezeichnen können, weitervererbt werden. Sie sind jedoch keine Kultur-Atome, die beliebig hin und her geschoben werden können. Wie alle anderen morphischen Felder sind sie als geschachtelte Hierarchien angelegt.

Das persönliche und geistige Leben eines jeden Menschen wird von der Kultur geformt, und nicht zuletzt durch die Sprache und durch das kulturelle Erbe, das in ihr seinen Niederschlag gefunden hat; denken wir nur etwa an die Unterschiede zwischen Menschen, die als Deutsche oder als Italiener aufgewachsen sind. Und jede menschliche Gesellschaft weist Strukturen und Muster auf, die vom kulturellen Erbe dieser Gesellschaft nicht getrennt werden können. Nach unserer Hypothese stehen Kinder unter dem Einfluß sozialmorphischer Felder und stimmen sich aufgrund von morphischer Resonanz auf die Chreoden ihrer Kultur ein: Amerikanische Jungen spielen Baseball, englische Cricket. Die gesellschaftlichen Rollen, die wir annehmen – als Schulkinder, Sekretärinnen, Torhüter, Mütter, leitende Angestellte, Arbeiter und so weiter –, sind durch morphische Felder geformt, und diese wiederum werden stabilisiert durch morphische Resonanz mit all jenen, die diese

Rollen schon gespielt haben. Die Beziehungsmuster zwischen den verschiedenen Rollen – etwa zwischen Arbeitnehmern und Arbeitgebern – werden durch die Felder der sozialen Einheit geformt und durch morphische Resonanz mit der eigenen Vergangenheit der jeweiligen Gruppe oder mit ähnlichen Gruppen aufrechterhalten.

Theorien sozialer und kultureller Organisation

Im neunzehnten Jahrhundert befaßten sich die Gesellschaftstheoretiker hauptsächlich mit Wandel und Entwicklung der Gesellschaft. Es war die Zeit nach der französischen und amerikanischen Revolution, die Zeit der beginnenden industriellen Revolution in England. Die tiefgreifenden gesellschaftlichen Veränderungen waren nicht zu übersehen, und vor diesem Hintergrund entwickelte sich die neue Wissenschaft der Soziologie. Ihre Begründer, etwa Henri de Saint-Simon und Auguste Comte, verstanden die Gesellschaft als einen sich entwickelnden Organismus, der nach einem positivistischen Wissenschaftsverständnis interpretiert werden kann. Doch die Gesellschaft war nicht nur anhand soziologischer Gesetze zu erklären, sondern man konnte mit diesem Wissen auch das menschliche Verhalten steuern, und zwar insbesondere auf die Entwicklung des Sozialismus hin. Vor diesem Hintergrund formulierte Karl Marx seine Theorie des gesellschaftlichen Wandels durch Klassenkampf und versuchte die Gesetze herauszuarbeiten, denen eine Gesellschaft auf dem Weg zu ihrem Endzustand, dem Kommunismus, folgen muß. Unter Kommunismus verstand er eine klassenlose Gesellschaft, in der alle historischen Widersprüche aufgehoben sind, und da Klassenkampf «der Motor der Geschichte» sei, würde das Erreichen dieses Endzustandes das Ende der Geschichte im üblichen Sinnes dieses Begriffs bedeuten.

Entwicklungstheorien der Gesellschaft waren jedoch nicht das Monopol der Sozialisten und Kommunisten. Vor allem in Großbritannien und Amerika waren auch kapitalistische Gesellschaftstheorien im Umlauf, die sich größtenteils an den Gedanken Herbert Spencers orientierten. Spencer interessierte sich vor allem für die Evolution der Gesellschaft, und seine Werke haben viel zur Popularisierung des Evolutionsbegriffs beigetragen (den er, wie schon erwähnt, bereits vor Darwin gebrauchte). Doch obgleich er die Gesellschaft als einen Organismus betrachtete, stellte er eine seltsam individualistisch anmutende Maxime auf und sagte, die Gesellschaft sei ein Organismus, «dessen gemeinschaftliches Leben den Teilen untergeordnet sein muß, anstatt daß das Leben der Teile dem gemeinschaftlichen Ganzen untergeordnet wird».[5]

Darwin und seine Nachfolger hoben die Bedeutung des Überlebenskampfes hervor. In Verbindung mit einer individualistischen Gesellschaftstheorie schien dieses Prinzip vom Überleben des Stärkeren eine wissenschaftliche Rechtfertigung des Kapitalismus darzustellen: Ungleichheiten des Besitzes, der Position und der Macht waren gleichsam naturgegeben. Dieses Prinzip galt jedoch nicht nur für die *Individuen* einer Gesellschaft, sondern auch für gesellschaftliche *Gruppen.* Dem Konkurrenzkampf schrieb man die Rolle zu, die allgemeine Entwicklung einer Gesellschaft voranzutreiben. Aus dieser Idee ging eine ganze Reihe spekulativer Theorien der gesellschaftlichen Evolution hervor, die unter der Überschrift «Sozialdarwinismus» zusammengefaßt werden.[6] Derartige Theorien waren von beträchtlichem politischem Einfluß, und sie erwiesen sich als recht praktisch für die Rechtfertigung des Imperialismus, insbesondere des britischen. In den Vereinigten Staaten waren sie ebenfalls willkommen, denn hier galt es, die Überlegenheit der weißen Rasse und damit den Anspruch auf das Land der «primitiven» Ureinwohner zu begründen. Ebenso ging es in Australien um das Land der «rückständigen» Aborigines, und so weiter. Das Grundgerüst all dieser Überlegungen finden wir in der *Encyclopaedia Britannica* in der Ausgabe von 1911 unter dem Stichwort «*Social evolution*»:

> Die ersten gesellschaftlichen Organisationsformen müssen sich – wie jeder andere Vorteil – unter harten natürlichen Auslesebedingungen entwickelt haben. Im allgemeinen Fluß und Wandel des Lebens wuchs den Mitgliedern dieser Gruppen, die als erste zu Ansätzen einer gesellschaftlichen Organisation fanden, eine große Überlegenheit über andere zu, und diese Gesellschaften konnten heranwachsen, weil sie über Kräfte verfügten, denen andere Menschengruppen weichen mußten. Solche Gesellschaften gediehen weiter, bis auch sie wieder anderen Gruppierungen weichen mußten, deren soziale Organisationsform effektiver war. In diesem Stadium des gesellschaftlichen Prozesses unterlagen alle Bräuche, Gewohnheiten, Institutionen und Glaubenssysteme den natürlichen Prinzipien der Auslese, Entwicklung und Erhaltung.[7]

Verschiedene Autoren fügten in diesen allgemeinen Rahmen die Details ein, wie es ihnen gut und richtig erschien: Wie überall, so auch hier, gab der Darwinismus Anlaß zu hemmungslosen Spekulationen.

Funktionalismus und Strukturalismus

In den ersten Jahrzehnten unseres Jahrhunderts kam es zu einem Aufbegehren gegen diese Schreibtischtheorien, und viele Soziologen und Anthropologen sahen ein, daß man zunächst einmal tatsächlich bestehende Gesellschaften empirisch erforschen müsse – ungeachtet der Frage, wie sie zu dem wurden, was sie waren. Der populärste theoretische Rahmen für solche Forschungen war der sogenannte Funktionalismus, der seine beherrschende Stellung in verschiedenen Formen bis in die sechziger Jahre behielt. Er ging von einer physiologischen Analogie aus: Wie die Organe des Körpers sich auf die Bedürfnisse des Gesamtorganismus und auf die Erhaltung seines Gleichgewichts einstellen, so dienen auch die sozialen Institutionen und Aktivitäten dem Zweck, die Gesellschaft als Ganzes in ihrer jeweiligen Umwelt zu erhalten.

Eng verwandt mit dem Funktionalismus ist die Systemtheorie, das vorherrschende soziologische Modell der fünfziger und sechziger Jahre.[8] Sie stellte Prinzipien in den Vordergrund, die schon aus der Physiologie sowie der Meß- und Regeltechnik bekannt waren: Wechselwirkung, Rückkoppelung und Homöostase. Die Systemtheorie ist stark von der Kybernetik, der Wissenschaft der Kommunikation und der Steuerungsvorgänge, beeinflußt und hat mancherlei Anwendungen gefunden, etwa für die Beschreibung politischer Prozesse oder komplexer Organisationen. Auf ihrer Basis werden die Computermodelle entwickelt, die für Wirtschaft, Militär und viele andere Bereiche von wachsender Bedeutung sind.

Der Strukturalismus, wie er sich seit dem Zweiten Weltkrieg entwickelte, hat manches mit dem Funktionalismus gemein und geht wie dieser von der Annahme aus, daß Gesellschaften organische Ganzheiten darstellen. Anstatt die sozialen und kulturellen Strukturen anhand ihrer gesellschaftlichen Funktionen zu erklären, versucht der Strukturalismus die Strukturen aufzudecken, die beobachtbaren Phänomenen zugrunde liegen, etwa den Mythen und Verwandtschaftssystemen, der Klassifizierung von Tieren und Pflanzen oder den Verfahren des Güteraustauschs. In mancher Hinsicht hat der Strukturalismus den Funktionalismus abgelöst; viele betrachten diesen nicht so sehr als eine Gegentheorie, sondern eher als eine »Vorform« des Strukturalismus.[9]

Der strukturalistische Ansatz hat auf vielen Gebieten Einfluß gewonnen, nicht nur in Anthropologie und Soziologie, sondern auch in der Linguistik (vor allem durch das Werk Noam Chomskys) sowie in der Kunst- und Literaturwissenschaft. Nicht zuletzt ist er auch für die Erforschung der biologischen Form von Bedeutung;[10] die bereits erwähnten mathematischen Modelle morphogenetischer Felder, die René Thom und Goodwin und Webster entwickelten, standen in einem allgemeinen strukturalistischen Zusammenhang.

Was aber sind diese zugrundeliegenden Strukturen? Manchmal scheinen sie so etwas wie platonische Ideen oder Urbilder zu sein, und manche Strukturalisten gehören offenbar der platonischen oder idealistischen Tradition an. Andere wiederum bestreiten, Idealisten zu sein, und versuchen, diese Strukturen auf physikalisch-chemische Mechanismen zurückzuführen. Claude Lévi-Strauss zum Beispiel schlägt diesen letzteren Weg ein und führt die Strukturen von Kulturen und Gesellschaften auf hypothetische Gehirnmechanismen zurück. Er selbst wurde in den vierziger Jahren von den ersten Ansätzen der Kybernetik, der Computerwissenschaft und der Informationstheorie beeinflußt. Nach seiner Auffassung läßt sich die «Algebra des Gehirns» als rechteckige Matrix von mindestens zwei Dimensionen auffassen, die in der Senkrechten oder Waagerechten gelesen werden kann wie ein Kreuzworträtsel.[11] Die binären Gegensätze, durch + und − dargestellt, lassen sich dem binären Code vergleichen, mit dem Computer arbeiten. Und damit sind wir wieder einmal bei der Computermetapher für das menschliche Bewußtsein.

Sowohl Strukturalismus als auch Funktionalismus betrachten die Gesellschaft als einen harmonisch integrierten Organismus und schreiben den Institutionen die Rolle zu, die Gesellschaft mehr oder weniger in einem fortdauernden Gleichgewichtszustand zu halten. Das aber bringt ein großes Problem mit sich, denn viele Gesellschaften oder soziale Institutionen sind keineswegs harmonisch oder im Gleichgewicht. Gerade im letzten Jahrhundert fanden überall auf der Welt tiefgreifende soziale Umbrüche statt. Weder der Funktionalismus noch der Strukturalismus können dafür ausreichende Erklärungen anbieten, und das ist vielleicht ihre größte Schwäche und der Grund dafür, daß ihr Einfluß abnimmt. Kampf, Wetteifer und Opposition können den sozialen Wandel offenbar besser erklären als die funktionalistische Theorie gesellschaftlicher

Stetigkeit oder die strukturalistische Theorie unwandelbarer Muster des menschlichen Geistes – und das sagen die Marxisten und Darwinisten ja ohnehin seit jeher.

Ziehen wir aber morphische Felder zur Interpretation sozialer und kultureller Strukturen heran, so können wir die wesentlichen Einsichten des Funktionalismus und Strukturalismus bewahren und gleichzeitig den platonisch-reduktionistischen Dualismus hinter uns lassen, den sie bislang noch nicht überwinden konnten. Der Funktionalismus betont die funktionellen Beziehungen zwischen den Teilen einer Gesellschaft, der Strukturalismus die zugrundeliegenden Muster oder Strukturen. Von daher sind beide eigentlich mit der Idee der morphischen Felder zu vereinbaren.[12] Solche Felder strukturieren die Sprache, das Denken, das Brauchtum, die Kultur und die Gesellschaft und organisieren die Beziehungen zwischen den Komponenten. Sie werden durch Eigenresonanz einer Gesellschaft mit ihrer eigenen Vergangenheit und durch Resonanz mit ähnlichen früheren Gesellschaften stabilisiert. Da morphische Felder Wahrscheinlichkeitsstrukturen sind, kann man von sozialen und kulturellen Regelmäßigkeiten erwarten, daß sie nicht genau festgelegt, sondern eher statistischer Natur sind – und diese Erwartung stimmt ja mit den Tatsachen überein.

Wie aber steht es mit dem sozialen und kulturellen Wandel? Morphische Felder sind eher von stabilisierendem und bewahrendem Einfluß und können als solche zur Einleitung einer Veränderung nicht beitragen, höchstens zu deren Durchsetzung. Veränderungen gehen von verschiedensten Umständen aus, etwa von Konflikten zwischen verschiedenen Gesellschaften, Klassen oder kulturellen Systemen, von veränderten Umweltbedingungen oder der Entwicklung neuer Technologien. Die Bildung neuer Felder hängt von Umständen und schöpferischen Prozessen ab, die sich nicht als Wiederholungen interpretieren lassen (wir kommen darauf im achtzehnten Kapitel zurück). Sind jedoch neue Aktivitätsmuster einmal entstanden, so könnte es durchaus sein, daß ihre Ausbreitung durch morphische Resonanz gefördert wird. Und häufig wiederholte Muster des sozialen Wandels – etwa bei der Stadtentwicklung – könnten durch Chreoden gelenkt und durch morphische Resonanz stabilisiert sein.

Gruppenbewußtsein

Es gibt, wie jedermann schon selbst erfahren hat, auch gesellschaftliche Einflüsse einer eher ungreifbaren Art. In unserer Umgangssprache haben wir dafür Ausdrücke wie etwa: die *Macht* der Tradition oder gesellschaftliche *Zwänge* oder Konformitäts*druck*. Wir alle kennen die Beschämung durch allgemeine Mißbilligung und das freudige Gefühl bei allgemeiner Zustimmung; und wir alle haben die Wirkung unsichtbarer Einflüsse erfahren, die mit Ausdrücken wie gesellschaftliche Solidarität, Loyalität, oder Gemeinschaftsgeist bezeichnet werden.

Emile Durkheim faßte solche organisierenden Einflüsse als Aspekte des *conscience collective* auf. Das französische Wort *conscience* umfaßt die Bedeutung der beiden englischen Ausdrücke *consciousness* (Bewußtsein) und *conscience* (Gewissen). Durkheim definierte das *conscience collective* als «einen Komplex von Überzeugungen und Gesinnungen, die den durchschnittlichen Mitgliedern einer bestimmten Gesellschaft gemein sind; sie bilden ein fest umrissenes System, welches ein unabhängiges Eigenleben entwickelt». Es besitzt «charakteristische Eigenschaften und Existenzbedingungen und hat seine ganz eigene Entwicklungsweise». Und es transzendiert das Leben aller einzelnen: «Sie vergehen, es bleibt.»[13]

Auch Sigmund Freud sah sich zu der «Annahme einer Massenpsyche» gezwungen,

> in welcher sich die seelischen Vorgänge vollziehen wie im Seelenleben eines einzelnen ... Ohne die Annahme einer Massenpsyche, einer Kontinuität im Gefühlsleben der Menschen, welche gestattet, sich über die Unterbrechungen der seelischen Akte durch das Vergehen der Individuen hinwegzusetzen, kann die Völkerpsychologie überhaupt nicht bestehen. Setzen sich die psychischen Prozesse der einen Generation nicht auf die nächste fort, müßte jede ihre Einstellung zum Leben neu erwerben, so gäbe es auf diesem Gebiet keinen Fortschritt und so gut wie keine Entwicklung. Es erheben sich nun zwei neue Fragen, wieviel man der psychischen Kontinuität innerhalb der Generationsreihen zutrauen kann, und welcher Mittel und Wege sich die eine Generation bedient, um ihre psychischen Zustände auf die nächste zu übertragen. Ich werde nicht behaupten, daß diese Probleme weit genug geklärt sind, oder daß die direkte Mitteilung und Tradition, an die man zunächst denkt, für das Erfordernis hinreichen.[14]

Er nahm vielmehr an, daß wichtige Teile dieses kollektiven geistigen Erbes auf unbewußten Wegen übermittelt werden.

William McDougall (der die im neunten Kapitel beschriebenen Ratten-Experimente zur Frage der Vererbung erlernten Verhaltens durchführte) war ein einflußreicher Sozialpsychologe, der ebenfalls zu dem Schluß gelangte, daß die geistige Grundverfassung einer Gesellschaft als Phänomen des Gruppenbewußtseins aufzufassen ist:

> Eine Gesellschaft, die lange genug besteht und ein hohes Organisationsniveau erreicht, nimmt Strukturen und Eigenschaften an, welche von den Eigenschaften ihrer Individuen, die ja immer nur für kurze Zeit an ihr teilhaben, weitgehend unabhängig sind. Sie wird zu einem organisierten Kräftesystem, das nicht nur ein Eigenleben und eigene Antriebe und Ziele besitzt, sondern auch die Macht, seine Individuen zu formen und seine eigene Identität so weit zu wahren, daß es nur langsam und schrittweise verändert werden kann ... Wir können Geist oder Bewußtsein als organisiertes System mentaler oder zielgerichteter Kräfte definieren, und in diesem Sinne kann man von einer sehr hoch organisierten menschlichen Gesellschaft durchaus sagen, daß sie ein kollektives Bewußtsein besitzt. Denn das kollektive Handeln, welches die Geschichte solch einer Gesellschaft konstituiert, ist durch Organisationsprinzipien bedingt, die wir nur als Ausdruck des Geistes beschreiben können – eines Geistes freilich, der in keinem Einzelbewußtsein gänzlich enthalten ist; die Gesellschaft wird vielmehr konstituiert durch das Beziehungsgeflecht, das zwischen den individuellen Geistern besteht.[15]

Solche Gedanken wurden in den ersten Jahrzehnten unseres Jahrhunderts vielfach geäußert, sind aber in neuerer Zeit bei den Intellektuellen in Mißkredit geraten. Das liegt zum Teil an dem immer reduktionistischer werdenden Klima in der akademischen Welt, aber wohl auch an den grauenhaften Entgleisungen der kollektiven Psyche im Nationalsozialismus und anderen nationalistischen Bewegungen. Die Idee, daß eine Gesellschaft überindividuelle Organisationsprinzipien besitzt, blieb natürlich bestehen, aber man zieht heute neutralere Bezeichnungen wie «Beziehungsmuster»,[16] «soziale Strukturen» oder «gesellschaftlicher Konsens» vor. Sie sind allerdings genauso vage wie die alten Begriffe und führen zu den gleichen Problemen: Versuche, sie auf die Gehirnmechanismen der einzelnen Menschen zurückzuführen, wirken wenig überzeugend, und zieht man zur Erklärung so etwas wie unwandelbare platonische Urbilder heran, so hat man große Mühe, der sich wandelnden historischen Wirklichkeit gerecht zu werden. Die Hypothese der Formenbildungsursachen erlaubt uns, diese gesellschaftlichen Muster, Strukturen und Übereinkünfte – zusammen mit dem Gruppenbewußtsein und dem *conscience collective* – als morphische Feldphänomene aufzufassen.

Kollektives Verhalten

Mit dem Begriff «kollektives Verhalten» sprechen die Soziologen das Verhalten des Menschen in der Masse oder bei einer Panik an, aber gemeint sind auch Moden aller Art, Kulte, das Verhalten von Anhängerschaften, reformerische oder revolutionäre Bewegungen und andere Gruppierungen dieser Art.[17] Man hat den Begriff definiert als «das Verhalten von einzelnen unter dem Einfluß eines Impulses, der gemeinsam oder kollektiv, also das Ergebnis gesellschaftlicher Interaktion ist».[18] In vielen Einzeluntersuchungen ist bereits aufgezeigt worden, wie Gerüchte, Witze, Moden oder irgendeine Hysterie sich ausbreiten oder was etwa in einem randalierenden Mob vor sich geht; aber es gibt noch keine allgemein anerkannten Theorien für solche Phänomene.[19]

Wie wir gesehen haben, läßt das Verhalten von Schulen, Schwärmen, Herden und Rudeln im Tierreich darauf schließen, daß alle Einzelwesen von einem Feld umschlossen und durch dieses Feld verbunden sind. Vielleicht wirft das auch einiges Licht auf das kollektive Verhalten der Menschen. Menschenmengen zum Beispiel wurden schon häufig mit zusammengesetzten Organismen verglichen, die ihre ganz eigenen Gesetze und Eigenschaften aufweisen. Elias Canetti unterscheidet mehrere Arten von Massen mit ganz verschiedenen Eigenschaften, die wir unter dem Gesichtspunkt unserer Hypothese als verschiedene Arten von Massen-Feldern auffassen können. Einer der Grundtypen ist die sogenannte offene Masse:

> Eine ebenso rätselhafte wie universale Erscheinung ist die Masse, die plötzlich da ist, wo vorher nichts war ... Sobald sie besteht, will sie aus *mehr* bestehen. Der Drang zu wachsen ist die erste und oberste Eigenschaft der Masse ... Die natürliche Masse ist die *offene* Masse: ihrem Wachstum ist überhaupt keine Grenze gesetzt. Häuser, Türen

> und Schlösser erkennt sie nicht an; die sich vor ihr versperren, sind ihr verdächtig ... Die offene Masse besteht, solange sie wächst. Ihr Zerfall setzt ein, sobald sie zu wachsen aufhört.[20]

Dieser extremen Art der spontanen Masse stellt Canetti die *geschlossene* Masse gegenüber:

> Diese verzichtet auf Wachstum und legt ihr Hauptaugenmerk auf Bestand. Was an ihr zuerst auffällt, ist die *Grenze* ... Die Grenze verhindert eine regellose Zunahme, aber sie erschwert und verzögert auch das Auseinanderlaufen. Was an Wachstumsmöglichkeiten so geopfert wird, das gewinnt die Masse an Beständigkeit. Sie ist vor äußeren Einwirkungen geschützt, die ihr feindlich und gefährlich sein könnten. Ganz besonders aber rechnet sie mit *Wiederholung*.[21]

Innerhalb beider Grundtypen von Massen gibt es Gleichheit: «Um dieser Gleichheit willen wird man zur Masse. Was immer davon ablenken könnte, wird übersehen.» Überdies hat die Masse ein Ziel oder eine Richtung: «Ein Ziel, das außerhalb jedes einzelnen liegt und für alle zusammenfällt, treibt die privaten, ungleichen Ziele, die der Tod der Masse wären, unter Grund. Für ihren Bestand ist die Richtung unentbehrlich ... Die Masse besteht, solange sie ein unerreichtes Ziel hat.»[22]

Eine Menschenmenge besteht nur für einen mehr oder weniger großen Zeitraum, und gerade deshalb werden an ihr manche Züge kollektiver sozialer Organisation, die bei beständigeren Gruppierungen allzu leicht für selbstverständlich genommen werden, besonders sinnfällig. Auch Teams oder Mannschaften sind vorübergehende Gruppierungen, und obgleich sie im Gegensatz zur Masse durch Strukturen und Disziplin gekennzeichnet sind, wird auch hier der einzelne dem Kollektiv und dem gemeinsamen Ziel untergeordnet:

> Wenn eine Ansammlung von Individuen das erstemal als fünf- oder elfköpfige *Einheit* reagiert, so kann man beinah das «Einrasten» hören: Eine neue Art von Wirklichkeit ist entstanden. ... Eine Basketballmannschaft etwa kann im Verlauf ein und desselben Spiels etliche Male in diese Wirklichkeit einrasten und wieder ausrasten; und alle Spieler, aber auch der Trainer und die Fans, spüren den Unter-

> schied . . . Jedem, der das Einrasten der Gemeinsamkeit in einem Team selbst erlebt hat, ist diese Erfahrung unvergeßlich.[23]

Wenn man erfolgreiche Sportler über ihre Erfahrungen als Mannschaftsmitglieder befragt, so sprechen sie manchmal von einem «sechsten Sinn», der ihnen erlaubt, zur rechten Zeit am rechten Ort zu sein; andere sprechen von Einfühlungsvermögen und Intuition. Ganz allgemein »entwickelt sich häufig ein unglaubliches Kommunikationsvermögen zwischen den Mitgliedern einer Mannschaft, so daß einer des anderen Aktionen vorausahnt».[24]

Solche Phänomene werden häufig als Erscheinungsformen des Gruppenbewußtseins interpretiert. Morphische Felder bieten uns eine alternative Erklärung, die nicht nur das Gruppenbewußtsein mit einschließt, sondern auch verständlich macht, wie Gruppengewohnheiten entstehen, nämlich durch morphische Resonanz der Gruppe mit ihrer eigenen Vergangenheit und mit anderen Gruppen ähnlicher Art. Denken Sie etwa an die Fußballmannschaft von Manchester United oder an die Wiener Philharmoniker oder an die örtliche Kirchengemeinde: Jede dieser Einrichtungen besitzt ihre ganz eigenen Traditionen und ihr eigenes Ethos, daneben jedoch eine Artverwandtschaft mit anderen Fußballmannschaften, Orchestern und Kirchengemeinden.

Das kollektive Unbewußte

Der von C. G. Jung geprägte Begriff des kollektiven Unbewußten hat manches gemein mit dem Begriff des Gruppenbewußtseins, und Jungs Archetypen ähneln Durkheims «kollektiven Repräsentationen».[25] Jung schrieb:

> Das kollektive Unbewußte ist ein Teil der Psyche, der von einem persönlichen Unbewußten dadurch negativ unterschieden werden kann, daß er seine Existenz nicht persönlicher Erfahrung verdankt und daher keine persönliche Erwerbung ist. Während das persönliche Unbewußte wesentlich aus Inhalten besteht, die zu einer Zeit bewußt waren, aus dem Bewußtsein jedoch entschwunden sind, indem sie entweder vergessen oder verdrängt wurden, waren die Inhalte des kollektiven Unbewußten nie im Bewußtsein und wurden somit nie individuell erworben.[26]

Während nun der Inhalt des persönlichen Unbewußten größtenteils aus Komplexen besteht, finden wir im kollektiven Unbewußten die Archetypen vor. Jung gelangte zu dieser Anschauung, als er in Träumen und Mythen auf immer wieder gleiche Grundstrukturen stieß, die auf die Existenz von unbewußten Archetypen hindeuten – eine Art kollektives Gedächtnis, das vererbt wird. Wie diese Vererbung vor sich gehen mag, konnte er nicht erklären, und seine Anschauung verträgt sich natürlich überhaupt nicht mit der herkömmlichen mechanistischen Annahme, daß Vererbung auf kodierten Informationen in der DNS beruht. Selbst wenn man annähme, daß die Mythen etwa eines Yoruba-Stammes sich irgendwie in den Genen der Stammesmitglieder niederschlagen könnten, wäre dann noch unerklärt, wie ein Schweizer einen Traum haben kann, der vom gleichen Archetypus geprägt ist. In einer mechanistischen Theorie des Lebens ergeben Jungs Gedanken einfach keinen Sinn, und so werden sie denn in den orthodoxen Wissenschaften auch nicht gerade ernst genommen. Im Rahmen unserer Hypothese hingegen sind diese Gedanken durchaus sinnvoll.

Strukturen des Denkens und der Erfahrung vieler Menschen verdichten sich durch morphische Resonanz zu morphischen Feldern. Diese Felder enthalten gewissermaßen eine Durchschnittsform der Erfahrung. Dieser Gedanke entspricht Jungs Definition der Archetypen als «angeborene psychische Strukturen».

> Es gibt bekanntlich keine menschliche Erfahrung, und es ist auch gar keine Erfahrung möglich, ohne das Dazutreten einer subjektiven Bereitschaft. Worin besteht aber diese subjektive Bereitschaft. Sie besteht in letzter Linie in einer angeborenen psychischen Struktur, die es dem Menschen erlaubt, überhaupt eine solche Erfahrung zu machen. So setzt das ganze Wesen des Mannes die Frau voraus, körperlich sowohl wie geistig. Sein System ist a priori auf die Frau eingestellt, ebenso wie es auf eine ganz bestimmte Welt, wo es Wasser, Licht, Luft, Salz, Kohlehydrate usw. gibt, vorbereitet ist. Die Form der Welt, in die er geboren wird, ist ihm bereits als *virtuelles Bild* eingeboren. Und so sind ihm Eltern, Frau, Kinder, Geburt und Tod als virtuelle Bilder, als psychische Bereitschaften eingeboren. Diese apriorischen Kategorien sind natürlich kollektiver Natur, es sind Bilder von Eltern, Frau und Kindern im allgemeinen ... Sie sind in gewissem Sinne die Niederschläge aller Erfahrungen der Ahnenreihe.[27]

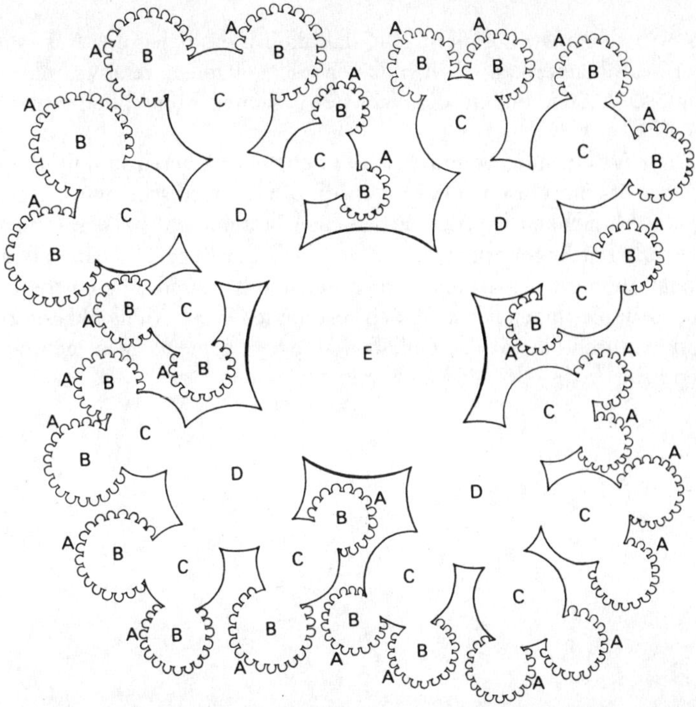

Abbildung 14.1 Die Struktur des kollektiven Unbewußten in der Darstellung von Marie-Louise von Franz. Die Buchstaben bezeichnen in der Reihenfolge des Alphabets: das Ichbewußtsein, das persönliche Unbewußte, das Gruppenunbewußte, das Unbewußte größerer nationaler Einheiten und schließlich das Unbewußte, das der ganzen Menschheit gemein ist und die universalen Archetypen enthält.

Jung ging zwar davon aus, daß das kollektive Unbewußte der ganzen Menschheit angehört, doch er betrachtete es nicht als gänzlich undifferenziert: «Auf einer früheren und tieferen Stufe seelischer Entwicklung ... haben alle menschlichen Rassen eine gemeinsame Kollektivpsyche. Aber mit dem Einsetzen von Rassendifferenzierung entstehen auch wesentliche Unterschiede in der Kollektivpsyche.»[28]

Marie-Louise von Franz hat diesen Gedanken weitergeführt. Unter der Ebene des persönlichen Unbewußten liegt das «Gruppen-Unbewußte» von Familien, Sippen, Stämmen und so weiter. Darunter wiederum liegt das «allgemeine Unbewußte» größerer nationaler Einheiten. »So sehen wir beispielsweise, daß die Mythologien der Australier oder der südamerikanischen Indianer solche Familien relativ ähnlicher religiöser Motive bilden, die nicht der gesamten Menschheit angehören.«[29]

Diese Vorstellung befindet sich in genereller Übereinstimmung mit der Idee der morphischen Resonanz, die um so spezifischer wird, je größer die Ähnlichkeit ist: Angehörige einer bestimmten sozialen Gruppe sind früheren Angehörigen dieser Gruppe in der Regel ähnlicher als anderen Gruppen aus ganz anderen Rassen und Kulturen. Allen menschlichen Gruppierungen liegen jedoch bestimmte Grund-Ähnlichkeiten zugrunde, durch die wir alle teilhaben an einem gemeinsamen menschlichen Erbe.

15. Mythen, Rituale und der Einfluß der Tradition

Nach der Hypothese der Formenbildungsursachen werden neue soziale und kulturelle morphische Felder, die im Laufe der Menschheitsgeschichte entstehen, durch Wiederholung immer mehr zur Gewohnheit, sie organisieren dann bestimmte soziale und kulturelle Muster.

Der strukturalistische Ansatz mit seinem Bestreben, die grundlegenden sozialen und kulturellen Strukturen aufzuzeigen, hat manches mit unserer Interpretation durch morphische Felder gemein. Allerdings hat er sich noch nicht über die platonistisch-reduktionistische Dualität erheben können, die in der Natur des mechanistischen Weltbildes liegt. Für manche Strukturalisten sind diese Grundmuster so etwas wie platonische Urbilder, die außerhalb von Raum und Zeit bestehen und daher nicht der Evolution unterliegen können; andere wie Lévi-Strauss bemühen sich, sie auf hypothetische Gehirnmechanismen zurückzuführen.

Hier entsteht eine Kluft zwischen den sozialwissenschaftlichen und naturwissenschaftlichen Aspekten der zur Diskussion stehenden Fragen, und es ist den herkömmlichen Wissenschaften, auch dem Strukturalismus, bisher nicht gelungen, diese Kluft zu überbrücken – zumal die naturwissenschaftliche Erklärung der Gehirnmechanismen und des Gedächtnisses noch alles andere als befriedigend ist, wie wir in den Kapiteln 9–12 gesehen haben. Diese Kluft entsteht gar nicht erst, wenn wir die Hypothese der Formenbildungsursachen zugrunde legen, denn die morphischen Felder von Kulturen und Gesellschaften sind von derselben Natur wie die Felder biologischer und chemischer Systeme. Diesem Ansatz bleiben die Schwierigkeiten, vor welche der Strukturalismus sich gestellt sieht, erspart, und zudem ermöglicht er einen leichteren Zugang zur Frage der kulturellen Vererbung und der Evolution kultureller Gewohnheiten. Wenn wir uns im folgenden nun die Natur von Mythen, Ritualen und Traditionen unter diesen Gesichtspunkten vergegenwärtigen, begeben wir uns nicht in Gegensatz zu den herkömmlichen strukturalistischen Interpretationen, sondern gehen über sie hinaus zu etwas, das man vielleicht als «evolutionären Strukturalismus» bezeichnen könnte.

Mythen und Ursprünge

Mythen erzählen von Ursprüngen. Sie enthalten Berichte über die Taten von Göttern, Heroen und übermenschlichen Wesen und erklären, weshalb die Dinge so sind, wie sie sind. «Da er wirklich und heilig ist, wird der Mythos vorbildlich und folglich wiederholbar, denn er dient allen menschlichen Handlungen als Modell und, damit verbunden, als Rechtfertigung.»[1] In Stammesgesellschaften gibt es kein Entwicklungs- oder Fortschrittsdenken: Was jetzt geschieht, wiederholt nur das, was früher schon geschah, und die Wiederholungen weisen stets zurück auf die mythische Ursprungszeit, als die Dinge das erste Mal geschahen. Daher ist diese ferne Vergangenheit zugleich auch Gegenwart. So schreibt etwa ein Ethnologe, der einen großen Teil seines Lebens bei den Aranda, den Aborigines oder Ureinwohnern Australiens (Northern Territory), verbrachte:

> Der Ahne *gurra* jagt, tötet und ißt Beuteltiere («bandicoot»), und seine Söhne geben sich weiterhin der gleichen Tätigkeit hin. Die Larven-Menschen «witchetty» von Lukara verbringen jeden Tag ihres Lebens damit, aus den Wurzeln der Akazien Larven herauszuziehen . . . Der Ahne *ragia* (Wilder Pflaumenbaum) ernährt sich von diesen Beeren, die er ohne Unterlaß in einem großen Holzgefäß sammelt. Der Ahne Krebs baut einen Damm nach dem anderen quer durch die Fluten, deren Lauf er folgt; und er wird niemals aufhören, die Fische mit der Harpune zu fangen . . . Wenn man die Mythen der nördlichen Aranda als ein Ganzes behandelt, findet man in ihnen eine detaillierte Darstellung über alle Formen der Tätigkeit, denen sich noch heute die Eingeborenen Zentralaustraliens hingeben. Durch die Mythen hindurch gewahrt man den Eingeborenen vor seine täglichen Aufgaben gespannt: wie er jagt, fischt, wilde Pflanzen sammelt, die Küche besorgt und verschiedene Werkzeuge formt. Alle diese Arbeiten haben mit den totemistischen Ahnen angefangen; und auch auf diesem Gebiet folgt der Eingeborene blindlings der Tradition: er bleibt den ursprünglichen Waffen treu, die seine fernen Ahnen ver-

> wendeten, und die Vorstellung, sie zu verbessern, kommt ihm niemals in den Sinn.[2]

Diese Treue zu einer als zeitloses Vorbild aufgefaßten Vergangenheit ist unserem modernen Denken gänzlich fremd. Wir sehen alles Vergangene als Stadien eines fortschreitenden historischen Prozesses. In den traditionellen Gesellschaften, überall auf der Welt, hat jedoch die mythische Weltsicht bis heute ihre beherrschende Stellung behalten. Jede Technik, jede Regel, jeder Brauch ruht auf ein und derselben simplen Begründung: «Die Ahnen lehrten es uns so.» Bei Lévi-Strauss finden wir:

> Die mythische Geschichte zeigt uns also das Pardox, von der Gegenwart zugleich losgelöst und mit ihr verbunden zu sein. Losgelöst, da die frühesten Ahnen von anderer Natur waren, als die Menschen heute sind: jene waren Schöpfer, diese sind Nachahmer; und verbunden, da sich seit dem Erscheinen der Ahnen nichts ereignet hat, es sei denn Ereignisse, deren Rekurrenz periodisch die Besonderheit auslöscht.[3]

Das klingt fast wie eine Beschreibung der morphischen Resonanz: Die Aktivitätsmuster wiederholen sich immer aufs neue und werden immer weiter stabilisiert durch Resonanz mit ähnlichen Mustern der Vergangenheit bis zurück in jene mythische Zeit, in der die morphischen Felder entstanden.

«Aufgeklärte, moderne» Menschen betrachten die Mythen traditioneller Gesellschaften gern als phantastische Geschichten, die nicht nur jeder Realität entbehren, sondern auch noch dem Fortschritt im Wege stehen. Wie überzeugend und objektiv sind dagegen doch die wissenschaftlichen Darstellungen von der Entstehung des Universums, der Evolution des Lebens und der Entwicklung der Zivilisation! Aber wie steht es wirklich mit dieser Objektivität? Die Wissenschaften unterliegen dem Einfluß der vorherrschenden Kultur und ihrer Paradigmen. Sie gehen von – häufig impliziten – Annahmen aus, die durch lange Gewöhnung zu Selbstverständlichkeiten geworden sind. Wissenschaftliche Theorien sind Mythen insofern ähnlich, als sie mentale Konstrukte darstellen, die die Welt durchschaubar und verständlich machen sollen; und wie die Mythen besitzen sie eine kulturelle Dimension. Wissenschaftliche Paradigmen sind gemeinsames Gut all derer, die am Wissenschaftsbetrieb beteiligt sind, und sie setzen den Rahmen für wissenschaftliche Aktivitäten. Nach unserer Hypothese werden wissenschaftliche Paradigmen ebenso wie Mythen von morphischen Feldern geformt und durch morphische Resonanz stabilisiert. Wir werden auf die Frage der wissenschaftlichen Paradigmen gegen Ende dieses Kapitels zurückkommen.

Auch wissenschaftliche Theorien haben ihre Ursprünge, und häufig sind diese Ursprünge mit Geschichten verbunden, die gerade so wie Mythen klingen. Descartes etwa führte seine Philosophie auf einen Traum zurück, in dem er dem Engel der Wahrheit begegnete; und am Beginn von Newtons monumentaler Gravitationstheorie soll ein Apfel gestanden haben, der ihm einst auf den Kopf fiel. Kaum ein großer Neuerer, dessen Lebensgeschichte nicht Legenden dieser Art aufwiese.

Ein wesentlicher Unterschied zwischen modernen Fortschrittstheorien und traditionellen Mythen besteht jedoch darin, daß erstere sich weniger auf archetypische Vorbilder beziehen als vielmehr in die Zukunft weisen auf Ziele wie Frieden, Wohlstand, Mitmenschlichkeit und Aufklärung. Diese Fortschrittsvorstellung entwickelte sich in einer Kultur, die von der jüdisch-christlichen Tradition geprägt wurde, und der kennzeichnende Zug dieser Tradition besteht in seinem Geschichtsmythos: dem Glauben an den historischen Fortschritt auf einen Endzustand hin, der ein Wiedererlangen des verlorenen Paradieses darstellt. Dieser Mythos ist ein morphisches Feld, über viele Jahrhunderte durch morphische Resonanz stabilisiert. Die abendländische Zivilisation hat sich in diesem Feld entwickelt und entwickelt sich weiterhin darin; und dies gilt auch für die Naturwissenschaften. Inwieweit sind unsere modernen Theorien vom Ursprung des Universums und von der Evolution des Lebens neue Ausprägungen dieses traditionellen Geschichtsverständnisses?

Zunächst mag zwischen dem Geschichtsmythos und der Entwicklung von Wissenschaft und Technik kein erkennbarer Zusammenhang bestehen. Im Gegenteil, so hören wir immer wieder, haben Wissenschaft und rationales Verständnis den Menschen doch überhaupt erst befreit aus den Fesseln archaischer Glaubenssysteme. Wissenschaft erscheint hier als das genaue Gegenteil des primitiven mythischen Denkens: Durch heldenhaften Kampf gegen die kirchliche Lehrmeinung haben Männer wie Galilei und Darwin die Menschheit aus der Finsternis des Aberglaubens ins Licht der rationalen Erkenntnis geführt. Oder ist das auch wieder ein Mythos?

Die wissenschaftliche Methode, so wird allgemein angenommen, hat überzeugend dargelegt, daß alle überkommenen Mythen falsch sind, bestenfalls von einem gewissen poetischen Wert. Insbesondere kann man die biblische Schöpfungsgeschichte im Lichte heutiger naturwissenschaftlicher Theorien kaum noch ernst nehmen. Schon die Reihenfolge, in der Erde, Sonne und Mond[4] und schließlich die Lebewesen entstanden, kann nach heutigem naturwissenschaftlichem Kenntnisstand unmöglich so gewesen sein, wie es in der Bibel steht.

Dennoch läßt sich zwischen dem Mythos der Genesis und der naturwissenschaftlichen Auffassung eine gewisse Familienähnlichkeit feststellen. Natürlich ist die wissenschaftliche Darstellung sehr viel detaillierter, und sie kennt keinen Schöpfergott, sondern macht den Zufall zum Entwicklungsprinzip des Kosmos und des Lebens; doch wie die biblische Genesis ist sie eine Ursprungsgeschichte, spricht von Dingen, die sich zutrugen, bevor es Menschen als Zeugen gab, und daher nur vorgestellt oder erschlossen oder berechnet werden können. Kurzum, ihre Aussagen über Ursprünge sind nicht Aussagen über etwas tatsächlich Beobachtetes.

Die Ursprungstheorien der Naturwissenschaft entstanden in einer Kultur, die vom Glauben an einen Anfang, einen Sündenfall, ein Fortschreiten zum Ziel und Ende der Geschichte hin geprägt war, und dieses Ende ist in gewisser Weise eine Rückkehr zum Anfang. Die modernen Theorien vom Urknall und von der Evolution des Universums sind dem Grundmythos unserer Kultur erstaunlich ähnlich. (Und vielleicht ist es kein Zufall, daß wir heute, wo wir den Untergang dieser Kultur durch einen verheerenden Atomkrieg fürchten müssen, zu einer Schöpfungsgeschichte gelangt sind, die mit einer ungeheuren Explosion beginnt.)

Rituale

Rituale, soziologisch definiert, sind «formale Handlungen, die einem festgelegten Muster folgen, in dem durch Symbole ein gemeinschaftlicher Sinngehalt zum Audruck kommt». Symbole sind «Gesten, Artefakte, Zeichen oder Begriffe, die für etwas anderes stehen oder etwas anderes bezeichnen oder zum Ausdruck bringen».[5]

Alle Kulturen besitzen Rituale: Das jüdische Passahfest, die christliche Messe und Hochzeitszeremonien sind vertraute Beispiele aus dem religiösen Bereich; die Vorlage des Jahreshaushalts, die britische Parlamentseröffnung oder die Amtseinsetzung des Präsidenten der Vereinigten Staaten sind politische Rituale; nationale Bräuche wie die Guy-Fawkes-Nacht in England oder das Thanksgiving-Dinner in Amerika haben ebenfalls einen rituellen Charakter; und das Alltagsleben enthält viele mehr oder weniger unbewußte rituelle Elemente, etwa die üblichen Formen der Begrüßung und des Abschieds.

Viele Rituale beziehen sich auf eine Ursprungsgeschichte, die von den Ereignissen erzählt, welche im Ritual begangen werden: das ursprüngliche Passah in jener furchtbaren Nacht, als die erstgeborenen Söhne der Ägypter sterben mußten; das Abendmahl am Vorabend der Kreuzigung; die Aufdeckung der Pulververschwörung und die Verhaftung von Guy Fawkes; das Erntedankmahl der Pilgrim Fathers nach der ersten Ernte in der Neuen Welt. Andere Rituale, wie sie etwa eine Geburt, eine Hochzeit oder einen Tod begleiten, begehen den Übergang von einem Daseinsstadium zu einem anderen. Gemeinsam ist all diesen Ritualen, daß sie durch ihren immer wieder gleichen Ablauf eine Art Verbindung zwischen Vergangenheit und Gegenwart herstellen. Offenbar bedürfen wir dieser Verbindung zur Vergangenheit, und Rituale tragen dazu bei, die Kontinuität zu wahren. Lévi-Strauss bringt die Beziehung zwischen Ritual und Zeit auf folgenden kurzen Nenner: «Dank dem Ritual fügt sich die ‹losgelöste› Vergangenheit des Mythos einerseits der biologischen und jahreszeitlichen Periodizität ein, andererseits der ‹verbundenen› Vergangenheit, die über die Generationen hinweg die Toten und die Lebenden vereint.»[6] Er stellt diese Prinzipien anhand der Rituale australischer Stämme dar und unterscheidet drei Kategorien: Kontrollriten, historische Riten und Trauerriten:

> Die Kontrollriten . . . zielen drauf ab, die totemistischen Arten oder Erscheinungen zu vermehren oder zu verringern . . ., indem sie die Menge der Geister oder der geistigen Substanz festlegen, deren Befreiung man in den von den Ahnen an verschiedenen Punkten des Stammesgebietes eingerichteten totemistischen Zentren erlaubt. Die historischen Riten oder Gedenkriten schaffen von neuem die sakrale und segenbringende Atmosphäre der mythischen Zeiten – die Epoche des «Traumes» nennen es die Australier –, deren Helden und ihre Heldentaten sie wie in einem Spiegel reflektieren. Die Trauerriten entsprechen einem umgekehrten Verfahren: anstatt lebenden Menschen die Aufgabe anzuvertrauen, ferne Ahnen zu personifizieren, sichern sie die Zurückverwandlung von Menschen, die zu leben aufge-

hört haben, in Ahnen. Man sieht also, daß das System des Rituals die Funktion hat, drei Gegensätze zu überwinden und zu integrieren: den von Diachronie und Synchronie [das heißt von Wandel in der Zeit und Gleichzeitigkeit]; den von periodischen und aperiodischen Merkmalen, die sie beide zeigen können; und schließlich, innerhalb der Diachronie, den der reversiblen und irreversiblen Zeit, da die historischen Riten, obwohl Gegenwart und Vergangenheit theoretisch deutlich unterschieden sind, die Vergangenheit in die Gegenwart tragen und die Trauerriten die Gegenwart in die Vergangenheit und die beiden Verfahren nicht äquivalent sind: von den mythischen Helden kann man wahrhaftig sagen, daß sie zurückkommen, denn ihre Realität liegt in ihrer Personifizierung; aber die lebenden Menschen sterben für immer.[7]

Die Wirksamkeit von Ritualen hängt nach der in allen Kulturen gültigen Anschauung entscheidend davon ab, daß die überkommenen Formen genau eingehalten werden; rituelle Formen haben also von Natur aus etwas strikt Konservatives an sich. Alle rituellen Handlungen und Gesten müssen genau richtig ausgeführt werden, und die sprachlichen Anteile eines Rituals behalten häufig selbst dann noch für lange Zeit ihre ursprüngliche Form, wenn die Sprache schon nicht mehr im Alltag gebraucht wird. So benutzt etwa die koptische Liturgie die Sprache des antiken Ägypten; in die lateinische Liturgie der katholischen Kirche hat die Landessprache erst seit dem zweiten Vatikanischen Konzil Eingang gefunden; die brahmanischen Rituale Indiens bedienen sich nach wie vor des Sanskrit. Warum aber glaubt man auf der ganzen Welt, daß Rituale so ablaufen müssen, wie sie schon immer abgelaufen sind? Die Idee der morphischen Resonanz gibt uns eine naheliegende Antwort: Rituale können – aufgrund von morphischer Resonanz – tatsächlich die Vergangenheit gegenwärtig machen. Je größer die Ähnlichkeit zwischen der heutigen und der früheren Form des Rituals, desto stärker die Resonanzbeziehung zwischen den früheren und den heutigen Ausführungen.

Initiation

Kulturspezifische Verhaltens- und Denkformen und die zu einer bestimmten Kultur gehörende Sprache entstehen nicht von selbst in den Menschen, sondern werden von den Kindern durch Nachahmung angenommen. Sie erfordern Initiation oder Einweihung im weitesten Sinne des Wortes. Das gilt für Sprachen, Lieder, Tänze, Sitten und Gebräuche, für körperliche und geistige Fertigkeiten, Handwerke, Berufe und so weiter. Vieles wird ohne besondere Lernbemühungen und ganz selbstverständlich übernommen, und dies geschieht, wie wir im zehnten Kapitel gesehen haben, vornehmlich durch morphische Resonanz mit den lebenden Menschen, die nachgeahmt werden, aber auch mit allen früheren, die schon ähnliches erlernt und getan haben. Betrachten wir jetzt aber gesellschaftliche und religiöse Einweihungen im Rahmen von Ritualen, die den Übergang eines Menschen von einer gesellschaftlichen Rolle zu einer anderen oder von einem Lebensstadium in ein anderes markieren und herbeiführen.

Bei Einweihungsritualen geht es um das Überqueren von Grenzen, etwa zwischen Jünglings- und Mannesalter oder zwischen Einzeldasein und Eheleben. Solche Einweihungen gehören der übergreifenden Kategorie der Übergangsriten an, ebenso wie die Rituale, die Geburt und Tod begleiten, oder das Überschreiten von Grenzen in Raum und Zeit, zum Beispiel von einem Territorium in ein anderes oder von einem Jahr zum nächsten.

An einem Übergangsritus lassen sich im allgemeinen drei Phasen unterscheiden. In der ersten Phase wird der bestehende Zustand, beispielsweise die Kindheit, abgestreift: Der Initiand wird von seiner bisherigen Identität getrennt und tritt in einen Übergangszustand ein, der voller Gefahr und Orientierungslosigkeit ist; man verbindet ihm etwa die Augen, oder er muß eine Zeitlang fernab vom gewohnten Leben ganz allein mit sich zurechtkommen oder wird unangenehmen Prüfungen unterzogen. Diese zweite Phase endet mit einem Ritual der Wiedereingliederung, das ihm die volle Integration in seinen neuen Zustand bestätigt. Viele Elemente solcher Rituale finden wir in den verschiedensten Kulturen auf der ganzen Welt: Waschungen, das Rasieren des Kopfes, Beschneidungen und andere körperliche Eingriffe, das Überqueren von Wasserläufen und anderen Hindernissen sind Symbole der Trennung; Salbungen, das Anlegen neuer Kleidung und ein Festmahl stehen für die neuerworbene Integration.[8]

Einweihungsrituale dienen jedoch nicht nur dem Zweck, solche Grenzüberschreitungen zu ermöglichen, sondern sie definieren und konkretisieren diese Grenzen auch. So sagen etwa die Gisu in Uganda, daß sie ihre Jungen durch die Initiation zu Männern machen, damit sie nicht uninitiierte Jungen bleiben. Es liegt etwas Zirkuläres in dieser Argumentation, denn offenbar sind die Kategorien, welche die Einweihung definiert, ebendieselben, von denen sie ausgeht. Solche Rituale markieren nicht unbedingt den Zeitpunkt der biologischen Reife, denn sie werden an Jungen unterschiedlicher Entwicklungsstadien vollzogen; es geht vielmehr um das Überschreiten gesellschaftlich definierter Grenzen.

Auch in modernen Gesellschaften haben noch manche traditionellen Formen der Initiation überlebt, etwa in den Zeremonien der Eheschließung. Aber auch ganz andere Zeremonien haben noch etwas von Initiationsriten an sich; denken wir etwa an Prüfungen und das Aushändigen von Zeugnissen in der Schule oder die Examensfeiern an den Universitäten, die Einführung in einen Berufsstand, die Verleihung von Offizierspatenten und ähnliches. Ein wiederkehrendes Grundthema vieler Initiationsriten ist der Tod der bisherigen sozialen oder religiösen Identität und die Geburt einer neuen. Der Mensch wird in einer neuen sozialen oder religiösen Rolle «wiedergeboren».

Gesellschaftliche Rollen gehen mit Normen einher, und diese Normen bestehen aus der Erwartung, daß man sich an die in dieser Gesellschaft üblichen Verhaltensmuster hält. Normen, so die Ausdrucksweise der Soziologie, werden durch Sozialisation und Internalisation erworben. Letzteres ist definiert als «der Prozeß, durch welchen das Individuum die gesellschaftlichen Wertvorstellungen und Verhaltensnormen erlernt und als bindend annimmt, die in seiner sozialen Gruppe oder der Gesamtgesellschaft eine Rolle spielen».[9] Die Einweihungsrituale führen den einzelnen in Rollen ein, die bereits vorgeformt sind und solchen Normen unterliegen; er übernimmt eine Rolle mitsamt ihren Normen und wird von ihr geformt.

Wir können dieses Annehmen einer neuen Rolle als das Eintreten in ein neues morphisches Feld interpretieren, das einerseits in dieser Gesellschaft allgemein anerkannt ist, also eine Norm darstellt und daher mit einer entsprechenden Erwartungshaltung verbunden ist, und andererseits das Verhalten und die innere Haltung des einzelnen formt. Das ist hier mit dem Begriff «Internalisierung» gemeint. Die Verhaltensmuster und die Erwartungen, die zu bestimmten Rollen gehören, werden durch morphische Resonanz mit früheren Mitgliedern der Gesellschaft stabilisiert.

Auch durch religiöse Einweihungen, etwa Konfirmation und Ordination in der christlichen Kirche, tritt der Mensch in eine neue Seinsweise, eine neue Norm ein. Seine Entwicklung innerhalb dieses Feldes folgt einer Chreode, und in der Tat ist ja die Metapher des «Weges» sehr kennzeichnend für diesen Bereich. Viele Traditionen schreiben ihren Begründern das Verdienst zu, den Weg gebahnt und geebnet zu haben, und der neu Eingeweihte folgt nun diesem Pfad wie vor ihm schon viele andere. Christus etwa sagte: «Ich bin der Weg», und in der christlichen Tradition gilt, daß er gegenwärtig ist in denen, die ihm nachfolgen, und daß sie der Hilfe all derer, die dem Weg schon gefolgt sind – der «Gemeinschaft der Heiligen» –, versichert sein können.

Diesen Einfluß derer, die früher schon den Weg gegangen sind, finden wir in praktisch allen religiösen Traditionen. Im Rahmen unserer Hypothese würden wir sagen, der Eingeweihte trete in morphische Resonanz mit all denen, die sich schon von dieser Chreode haben leiten lassen. Ein Beispiel für dieses Prinzip finden wir im Gebrauch des Mantra im Buddhismus und anderen fernöstlichen Traditionen. Mantras sind heilige Laute oder Ausdrücke, die bei Einweihungsriten und im Verlauf der spirituellen Schulung vom Lehrer an den Schüler weitergegeben werden.

> Mantras haben Kraft und Bedeutung nur für den Eingeweihten, das heißt nur für den, der durch die besonderen Erfahrungen und Erlebnisse hindurchgegangen ist, aus dem das mantrische Wort oder die mantrische Formel entstanden und mit dem sie unlösbar in ihrem innersten Wesen verknüpft sind ... Aber diese Erkenntnisse und Erfahrungen können nur durch einen in der lebendigen Tradition erfahrenen Guru und durch eigene Praxis, in Form ständiger Übung, erreicht werden. Erst nach einer derartigen Vorbereitung können Mantras Sinn haben, denn nur dann können sie die notwendigen gedanklichen und seelischen Assoziationen und die in früheren Erlebnissen aufgespeicherten Kräfte im Eingeweihten wachrufen und so die Wirkungen auslösen, für die das mantrische Wort geschaffen war.[10]

Traditionen, Schulen und Stile

«Erbe», «Tradition», «Einfluß» und viele ähnliche Begriffe spielen in der Geschichte der Religionen, Künste, Ideen und kulturellen Bewegungen eine große Rolle. Unter übergreifenden Kategorien wie Christentum und Islam, Ost und West, Mittelalter und Renaissance, Klassik und Romantik erforschen die Historiker das Auftreten und die Entwicklung von Schulen, Sekten, Stilen und Bewegungen und zeigen die Beziehungsmuster und wechselseitigen Einflüsse auf. Eine detaillierte Betrachtung dieser Zusammenhänge würde den Rahmen dieses Buches sprengen, aber der Hinweis mag angebracht sein, daß es durchaus sinnvoll sein könnte, solche Phänomene anhand geschachtelter Hierarchien morphischer Felder zu interpretieren. Die Idee der morphischen Resonanz könnte uns zu einem neuen Verständnis von Traditionen und Einflüssen führen.

Die Religionen etwa lassen sich zu Familien zusammenfassen: die «Religionen des Buches», wie Judentum, Christentum und Islam von den Muslimen genannt werden; die Familie der Religionen indischen Ursprungs wie Hinduismus, Buddhismus und Jainismus; die Familie der Religionen der australischen und nordamerikanischen Ureinwohner – und so weiter. Die Religionen einer Familie stimmen in gewissen Grundmustern überein; wir würden sagen: Sie alle haben teil an einem übergreifenden morphischen Feld. Im morphischen Feld jeder einzelnen Religion finden wir Konfessionen, Sekten, Schulen und Orden mit ihren Traditionen, Glaubenssätzen und religiösen Praktiken und den dazugehörigen morphischen Feldern. Felder in Feldern in Feldern – eine geschachtelte Hierarchie. Im Christentum zum Beispiel wird die gesamte Kirche als organisches Ganzes aufgefaßt, als *Corpus Christi*, die «heilige Gemeinschaft aller Gläubigen».[11] Das Christentum als Ganzes untergliedert sich zunächst in die orthodoxen Kirchen, die römisch-katholische Kirche und die protestantischen Traditionen, und diese wiederum in eine Fülle von Sekten und Orden, im Bereich der katholischen Kirche etwa die Franziskaner und Jesuiten. In der Regel betonen diese Orden und Untergruppierungen die Einheit der Kirche, besitzen jedoch daneben ihre eigenen Ursprungsgeschichten, die sich um die Person ihrer Gründer – für unser Beispiel Franz von Assisi und Ignatius von Loyola – ranken. Jeder Orden, jede Sekte, jede Konfession besitzt ihre eigenen Traditionen und Einweihungsrituale. Und schließlich finden wir in jeder örtlichen Gemeinde ganz spezifische Traditionen und charakteristische Formen des Gemeindelebens. Neue Mitglieder der Gemeinde nehmen den Geist ihrer Tradition mehr oder weniger vollständig an. Nach unserer Hypothese stimmen sie sich durch morphische Resonanz auf die Felder und Chreoden der Tradition ein.

Ähnliche Strukturen begegnen uns auch in großen kulturellen Bewegungen wie der Renaissance mit ihren Schulen der Kunst und des Denkens. Die Schulen der Malerei, zum Beispiel die florentinische, venezianische und flämische, zeigen charakteristische Eigentümlichkeiten des Stils, der künstlerischen Form und der Atmosphäre, sie atmen einen Geist, den jeder Kunstliebhaber sofort erkennt. Ähnliches gilt für die Schulen der Architektur, Bildhauerei, Literatur und Musik. Hier ein Beispiel aus der Musikgeschichte:

> Die französische Geigenschule, geboren in den ersten Jahren des achtzehnten Jahrhunderts, entsprang dem Geist, der in Corellis Sonaten lebt. Die französischen Musiker nahmen seine Werke mit Begeisterung auf, doch sie hatten bereits einen hinreichend starken eigenen Instrumentalstil entwickelt, so daß der neue Stil ihnen Anstöße geben konnte, ohne daß sie ihm sklavisch verfielen. Dem italienischen Beispiel folgend, begannen die französischen Komponisten, Sonaten zu schreiben; zunächst blieben sie jedoch noch dem Geist der Suite treu, und ihre frühen Sonaten waren locker gefügte Tanzstücke mit einem gelegentlichen Air . . . Das Gemeinsame aller dieser Formen bestand in dem Grundschema von zwei bewegten Sätzen, zwischen die ein stiller und beschaulicher Satz eingeschoben wurde.[12]

Solche Beispiele finden wir zuhauf in der Geschichte der Kunst und Musik, aber auch in der Geschichte des Denkens.[13] Schulen der Kunst und des Denkens werden von Menschen gebildet, die aufgrund von Neigung oder Schulung deren Geist in sich aufnehmen.[14] Der wechselseitige Einfluß, den verschiedene Schulen aufeinander ausüben, besteht buchstäblich im Ein-fließen von formalen, stilistischen und geistigen Elementen. Morphische Resonanz ist ein plausibles Erklärungskonzept für diesen Austausch zwischen verschiedenen Traditionen, aber auch für die Fortführung und Übermittlung innerhalb der einzelnen Traditionen.

Unsere Hypothese besagt darüber hinaus, daß Kunstformen und -stile morphische Felder darstellen, die in den einzelnen Werken zum Ausdruck kommen, so wie die morphischen Felder von Tierarten im einzelnen Tier zum Ausdruck kommen; und wie diese Einzelwesen wiederum zum morphischen Feld ihrer Art beitragen, so üben die Kunstwerke einer bestimmten Schule einen kumulativen Einfluß auf die morphischen Felder dieser Schule aus. Wie wir es bereits im gesellschaftlichen Bereich sahen, werden diese Felder über die Verhaltens- und Bewußtseinsfelder der einzelnen Angehörigen der betreffenden Schule wirksam und werden ihrerseits durch das Denken und Handeln der einzelnen geformt. Dennoch sind es überindividuelle Felder, von ganz eigener Lebendigkeit und Geistigkeit erfüllt.

Die Idee der morphischen Resonanz macht uns die Kontinuität von Traditionen mit ihren Formen und Stilen verständlich und erklärt auch wechselseitige Einflüsse; unerklärt bleibt jedoch auch hier wiederum das Schöpferische im eigentlichen Sinne, also die Entstehung gänzlich neuer morphischer Felder.

Wissenschaft und Wandel

Alle Zweige der Naturwissenschaft erkennen gewisse Grundprinzipien an und berufen sich auf große Gründungsväter wie Galilei, Descartes und Newton. Die Naturwissenschaft gliedert sich zunächst in Hauptgebiete wie Physik, Chemie, Geologie und Biologie, die sich unter dem Einfluß überragender Gestalten wie etwa Darwin entwickelt haben. Sie gliedern sich weiter auf in Arbeitsbereiche wie organische Chemie oder Botanik, und diese umfassen eine Vielfalt spezieller Disziplinen, die Botanik zum Beispiel Taxonomie, Mykologie, Pflanzenanatomie, Pflanzengenetik und vieles mehr. Darunter finden wir noch weiter spezialisierte Arbeitsbereiche wie etwa die Physiologie bestimmter Pflanzenarten. Jede dieser Disziplinen und Unterdisziplinen besitzt ihre eigene Geschichte und ihre großen Vertreter, deren Porträts häufig auf jene herunterblicken, die in dieser Disziplin arbeiten oder ausgebildet werden. Jede Disziplin verfügt darüber hinaus über ihre eigenen Lehrbücher, Zeitschriften und internen Informationsblätter, unterhält Berufsorganisationen und veranstaltet Kongresse. Wissenschaft wird von Berufsgemeinschaften betrieben, die sich selbst organisieren und ihren Nachwuchs ausbilden. Die Mitglieder solcher Gemeinschaften haben gemeinsame Interessen und Anschauungen und betrachten andere, die auf dem gleichen Feld arbeiten, unter dem Gesichtspunkt ihrer gemeinsamen Ausbildung und Erfahrung.

Die verschiedenen «Felder» der Naturwissenschaft lassen sich buchstäblich als Felder auffassen – als morphische Felder. Sie sind einerseits soziale Felder insofern, als sie alle Mitglieder einer Berufsgemeinschaft einbeziehen und innerhalb der Gruppe für Solidarität und Zusammenhalt sorgen: Sie sind eine Art *conscience collective.* Andererseits legen sie fest, wie die Gegenstände eines bestimmten Forschungsgebietes wahrgenommen und kategorisiert werden und wie man die Probleme angeht: Sie sind der allgemeine Rahmen für Theorie und Praxis in dieser Disziplin.

Solche morphischen Felder sind dem sehr ähnlich, was Thomas Kuhn als *Paradigmen* bezeichnet: «Ein Paradigma ist das, was die Mitglieder einer wissenschaftlichen Gemeinschaft miteinander teilen; umgekehrt besteht eine wissenschaftliche Gemeinschaft aus Menschen, die ein Paradigma miteinander teilen.»[15] Die «normale Wissenschaft», so sagt er, ist kumulative, fortschreitende Aktivität, die darin besteht, offene Fragen im Rahmen eines gemeinsamen Paradigmas zu lösen. Dagegen sind wissenschaftliche Revolutionen, die recht selten vorkommen, mit der Etablierung eines neuen Paradigmas verbunden. Dieses neue Paradigma leuchtet den Wissenschaftlern, die im alten Paradigma aufgewachsen sind, im allgemeinen nicht sofort ein; es folgt eine Zeit der Kontroverse, die erst dann zu Ende geht, wenn die Anhänger des alten Paradigmas entweder konvertiert oder ausgestorben sind. Damit ist dann der Konsens für eine neue Periode der normalen Wissenschaft gegeben.

Kuhn verwendet den Begriff «Paradigma» in zwei Grundbedeutungen:[16]

> Auf der einen Seite steht er für die gesamte Konstellation von Überzeugungen, Wertvorstellungen, Techniken und so weiter, an der die Angehörigen einer bestimmten Gemeinschaft teilhaben. Andererseits bezeichnet er *eine* Art von Elementen in dieser Konstellation, nämlich die konkreten Problemlösungen, die, als Modelle oder Vorbilder in Dienst genommen, die expliziten Regeln als Grundlage für die Lösung der verbleibenden Rätsel der normalen Wissenschaft ersetzen können.[17]

Für die erste Definition, die soziologischen Charakters ist, schlägt Kuhn als Alternative den Begriff «disziplinäre Matrix» vor; für die zweite, das gemeinsame Beispiel oder Vorbild, den Ausdruck «Muster».[18] Er betrachtet beide Bedeutungsnuancen im Lichte der «Ausbildungsinitiation, die den Studenten auf die Berufspraxis vorbereitet und ihn zur Ausübung des Berufs ermächtigt».[19] Zu dieser Initiation gehört auch eine Einführung in die Geschichte der Disziplin anhand von Lehrbüchern:

> Üblicherweise enthalten wissenschaftliche Lehrbücher auch eine Prise Geschichte, entweder im Einführungskapitel oder, häufiger, in Form von verstreuten Hinweisen auf die großen Gestalten der Vergangenheit. Solche Hinweise geben sowohl dem Studenten als auch dem Professional das Gefühl, an einer schon lange bestehenden historischen Tradition teilzuhaben. Diese Lehrbuchtradition, in die man sich eingebunden fühlt, hat es allerdings in Wirklichkeit nie gegeben . . . Durch geschickte Auswahl und Ungenauigkeit werden die Wissenschaftler früherer Zeiten klammheimlich so dargestellt, als hätten sie an der gleichen Konstellation fest umrissener Probleme gearbeitet und sogar schon nach eben jenem fest umrissenen Kanon, der uns doch erst seit der jüngsten Revolution in naturwissenschaftlicher Theorie und Methode als wissenschaftlich erscheint.[20]

Aus diesem Grund müssen die Lehrbücher und die von ihnen erzählte Wissenschaftsgeschichte nach jeder wissenschaftlichen Revolution neu geschrieben werden. Ist das aber geschehen, dann erscheint die Wissenschaft doch wieder als ein im großen und ganzen kumulatives Unterfangen. Wissenschaftler, so schreibt Kuhn, sind nicht die einzige Gruppe, die dazu neigt, ihre eigene Vergangenheit als lineare Entwicklung zum gegenwärtig erreichten Stand aufzufassen – die Versuchung, die Geschichte rückwärts zu schreiben, ist überall offenkundig; doch bei Wissenschaftlern ist diese Neigung besonders stark, und zwar einerseits, weil die Ergebnisse wissenschaftlichen Forschens keine unmittelbare und sinnfällige Beziehung zu ihrem historischen Kontext erkennen lassen, und zweitens, weil die erreichte Position in Zeiten der normalen Wissenschaft so sicher erscheint. Mehr historische Details über Gegenwart oder Vergangenheit könnten nur die Rolle menschlicher Idiosynkrasien, Irrtümer und Verwirrungen offenbaren:

> Wozu aber etwas in Ehren halten, was die besten und ausdauerndsten Bemühungen der Wissenschaft entbehrlich gemacht haben? Die Mißachtung historischer Fakten ist tief – und vermutlich aufgrund

> eines entsprechenden Bedürfnisses – in die Ideologie des wissenschaftlichen Berufsstandes eingeprägt, eben jenes Berufsstandes, der bei Fakten anderer Art allergrößten Wert auf Detailtreue legt.[21]

Die Vermittlung dieses Wissenschaftsmythos ist jedoch nur ein Teil der Berufsinitiation. Das Lernen ist zu einem großen Teil praktischer Art: Problemlösungsversuche mit Stift und Papier oder mit den Gerätschaften des Labors. Auf dem Weg von den Anfängerkursen bis zur Dissertation und darüber hinaus werden dem Studenten immer komplexere und neuartigere Probleme vorgelegt, bei denen er immer weniger auf bereits Bekanntes zurückgreifen kann. Aber natürlich orientieren sich auch solche Probleme an bereits bestehenden Modellen. Diese Modelle sind Paradigmen der zweiten Art, also Muster. Der Student lernt nicht nur durch das Medium der Sprache, sondern auch durch praktisches Tun. Aufgrund dieser Erfahrung wird er fähig, Ähnlichkeiten zwischen neuen Problemen und den bekannten Mustern zu erkennen:

> Er sieht die Probleme, die ihm als Wissenschaftler begegnen, in der gleichen Gestalt, wie sie auch von anderen Mitgliedern seiner Spezialistengruppe gesehen werden. Für ihn sind dies nicht mehr dieselben Situationen wie zu Beginn seiner Ausbildung. Er hat sich inzwischen eine bewährte und von der Gruppe gutgeheißene Betrachtungsweise angeeignet.[22]

Diese erworbene Sichtweise bezieht sich auch ganz direkt auf die sinnliche Wahrnehmung. Wer beispielsweise zum ersten Mal Aufnahmen aus einer Nebelkammer betrachtet, sieht nur ein nichtssagendes Gewirr von Tröpfchenfäden; der geschulte Teilchenphysiker jedoch erkennt die Spuren von Elektronen, Alphateilchen und dergleichen. Und wer das erstemal eine pflanzliche Gewebeprobe durchs Mikroskop betrachtet, sieht nur eine kunterbunte Landschaft aus Linien, Farben und Klecksen, während der Fachmann Zellen eines bestimmten Typs erkennt und darin Zellkerne, Chloroplasten und andere Strukturen.

Kuhns Bild von der Entwicklung der Naturwissenschaft – Perioden der Traditionstreue, die von revolutionären Umwälzungen unterbrochen werden – hat auch auf anderen Gebieten viele Parallelen, und sein Meta-Paradigma hat bereits etliche Anwendungen gefunden. Betrachten wir als Beispiel eine Passage aus einem neueren Buch über Kunstgeschichte:

> Wir erkennen heute, daß wissenschaftlicher Fortschritt mehr erfordert, als dem vorhandenen Wissen immer neues hinzuzufügen und es systematisch auszubauen. Und seit dem Eintritt in den Modernismus wissen wir auch, daß Fortschritt nicht, wie einst angenommen, durch Ansammlung von Wissen innerhalb bestehender Kategorien zustande kommt – sondern durch den Sprung in neue Kategorien oder Systeme. Kunst ist keine deskriptive Aussage darüber, wie die Welt ist; sie ist eine Empfehlung, die Welt auf eine bestimmte Weise zu betrachten.[23]

Solche Parallelen sind kein Zufall, denn Kuhn ging bei seiner Arbeit über wissenschaftliche Revolutionen von einer unter Kulturhistorikern wohlbekannten Tatsache aus: der Periodisierung der Geschichte durch revolutionäre Umbrüche in Stil, Geschmack und institutioneller Struktur.[24] Er selbst machte darauf aufmerksam, daß Paradigmen als Muster für die Problemlösungen der Naturwissenschaft eine ähnliche Rolle spielen wie für die Stile der Kunst. «Ich vermute beispielsweise, daß manche der immer wiederkehrenden Schwierigkeiten, die mit dem Stilbegriff in der Kunst verbunden sind, sich vielleicht auflösen, wenn man sich klarmacht, daß Gemälde sich eher aneinander orientieren als an irgendeinem abstrakten Stilkanon.»[25]

Wenn wir Paradigmen als morphische Felder interpretieren, so ersetzen wir damit nicht bloß einen Begriff durch einen anderen, sondern stellen Kuhns Einsichten in den übergreifenden Zusammenhang der Formenbildung. Die Stabilisierung solcher Felder durch morphische Resonanz macht die Kontinuität und den Konservativismus wissenschaftlicher Traditionen verständlich. Wenn neue Mitglieder durch Initiation in die Berufsgemeinschaft der Wissenschaft aufgenommen werden, gelangen sie durch morphische Resonanz unter den kumulativen Einfluß lebender und früherer Angehöriger der betreffenden Tradition und machen sich das zu eigen, was in dieser Tradition das Übliche ist.

Und auch hier gilt wieder: Das Auftreten neuer morphischer Felder, neuer Paradigmen, ist durch das, was bisher geschah, nicht gänzlich zu erklären. Neue Felder beginnen als Einsichten, Intuitionen, Vermutungen, Ahnungen und Hypothesen – sie sind wie geistige Mutationen. Neue Assoziationen oder Beziehungsmuster entstehen urplötzlich in einer Art «Gestalt-Umschaltung». Von Wissenschaftlern hört man immer wieder, daß es ihnen «wie Schuppen von den Augen fiel»; sie sprechen von «Geistesblitzen», die Licht auf ein bis dahin dunkles Problem werfen, so daß dessen Komponenten nun auf ganz neue Weise gesehen werden können. Manchmal kommt diese «Erleuchtung» im Schlaf. Hier Friedrich von Kekulés berühmte Schilderung des Traums, der ihm die Struktur des Benzolringes offenbarte:

> Ich drehte meinen Lehnstuhl dem Fenster zu und döste ein. Im Traum wirbelten wieder die Atome vor meinen Augen herum, die kleineren Gruppen diesmal bescheiden im Hintergrund. Mein geistiges Auge, durch viele derartige Visionen geschärft, konnte nun größere Strukturen mannigfaltiger Anordnung unterscheiden; lange Reihen, zum Teil eng geschlossen, alle in schlangengleicher Bewegung verschlungen und verflochten. Aber siehe, was war das? Eine der Schlangen hatte ihren eigenen Schwanz erfaßt, ihre Gestalt wirbelte spöttisch vor meinen Augen. Wie vom Blitz getroffen, wachte ich auf.[26]

Und so beschreibt der Mathematiker Henri Poincaré den Ursprung einer seiner fundamentalen Entdeckungen, der «Fuchsschen Funktionen»:

> Zwei Wochen lang bemühte ich mich, nachzuweisen, daß es Funktionen der Art, die ich seither die Fuchssche Funktion genannt habe, einfach nicht geben könne ... Und dann trank ich eines Abends, entgegen meiner Gewohnheit, schwarzen Kaffee und konnte nicht schlafen. Die Ideen flogen mir nur so zu; ich spürte geradezu, wie sie aufeinanderprallten und sich zu einer festen Kombination zusammenfügten. Am nächsten Morgen hatte ich die Existenz einer Gruppe von Fuchsschen Funktionen nachgewiesen, und zwar der aus den hypergeometrischen Reihen; ich mußte nur noch die Ergebnisse hinschreiben, was nur wenige Stunden dauerte.[27]

Ein anderer großer Mathematiker, Carl Friedrich Gauß, bescheibt, wie ihm nach vier Jahren vergeblichen Mühens endlich der Beweis eines Theorems gelang – «nicht durch angestrengte Bemühungen, sondern sozusagen durch die Gnade Gottes. Eine plötzliche Erleuchtung, und das Rätsel sei gelöst gewesen, ohne daß er hätte sagen können, worin der Zusammenhang zwischen dem vorher Gewußten und dem, was seinen Erfolg ermöglicht habe, bestehe.»[28]

Der Naturforscher Alfred R. Wallace entdeckte unabhängig von

Darwin das Prinzip der natürlichen Auslese in einer Art plötzlicher Erleuchtung, als er in Niederländisch-Ostindien von einem schweren Malaria-Anfall geschüttelt wurde.[29] Und so gäbe es noch viele Beispiele. Wie Kuhn sagt: «Kein gebräuchlicher Sinn des Ausdrucks ‹Interpretation› paßt auf diese Geistesblitze, in denen ein neues Paradigma geboren wird.»[30]

Doch indem wir diese schöpferischen Eingebungen beschreiben, haben wir sie natürlich noch nicht erklärt. Wir kommen zurück zum Geheimnis des Ursprungs.

16. Die Evolution des Lebens

Der Evolutionsglaube

Der Evolutionsgedanke – ursprünglich in der Geologie und Biologie beheimatet und neuerdings zur Basis der physikalischen Kosmologie avanciert – prägt auch zunehmend die politischen, ökonomischen und gesellschaftlichen Theorien unserer Zeit, ja praktisch unser gesamtes Denken, gleichgültig, zu welchem Gegenstand. Er ist jedoch mehr als nur eine vorherrschende Betrachtungsweise: Er ist Ausdruck einer tiefen Intuition.

Zum einen beinhaltet der Evolutionsgedanke eine Theorie ursprünglicher Einheit: Er führt die Vielgestaltigkeit der Welt auf *einen* Ursprung zurück. Das ganze Universum mit allem, was es beinhaltet, nahm seinen Anfang in jener kosmischen Explosion, die Urknall genannt wird. Die Sonne entstand aus derselben galaktischen Wolke wie die anderen Sterne unserer Milchstraße, die Erde aus derselben kreiselnden Materiescheibe wie unsere Bruder- und Schwesterplaneten. Alle Formen des Lebens, so glaubt man, stammen von ein und derselben Urform ab, vielleicht sogar von einer einzigen Urzelle. So sind wir also allen Lebewesen verwandt und letztlich auch mit allen anderen Dingen im Universum verbunden. Auch in den traditionellen Schöpfungsmythen finden wir diese Auffächerung des ursprünglichen Einen in die Vielheit der Dinge, und die modernen Evolutionstheorien entsprechen dieser mythischen Betrachtungsweise.

Zum anderen besagt der Evolutionsgedanke, daß Schöpfung nicht nur am Beginn der Welt stattfand: Die schöpferische Kraft ist nach wie vor wirksam, im Universum, im Leben und im Menschen. Wir sind von Neuerungen und menschlicher Kreativität fasziniert, weil wir Evolution hier als lebendig gewordene Idee, ja sogar lebendig gewordenen Glauben erfahren. Es ist wirklich ein Glaube, mehr als bloßes Für-wahr-Halten; es ist etwas, das uns Zuversicht, Vertrauen und ein Gefühl von Verläßlichkeit gibt. Wie jeder andere Glaube, so besitzt auch dieser die Kraft, sich selbst zu bewahrheiten: Zumindest im wissenschaftlichen, technischen und ökonomischen Bereich nimmt der Ausstoß an Neuerungen von Tag zu Tag zu.

Doch auch diejenigen, die unreflektierte Fortschrittsgläubigkeit ablehnen oder die fortschreitende Technisierung in eine globale Katastrophe einmünden sehen, widersprechen im allgemeinen nicht den Grundgedanken der Evolutionstheorie. Sie sagen vielmehr, der materielle Fortschritt müsse getragen sein von politischem, gesellschaftlichem, moralischem und spirituellem Fortschritt.

Das evolutionistische Credo, ob es nun als religiös oder ideologisch erkannt wird oder nicht, erzeugt jedenfalls in seinen Befürwortern eine durchaus religiös anmutende Leidenschaft. Und wie wir es von herkömmlichen religiösen Bekenntnissen her gewohnt sind, wird Evolution von verschiedenen Schulen und Sekten des Denkens ganz unterschiedlich aufgefaßt.

Gerade in der Biologie hat sich zu diesem Thema ein starkes Sektendenken entwickelt: Neodarwinisten gegen Lamarckisten; die Theorie der schrittweisen Entwicklung gegen die der sprunghaften Entwicklung; Soziobiologen gegen Marxisten und so weiter. Die Wellen der Leidenschaft schlagen mitunter recht hoch.[1] Die Wahrheit höchstselbst scheint auf dem Spiel zu stehen, und ein jeder sagt allen Andersgläubigen gern nach, sie verträten grundfalsche Theorien und beschwörten schlimme Folgen politischer, gesellschaftlicher und religiöser Art herauf.

Tatsächlich stehen die verschiedenen Evolutionslehren in enger Beziehung zu bestimmten sozialen, politischen oder religiösen Systemen. Eine japanische Schule der Biologie betrachtet beispielsweise das kooperative Verhalten in Gruppen von Organismen als besonders wichtig für den Evolutionsprozeß, während die Neodarwinisten ihre Theorie auf den Wettbewerb zwischen den einzelnen Organismen gründen. Beide Seiten halten einander vor, ihre Theorie reflektiere lediglich die gesellschaftlichen Grundannahmen ihrer jeweiligen Kultur.[2] Soziobiologen sprechen von eigennützigen Genen, die miteinander konkurrieren; ihre marxistischen Gegenspieler sehen das als Ausdruck ihrer rechtsgerichteten politischen Haltung und setzen dem ihre eigene kollektivistische Ideologie entgegen.[3] Materialisten sehen die Evolution als Wechselspiel von Zufällen, hinter dem keinerlei Zielorientierung steht;[4]

Pantheisten kontern mit der Spontaneität und Schöpferkraft der Natur;[5] und die Theisten schließlich glauben, die Natur selbst sei aus dem göttlichen Wesen hervorgegangen und der Evolutionsprozeß habe einen spirituellen Zweck.[6] Die verschiedenen Schulen des Denkens kritisieren einander mit Vorliebe mit dem Argument, sie gingen von unbewiesenen und unbeweisbaren Annahmen aus. Und das tun sie ja auch. *Aber eben alle.*

Darwin selbst gründete seine Gedanken auf Annahmen, die immer wieder in Frage gestellt worden sind. Wir wollen uns diese Annahmen nun in den nächsten Abschnitten einmal näher anschauen, denn das trägt nicht nur zur Klärung mancher späterer Kontroversen bei, sondern gibt uns auch einen historischen Hintergrund, vor dem die evolutionären Implikationen der Hypothese der Formenbildungsursachen dann leichter zu verstehen sind.

Darwins Mißverständlichkeit

Darwins evolutionäre Vision war getragen von einem starken Glauben an die Autonomie, Spontaneität und Kreativität der Natur. Er konnte sich die Natur nicht anders als lebendig vorstellen. Um aber die Schöpferkraft der Natur glaubhaft machen zu können, mußte er ihre Abhängigkeit vom transzendenten Gott der damaligen protestantischen Theologie leugnen und wurde damit praktisch zum Verfechter einer materialistischen Doktrin.[7] Deshalb bemühte er sich auch, dem Wirken der Natur alles Mysteriöse zu nehmen, so daß schließlich nur noch blinde Gesetze und der blinde Zufall als einzige Bewegungsprinzipien übrigblieben. Zu diesen Gesetzen zählte er auch manche der gesellschaftlichen und ökonomischen Prinzipien, die das viktorianische England prägten, zum Beispiel Thomas Malthus' Bevölkerungstheorie und das allgemeine Konkurrenz-, Selbstbehauptungs- und Nützlichkeitsdenken.

Darwin besaß ein gespaltenes Verhältnis zur Natur: Daß sie lebendig sei, scheint eine seiner Grunderfahrungen gewesen zu sein; doch dann leugnete er die Lebendigkeit der Natur immer wieder oder verdrängte sie zumindest. Als Materialist hatte er aus theoretischen Gründen anzunehmen, daß sie tot sei. Diese Gespaltenheit war ihm durchaus bewußt:

Der Ausdruck «natürliche Zuchtwahl» ist in mancher Beziehung

> nicht gut, da er eine bewußte Wahl einzuschließen scheint; davon wird man aber nach kurzer Gewöhnung absehen ... Der Kürze wegen spreche ich zuweilen von der natürlichen Zuchtwahl wie von einem geistigen Vermögen ... Ich habe auch oft das Wort Natur personifiziert, denn es ist, wie ich gefunden habe, schwer, diese Zweideutigkeit ganz zu vermeiden. Ich verstehe aber unter Natur nur die zusammengesetzte Wirkung und das Produkt vieler natürlicher Gesetze und unter Gesetz nur die ermittelte Aufeinanderfolge von Erscheinungen.[8]

In der vom Menschen gelenkten Züchtung von Haustierrassen und Anbaupflanzen sah Darwin das Modell des Evolutionsprozesses. Auf die Erfahrung von Züchtern gestützt, isolierte er drei Grundprinzipien des evolutionären Wandels: die spontane Variabilität lebendiger Organismen zusammen mit der Tatsache, daß Eltern und ihre Nachkommen einander ähnlich sehen; die Einflüsse von Umwelt und Gewohnheit; und schließlich die Selektion oder Auslese («Zuchtwahl»). Wir werden diese drei Punkte nun nacheinander erörtern und uns überlegen, wie sie im Licht unserer Hypothese neu bewertet werden könnten.

Spontane Variation

Darwin zeigte die spontane Variation an vielen Beispielen auf: Verlust oder Neubildung ganzer Strukturen wie Wirbel, Blütenblätter, Saugwarzen oder sogar ganzer Gliedmaßen, plötzliche, dramatische Veränderungen im Wachstums- und Entwicklungsablauf und eine Fülle anderer Variationen wie etwa Farb- und Verhaltensänderungen. Er zeigte auf, daß solche spontanen Varianten oder Spielarten häufig von Züchtern aufgegriffen und systematisch entwickelt wurden; Beispiele hierfür sind das Zwerg-Ancon-Schaf und die Nektarine.[9]

Spätere Biologen, die diese Forschungen fortsetzten, berichten noch von vielen weiteren Beispielen solcher spontanen Sprünge: Neue Spielarten traten ganz plötzlich auf, ohne daß Zwischenschritte erkennbar gewesen wären.[10] Seit dem Beginn unseres Jahrhunderts verwendet man dafür den Begriff «Mutation», der abgeleitet ist von dem lateinischen *mutare*, «wechseln», «(ver)ändern». Die Erforschung der Vererbung solcher Diskontinuitäten bildet seit Mendel die Grundlage der Genetik. Diese Wissenschaft hat inzwischen zeigen können, daß solche Mutatio-

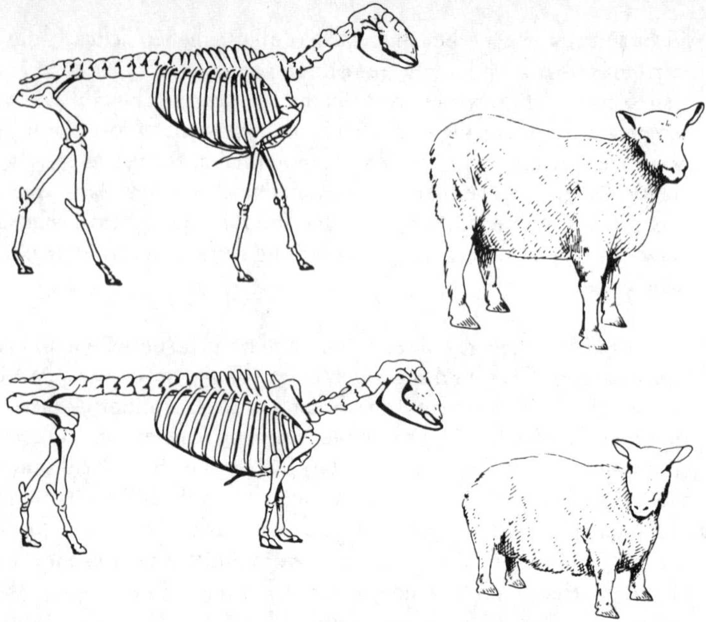

Abbildung 16.1 Ein normales Schaf im Vergleich mit der Ancon-Züchtung; daneben die entsprechenden Skelette (nach Stanley, 1979). Diese Züchtung entstand durch eine plötzliche Mutation und nicht über Zwischenstufen. Darwin schrieb dazu: «So wurde 1791 in Massachusetts ein Widderlamm mit kurzen krummen Beinen und einem langen Rücken wie ein Dachshund geboren. Von diesem einen Lamm wurde die halbmonströse Otter- oder Ancon-Rasse gezüchtet. Da diese Schafe nicht über die Hürden springen konnten, so glaubte man, sie würden wertvoll sein . . . Man [hat] beobachtet, daß sich die Ancons zusammenhalten und sich von dem Rest der Herde, wenn sie mit anderen Schafen in der Einfriedung gehalten werden, trennen.» (Darwin, 1875, Bd. 2, S. 109 f.)

nen mit genetischen Veränderungen einhergehen; das reicht vom Verlust oder Zugewinn ganzer Chromosomen über umfangreiche Veränderungen der Chromosomenstruktur bis hin zur Veränderung einzelner Basenpaare in den DNS-Molekülen.

Dies scheint den Schluß zuzulassen, daß man Mutationen auf spontane Veränderungen im Genbestand zurückführen kann, doch ganz so einfach liegt der Fall nicht, wie wir bereits gesehen haben. Erinnern wir uns: Genetische Mutationen bei Taufliegen, die zur Bildung von vier anstatt zwei Flügeln führen, verändern die Morphogenese eines ganzen

Segments der Fliege, und diese weitreichende Veränderung ist nicht in den Genen enthalten oder programmiert, wie wir an unserer Fernseh-Analogie zu verdeutlichen versucht haben; die «Mutation» eines Kondensators in der Sender-Abstimmungseinheit des Gerätes kann dazu führen, daß wir einen anderen Sender empfangen – doch das Programm dieses anderen Senders ist keineswegs in dem mutierten Kondensator enthalten. Darwin selbst wußte sehr wohl um die «koordinierende Kraft», die allen Organismen innewohnt und die nach der Hypothese der Formenbildungsursachen auf morphische Felder zurückzuführen ist. Darwin schrieb die koordinierende oder organisierende Kraft dem *nisus formativus* oder formativen Impuls zu, den die Vitalisten des frühen neunzehnten Jahrhunderts postulierten. Zum Beispiel betrachtete er als ein allgemeines Prinzip,

> daß, wenn irgendein Teil oder Organ durch Variation und beständige Zuchtwahl entweder an Größe bedeutend zugenommen hat oder völlig unterdrückt ist, das koordinierende Vermögen der Organisation dahin streben wird, alle die Teile wieder in Harmonie miteinander zu bringen.[11]

Seit Darwin haben etliche einflußreiche Biologen die Ansicht vertreten, neue Arten von Organismen seien wohl am ehesten durch Mutationen größeren Umfangs entstanden.[12] Eine recht extreme Form dieser Auffassung präsentiert der Genetiker Richard Goldschmidt:

> Spezies und höhere Kategorien entstehen in einzelnen makroevolutionären Schritten als vollständig neue genetische Systeme. Der hieran beteiligte genetische Prozeß besteht aus einer Umstrukturierung der Chromosomen, was zu einem neuen genetischen System führt ... Dieses neue genetische System ... schafft einen Entwicklungswandel, der System-Mutation genannt wird ... Die Fakten der Entwicklung, insbesondere die, welche von der experimentellen Embryologie gestellt werden, zeigen, daß die Möglichkeiten, die Entwicklungsmechanik, gewaltige Veränderungen in einem einzigen Schritt zulassen.[13]

Wenn man davon ausgeht, daß die Evolution sich in solchen großen Sprüngen vollzieht, so verliert die natürliche Auslese ihre schöpferische Funktion, und aus eben diesem Grund ist die Theorie umstritten. Die evolutionäre Kreativität hat jetzt vor allem im Organismus selbst ihren Ursprung, und neue Arten von Organismen entstehen ganz einfach spontan. Darwin wußte, daß dies auf die Züchtung von Haustieren und Nutzpflanzen durchaus zutraf; er bestritt jedoch, daß es für die natürliche Evolution eine Rolle spielt, und betonte statt dessen die schöpferische Kraft der natürlichen Auslese. Natürlich bleiben die spontanen Mutationen ein wesentliches Element seiner Theorie, denn wie sonst sollte es zu evolutionären Neuerungen kommen? Aber er versuchte, die Rolle der Mutation herabzuspielen, und dies gelang ihm vor allem dadurch, daß er sein Augenmerk vorwiegend auf die kleineren Veränderungen richtete. Je kleiner sie waren, desto weniger rätselhaft erschienen sie und desto «wissenschaftlicher» wurde seine Theorie.

Gewohnheit und Vererbung

In Darwins Zeit galt es noch als selbstverständlich, daß erworbene Merkmale erblich sind.[14] Darwin selbst stützte diese Anschauung mit zahlreichen Beispielen.[15] Wie wir im achten Kapitel gesehen haben, ist die Vererbung erworbener Gewohnheiten oder Verhaltensweisen nach der Hypothese der Formenbildungsursachen als die Vererbung morphischer Felder durch morphische Resonanz zu verstehen.

Für Lamarck spielt das Verhalten eine entscheidende Rolle für die Evolution: Wenn Tiere aufgrund ihrer Bedürfnisse neue Gewohnheiten entwickelten, so war damit ein vermehrter oder verminderter Gebrauch bestimmter Gliedmaßen oder Organe verbunden, und dies führte zu einer Kräftigung oder Schwächung des betreffenden Körperteils. Im Laufe der Generationen führte dieser Prozeß zu strukturellen Veränderungen, die dann zunehmend erblich wurden. Lamarcks berühmtestes Beispiel ist die Giraffe:

> Was die Gewohnheit anbetrifft, so ist es interessant, die Wirkungen derselben an der besonderen Gestalt und am Wuchse der Giraffe zu beobachten. Es ist bekannt, daß dieses Tier, das größte unter den Säugetieren, im Inneren Afrikas wohnt und in Gegenden lebt, wo der beinahe immer trockene und kräuterlose Boden es zwingt, das Laub der Bäume abzufressen und sich beständig anzustrengen, dasselbe zu erreichen. Infolge dieser seit langer Zeit angenommenen Gewohnheit sind bei den Individuen ihrer Rasse die Vorderbeine länger als die

Hinterbeine geworden, und ihr Hals hat sich dermaßen verlängert, daß die Giraffe, wenn sie ihren Kopf aufrichtet, ohne sich auf ihre Hinterbeine zu stellen, eine Höhe von sechs Metern erreicht.[16]

Auch in diesem Punkt stimmte Darwin Lamarck zu und beschrieb selbst verschiedene Beispiele für die Erblichkeit von Lebensgewohnheiten. Beim Hausgeflügel etwa stellen wir fest, daß die Tiere nicht nur die Gewohnheit zu fliegen aufgegeben, sondern weitgehend auch die Fähigkeit zu fliegen verloren haben. Darwin verglich ihre Skelette mit denen der Wildformen und zeigte, daß das Gewicht der Flügelknochen zurückgegangen und das der Beinknochen gestiegen ist (beides in Relation zum Gesamtgewicht des Skeletts); er betrachtete dies als indirekte Folge der Muskelkräfte, die auf die Knochen einwirken: Es «läßt sich nicht daran zweifeln, daß gewisse Teile des Skeletts bei unseren von Alters her domestizierten Tieren durch die Wirkung vermehrten oder verminderten Gebrauchs an Länge und Gewicht gewonnen oder verloren haben».[17] Ähnliche Prinzipien, so nahm er an, wirken auch unter natürlichen Bedingungen; zum Beispiel beim Strauß, der seine Flugfähigkeit durch mangelnden Gebrauch seiner Flügel verloren haben könnte, während sich aus demselben Grund – und im Laufe vieler Generationen – die Beine besonders stark entwickelten.[18]

Die «Macht der Gewohnheit» war Darwin sehr deutlich bewußt; sie war für ihn beinahe gleichbedeutend mit «Natur»: «Die Natur, indem sie der Gewohnheit Allmacht verlieh und ihre Wirkungen erblich machte, hat den Feuerländer an das Klima und die übrigen Lebensbedingungen seines so kargen Landes angepaßt.»[19] Francis Huxley beschreibt Darwins Haltung so:

> Eine Struktur war ihm eine Gewohnheit, und in einer Gewohnheit bekundete sich nicht nur ein inneres Bedürfnis, sondern auch äußere Kräfte, an die der Organismus sich wohl oder übel gewöhnen mußte ... Unter diesem Gesichtspunkt hätte er sein Buch auch *Von der Entstehung der Gewohnheiten* nennen können. Wie viele andere war er sich nie so ganz sicher, was eine Spezies eigentlich sei.[20]

Viele Biologen sind Darwin in dieser Bewertung der kumulativen Wirkungen von Gewohnheiten gefolgt; eines der beliebtesten Beispiele ist seit jeher der Strauß. Diese Vögel kommen mit starken Hornhautschwielen am Rumpf zur Welt, genau an den Stellen, auf denen das mei-

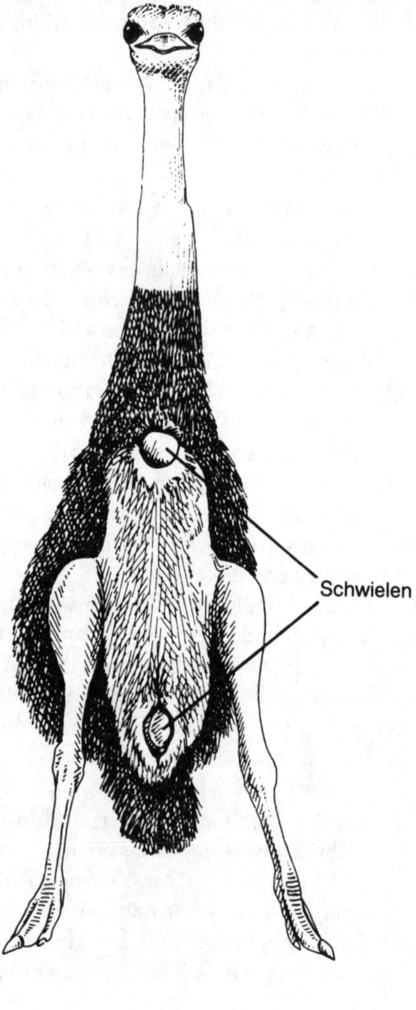

Abbildung 16.2 Die Unterseite eines Straußenkörpers mit den Schwielen, auf denen der Strauß sitzt. (Vgl. Duerden)

ste Gewicht ruhen wird, wenn sie sich niederlassen. Es liegt nahe zu vermuten, daß diese Schwielen sich im Laufe vieler Generationen aufgrund der Belastung beim Sitzen bildeten und erblich wurden, so daß sie jetzt sogar an Embryonen zu erkennen sind. Warzenschweine besitzen erbliche Knieschwielen, und auch hier drängt sich die Beziehung zu ihrer Gewohnheit, beim Aufwühlen des Bodens niederzuknien, förmlich auf.[21] Ein weiteres Beispiel, die Knieschwielen der Kamele, haben wir bereits ausführlich erörtert. Auch an uns Menschen sind solche Dinge zu beobachten, wie schon Darwin festellte:

> Jedermann weiß, daß harte Arbeit die Epidermis der Haut schwielig macht, und wenn wir hören, daß bei Kindern lange vor ihrer Geburt die Epidermis an den Handflächen und Fußsohlen dicker ist als an irgendeinem anderen Teil des Körpers, so werden wir natürlich geneigt, dies den vererbten Wirkungen lange fortgesetzten Gebrauchs oder Drucks zuzuschreiben.[22]

Solche lamarckistischen Ideen entsprechen der Intuition und dem gesunden Menschenverstand. Nur hat bisher noch niemand einen Mechanismus entdeckt, durch den erworbene Merkmale vererbt werden könnten. Darwin versuchte eine Deutung: In seiner Pangenesis-Hypothese vertrat er die Ansicht, daß alle Teile des Körpers winzige Gemmulae («Keimchen») absonderten, «formative Materie», die sich im ganzen Körper verteilt und vervielfältigt, um sich dann in den Knospen der Pflanzen und in den Keimzellen zu sammeln, von wo aus sie an die Nachkommen weitergegeben wird.[23] Diese Theorie erwies sich als nicht sehr mitreißend, und heute erscheint sie uns höchst unwahrscheinlich. Neuere Versuche, die Lamarcksche Vererbung als Übertragung von Genmaterial aus verschiedenen Teilen des Körpers auf die Keimzellen zu erklären, blieben ebenfalls erfolglos.

Für die an Weismanns Arbeit orientierte Mendelsche Genetik war es von Anfang an ein Dogma, daß Vererbung erworbener Eigenschaften unmöglich ist (vgl. S. 106ff.). Wie aber will man nun die erblichen Schwielen erklären? Zufall und natürliche Auslese, so lautet auch hier die stereotype Antwort der Neodarwinisten. Doch Waddington hält dagegen:

> Können wir uns wirklich mit der Theorie zufriedengeben, daß durch puren Zufall eine erbliche Veränderung eingetreten ist, die

genau an den richtigen Stellen Schwielen entstehen läßt, und daß dies nichts mit den Sitzgewohnheiten der Strauße zu tun hat?[24]

Waddington selbst zeigte mit seinen Experimenten an Taufliegen auf, daß erworbene Merkmale sehr wohl erblich sein können. Er interpretierte diesen Effekt als die Wirkung von Chreoden oder kanalisierten Entwicklungspfaden und bezeichnete ihn als genetische Assimilation:

> Nach einer Weile werden wir feststellen, daß der Pfad, der zu dem abgewandelten Zustand führt, besser definiert ist als der Hauptpfad, so daß es für die Entwicklung einfach leichter ist, diesen Pfad einzuschlagen. Die Schwelle zwischen der neuen Alternative und dem ursprünglichen Hauptpfad wird niedriger geworden sein. Geht diese Absenkung der Schwelle weit genug, so wird die Alternative zum Hauptpfad, und die genetische Assimilation ist abgeschlossen.[25]

Er versuchte, diesen Effekt durch Selektion und Akkumulation mutierter Gene innerhalb der Population zu erklären, eine neodarwinistische Darstellung, die denn auch von vielen Evolutionstheoretikern übernommen wurde. Wie bereits dargestellt wurde, haben abgewandelte Wiederholungen der Versuche jedoch diese Erklärung nicht bestätigt: Der Effekt stellt sich selbst dann ein, wenn vierflügelige Fliegen nicht durch Selektion begünstigt werden, scheint also doch mehr dem Lamarckschen Muster zu entsprechen, als Waddington vermutete.

Wie wir bereits im achten Kapitel gesehen haben, dürfte es müßig sein, für die Vererbung erworbener Eigenschaften eine mechanistische Erklärung zu suchen. Sowohl Neodarwinismus als auch Neolamarckismus gehen jedoch von der althergebrachten mechanistischen Anschauung aus, daß Vererbung eine Sache der Gene ist. Nun gibt es zwar eine Reihe von Phänomenen, die kaum anders denn als Vererbung erworbener Eigenschaften aufgefaßt werden können, doch nichts deutet darauf hin, daß spezifische genetische Veränderungen tatsächlich eintreten oder auch nur möglich sind. Die Idee der morphischen Resonanz gibt uns die Möglichkeit, diese alte Kontroverse endlich hinter uns zu lassen. Erworbene Merkmale können erblich sein, aber nicht aufgrund von Veränderungen der DNS, sondern durch Modifikation morphischer Felder, die auf nicht-genetischem Wege, nämlich durch morphische Resonanz vererbt werden. Durch Wiederholung werden neue Entwicklungs- und Verhaltensmuster immer mehr zur Gewohnheit. Was Lamarck und Darwin vermutet hatten, stimmt also doch: Es gibt eine Vererbung von Gewohnheiten des Verhaltens und der individuellen Entwicklung.

Natürliche Auslese

Daß natürliche Auslese eine Rolle im Evolutionsprozeß spielt, läßt sich kaum bestreiten: Zahllose Arten, ja ganze Ökosysteme sind ausgestorben, während andere weiterbestehen. Natürliche Gegebenheiten wie etwa der allgemeine Konkurrenzkampf oder auch klimatische und ökologische Veränderungen und schließlich globale Katastrophen haben als Auslesemechanismus gewirkt. Die natürliche Auslese beseitigt Organismen und Arten, die aus irgendeinem Grund nicht genügend an ihre Umgebung angepaßt sind.

Darwin selbst schrieb dieser Kraft eine eher positive und schöpferische Rolle zu:

> Man kann figürlich sagen, die natürliche Zuchtwahl sei täglich und stündlich durch die ganze Welt beschäftigt, eine jede, auch die geringste Abänderung zu prüfen, sie zu verwerfen, wenn sie schlecht, und sie zu erhalten und zu vermehren, wenn sie gut ist. Still und unmerkbar ist sie überall und jederzeit, wo sich die Gelegenheit darbietet, mit der Vervollkommnung eines jeden organischen Wesens in bezug auf dessen organische und unorganische Lebensbedingungen beschäftigt.[26]

Solange es nur um Spielarten, Rassen oder Unterarten geht, die durch Anpassung an lokale Lebensbedingungen entstehen, ist diese Idee plausibel und weitgehend anerkannt. Die Schwierigkeit beginnt für Darwin und seine Nachfolger erst da, wo nach der Entstehung ganzer Arten oder gar Gattungen und Familien, also nach den übergreifenden Kategorien des Lebendigen gefragt wird. Daß auch diese durch schrittweise Evolution über lange Zeiträume entstanden sein können, ist immer wieder bezweifelt worden. Warum, so muß man sich etwa fragen, kommen Pflanzen und Tiere als ganz bestimmte Typen vor – Farne und Koniferen, Insekten und Vögel –, anstatt ein kontinuierliches Spektrum lebendiger Formen zu bilden?

Die fossilen Funde haben eigentlich immer mehr für die Ansicht gesprochen, daß neue Lebensformen plötzlich oder zumindest sehr rasch entstanden sind. Darwin und die Darwinisten haben jedoch stets behauptet, dieser Eindruck sei nur auf die Lückenhaftigkeit dieser Funde zurückzuführen. Dieses Argument ist immer wieder in Frage gestellt worden, und gerade heute vertreten führende Paläontologen eine ganz andere Auffassung:

> Die fossilen Zeugnisse – eine reiche und lange Zeit kaum genutzte Informationsquelle – zwingen uns heute, den überkommenen Evolutionsbegriff zu revidieren. Es zeigt sich nämlich, daß zahllose Arten die Erde für Millionen von Jahren bewohnt haben, ohne sich merklich zu entwickeln. Auf der anderen Seite hat es große evolutionäre Neuerungsperioden gegeben, in denen neue Arten sehr rasch aus alten hervorgingen. Kurzum, die Evolution vollzieht sich in Schüben und Sprüngen.[27]

Daß Darwin und seine Nachfolger so eisern an der Lehre vom allmählichen Wandel festhielten, hat jedoch im Grunde wenig mit dieser Art von empirischen Fakten zu tun, sondern beruhte auf einem Dogma. Darwin ging es vor allem darum, Gott als den großen Planer der Natur durch spontane Naturprozesse zu ersetzen. Die Theologie seiner Zeit versuchte das feine Anpassungsgefüge aller Pflanzen und Tiere als Ausdruck göttlicher Intelligenz darzustellen, und Darwin setzte dem das Prinzip der natürlichen Auslese entgegen. Um nun zu verhindern, daß Gott zur Erklärung plötzlicher Sprünge in der Schöpfung doch wieder eingeführt wurde, mußte er die Existenz solcher Sprünge leugnen oder zumindest ihre Bedeutung herabspielen – denn nur so war nach seiner Auffassung der Anspruch der Wissenschaftlichkeit zu wahren (siehe S. 72). Die meisten seiner Nachfolger teilten diese Auffassung, die Richard Dawkins mit folgenden Worten zusammenfaßt:

> Im Zusammenhang mit dem Kampf gegen den Schöpfungsglauben ist die Theorie der kleinen Schritte mehr oder weniger gleichbedeutend mit Evolution überhaupt. Wirft man nämlich die Theorie der kleinen Schritte über Bord, so begibt man sich des einzigen Arguments, das Evolution plausibler macht als Schöpfung. Schöpfung ist eine ganz besondere Form von Sprunghaftigkeit – ein gewaltiger Sprung vom Nichts zum voll ausgebildeten heutigen Leben. Wenn man sich klarmacht, wogegen Darwin kämpfte, ist es dann noch ein

> Wunder, daß er beharrlich immer wieder zum Thema des langsamen, allmählichen, schrittweisen Wandels zurückkehrte?[28]

Gerade durch die Abschaffung Gottes zugunsten der natürlichen Auslese verfielen die Darwinisten einem Denkmuster, das – welche Ironie! – dem Denken der alten Theodizee entspricht, also dem Bemühen, Gottes oft unergründlichen Ratschluß vor den Menschen zu rechtfertigen. Gott als vollkommenes und allwissendes Wesen muß notwendigerweise die beste aller möglichen Welten erschaffen haben, und deshalb hat alles, was geschieht, seinen guten Grund, auch wenn der nicht immer gleich einzusehen ist. Die Darwinisten gehen bei allem, was ihnen an Pflanzen und Tieren begegnet, davon aus, daß es einen Zweck oder Anpassungswert hat; danach spekulieren sie dann über die Art von Anpassungsdruck, die zur Ausprägung des betreffenden Merkmals geführt haben könnte. Diese Spekulationen sind in der Regel nicht zu überprüfen und haben etwas von Fabeln an sich: wie das Nashorn zu seinem Horn oder der Pfau zu seinen Schwanzfedern kam und so weiter. Was den Darwinismus so ansprechend macht, ist wohl nicht zuletzt der Umstand, daß er immer neue Geschichten zu spinnen erlaubt. Doch so einfallsreich diese Geschichten auch häufig sind, sie alle laufen auf den Erfolg des Stärkeren hinaus, und alle ereignen sich in einer trostlos utilitaristischen Welt.

In seiner typischen und entwaffnenden Aufrichtigkeit rang Darwin sich schließlich zu der Einsicht durch, daß er die Rolle der natürlichen Auslese überbewertet hatte:

> Indessen bin ich nicht im Stande gewesen, den Einfluß meines früheren und damals sehr verbreiteten Glaubens, daß jede Spezies absichtlich erschaffen worden sei, vollständig zu beseitigen, und dies führte mich zu der stillschweigenden Annahme, daß jedes einzelne Strukturdetail, mit Ausnahme der Rudimente, von irgendwelchem speziellen, wenn auch unerkanntem Nutzen sei. Mit dieser Annahme im Sinne würde wohl ganz natürlich jedermann die Wirkung der natürlichen Zuchtwahl, sei es während früherer oder jetziger Zeiten, zu hoch veranschlagen.[29]

Manche von denen, die an das Vorkommen plötzlicher Sprünge in der Natur glauben, sehen darin das Wirken der schöpferischen Kraft der Natur, wenn nicht Gottes selbst.[30] Für andere sind sie jedoch von der gleichen Zufallsnatur wie die kleinen Mutationen, auf welche die neodarwinistische Theorie sich gründet; große und kleine Mutationen unterscheiden sich in ihrer Bedeutung für die Evolution nur graduell. Andere jedoch betonen, daß Mutationen an einen Rahmen von Entwicklungs- und Verhaltensstrukturen gebunden und durch diesen Rahmen begrenzt sind. Ein mutiertes Pferd mag überzählige Zehen aufweisen, aber man wird nie ein Pferd mit Flügeln finden.

Einer von Darwins treuesten Anhängern, T. H. Huxley, warnte ihn schon früh vor der Überbetonung des allmählichen Wandels:

> Mr. Darwins Position, so glauben wir, hätte noch stärker sein können, als sie schon ist, hätte er sich nicht selbst behindert mit dem Aphorismus *Natura non facit saltum*, der in seinen Schriften so häufig auftaucht. Wir glauben, daß die Natur doch hin und wieder einen Sprung macht, und die Anerkennung dieser Tatsache ist von nicht geringer Bedeutung.[31]

Doch Darwin hörte nicht auf diese Warnung und war infolgedessen ständig in Kontroversen verwickelt. Etwas kleinlaut räumte er nach Jahren des Disputs ein, daß manche nach wie vor glaubten, neue und gänzlich andere Formen könnten, wenn auch auf unerklärliche Weise, urplötzlich entstehen.[32] Und das gilt heute noch wie vor über hundert Jahren.

Die Anschauung, daß die biologische Evolution sich sowohl großer Sprünge als auch kleiner Schritte bedient, scheint den beobachteten Fakten am besten zu entsprechen. Im übrigen stimmt sie auch mit dem überein, was wir über Evolution in anderen Bereichen wissen. In der Evolution der Wissenschaft kommen neue Paradigmen und Theorien, wie wir bereits gesehen haben, durch plötzliche intuitive Sprünge zustande; hat aber das neue Paradigma sich erst einmal etabliert und wird zur Gewohnheit, zur allgemein akzeptierten Anschauung, so entwickelt sich die Forschung schrittweise und kumulativ als «normale Wissenschaft» weiter. Nicht einmal die Theorie der Evolution durch natürliche Auslese ist von diesem Prinzip ausgenommen. Im vorigen Kapitel lasen wir, daß Wallace wie durch plötzliche Erleuchtung während eines Malaria-Anfalls auf diese Idee kam. Und bei Darwin war es ein ähnlich abruptes Ereignis: 1837 fand zunächst die Bekehrung zum Evolutionismus statt, nachdem er bis dahin an die Konstanz der Arten geglaubt hatte – und «plötzlich erschien alles in einem neuen Licht».[33]

Dann, am 28. September 1838, kam der entscheidende Durchbruch. Er schreibt:

> Fünfzehn Monate nachdem ich mit meinen systematischen Forschungen begonnen hatte, las ich einmal zur Zerstreuung Malthus' Bevölkerungstheorie, und da ich über lange Zeit die Gewohnheit von Tieren und Pflanzen beobachtet hatte, leuchtete mir das Wort vom Daseinskampf ein, welcher allenthalben ausgefochten wird; da ging mir auf, daß günstige Abwandlungen unter diesen Umständen bewahrt und ungünstige vernichtet würden. Das Ergebnis dessen wäre die Bildung neuer Arten. Hier hatte ich nun endlich eine Theorie, anhand derer ich arbeiten konnte.[34]

Nach dieser Einsicht reifte seine Theorie im Laufe vieler Jahre langsam heran, bis er schließlich 1859 *The Origin of Species (Von der Entstehung der Arten)* veröffentlichte. Auch seine eigene intellektuelle Entwicklung verlief also offenbar über plötzliche Sprünge und Perioden der allmählichen Ausgestaltung.

Die Evolution morphischer Felder

Evolution gibt es auf jeder Ebene der Organisation; Atome evolvieren, Galaxien evolvieren. Das organisierte System – Insulinmoleküle, Taufliegen, Instinktmuster im Nestbauverhalten der Wespen, Vogelschwärme, Stammesgesellschaften, wissenschaftliche Theorien – ist stets eine Ganzheit: eine Gestalt, eine morphische Einheit, ein Holon. Aus der Hypothese der Formenbildungsursachen folgt zwangsläufig, daß der Evolutionsprozeß mit der Evolution morphischer Felder verbunden ist. Daraus ergeben sich vier Hauptgesichtspunkte für die Rolle der morphischen Felder in der Evolution.

1. Das Auftreten neuer Organisationsmuster – also etwa neuer Arten von Kristallen oder neuer Klassen von Lebewesen, zum Beispiel der Säugetiere, oder neuer wissenschaftlicher Theorien – geht mit dem Auftreten neuer morphischer Felder einher. Woher neue Felder kommen könnten, wird im Schlußkapitel erörtert; hier genügt zunächst der Hinweis, daß das Erscheinen eines neuen Feldes zwangsläufig einen Sprung, eine Diskontinuität bedeutet. Solche Felder sind Ganzheiten,

und eben weil sie nicht in Teile zerlegbar sind, müssen sie plötzlich erscheinen. Ganzheiten jeder Größenordnung können nur ganz oder gar nicht existieren wie die Quanten der Physik; es liegt in ihrer Natur, daß sie nicht nach und nach ins Sein treten können.

Natürlich gibt es daneben auch eine Kontinuität neu entstandener morphischer Felder mit Früherem. Alle neuen Felder umfassen untergeordnete morphische Einheiten, die bereits früher existierten und nun durch die übergeordnete Organisationskraft des neuen Feldes zueinander in Beziehung treten. Neue Arten von Molekülen enthalten Atome, die sich vor Milliarden von Jahren entwickelt haben; die ersten Zellen, die Zellkerne besaßen, haben vermutlich bereits existierende Mikrobenzellen in sich aufgenommen;[35] reptilienhafte Elemente finden sich in den Körperbauplänen der ersten Vögel wieder; neue Instinkte enthalten Verhaltenselemente, die schon für zahllose Generationen in Gebrauch sind; neue Theorien enthalten bereits existierende Ideen, wie wir es etwa an Darwins Theorie der Evolution durch natürliche Auslese sehen: die Ideen des evolutionären Wandels und des Kampfs ums Dasein gab es bereits. Kurzum, neue Strukturen enthalten alte, sind aber trotzdem neu und entstehen urplötzlich; ihre Ganzheit und Unteilbarkeit läßt kein allmähliches Auftreten zu.

2. Morphische Felder unterliegen der natürlichen Auslese. Nicht lebensfähige Felder neuer Organisationsmuster werden nicht durch morphische Resonanz stabilisiert. Nur lebensfähige Muster können immer wieder auftreten und durch morphische Resonanz immer weiter stabilisiert, das heißt immer wahrscheinlicher werden. Im Bereich der Biologie sehen wir die Wirkung dieses Prinzips in der Evolution der Dominanz und in der Tendenz dominanter Formen, sich zum Normal- oder Wildtyp zu entwickeln (Kap.8).

3. In unserer Hypothese ist auch Platz für die Vererbung erworbener Merkmale, und hier bedarf es keiner genetischen Erklärung, denn diese Art der Vererbung beruht auf erblichen Modifikationen morphischer Felder. Die Vererbung morphischer Felder durch morphische Resonanz mit ähnlichen früheren Organismen würde auch erklären, weshalb neue Entwicklungs- oder Verhaltensmuster – zum Beispiel der Milchraub der Meisen – sich manchmal schneller ausbreiten, als nach der herkömmlichen genetischen Vererbungslehre zu erwarten wäre.

4. Morphische Felder differenzieren und spezialisieren sich in dem Sinne, daß manche Ausprägungen des von ihnen organisierten Gesamtmusters wahrscheinlicher werden als andere. Überhaupt scheint ein Großteil des Evolutionsgeschehens in Variationen über morphische Hauptthemen zu bestehen. Nutzpflanzen und Haustiere – denken wir nur an die unzähligen Variationen über das Thema Hund – sind eine sehr plastische Illustration dieses Prinzips.

Manchmal künden Fossilienfunde vom Beginn neuer evolutionärer Linien oder neuer Grundschemata des Körperbaus, und hier haben viele Paläontologen beobachtet, daß «die phylogenetische Entwicklung mit einer ‹explosiven Phase› einsetzt und daß sich nur eine begrenzte Anzahl von Zweigen weiterentwickelt, und zwar mit abnehmender Schnelligkeit».[36] Ein Beispiel dafür ist die rasche Ausbreitung der Säugetiere nach dem plötzlichen Aussterben der Saurier vor über sechzig Millionen Jahren. Die meisten Grundformen von Säugetieren entstanden innerhalb von etwa zwölf Millionen Jahren, und größtenteils existieren sie heute noch.[37]

In der evolutionären Verzweigung entstanden die Varianten eines vorhandenen Grund-Feldes vermutlich durch Entwicklungssprünge. Viele der neuen Varianten mögen tatsächlich durch Chromosomenveränderungen entstanden sein; andere wurden vielleicht durch historische Umstände stabilisiert, zum Beispiel weil sie nur in kleinen isolierten Populationen auftraten; wieder andere könnten sich durch Anpassung an ihre Lebensumstände gebildet haben, und manche entwickelten sich vielleicht schrittweise in der von Darwin beschriebenen Weise. Wenn sie sich aber – abgesehen von der Weise ihres Entstehens – als lebens- und vermehrungsfähig erwiesen, so wurde ihre besondere Abwandlung des Grund-Feldes durch morphische Resonanz immer weiter verstärkt.

Diese Überlegungen bestreiten nicht, daß natürliche Auslese auf der genetischen Ebene tatsächlich eine Rolle spielt; Lebewesen, die aufgrund einer besseren Organisation ihrer genetischen Konstitution lebensfähiger sind als andere, werden durch natürliche Auslese begünstigt, und so wird es, wie die Neodarwinisten annehmen, innerhalb einer Population Fluktuationen des Genbestands geben. Unsere Hypothese behauptet aber, daß zur Evolution mehr gehört als Veränderungen im Genbestand, nämlich die Selektion und Stabilisierung von Organisationsmustern durch morphische Felder. Und diese Felder evolvieren selbst. Welchen Ausdruck sie finden, hängt ebenso von Lebensbedingungen und Lebensgewohnheiten ab wie von genetischen Mutationen.

Diese Hypothese stimmt in vielen Bereichen weitgehend mit Darwins Denken überein, zum Beispiel mit seiner Überzeugung, daß die Macht der Gewohnheit im Evolutionsgeschehen eine große Rolle spielt. Sie unterscheidet sich jedoch von seiner Theorie insofern, als sie sowohl plötzlichen als auch allmählichen Wandel zuläßt und die Frage der Kreativität offenläßt.

Die morphischen Felder ausgestorbener Arten

Viele Arten von Pflanzen und Tieren sind im Laufe der Jahrmillionen aufgrund von Klimaänderungen, globalen Katastrophen oder anderen Faktoren ausgestorben. Ganze Ökosysteme verschwanden. Kulturen des Menschen gingen unter und mit ihnen die Sprache und viele andere kulturelle Elemente. Wo sind die morphischen Felder dieser ausgestorbenen Arten und Kulturen geblieben?

Die Hypothese der Formenbildungsursachen besagt, daß diese Felder noch existieren, obgleich sie keinen Ausdruck mehr finden können, weil da nichts mehr ist, was mit ihnen in Resonanz treten könnte. Sogar die Felder der Saurier sind potentiell noch gegenwärtig, hier und jetzt; aber es existiert kein Abstimmungssystem mehr, etwa ein lebendiges Saurier-Ei, das in eine Resonanzbeziehung zu diesen Feldern eintreten könnte.

Könnte ein lebendiges System aus irgendeinem Grund – etwa durch genetische Mutation oder ungewöhnlich starke Umwelteinflüsse – in Resonanz mit den Feldern einer ausgestorbenen Art treten, dann könnten diese Felder wieder konkreten Ausdruck finden, so daß vielleicht plötzlich archaische Formen wieder auftauchen.[38] Tatsächlich gibt es solch ein Phänomen, den sogenannten Rückschlag oder Atavismus.

Darwin machte auf viele Beispiele dieser Art von Reversion aufmerksam, wie sie Pflanzenzüchtern schon zu seiner Zeit wohlbekannt waren: «Bei den meisten unserer kultivierten Gemüse besteht eine geringe Neigung zum Rückschlag auf das, was man für ihren ursprünglichen Zustand hält.»[39] Ähnliches beobachtet man bei Haustieren, insbesondere wenn sie verwildern. Verwilderte Schweine zum Beispiel werden wieder borstiger und bekommen manchmal Hauer; die Jungtiere zeigen die typischen Streifen der Wildschwein-Frischlinge. Darwin bemerkt dazu:

«In diesem Falle und in vielen anderen können wir nur sagen, daß eine Veränderung der Lebensweise dem Anscheine nach eine der Spezies inhärente oder latente Neigung begünstigt habe, zu ihrem primitiven Zustand zurückzukehren.»[40]

Solche Phänomene erinnern uns an die «Dominanz des Wildtyps», von der im achten Kapitel bereits die Rede war. Betrachten wir sie unter dem Gesichtspunkt der morphischen Resonanz, so sind die Felder der Wildtypen einfach schon viel länger vorhanden und besser stabilisiert als die der Züchtungstypen; sie erobern sich ihre Dominanz zurück, wenn der Mensch nicht gezielt durch Auslese interveniert.

Darwin glaubte, daß viele spontane Variationen atavistischer Natur

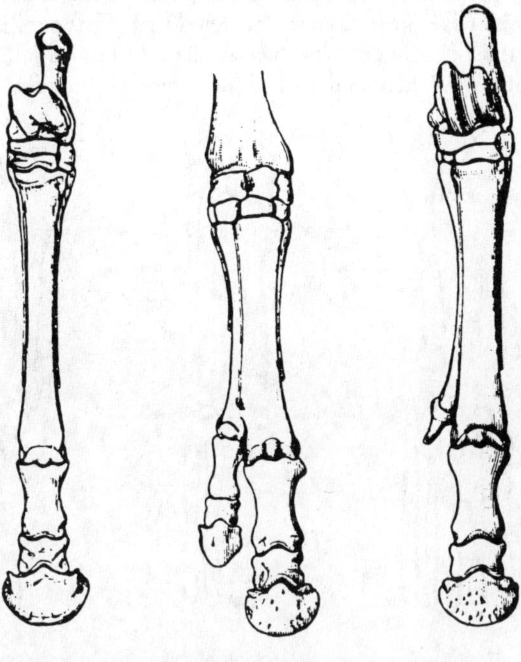

Abbildung 16.3 Links der Zeh eines normalen Pferdes mit den Rudimenten des zweiten und vierten Zehs als kleinen seitlichen Knochenwülsten (vgl. auch Abb. 4.4). In der Mitte eine Mutante mit einem überzähligen Zeh, der eine Verdoppelung des normalen dritten Zehs darstellt: die Seitenwülste sind nach wie vor vorhanden. Rechts ein echter Atavismus: Einer der Seitenwülste hat sich zu einem Zeh entwickelt. (Nach Marsh)

seien, und gelangte bei seinen Reflexionen über die Beschaffenheit des Keims zu der Auffassung, «daß noch unsichtbare Charaktere in ihm gehäuft sind . . ., die durch Hunderte oder selbst Tausende Generationen von der Jetztzeit getrennt sind; und diese Charaktere liegen alle, wie mit unsichtbarer Tinte auf Papier geschriebene Buchstaben da, bereit, sich unter gewissen bekannten oder unbekannten Bedingungen zu entwickeln.»[41]

Es gibt viele Beispiele für Atavismen, beim Menschen ebenso wie bei anderen Lebewesen: Gelegentlich werden Kinder mit Schwänzen geboren; bei Walfischen findet man manchmal Hinterbeine und bei flügellosen Insekten Flügel.[42] Einer der am besten erforschten Fälle ist das Auftreten zusätzlicher Zehen bei Pferden. Die Füße heutiger Pferde stellen das Extrem der in der Evolution erkennbaren Tendenz zur Reduzierung der Zehen dar: Sie besitzen nur einen. Der Huf ist der Zehennagel. Ihre mutmaßlichen Ahnen – vor über zwanzig Millionen Jahren – besaßen drei oder vier Zehen, und noch früher waren es fünf, die ursprüngli-

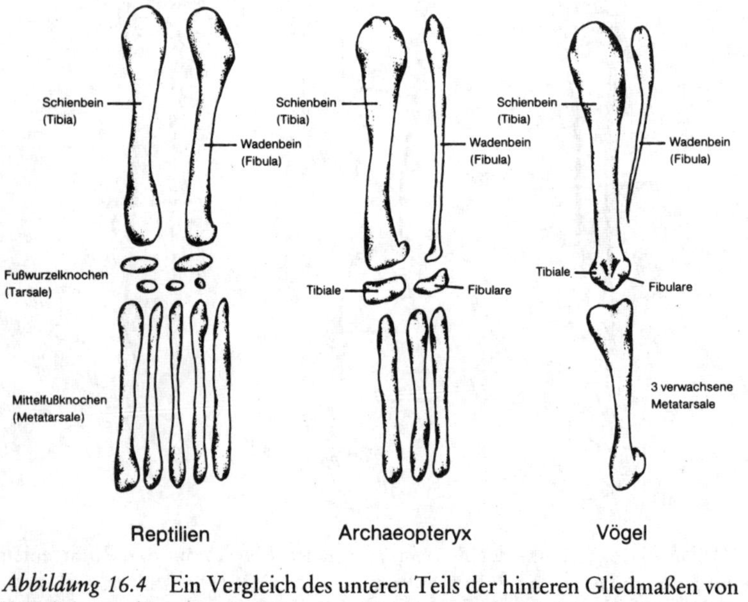

Abbildung 16.4 Ein Vergleich des unteren Teils der hinteren Gliedmaßen von Reptilien, *Archäopteryx* und heutigen Vögeln. Bei *Archäopteryx* ist bereits ein Schwund des Wadenbeins und eine Reduzierung der Anzahl der Fußwurzel- und Mittelfußknochen zu erkennen, und diese Verschmelzungen sind bei heutigen Vögeln noch weiter fortgeschritten. (Nach Hall)

che Grundausstattung der Säugetiere. An heutigen Pferden erkennen wir nur noch Rudimente des zweiten und vierten Zehs als kurze Knochenfortsätze ein gutes Stück oberhalb des Hufs.

Von Zeit zu Zeit kommen Pferde mit zusätzlichen Zehen vor, und sie fanden schon in der Zeit Julius Caesars lebhaftes Interesse. Bei näherer Untersuchung stellt sich meist heraus, daß es sich bei dem zusätzlichen Zeh um ein Duplikat des dritten (das heißt des normalen) Zehs handelt; manchmal jedoch ist die Neubildung wirklich wie ein Echo längst vergangener Zeiten, nämlich dann, wenn sich einer der beiden Seitenfortsätze (oder beide) zu einem vollständigen Zeh entwickelt.[43]

Bei den reptilischen Vorfahren der Vögel waren die beiden Beinknochen zwischen Knie und Fußgelenk, Schienbein und Wadenbein, gleich lang, und am unteren Ende schlossen sich die Fußwurzelknochen an. Bei den meisten heutigen Vögeln, auch den Haushühnern, ist das Wadenbein nur noch eine Art Dorn, und die am Embryo noch nachweisbaren Fußwurzelknochen schmelzen in das wachsende Schienbein ein. Mit geradezu genial einfachen Experimenten an Hühnerembryonen hat man das ursprüngliche Wachstumsmuster wiederholen können: Schiebt man in einem sehr frühen Entwicklungsstadium ein Glimmerplättchen zwischen Schienbein und Wadenbein, so wächst das Wadenbein wieder voll aus und die Fußwurzelknochen bleiben getrennt.[44]

Unübertroffen bizarr dürfte jedoch ein Experiment sein, bei dem sich aus dem Gewebe von Hühnerembryonen Zähne entwickelten. *Archäopteryx*, der Urvogel, besaß Zähne, doch die fossilen Funde zeigen an, daß es in den letzten sechzig Millionen Jahren keine Vögel mit Zähnen mehr gegeben hat. Man entnahm Epithelgewebe aus den Kiemenbögen von Kükenembryonen (aus diesem Gewebe entwickeln sich bei Wirbeltieren die Kiefer) und kultivierte es im Labor zusammen mit Gewebe von Mäuseembryonen, das Knochensubstanz und das Dentin der Zähne bildet, aber nicht den Zahnschmelz. Aus der Gewebemischung entstanden Zähne mit Hühnerschmelz.[45] Und die Zähne sahen nicht aus wie Mäusezähne. Stephen Jay Gould meint, sie besäßen vielleicht die Form «eines latenten Vogelzahns».[46]

Nach der Hypothese der Formenbildungsursachen wären vergleichbare Atavismusphänomene auch im sozialen und kulturellen Bereich zu erwarten. Diese Möglichkeit steht vielleicht hinter der immer wieder geäußerten Befürchtung, daß die Zivilisation untergehen und die Menschheit in einen primitiven, barbarischen Zustand zurückfallen könnte. Dies ist offenbar ein Gebiet, auf dem sich trefflich spekulieren läßt.

Evolutionäre Plagiate

Das Phänomen des Atavismus deutet darauf hin, daß morphische Felder Zeit und Raum überspringen und von früheren auf lebende Arten übergehen können. Aber weshalb sollten sie nicht auch «seitwärts» springen können, von einer Art von Organismen auf eine andere, selbst wenn diese auf verschiedenen Kontinenten leben? Solch eine Übertragung wäre durch morphische Resonanz möglich, wenn genetische Mutationen oder Umwelteinflüsse dazu führen, daß die Organismen der einen Art sich auf die morphischen Felder einer anderen Art einstimmen. Es käme dann so etwas wie ein «morphisches Plagiat» zustande, obwohl keinerlei materielle Verbindung zwischen den Organismen besteht.

Wir sehen auch im Bereich menschlicher Gesellschaften und Kulturen viele parallele Muster, die in verschiedenen Teilen der Welt offenbar unabhängig voneinander entstanden. Übereinstimmende Entwicklungen technischer Art, aber auch parallele wissenschaftliche Entdekkungen sind uns geläufig; ein klassischer Fall ist die Entwicklung des Differentialkalküls durch Newton und Leibniz. In manchen Fällen können solche Parallelen vielleicht durch «Diffusion» erklärt werden und sind dann praktisch auf die normalen Kommunikationswege zurückzuführen. Andere ergaben sich vielleicht dadurch, daß einzelne oder Gruppen, die keinen Kontakt miteinander hatten, vor die gleichen Probleme gestellt waren und dadurch zu ähnlichen Lösungen gelangten. Und natürlich werden funktionierende Lösungen durch natürliche Auslese begünstigt.

Die Idee der morphischen Resonanz verträgt sich mit diesen bekannten Erklärungen und ergänzt sie. Diffusion wird durch morphische Resonanz unterstützt, weil diese den Lernprozeß fördert (zehntes Kapitel). Gleiche Problemstellungen begünstigen die morphische Resonanz mit Lösungen, die anderswo bereits gefunden wurden. Und auf die kumulative Wirkung der morphischen Resonanz ist zurückzuführen, daß wirksame Problemlösungen durch Wiederholung immer wahrscheinlicher werden. Man kann also erwarten, daß morphische Felder durch Diffusion, aber auch durch sprunghafte Übertragung von einer Gruppe zur anderen gelangen.

Im Verlauf der biologischen Evolution kann es durch dieses «Aufschnappen» fremder morphischer Felder häufig zu morphischen Plagiaten gekommen sein. Vielleicht liegt hier auch die Erklärung für das

Phänomen der parallelen Evolution, also für auffällige Ähnlichkeiten zwischen mehr oder weniger eng miteinander verwandten Arten. Manchmal findet man solche verblüffenden Ähnlichkeiten auch zwischen Organismen, die nur sehr entfernt miteinander verwandt sind; hier spricht man dann von evolutionärer «Konvergenz».

Legt man die neodarwinistische Theorie zugrunde, schreibt Richard Dawkins, so ist aus statistischen Gründen

> die Wahrscheinlichkeit, daß derselbe Evolutionspfad zweimal beschritten wird, verschwindend gering. Ebenso unwahrscheinlich ist, aus denselben Gründen, daß zwei Evolutionslinien von verschiedenen Ausgangspunkten her zum gleichen Endzustand konvergieren. Um so erstaunlicher, daß man in der Natur etliche Beispiele dafür findet.[47]

Ein deutliches Beispiel für parallele Evolution geben uns schon die Blätter der Pflanzen: immer wieder die gleichen Grundmuster, auch bei verschiedenen Gattungen und Familien. So auffällig sind diese Übereinstimmungen, daß man viele Arten und Abarten nach ihrer Blattform benannt hat, die sie, wie es scheint, von anderen Arten «entlehnt» haben: *salicifolius* bedeutet weidenblättrig; *ilicifolius* bedeutet ilexblättrig.

Es gibt Gebiete auf der Erde, wo solche evolutionären Parallelismen geradezu ins Auge springen. F. W. Went macht auf das Beispiel Neuseeland aufmerksam, wo man Sträucher mit ineinander verschlungenen Zweigen und kreisrunden Blättern findet:

> Wie häufig man diese sperrige Wuchsform in Neuseeland antrifft (die sonst auf der Welt kaum anzutreffen ist), erkennt man an der Tatsache, daß es in Neuseeland etwa fünfzig Straucharten aus einundzwanzig Familien gibt, die alle diese verkrümmten, ineinander verschlungenen Zweige aufweisen. Viele dieser Sträucher sehen einander – außerhalb der Blütezeit – derart ähnlich, auch wenn sie ganz verschiedenen Arten angehören, daß man nicht einmal auf ihre Familienzugehörigkeit schließen kann.[48]

Seltsamerweise ist diese Wuchsform in den meisten Fällen nur an relativ jungen Sträuchern zu beobachten und weicht später einem gattungstypischen Habitus; es gibt jedoch auch Arten, bei denen sich die beschriebene Wuchsform erst an den erwachsenen Exemplaren herausbildet.

Went hat sich eingehend mit der üblichen Erklärung befaßt, daß es sich hier um ein durch natürliche Auslese bedingtes Anpassungsphänomen handelt; er kam zu dem Ergebnis, daß diese Auffassung nicht mit den Tatsachen übereinstimmt. Sie geht davon aus, daß dieser Habitus ein Selbstschutz gegen zu starkes Abweiden durch Tiere ist. Dagegen spricht erstens, daß Neuseeland der einzige geographische Großraum ohne große Pflanzenfresser ist. Zweitens zeigt sich dieser Habitus nur in bestimmten Wuchsstadien, hat also die eher normale Wuchsform nicht ganz verdrängt. Drittens zeigen nur einige Arten diesen Habitus, während er bei anderen, eng verwandten Straucharten, die in Neuseeland ebenfalls ohne weiteres überleben können, fehlt. Und viertens: Da dieser Habitus «bei so vielen Sträuchern in verschiedenen Lebensräumen auftritt, dürfte es sich wohl kaum um eine Anpassung an die Umwelt handeln».[49]

Viele weitere Beispiele für das rätselhafte Phänomen der parallelen Evolution findet man auf der ganzen Welt, und die Übereinstimmungen sind manchmal so verblüffend, daß Went die Theorie der Zufallsmutation in diesen Fällen für höchst unplausibel hält; statt dessen postuliert er hier eine Art «ungeschlechtliche Charakter-Übertragung». Wie die allerdings zustande kommt, vermag auch er nicht zureichend zu erklären. Er nimmt an, daß ganze Chromosomensegmente von einer Gattung oder Familie auf eine andere übertragen worden sein könnten,[50] aber dieser Übertragungsweg könnte nur kurze Entfernungen überbrücken, während wir jedoch im Pflanzen- wie im Tierreich Parallelentwicklungen kennen, die an weit voneinander entfernten Orten auftraten.

Melinæa imitata (Ithomiinæ) — Helinconius telchinia (Heliconiinæ) — Dismorphia praxinoe (Pieridæ)

Abbildung 16.5 Drei Arten von südamerikanischen Schmetterlingen, die einander im Habitus nachahmen, aber ganz verschiedenen Familien angehören. Ihre Farben sind gleich: Schwarz, Weiß und (gepunktet) leuchtend Orange. (Nach Hardy.)

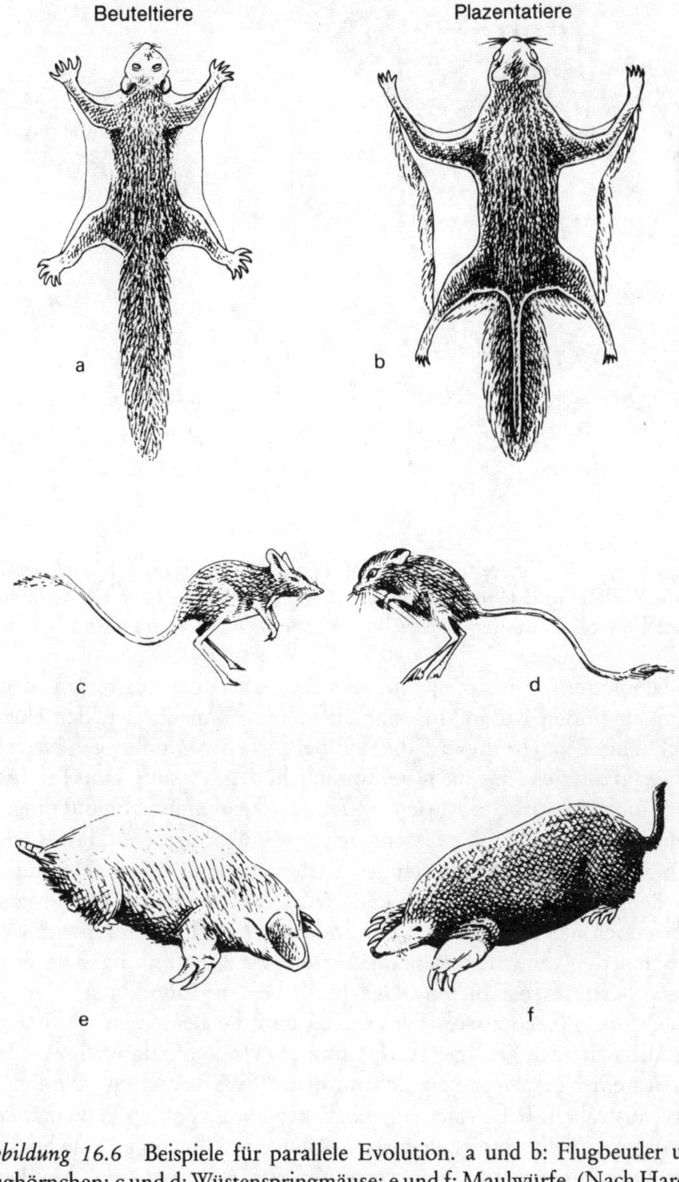

Abbildung 16.6 Beispiele für parallele Evolution. a und b: Flugbeutler und Flughörnchen; c und d: Wüstenspringmäuse; e und f: Maulwürfe. (Nach Hardy)

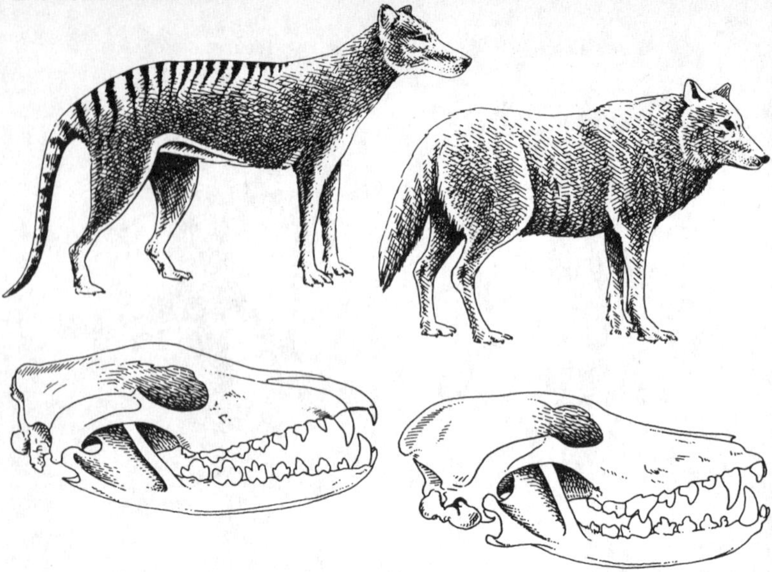

Abbildung 16.7 Ein weiteres Beispiel für parallele Evolution. Links der Tasmanische Wolf, ein Beuteltier; rechts der auf der nördlichen Halbkugel verbreitete Plazenta-Wolf. Darunter das jeweilige Schädelskelett. (Nach Hardy)

Bei Schmetterlingen aus ein und derselben, aber auch aus verschiedenen Familien finden wir häufig sehr auffällige Ähnlichkeiten der Flügelzeichnung. Manche dieser Fälle sind Beispiele für Mimikri, ein Nachahmungsphänomen, das nach herkömmlicher Auffassung eine Begünstigung durch natürliche Auslese bedeutet: Wenn eine Schmetterlingsart zum Beispiel durch üblen Geschmack vor Räubern geschützt ist, so nehmen andere – wohlschmeckende – Arten ebenfalls diesen Habitus an, um denselben Schutz zu genießen. Viele andere Parallelismen lassen sich jedoch nicht auf diese Weise erklären, vor allem dann nicht, wenn zwischen den ähnlich aussehenden Arten große Entfernungen liegen.[51]

Das beste Beispiel bieten vielleicht die beiden Hauptklassen der Säugetiere, die Plazentatiere (Placentalia) und die Beuteltiere (Marsupialia), die sich nach heutiger Auffassung vor etwa sechzig Millionen Jahren aus einer gemeinsamen Urform herausdifferenzierten. Die Beuteltiere Australiens haben sich in völliger Isolation von den Plazentatieren der übrigen Welt entwickelt und trotzdem eine Unmenge ähnlicher Formen hervorgebracht – Beutelversionen von Ameisenbären, Maulwürfen, Flughörnchen, Katzen, Wölfen und so weiter. Etwas ganz Ähnliches geschah außerdem in Südamerika, wo sich unabhängig von der australischen Fauna parallele Arten von Beuteltieren entwickelten.[52] Innerhalb der Klasse der Plazentatiere gibt es ebenfalls erstaunliche Parallelen, etwa zwischen den Stachelschweinen Südamerikas und der Alten Welt. Sie sind einander so ähnlich, daß man sogar eine Atlantiküberquerung auf Treibgut vermutet hat.[53]

Noch rätselhafter ist die konvergente Evolution bei Lebewesen, die ansonsten extrem verschieden sind. So haben etwa die Augen von Wirbeltieren sehr viel gemein mit den Augen von Kopffüßern wie zum Beispiel dem Tintenfisch. Es ist schon eine seltsame Erfahrung, in einem Aquarium einem Tintenfisch in die Augen zu schauen; diese Ähnlichkeit des Blickes bei einem so ganz anderen Lebewesen hat beinahe etwas Unheimliches – auch wenn man weiß, daß das Tintenfischauge eine andere Anatomie hat als das Säugetierauge.

Die neodarwinistische Deutung solcher Parallelen und Konvergenzen hat zwei Aspekte: 1. Sie entwickelten sich aufgrund von Zufallsmutationen, die überleben konnten, weil ähnliche Selektionsbedingungen bestanden. 2. Konvergenz zweier und mehrerer Entwicklungslinien zu gleichen Endformen bedeutet, daß es – beispielsweise für Sehorgane – nicht unbegrenzt viele Entwicklungsmöglichkeiten gibt; grundlegende Strukturprinzipien beschränken die Zahl der Möglichkeiten. Konvergenzen, so schreibt Dawkins,

> verdeutlichen eindrucksvoll die Kraft der natürlichen Auslese, gute Baupläne zu entwickeln ... Der Grundgedanke dabei: Wenn ein Bauschema gut genug ist, sich einmal zu entwickeln, so ist dieses Bau-*Prinzip* auch gut genug, sich von einem anderen Ausgangspunkt aus irgendwo anders im Tierreich noch einmal zu entwickeln.[54]

Aber was sind diese guten Baupläne und Prinzipien, zum Beispiel der Stachelschwein-Bauplan? Die mechanistische Theorie hat für sie keine Erklärung. Nach unserer Hypothese liegen sie in morphischen Feldern. Doch diese Hypothese widerspricht der herkömmlichen Theorie nicht ausdrücklich, sondern geht über sie hinaus. Die natürliche Auslese spielt gewiß eine bedeutende Rolle, aber sie ist nicht länger die große schöpferische Kraft, Schöpfer und Erhalter aller Lebensformen – Ersatz-Gott. Formprinzipien werden den Lebewesen nicht von außen aufgezwungen, durch Gott oder natürliche Auslese, sondern sind ihnen selbst immanent. Sie entstehen aus morphischen Feldern, und diese Felder haften nicht an den Genen, sondern werden durch morphische Resonanz übermittelt. Normalerweise werden sie innerhalb einer Art weitervererbt, doch gelegentlich werden sie von Organismen anderer Arten «aufgeschnappt» und manifestieren sich als Mutationsformen. Wenn diese «plagiierten» Formen durch natürliche Auslese begünstigt werden, so vererben sie sich weiter, werden durch kumulierte morphische Resonanz schließlich zum Habitus der betreffenen Art und können dann natürlich an andere Arten weitergegeben werden, die von dieser abstammen.

Die Idee der Formenbildung durch morphische Resonanz stellt die biologische Evolution in ein neues Licht und dehnt Darwins Begriff der natürlichen Auslese auf morphische Felder aus. Sie stellt die Rolle der Gewohnheitsbildung heraus (wie es auch Darwin tat) und formuliert die Möglichkeit der Vererbung von Gewohnheiten durch morphische Resonanz – innerhalb ein und derselben Art, aber auch von Art zu Art. Dadurch gelangen wir zu einem neuen Verständnis rätselhafter Phänomene, wie sie Atavismen und parallele oder konvergente Entwicklungen darstellen. Wir haben uns in diesem Kapitel allerdings auf einige wenige Aspekte der Formenentwicklung bei Pflanzen und Tieren beschränkt. Es sollte möglich sein, diese Neuinterpretation auf die Entwicklung von Molekülen und Zellen, aber auch auf die Entwicklung von Instinkten, Tiergesellschaften, symbiotischen Gemeinschaften, Ökosystemen und menschlichen Gesellschaften und Kulturen auszuweiten. Die Hypothese der Formenbildungsursachen befindet sich noch in einem frühen Entwicklungsstadium, und ihre Implikationen für die Evolution sind noch kaum erkundet.

17. Die Evolution des Kosmos

Das mechanistische Weltbild, Grundlage noch des Neodarwinismus, ist inzwischen einer großen Revolution auf dem Gebiet der Kosmologie zum Opfer gefallen. Der Kosmos erscheint uns heute eher als ein sich entwickelnder Organismus denn als ewige Maschine. Gerade jetzt, gegen Ende der achtziger Jahre, entwickeln die theoretischen Physiker gänzlich neue evolutionäre Anschauungen über Materie und die fundamentalen Felder der Natur. Bilden sich hier Berührungspunkte mit der Hypothese der Formenbildungsursachen, die ja – anders als die mechanistische Theorie – ebenfalls davon ausgeht, daß die Natur *in ihrer Gesamtheit* einen Evolutionsprozeß durchläuft?

Die Evolution der bekannten Felder

Einsteins ganzes Streben galt in seinen späten Jahren der Entwicklung einer einheitlichen Feldtheorie, die es erlauben würde, alle bekannten Feldphänomene – das Gravitationsfeld, das elektromagnetische Feld und die Quantenmateriefelder – als Ausprägungen ein und desselben Grundfeldes aufzufassen. Es galt, ein System von Gleichungen zu finden, aus dem sich alle Eigenschaften dieser Felder ableiten lassen würden. Diese Vision fasziniert die Physiker heute noch. Würde dieses Ziel erreicht – würden die Physiker also «die Grundgesetze der Schöpfung und damit die Evolution des Universums»[1] verstehen –, so gelangt die theoretische Physik damit an ihr Ende. Manche Physiker, allen voran Stephen Hawking, glauben, daß dieses Ende bereits in Sicht ist.[2]

Ein Schritt auf eine einheitliche Feldtheorie zu wurde bereits getan durch die Zusammenfassung des Elektromagnetismus und der «schwachen Wechselwirkung» (die im subatomaren Bereich wirkt). In den letzten Jahren haben sich aus den Ergebnissen der Hochenergiephysik (deren wichtigste Instrumente die Teilchenbeschleuniger und -detektoren sind) etliche neue Ansätze zur weiteren Vereinheitlichung der Feldtheorie ergeben. Solche Ansätze begegnen uns unter Bezeichungen wie «große einheitliche Theorie» oder «Supersymmetrie». Der Physiker Paul Davies schreibt:

> Zusammengenommen deuten diese Forschungen auf die faszinierende Idee hin, daß die Natur in ihrer Gesamtheit dem Wirken einer einzigen *Superkraft* unterliegt. Diese Superkraft läßt das Universum nicht nur entstehen, sondern gibt ihm auch Licht, Energie, Materie und Struktur. Sie wäre jedoch mehr als bloß ein schöpferisches Prinzip: Sie wäre die Verschmelzung von Materie, Raumzeit und Kraft zu einem Kontinuum und würde offenbaren, daß das Universum von einer bisher ungeahnten Einheitlichkeit und Einheit ist.[3]

Eine der Vermutungen, die sich aus dieser Hypothese ableiten, besagt, daß den verschiedenen Kräften und Feldern insgesamt elf Dimensionen zugeordnet sind, zehn räumliche und eine zeitliche. Mit drei räumlichen Dimensionen und der Zeit als vierter Dimension sind wir umzugehen gewohnt.

> Die übrigen sieben Dimensionen sind uns zwar nicht direkt erfahrbar, manifestieren ihr Vorhandensein jedoch als *Kräfte*. Was wir zum Beispiel als elektromagnetische Kraft betrachten, ist in Wahrheit das Wirken einer unsichtbaren Raumdimension. Die Geometrie der übrigen sieben Dimensionen bildet die Symmetrien ab, die den Kräften innewohnen. Daraus folgt, daß es in Wirklichkeit gar keine Kraftfelder gibt. Nur leere elfdimensionale Raumzeit, die sich zu Mustern kräuselt. Die Welt, so scheint es, läßt sich mehr oder weniger aus strukturiertem Nichts zusammenfügen.[4]

Bis gegen Ende 1984 sahen viele der führenden Theoretiker in einer elfdimensionalen Supergravitationstheorie den vielversprechendsten Ansatz zu einer endgültigen «Theorie von allem». Dann aber kam ein neuer Ansatz in Mode, der nur zehn Dimensionen verwendet, die Superstring-Theorie. Hier werden subatomare Teilchen nicht mehr als Punkte aufgefaßt, sondern als schwingende und rotierende «Fäden» (engl. *strings*). Manche Superstring-Theorien gehen davon aus, daß sie offen sind und freie Enden besitzen; andere postulieren geschlossene

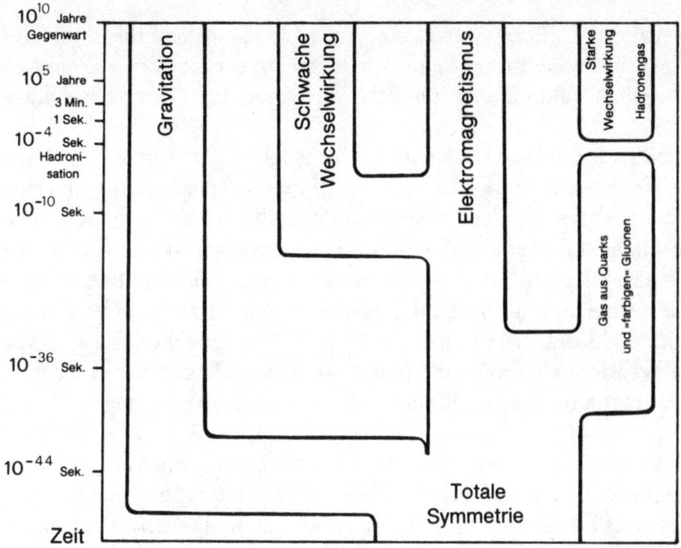

Abbildung 17.1 Der «Baum des Lebens» für die Felder der Natur, die den vier bekannten Grundkräften zugrunde liegen. Nach Auffassung der modernen Feldtheorien bildeten die Felder, die uns heute als verschieden erscheinen, zu einem sehr frühen Zeitpunkt eine Einheit. Die heutigen Felder entwickelten sich durch sukzessive «Symmetrie-Brüche». (Nach Pagels, 1985)

Schleifen. Solche Theorien bedeuten «eine weitreichende Generalisierung des konventionellen feldtheoretischen Rahmens».[5]

Die neuen Feldtheorien beinhalten die Vorstellung von einem ursprünglich einheitlichen Feld, dessen einheitliche Natur sich nur in unvorstellbaren Energiezuständen, wie sie am Beginn des Universums geherrscht haben könnten, manifestiert. Als das Universum sich dann ausdehnte, gewannen die bekannten Felder der Physik sehr rasch (in Sekundenbruchteilen) ihre gesonderten Identitäten; das einheitliche Feld existiert jedoch weiterhin, nur ist seine einheitliche Natur nicht mehr direkt zu erkennen. Bei der Ausdifferenzierung der Felder entstand aus Energie die Materie: «Schritt für Schritt gewannen die Teilchen, aus denen alle Materie aufgebaut ist, ihre gegenwärtigen Identitäten. In diesem Stadium begann auch die Entstehung der Galaxien.»[6]

Die Untersuchung Tausender von Galaxien hat ergeben, daß man ihr räumliches Verteilungsschema nicht einfach auf die Wirkung der

Schwerkraft zurückführen kann. Eine neue Hypothese führt zur Erklärung «kosmische Strings» ein, von denen angenommen wird, das sie im kosmischen Vakuum ursprünglich ein engmaschiges Netzwerk bildeten.

> Doch während das Universum sich ausdehnt, entwickeln sie sich rasch zu einem weitmaschigen Netz aus infiniten (offenen) Strings mit eingestreuten oszillierenden String-Schleifen, die sich aus dem Geflecht gelöst haben. Diese Schleifen, so wird angenommen, bilden Galaxien, indem sie aufgrund von Schwerkraft Materie um sich sammeln. Da aber die räumliche Lage der Schleifen nicht durch Schwerkraft bestimmt ist, sondern durch den Ort und die Art und Weise ihrer Ablösung von dem Netz offener Strings, sind in der räumlichen Lage von Galaxien und Sternenhaufen ungewöhnliche Korrelationen zu erwarten.[7]

Dieser ganze Forschungsbereich befindet sich in intensiver Gärung und scheint auf einen gänzlich neuen Feldbegriff zuzusteuern. Ein für uns interessantes Detail dieser Entwicklung besteht in der Auffassung, daß die Felder sich so entwickelten, daß intelligentes Leben entstand – zumindest auf der Erde. Dies ist das «anthropische kosmologische Prinzip» (Kap. 1), das manche Physiker dahingehend interpretieren, daß der kosmische Evolutionsprozeß ein Ziel ansteuert und einem Plan folgt.[8]

Die Evolution morphischer Felder

Die Felder der Physik liegen an den entgegengesetzten Enden einer Größenordnungsskala: am einen Ende die Felder von universaler Ausdehnung, Gravitation und Elektromagnetismus; am anderen Ende die Felder subatomarer Teilchen, die Medien der starken und der schwachen Wechselwirkung. Bislang haben die Physiker sich noch kaum auf den Gedanken eingelassen, daß auch Entitäten, die zwischen diesen beiden Extremen liegen, Felder haben könnten – und das mag zum Teil in der simplen Tatsache begründet sein, daß die Naturwissenschaft in «Zuständigkeitsbereiche» aufgeteilt ist: Die Erforschung der Moleküle und Kristalle ist weniger die Domäne der Physiker als vielmehr der Chemiker, Kristallographen, Biochemiker und Molekularbiologen; lebendige Organismen fallen in den Bereich der Biologie, Geist und Bewußtsein in den der Psychologie.

Hier herrscht offen oder unterschwellig immer noch die alte atomistische Philosophie: Bewußtsein sollte auf das Gehirn zurückzuführen sein, das Gehirn und überhaupt alle lebendigen Systeme auf Physik und Chemie, und die Chemie selbst sollte schließlich auf die Eigenschaften von Atomen und subatomaren Teilchen zurückzuführen und vollständig in den Begriffen der Quantentheorie zu erklären sein. Diese Reduktionen sind bisher noch nicht gelungen, doch man geht davon aus, daß man die noch offenen Probleme irgendwann lösen wird. Diese Hoffnung gründet sich auf mehrere implizite Annahmen, zum Beispiel die, daß die Physiker über alle fundamentalen Felder der Natur Bescheid wissen. Infolgedessen haben die Chemiker, Kristallographen, Biologen und Psychologen natürlich Hemmungen, neue fundamentale Felder zu postulieren – das liegt nun mal in der Zuständigkeit der Physiker. Die Physiker selbst sind da lockerer: Unterhalb der atomaren Ebene vermehren die Felder sich sehr munter; jede Art von Teilchen – und es werden immer mehr – besitzt ihr eigenes Materiefeld.

Trotz tiefgreifender Revolutionen lebt in der Physik immer noch der alte reduktionistische Geist des Atomismus. Die meisten Physiker glauben immer noch an fundamentale Entitäten oder «Grundbausteine», auch wenn diese heute nicht mehr Atome heißen, sondern Quarks oder Superstrings. Auch die Felder dieser fundamentalen Entitäten müssen natürlich fundamental sein, zusammen mit dem Gravitationsfeld und dem elektromagnetischen Feld. Die Felder von Systemen mittlerer Größenordnung sind nicht in diesem Sinne fundamental, sondern abgeleitete Formen.

Im Gegensatz dazu betrachtet die Hypothese der Formenbildungsursachen die Felder aller Arten von Systemen als fundamental und nicht als abgeleitet. Die Materiefelder der Quantenphysik sind nach dieser Auffassung die morphischen Felder von Teilchen, Kernen und Atomen. Und ebenso wie man ein subatomares Feld nicht auf irgendein anderes zurückführen kann, lassen sich die morphischen Felder von Holons (zum Beispiel Zellen, Pflanzen oder Gesellschaften) nicht auf andere Felder oder gar die Felder subatomarer Teilchen zurückführen. Wir nehmen vielmehr geschachtelte Hierarchien von Feldern an: Die Felder von Molekülen enthalten und umschließen die Felder von Atomen, Kernen und subatomaren Teilchen, die Felder von Zellen enthalten die Felder von Molekülen, und so weiter.

Alle diese Felder werden durch morphische Resonanz mit den Feldern ähnlicher früherer Systeme stabilisiert. Im Falle der subatomaren Teilchen, der Atome, Moleküle und Kristalle, die es seit Milliarden von

Jahren in endloser Zahl gibt, sind die Felder derart stabilisiert, daß man sie als praktisch unveränderlich ansehen kann; die herkömmliche Vorstellung, daß sie von unwandelbaren Gesetzen regiert seien, ist annähernd zutreffend. Dennoch sind diese Gesetze in Wirklichkeit keine ewigen platonischen Ideen, sondern Gewohnheiten, wenn auch sehr tiefsitzende. Ähnliches gilt für alle Systeme, physikalische und biologische, die auf eine sehr lange Geschichte zurückblicken können. Nur an neuen Aktivitätsstrukturen wird man die Bildung neuer Gewohnheiten und damit die kumulative Wirkung der morphischen Resonanz beobachten können.

Eine natürliche Ausweitung dieses Ansatzes besteht darin, auch ganze Ökosysteme als komplexe Organismen mit morphischen Gesamtfeldern aufzufassen, in welche die Felder der individuellen Organismen eingebettet sind; und warum nicht auch ganze Planeten, ja Planetensysteme, Sterne, Galaxien und Galaxienverbände als Organismen mit charakteristischen morphischen Feldern betrachten? Sterne, Galaxien und Gruppen von Galaxien lassen sich zu Typen oder Klassen zusammenfassen. Die einzelnen Exemplare jedes Typs werden – nach unserer Hypothese – von charakteristischen morphischen Feldern organisiert, die in stabilisierender Resonanz mit ähnlichen früheren Systemen stehen. Ihre Entwicklung folgt Chreoden; von Sternen nimmt man heute beispielsweise an, daß sie ganz bestimmte vorhersehbare Entwicklungen durchlaufen, deren Einzelheiten von ihrer Anfangsmasse abhängen: Manche enden in gewaltigen Explosionen als Supernovae, andere kollabieren unter dem Einfluß ihrer eigenen Schwerkraft – und in manchen Fällen so total, daß sie gänzlich zunichte werden und ein «schwarzes Loch» hinterlassen. Und vielleicht liegt in der Theorie der Galaxis-Entstehung aus geschlossenen Schleifenwirbeln von kosmischen Strings bereits der Ansatz zu einem Verständnis der morphischen Felder von Galaxien.

Wir wissen nichts über Planetensysteme in anderen Teilen des Universums, denn so weit reichen unsere heutigen Instrumente nicht. Es wird jedoch angenommen, daß es Milliarden von Planetensystemen geben muß. Vielleicht treten auch sie als bestimmte Typen und Klassen mit charakteristischen morphischen Feldern auf. Vielleicht ist unser Planetensystem nicht einmalig, sondern repräsentiert einen Typus; und wenn es andere Systeme gleicher Art gibt, könnte es Wechselwirkungen zwischen dem morphischen Feld unseres Systems und denen der anderen Systeme geben. Auch für die Planeten könnte ähnliches gelten; vielleicht gibt es regelrechte «Spezies» von Planeten – eine Merkur-Spezies, eine

Venus-Spezies, eine Erd-Spezies und so weiter. Natürlich könnte es in anderen Sonnensystemen Planeten geben, die in unserem nicht auftreten.

Die Möglichkeit, daß es ähnliche Planeten wie die Erde geben könnte, nährt natürlich eine weitere Spekulation. Dann wäre nämlich denkbar, daß die Erde einer Entwicklungs-Chreode folgt, die bereits besteht und durch morphische Resonanz stabilisiert ist, und daß auch die biologische Evolution entlang eines ausgetretenen Pfades verläuft. Die Erde könnte aber auch der erste Planet sein, auf dem sich diese Art von Leben entwickelt hat. Dann gäbe es keine vorgeprägte Evolutions-Chreode, sondern sie entstünde gerade erst. Wenn sich nun auf anderen Planeten ähnliche Lebensformen herausbilden, so könnte deren Evolution durch morphische Resonanz vom Entwicklungsgang auf der Erde mitbestimmt sein.

Nehmen wir an, irgendein neues Organisationsmuster entstehe auf der Erde, etwa eine neue Art von Molekülen oder ein neues Verhaltensmuster bei einer Tierart; wenn dieses neue Muster schon anderswo unzählige Male vorgekommen ist, so dürften seine morphischen Felder vollkommen stabilisiert sein (vorausgesetzt, unsere Annahme ist richtig, daß morphische Resonanz auch durch astronomische Entfernungen nicht gemindert wird). Diese Hintergrundsresonanz würde alle örtlichen Resonanzphänomene und die durch sie bewirkten Veränderungen übertönen. Die experimentellen Prüfmethoden für die Hypothese der Formenbildungsursachen würden versagen, denn sie sind samt und sonders darauf abgestellt, *Veränderungen* in der Stärke morphischer Felder aufzuspüren. Das Versagen unserer Testmethoden könnte natürlich auch ganz einfach bedeuten, daß die Hypothese falsch ist und die Natur eben doch von unwandelbaren Gesetzen regiert wird.

Sollten wir aber zu positiven Experimentalergebnissen kommen, so könnte das zweierlei bedeuten: daß morphische Resonanz doch mit der Entfernung abnimmt und bei astronomischen Distanzen vernachlässigbar gering wird; oder daß diese neuen Aktivitätsmuster tatsächlich hier entstanden sind und bei ihrem ersten Auftreten einzigartig waren. Vielleicht ereignet sich hier auf der Erde ein wahrhaft schöpferischer Prozeß, der – zumindest im Detail – nicht einfach wiederholt, was anderswo schon früher geschehen ist.

Das wenige, was wir über den Rest des Universums wissen, deutet darauf hin, daß sich über die ganze Weite des Raumes immer wieder die gleichen Organisationsmuster wiederholen. Diese Muster zeigen sich auf den obersten Organisationsebenen, bei Galaxien und Sternen, ebenso wie auf der untersten: An den Lichtspektren der Sterne ist abzulesen, daß sich in ihnen subatomare Prozesse abspielen, wie wir sie auch von unserer Sonne, ja sogar von der Erde kennen. Wir könnten natürlich annahmen, dies sei auf unwandelbare Gesetze von universaler Gültigkeit zurückzuführen; ebensogut könnte hier jedoch auch eine Abstimmung durch morphische Resonanz vorliegen. Vielleicht sind alle Galaxien, Sterne und Atome in ein kosmisches Resonanzgeflecht eingebunden. Und wenn dem so wäre, läge gewiß die Vermutung nahe, daß es auch für Moleküle, Kristalle und Lebensformen solch ein kosmisches Resonanzgeflecht gibt.

Wenn wir an die Möglichkeit morphischer Resonanz über astronomische Entfernungen denken, stellt sich natürlich die Frage nach ihrer Ausbreitungsgeschwindigkeit. Mindestens drei Möglichkeiten sind ins Auge zu fassen: Entweder die morphische Resonanz hat ihre ganz eigene Geschwindigkeit, die größer oder kleiner als die des Lichts sein kann; oder sie breitet sich mit Lichtgeschwindigkeit aus; oder ihre Wirkung ist den nicht-lokalen Beziehungen der Quantentheorie analog, und das würde bedeuten, daß sie ohne Zeitverzug wirksam wird. Gegenwärtig haben wir keine Möglichkeit, diese Frage zu entscheiden.

Universale Eigenresonanz

In der klassischen Physik galt die Konstanz von Masse und Bewegung als selbstverständlich. Atome sind aus dieser Sicht unwandelbar und ewig, und die Erhaltungsprinzipien stellen sicher, daß Masse, Energie, Impuls, elektrische Ladung und so weiter erhalten bleiben. Diese Prinzipien sind ewig, genau wie alle anderen Naturgesetze. Heute aber stellt die evolutionäre Kosmologie nicht nur die Frage nach der Evolution der Felder, sondern möchte wissen, wieso überhaupt irgend etwas andauert, bestehenbleibt, weiterläuft.

Der Begriff des morphischen Feldes könnte erklären, weshalb bestehende Organisationsmuster eine Tendenz zeigen, immer wieder aufzutreten. Er gibt auch eine Antwort auf die Frage, worin die Beständigkeit irgendeines in Raum und Zeit existierenden Systems besteht: Seine morphischen Felder sind durch kumulative Resonanz mit seiner eigenen Vergangenheit stabilisiert. Allgemein gesagt, ist jedes System seiner eigenen unmittelbaren Vergangenheit am ähnlichsten und wird von dorther stärker durch Resonanz beeinflußt als von weiter zurückliegenden Zuständen.

Vielleicht ist die Beharrlichkeit von Lichtquanten in Bewegung auch auf Eigenresonanz mit ihren eigenen früheren Schwingungszuständen zurückzuführen. Diese Beharrlichkeit scheint unerschöpflich zu sein: Das Licht, das uns von fernen Galaxien her erreicht, enthält eine Erinnerung an diese Galaxien, wie sie vor Millionen von Jahren waren, und Licht erreicht uns auch noch von Sternen, die längst erloschen sind. Und die kosmische «Hintergrundstrahlung» soll im Urknall ihren Ursprung haben und seither im Universum «unterwegs» sein.

Alle Aktivitätsstrukturen des Universums, gleich welcher Größenordnung, besitzen nach unserer Hypothese ihre charakteristischen morphischen Felder. Vielleicht ist es gar nicht so abwegig, sich das Universum als einen allumfassenden Organismus vorzustellen. Dann wäre anzunehmen, daß auch dieser Gesamtorganismus sein eigenes morphisches Feld besitzt, das die Felder aller untergeordneten Organismen umschließt, beeinflußt und verbindet. Wenn es solch ein universales Feld gibt, so sind sein Aufbau und seine Eigenschaften durch morphische Resonanz bedingt. Nun ist das Universum aber *per definitionem* einmalig, obwohl im Prinzip denkbar wäre, daß es mit früheren Universen in einer Resonanzbeziehung steht; wir wissen nichts von früheren Universen und müssen diese Frage offenlassen. Plausibel wäre hingegen die Annahme, daß das Universum mit seiner eigenen Vergangenheit in Resonanz steht, am stärksten mit seiner unmittelbaren Vergangenheit, aber letztlich doch mit allen Zuständen seiner langen Geschichte. Diese Eigenresonanz würde nicht nur die Kontinuität des Universums selbst, sondern auch die aller in ihm enthaltenen Systeme erklären. Der Fortbestand jedes einzelnen Systems mag auf Resonanz mit seiner eigenen Vergangenheit zurückzuführen sein; die Eigenresonanz des universalen Feldes, das alle einzelnen Systeme zueinander in Beziehung setzt, könnte jedoch entscheidend zur Aufrechterhaltung ihrer Positionen, Bewegungen und Interaktionen beitragen. Hier liegt vielleicht auch der Ansatz zu einem tieferen Verständnis des Trägheitsphänomens.

Die implizite Ordnung

Bei aller Radikalität hat die neue evolutionäre Physik sich im großen und ganzen auf die traditionellen Gegenstände der Physik beschränkt. Leben und Bewußtsein sind zwar Vor- und Randbedingungen der Physik – die Rolle des Beobachters und Theoretikers wird heute anders eingeschätzt als früher, und zudem hat sich das «anthropische Prinzip» in diese ehemals so objektive und wertfreie Wissenschaft eingeschlichen –, doch was Leben oder Bewußtsein eigentlich sind, spielt für die Theorien der Physik keine Rolle. Dafür sind andere Wissenschaftszweige zuständig. Wenn wir aber jemals zu einer wirklich einheitlichen Theorie gelangen wollen, muß sie neben den Teilchen und Feldern der Physik auch das organische Leben und das Bewußtsein berücksichtigen. Wir brauchen eine neue Naturphilosophie, die weiter blickt, als die Physik allein es vermag, ohne jedoch in Widerspruch zu ihr zu geraten.

Die vielleicht tiefgründigste dieser neuen Naturphilosophien ist die von dem Physiker David Bohm formulierte Theorie der impliziten Ordnung. Nach dieser Theorie ist die Wirklichkeit in drei Ebenen untergliedert: die *explizite Ordnung*, die *implizite Ordnung* und den *Grund*, der beiden transzendent ist. Die explizite Ordnung ist die Welt der scheinbar isolierten «Ding-Ereignisse» in Raum und Zeit. Die implizite Ordnung ist der Bereich, wo alle Dinge und Ereignisse in eine totale Ganzheit oder Einheit «eingefaltet» sind; die implizite Ordnung liegt gleichsam der sinnlich erfahrbaren expliziten Ordnung zugrunde. Sie ist aber nicht irgendwie in den räumlichen und zeitlichen materiellen Dingen enthalten, sondern alle materiellen Dinge, aber auch Raum und Zeit selbst «entfalten» sich aus dieser zugrundeliegenden Ordnung. Jede Entität – Objekt oder Ereignis – der expliziten Welt unserer normalen Erfahrung ist «eine Herauslösung aus einer unbekannten und nicht definierbaren Totalität fließender Bewegung». Diesen universalen Fluß oder Strom nennt Bohm «Holobewegung». «Die Holobewegung, das ‹implizite Leben›, ist der Grund des ‹expliziten Lebens› und der ‹unbelebten Materie›, und dieser Grund ist das Ur-sächliche, das aus sich selbst Bestehende, das Universale.»[9] Die Holobewegung «trägt» die implizite Ordnung; sie ist eine «ungebrochene und ungeteilte Totalität».[10]

Für Bohm ist diese Vorstellung von Ganzheitlichkeit bereits in der Relativitäts- und der Quantentheorie impliziert. Einstein vertrat die Auffassung, daß die gesamte Wirklichkeit aus Feldern besteht. Teilchen sind besonders intensive Feldregionen, die sich im Raum bewegen können. Die Ansicht, daß sie gesondert und für sich bestünden, ist «eine Abstraktion, die nur in einem eng begrenzten Bereich näherungsweie zutrifft».[11] In der Quantentheorie begegnet uns die Ganzheitlichkeit in drei Aspekten: 1. Alles Wirken oder Geschehen setzt sich aus unteilbaren Quanten zusammen, und daher bilden Wechselwirkungen zwischen verschiedenen Entitäten (zum Beispiel Elektronen) «eine kontinuierliche Struktur aus unteilbaren Gliedern». 2. Subatomare Teilchen können je nach den äußeren Gegebenheiten Korpuskular- oder Wellennatur besitzen oder einen dazwischenliegenden Charakter haben. 3. Teilchen, die sich ursprünglich in enger Nachbarschaft befanden, weisen eine sonderbare nichtlokale Beziehung auf, die auch über größte Entfernungen bestehenbleibt; man erklärt dieses Phänomen «am besten als akausale Verknüpfung».[12] Dies ist das sogenannte Einstein-Podolsky-Rosen-Paradox.[13]

Das Hologramm stellt eine Möglichkeit dar, die implizite Ordnung zu veranschaulichen: Das Interferenzmuster jedes Abschnitts der fotografischen Platte ist für die gesamte Struktur von Bedeutung, und jeder Teil der Struktur ist für das gesamte Interferenzmuster der Platte von Bedeutung.[14] Leider ist dies eine statische und dadurch begrenzte Analogie, mit der sich die Idee der Holobewegung nicht erfassen läßt.

Für Bohm ist die Idee der Formenbildung, definiert als «geordnete und strukturierte innere Bewegung, welche die Dinge zu dem macht, was sie sind», für Physik, Biologie und Psychologie gleichermaßen von Bedeutung. Jede Formenbildungsursache muß ein zumindest implizites Ziel haben, das also, was Aristoteles Entelechie nannte. Man kann also etwa bei einer Eichel nicht von einer inneren Bewegung sprechen, die einen Baum entstehen läßt, ohne zugleich den Baum zu denken, der aus dieser Bewegung hervorgehen wird. Für das antike Denken, so schreibt Bohm, «war Entelechie oder Formenbildungsursache in allen Bereichen im wesentlichen dasselbe, ob nun vom Geist, vom Leben oder vom Kosmos als Ganzem die Rede war».[15]

Bohm setzt die Idee der Formenbildungsursache zur Holobewegung in Beziehung und betrachtet die Organisation physikalischer Teilchen, lebendiger Organismen und des Bewußtseins als Hierarchie von impliziten Ordnungen in diesem ungeteilten Strom der Holobewegung. Wir erfahren das formende Wirken unseres Bewußtseins in der fließenden Bewegung unserer Aufmerksamkeit: jeder Bewußtseinsaugenblick hat einen bestimmten expliziten Inhalt und als korrespondierenden Hintergrund einen impliziten Kontext. Struktur, Funktion und Aktivität des

Denkens sind in der impliziten Ordnung. «Die Unterscheidung, die wir im Denken zwischen implizit und explizit treffen, ist demnach der für Materie im allgemeinen geltenden Unterscheidung von implizit und explizit äquivalent.»[16]

Bohms Theorie der impliziten Ordnung ist grundlegender als die Hypothese der Formenbildungsursachen, doch die beiden Ansätze scheinen kompatibel zu sein. Bohm und ich haben die möglichen Beziehungen erörtert,[17] und er hat seine Interpretation der morphischen Felder so formuliert:

> Die implizite Ordnung kann als ein Grund außerhalb der Zeit aufgefaßt werden, als eine Totalität, aus der heraus jeder Augenblick in die explizite Ordnung projiziert wird. Für jeden Augenblick, der ins Explizite projiziert wird, gibt es eine andere Bewegung, in der dieser Augenblick in die implizite Ordnung zurück «introjiziert» wird. Hat sich dieser Prozeß viele Male wiederholt, so wird sich eine gewisse Konstanz in dieser Abfolge von Projektionen und Introjektionen bemerkbar machen. Es wird sich also eine Disposition bilden und fixieren. Dieser Prozeß würde nun dazu führen, daß frühere Formen in der Gegenwart wiederholt oder reproduziert werden – und das erinnert uns doch sehr an Sheldrakes morphogenetisches Feld und die morphische Resonanz. Solch ein Feld hätte überdies keinen festen Ort. Wenn es in die Totalität (die implizite Ordnung), in der Raum und Zeit ja keine Rolle spielen, zurückprojiziert, könnten vielleicht alle Dinge von ähnlicher Natur zueinander in Verbindung oder Resonanz treten. Wenn die explizite Ordnung sich zur impliziten Ordnung, die keinen Raum hat, einfaltet, so sind alle Orte und alle Zeiten gleichsam verschmolzen, so daß Geschehnisse an verschiedenen Orten einander doch durchdringen.[18]

Möglichkeiten und Konsequenzen

Was aber, wenn alle Versuchsanordnungen, die wir uns zur Darstellung der morphischen Resonanz ausdenken können, die vorausgesagten Wirkungen einfach nicht erkennen lassen? Es gäbe dann mindestens drei mögliche Interpretationen, von denen wir zwei bereits betrachtet haben.

1. Es könnte sein, daß die meisten, wenn nicht alle Aktivitätsmuster,

die hier auf der Erde auftreten, bereits anderswo im Universum oder in früheren Universen häufig aufgetreten sind. Bereits bestehende morphische Resonanz würde dann die vorausgesagten Wirkungen überdecken.

2. Die in der Hypothese der Formenbildungsursachen gemachte Annahme, daß morphische Resonanz nur von der Vergangenheit her wirksam wird, könnte falsch sein. Vielleicht wirkt sie auch – oder sogar nur – von der Zukunft her. Es liegt auf der Hand, daß wir dann keinerlei Veränderung in der Stärke morphischer Felder heutiger Untersuchungsgegenstände feststellen könnten.

3. Die Hypothese könnte schlicht und einfach falsch sein. Diese naheliegende Schlußfolgerung würde uns vermutlich auf die herkömmliche Idee zurückwerfen, daß die Gesetze der Natur unwandelbar sind. Wenn wir dann noch an der evolutionären Kosmologie festhalten wollen, müssen wir davon ausgehen, daß diese Gesetze irgendwie vor dem Universum schon existiert haben müssen und Raum und Zeit transzendieren, und so haben die Physiker sich diese Gesetze ja auch immer vorgestellt. Was aber bis dahin eine bloße Annahme metaphysischer Art war, wäre dann experimentell untermauert; der Versuch, diese Annahme zu widerlegen, wäre fehlgeschlagen. Es gäbe dann erstmals wirklich gute Gründe für diese Annahme.

Sollten jedoch die Experimente zur Erforschung der morphischen Resonanz zu Resultaten führen, die mit den Voraussagen unserer Hypothese übereinstimmen, so gibt es wieder mehrere mögliche Interpretationen.

1. Zunächst einmal könnte die Hypothese einfach richtig sein in dem Sinne, daß sie mit den Tatsachen übereinstimmt.

2. Man könnte die Resultate der Experimente einfach als Fakten hinnehmen, ohne unbedingt den theoretischen Überbau – also die Hypothese der Formenbildungsursachen und Begriffe wie morphisches Feld oder morphische Resonanz – akzeptieren zu müssen. Man könnte aufgrund der Ergebnisse zunächst einmal nur eine allgemeine Regel formulieren, die noch keine Erklärung zu liefern versucht. Solch ein Gesetz könnte etwa folgendermaßen lauten: «Eine Aktivitätsstruktur stellt sich mit um so größerer Wahrscheinlichkeit ein, je häufiger sie bereits aufgetreten ist.» Dies wäre ein Gesetz mit Voraussagewert, und bei seiner weiteren Ausformung und Präzisierung würde man auch alle damit zusammenhängenden Begriffe wie etwa «Aktivitätsstruktur» schärfer definieren.

3. Die Terminologie der Hypothese könnte in andere Begriffsinstru-

mentarien übersetzt werden, die sich vielleicht besser zur Verknüpfung der Hypothese mit anderen Forschungsgebieten eignen. Da wäre etwa am einen Ende der Skala die Terminologie der «feinstofflichen Körper» und der «Ākāsha-Chronik»,[19] am anderen Ende die Fachsprache der Quantenphysik mit ihren akausalen Verknüpfungen und nichtlokalen Beziehungen.

4. Die wesentlichen Züge der Hypothese könnten anderen theoretischen Rahmen eingegliedert werden, zum Beispiel David Bohms Theorie der impliziten Ordnung.

18. Das Geheimnis des Schöpferischen

Die Hypothese der Formenbildungsursachen erklärt die Regelmäßigkeiten in der Natur als Gewohnheiten. Organisationsmuster, die sich immer aufs neue wiederholen – die Bildung von Hämoglobinmolekülen, das Wachstum von Weizenpflanzen, der Nistinstinkt der Vögel –, unterliegen dem Einfluß morphischer Felder, die durch Resonanz mit den Feldern ähnlicher früherer Systeme stabilisiert werden. Das aber erklärt noch nicht, wie irgendein *neues* Organisationsmuster entstehen kann, etwa eine neue Art von Kristallen, ein neuer Instinkt oder eine neue wissenschaftliche Theorie. Diese neuen Muster werden von neuen morphischen Feldern organisiert. Woher kommen diese neuen Felder? Wie werden sie geschaffen?

Das Geheimnisvolle und Wunderbare am Schöpferischen ist ja gerade, daß neue Muster erscheinen, die es nie zuvor gegeben hat. Wir sind es gewohnt, alle Dinge auf Ursachen zurückzuführen: Die Ursache enthält irgendwie die Wirkung; die Wirkung folgt aus der Ursache. Wenden wir dieses Denken auf neue Lebensformen, Kunstwerke oder wissenschaftliche Theorien an, so bleibt uns praktisch nur der Schluß, daß das neue Organisationsmuster in gewisser Weise schon vorhanden gewesen sein muß – eine latente Möglichkeit. Unter entsprechenden Bedingungen wird das latente Muster Wirklichkeit. Das Schöpferische besteht also in der Manifestation oder Entdeckung der präexistierenden Möglichkeit. Mit anderen Worten: Das neue Muster wurde gar nicht geschaffen, sondern hat nur seinen unmanifestierten Zustand verlassen und sich in der stofflichen Welt manifestiert.

Dies ist im wesentlichen die platonische Theorie des Schöpferischen. Alle überhaupt möglichen Formen existieren schon immer als zeitlose Ideen oder Urbilder oder als potentielle Werte der Gleichungen, mit denen die ewigen Naturgesetze mathematisch beschrieben werden. Henri Bergson drückt es so aus: «Das Mögliche wäre von vornherein dagewesen wie ein Gespenst, das auf die Stunde seines Erscheinens wartet; es wäre also Wirklichkeit geworden durch Hinzufügen von irgend etwas, durch ich weiß nicht welche Bluttransfusion.»[1] Etwas später fährt er fort:

> In Wahrheit hat die Philosophie niemals die fortgesetzte Schöpfung von unvorhersehbar Neuem offen anerkannt. Die Alten sträubten sich schon dagegen, weil sie sich – die alle mehr oder weniger Platoniker waren – das Sein ein für alle Mal vollständig und vollkommen im unveränderlichen System der Ideen gegeben dachten: Die Welt, die vor unsereren Augen abrollt, konnte dem also nichts hinzufügen; sie war im Gegenteil nur eine Verminderung oder Entartung; ihre aufeinanderfolgenden Zustände maßen den zu- oder abnehmenden Abstand zwischen dem, was ist, einem in die Zeit projizierten Schatten, und dem, was sein sollte, der in der Ewigkeit thronenden Idee; sie bezeichneten Schwankungen eines Defizits, die wechselnde Form einer Leere. Die Zeit war es, die alles verdorben hatte. Die Modernen stellten sich allerdings auf einen völlig anderen Standpunkt. Sie behandelten die Zeit nicht mehr als einen Eindringling, einen Störenfried der Ewigkeit; aber sie möchten sie gern zu einem reinen Scheindasein reduzieren. Die Zeit ist nur die verworrene Form des Rationellen. Was wir als eine Folge von Zuständen wahrnehmen, begreift unsere Intelligenz, wenn die Nebel einmal gefallen sind, als ein Bezugssystem. Das Wirkliche wird wiederum zum Ewigen mit diesem einzigen Unterschied, daß an die Stelle der Ewigkeit der Ideen, die den Erscheinungen zum Muster dienen, hier die Ewigkeit der Gesetze tritt, in die sie sich auflösen.[2]

Sowohl die platonische Philosophie als auch die Theorien der mechanistischen Physik gingen von einer Welt aus, die nicht evolviert. In einem ewigen Universum war ja auch nichts anderes denkbar als ewige Formen oder Gesetze. Sobald aber der Evolutionsgedanke aufkeimt, die Idee schöpferischer Entwicklung, geraten diese Ewigkeiten ins Wanken. Wir können dann nicht länger der Möglichkeit ausweichen, daß das Schöpferische wirklich ist und wirkt. Vielleicht ist doch nicht alles im voraus gegeben. Vielleicht entstehen neue Organisationsmuster, während die Welt ihren Lauf nimmt. Gewiß, nur das Mögliche kann tatsächlich geschehen, aber deswegen brauchen wir den Möglichkeiten keine Raum und Zeit transzendierende Wirklichkeit zuzuschreiben.

In diesem Kapitel werden wir uns fragen, worin das Schöpferische des Evolutionsprozesses bestehen könnte. Machen wir uns jedoch gleich zu Beginn klar, daß keine Antwort das Geheimnis jemals ganz lüften kann. Machen wir uns die platonische Sicht zu eigen, so bleibt uns als unauflösbares Rätsel ein transzendentes Reich latenter Möglichkeiten. Nehmen wir andererseits an, daß der Evolutionsprozeß wirklich schöpferisch ist, wie erklären wir dann das Schöpferische? Wir können es Gott zuschreiben oder den Engeln und anderen Geistern oder der Natur selbst und schließlich dem Zufall, dem Leben, den Feldern. Woher jedoch irgendeine dieser Entitäten die Fähigkeit haben soll, neue Organisationsmuster zu erschaffen, wissen wir dann immer noch nicht: Früher oder später stoßen wir an die Grenzen unseres Verstehens. Schreiben wir das Schöpferische einer übermenschlichen Intelligenz oder dem Zufall zu, so ist die Grenze unseres Verstehens damit praktisch schon erreicht; sagen wir, es liege in den morphischen Feldern, so können wir vielleicht noch ein paar Schritte weiter denken – doch auf jedem Weg stoßen wir irgendwann unweigerlich an die Grenze.

Betrachten wir zunächst, welche Rolle das Schöpferische im mechanistischen Weltbild des siebzehnten Jahrhunderts spielte und wie dann mit dem Evolutionsgedanken ein radikaler Wandel einsetzte.

Evolution – Wiederbelebung der Natur

In der mechanistischen Naturphilosophie, wie sie sich im siebzehnten Jahrhundert herausbildete, gab es nur eine einzige schöpferische Instanz – Gott. Er allein war Grund und Ursache aller Materie und Bewegung, aller Naturgesetze und aller Formen von Pflanzen und Tieren. Die Natur als solche war unbelebt – blind, unbewußt und mechanisch, ohne jede Spur von Freiheit oder Spontaneität. Die Natur war nicht schöpferisch, sondern erschaffen.

Vor dem mechanistischen Zeitalter hatte man die Natur als lebendig angesehen. Die Welt selbst war ein Lebewesen, und wie alles, was sich in ihr regte, besaß sie ihren eigenen inneren Zweck. Wo die Natur personifiziert wurde, war sie stets und überall die Große Mutter. Ihrer Personalität entkleidet, war sie nur mehr Materie in Bewegung, immer noch Ursprung und Substanz aller Dinge, doch jetzt ohne eigenes Leben, ohne Spontaneität, ganz und gar von den ewigen Gesetzen des Vaters im Himmel beherrscht. Für die mechanistische Philosophie war alles Materielle praktisch tot, jedenfalls ohne Eigenleben.[3] Was an den Dingen zweckmäßig erschien – etwa der Aufbau einer Pflanze oder die Funktionen des Auges –, zeigte lediglich die höchste Planungsintelligenz des Baumeisters der Weltmaschine.

Doch diese mechanistische Welt der Newtonschen Physik entwikkelte sich nicht. Alles war von Gott am Anfang ersonnen und erschaffen worden; und wem dieser Gottesbegriff nicht behagte, der betrachtete das Universum und die Gesetze, die es regieren, als ewig und aus-sichselbst-bestehend: Das Schöpferische war überflüssig geworden, denn alles lief mit unbeirrbarer mechanischer Zwangsläufigkeit ab und war im Prinzip vollständig vorhersehbar.

Als die evolutionäre Sicht im neunzehnten Jahrhundert entstand, wurde die Natur wieder lebendig und gewann langsam ihre schöpferische Spontaneität zurück. Darwin stellte es klar heraus: Die evolutionäre Kreativität hat ihren Ursprung nicht *jenseits* der Natur in den ewigen Konstruktionsplänen eines Uhrmacher-Gottes, wie er uns etwa aus Paleys Naturphilosophie entgegentritt (Kapitel 3), sondern die Evolution des Lebens hat sich spontan *in* der materiellen Welt ereignet. Die Natur selbst hat die Myriaden Lebensformen hervorgebracht.

Auch Darwin personifizierte die Natur, wenn auch wider besseres Wissen, wie er eilfertig hinzufügte. Seine ganze Theorie scheint zu sagen, daß Mutter Natur – und nicht ein abstrakter Vater im Himmel – die Quelle allen Lebens ist. Die Große Mutter ist von unerschöpflicher Fruchtbarkeit, aber auch grausam, denn sie verschlingt ihre Kinder. Dieser destruktive Aspekt muß Darwin sehr tief beeindruckt haben, denn er machte ihn in der Gestalt der natürlichen Auslese zum Grundprinzip ihrer schöpferischen Kraft, «einer Kraft, die unentwegt aktionsbereit ist».[4]

Ob wir das Schöpferische jedoch personifizieren oder als ein abstraktes Prinzip betrachten, macht keinen gar so großen Unterschied; wichtig ist vor allem, daß die schöpferische Kraft mit dem Aufkeimen des evolutionären Denkens aus dem Jenseits in die Welt zurückgeholt wurde. Im dialektischen Materialismus etwa wird der schöpferische Ursprung von allem «Materie» genannt, sie durchläuft eine kontinuierliche und spontane dialektische Entwicklung, in deren Verlauf «Widersprüche» immer wieder in neuen Synthesen «aufgehoben» werden. Diese Materie, so abstrakt der Begriff hier auch gefaßt sein mag, ist jedenfalls ein Ausbund an Kreativität, wenn wir sie mit der Materie der newtonschen Physik vergleichen: Deren Billardkugel-Atome hatten nicht die

Kraft, Zellen oder Giraffen oder die philosophischen Theorien von Marx und Engels hervorzubringen. Das gilt übrigens auch für die dynamischen, selbstorganisierten Atome der modernen Quantenphysik.

Henri Bergson schrieb das Schöpferische dem *élan vital* zu. Wie die Darwinisten, Marxisten und andere Vertreter des Evolutionsgedankens glaubte auch er nicht, daß der Evolutionsprozeß nichts weiter sei als das Ablaufen eines im ewigen Geist eines transzendenten Gottes konstruierten Plans:

> Die Natur ist mehr und besser als ein Plan, der sich verwirklicht. Denn ein Plan ist das einem Werk vorgezeichnete Endziel: er schließt die Zukunft ab, deren Form er umreißt. Vor der Entwicklung des Lebens dagegen bleiben die Tore der Zukunft breit offen. Schöpfung ist sie, die sich kraft einer Ursprungsbewegung folgt und folgt ohne Ende. Und diese Bewegung ist es, die die Einheit der organischen Welt ausmacht; eine fruchtbare, eine grenzenlos reiche Einheit; dem überlegen, was ein Verstand je träumen könnte, da ja dieser Verstand nichts als eine ihrer Ansichten oder Erzeugungen ist.[5]

Diese Auffassung von Evolution als einem allumfassenden, spontanen Schöpfungsprozeß teilt auch die neodarwinistische Theorie. Der Molekularbiologe Jacques Monod beschreibt das Schöpferische in seinem Buch *Zufall und Notwendigkeit* als «das durch die Evolution Zutagetretende, das seinen Ursprung im wesentlich Unvorsehbaren nimmt und gerade deshalb etwas *uneingeschränkt* Neues darstellt».[6] Was Bergson dem *élan vital* zuschrieb, gilt bei Monod für «die Unerschöpflichkeit des Zufalls», die in den Zufallsmutationen der DNS zum Ausdruck kommt.[7]

Monod beschreibt in seinem Buch das Wechselspiel von Zufall und Notwendigkeit, die Verschränkung des Unbestimmten mit dem Festgelegten. Auch hier ist es wieder aufschlußreich zu sehen, was geschieht, wenn diese abstrakten Prinzipien personifiziert werden. Sie erwachen als Gottheiten zum Leben, im vorchristlichen Europa etwa als Schicksalsgöttinnen, die Nornen, die den Lebensfaden spinnen, von dem sie jedem Sterblichen bei der Geburt eine bestimmte Länge zumessen, um ihn dann an der vorherbestimmten Stelle abzuschneiden. Diese alte Bildersprache findet in der neodarwinistischen Theorie einen sonderbar konkreten Ausdruck. Der «Lebensfaden», der das genetische Geschick eines Organismus bestimmt, besteht aus DNS-Molekülen, die sich zu fadenartigen Chromosomen anordnen.

Zufall ist freilich auch einer der Namen der Göttin Fortuna. Ihr Glücksrad dreht sich und teilt Gedeihen und Not aus. Sie ist aber auch die Glücksgöttin, die Schutzpatronin der Spieler.[8] Fortuna ist blind, und blind ist der Zufall:

> Der Zufall *allein* ist der Ursprung jeder Neuerung, jeder Schöpfung in der Biosphäre. Reiner Zufall, absolut, aber blind, liegt am Grund dieses staunenswerten Gebäudes der Evolution: Dieses zentrale Konzept der modernen Biologie ist nicht mehr eine Hypothese unter anderen, die auch möglich und denkbar wären. Sie ist heute die einzig denkbare Hypothese, die einzige, die beobachteten oder experimentell ermittelten Fakten gerecht wird. Und nichts rechtfertigt die Annahme (oder Hoffnung), daß diese Anschauungen revidiert werden müßten oder jemals revidiert werden könnten.[9]

Zufall und Notwendigkeit, die sich in der materiellen Welt die Waage halten, sind jedoch nur ein Aspekt der materialistischen Weltsicht. Der andere Aspekt ist das platonische Reich ewiger Urbilder, Gesetze und mathematischer Formeln. Manche Biologen sehen lieber hier – und nicht im Wirken des blinden Zufalls – den Ursprung aller neuen Lebensformen. Sie fassen die Evolution der Saurier, der Seesterne, der Palmen als Manifestationen präexistierender nichtmaterieller Archetypen auf. Die Archetypen selbst, da sie jenseits von Raum und Zeit sind, entwickeln sich nicht. Entweder sind die Ideen im Geist Gottes, oder – wo Gott nicht mehr geduldet wird – sie besitzen ein unabhängiges Sein, das nicht durch irgend etwas anderes erklärt werden kann.

Hier gerät der Neodarwinismus in die Sackgasse: Wenn evolutionäre Kreativität auf der Manifestation ewiger Urbilder oder Ordnungsprinzipien beruht, so hat sie letztlich überhaupt nichts Schöpferisches an sich, sondern ist nur die Exekution vorgeprägter Schablonen, die im Nichtmateriellen schon immer existierten. Beruht sie aber auf blindem Zufall, so bleibt sie unbegreiflich und wir müssen es dabei belassen.

Wo der Neodarwinismus uns haltzumachen zwingt, erlaubt die organismische Philosophie uns, noch ein gutes Stück weiterzugehen. Die Organisationsprinzipien sind der Natur nicht transzendent, sondern immanent, und nicht nur die Welt entwickelt sich in Raum und Zeit, sondern die immanenten Organisationsprinzipien entwickeln sich mit ihr. Nach der Hypothese der Formenbildungsursachen sind diese Organisationsprinzipien morphische Felder, denen ein Gedächtnis innewohnt.

Zauber oder Mechanik?

Die Felder der Physik, so scheint mir, haben viele der Eigenschaften geerbt, die in der vormechanistischen Naturphilosophie der Seele zugeschrieben wurden, und so ist vielleicht auch die Entwicklung der Feldtheorien ein Aspekt der Wiederbelebung der Natur. Jeder Vertreter der mechanistischen Weltanschauung würde natürlich bestreiten, daß die Welt und alle Lebewesen beseelt sind, also von einer nichtmateriellen Seele oder Psyche organisiert werden. Diese uralte Vorstellung wurde von Aristoteles und den Neuplatonikern systematisch entwickelt und war während des gesamten Mittelalters und bis in die Renaissance von tiefgreifendem Einfluß auf die gesamte Philosophie. In unserem Jahrhundert treffen wir sie noch in der vitalistischen Schule der Biologie an, und in den vergangenen sechs Jahrzehnten erwachte sie ihm Rahmen der organismischen Philosophie zu einem neuen Leben in moderner evolutionärer Gestalt. Freilich werden die zielgerichteten Organisationsprinzipien heute nicht mehr «Seele» genannt, sondern haben eine Fülle anderer Namen erhalten, zum Beispiel: Feld, Beziehung, Selbstorganisation, Geist in der Natur, Verbindungsmuster, implizite Ordnung oder Information.

Aus mechanistischer Sicht stellen natürlich sowohl der alte Animismus als auch der moderne Organizismus eine unerlaubte Projektion menschlicher Eigenschaften und Absichten auf die unbelebte materielle Welt dar, eine «Vermenschlichung der Natur». Für Monod besteht der animistische Glaube, und dazu rechnet er sowohl den Organizismus als auch den dialektischen Materialismus, «darin, daß er das Bewußtsein, welches der Mensch von der stark teleonomischen Wirkungsweise seines eigenen Zentralnervensystem hat, in die unbeseelte Natur projiziert».[10]

Diese Art von Projektion würde in der Tat zu bloßer Selbsttäuschung führen, wenn die Natur tatsächlich eine unbelebte Maschinerie wäre. Das aber darf wohl bezweifelt werden, denn wie wären dann eben diese teleonomischen Funktionen unseres Nervensystems oder überhaupt die Teleonomie aller lebendigen Organismen und das Selbstorganisationsvermögen aller Arten von natürlichen Systemen zu erklären? Ist der mechanistische Ansatz nicht vielmehr *noch* anthropomorpher als der animistische, indem er ein bestimmtes menschliches Vermögen, nämlich Maschinen zu konstruieren und zu benutzen, auf die gesamte Natur projiziert? Vielleicht gewinnt die mechanistische Theorie ihre Plausibilität letztlich aus der höchst banalen Tatsache, daß Maschinen tatsächlich von zweckbestimmter Konstruktion sind und diese Konstruktion einem lebendigen Bewußtsein entspringt.

Tatsächlich wimmelt es in der klassischen Physik ja von Begriffen, die alle möglichen Projektionen aus dem Bereich menschlicher Erfahrung auf die Natur beinhalten und deren animistische Assoziationen mehr oder weniger unbewußt bleiben, zum Beispiel Gesetz, Kraft, Arbeit, Energie oder Anziehung. Die Quantenphysiker haben in ihrem Übermut noch weitere hinzugefügt, wie etwa «Charme» (engl. *charm*), «Seltsamkeit» *(strangeness)* oder «Aroma» *(flavor)*. Auch in der orthodoxen Biologie finden wir Erklärungsbegriffe, die zu einer unbelebten Welt nicht recht passen wollen: Funktion, Anpassung, Auslese, Information, Programm und so weiter.

Die mechanistische Naturwissenschaft entwickelte sich vor einem animistischen Hintergrund und in einer Welt, in der Zauberei immer noch ernst genommen wurde. Es gibt uralte magische Vorstellungen, die bestimmten Grundzügen der klassischen und der modernen Physik erstaunlich ähnlich sehen. Hier ist besonders interessant, was James Frazer 1911 über die Grundprinzipien der Magie schrieb:

> Wenn wir die Prinzipien des Denkens analysieren, auf denen die Magie beruht, so werden sich vermutlich zwei herauslösen: erstens, daß gleiches gleiches erzeugt oder die Wirkung der Ursache ähnlich ist; zweitens, daß Dinge, die einmal in Berührung miteinander waren, auch dann noch aus der Ferne aufeinander einwirken, wenn der physische Kontakt nicht mehr besteht. Das erste Prinzip könnte man das Gesetz der Ähnlichkeit nennen, das zweite das Gesetz des Kontakts. Aus dem ersten Prinzip leitet der Zauberer ab, daß er jede gewünschte Wirkung einfach durch Nachahmung erzielen kann; das zweite Prinzip besagt für ihn: Was auch immer er mit einem materiellen Gegenstand tut, wird in gleicher Weise der Person geschehen, mit der dieser Gegenstand einst in Kontakt war, ob er zu seinem Körper gehörte oder nicht . . . Dieselben Prinzipien, die der Zauberer in seiner Kunst anwendet, glaubt er auch in der unbelebten Natur am Werk; er nimmt mit anderen Worten stillschweigend an, daß die Gesetze der Ähnlichkeit und des Kontakts von universaler Gültigkeit und nicht etwa auf menschliches Handeln beschränkt sind.[11]

Diese beiden Prinzipien spielen eine wesentliche Rolle in der klassischen

Physik, und eine ganz neue Bedeutung gewinnen sie im Hinblick auf die Nichtlokalität in der Quantenphysik.

Wie Frazers Magier erlangen die Physiker ihre Macht, indem sie die Natur nachahmen oder nachbilden; Mathematik hat sich hierfür als das am besten geeignete Mittel erwiesen. Physiker entwickeln mathematische *Modelle* natürlicher Prozesse, geistige Konstruktionen im imaginären mathematischen Raum. Nicht allen ihren Modellen ist Erfolg beschieden. Ein gut geratenes Modell jedoch scheint auf mysteriöse Weise bestimmten Aspekten der physikalischen Welt zu entsprechen. Aufgrund solcher Modelle kann man nicht nur Voraussagen über diese Aspekte der Wirklichkeit machen, sondern sie auch unter Kontrolle bringen und manipulieren. Alle unsere technischen Errungenschaften beruhen auf solchen Modellen.

Wie die Welt des Zauberers ist auch die Welt der Physiker von unsichtbaren Verbindungen durchzogen, die sogar den leeren Raum überwinden. Die Gesetze der Magie, so schreibt Frazer,

> nehmen an, daß die Dinge durch eine geheime Sympathie aus der Ferne aufeinander einwirken, wobei der Impuls durch eine Art Äther übermittelt wird, jenem nicht unähnlich, den die moderne Naturwissenschaft aus einem ganz entsprechenden Grund postuliert, nämlich um zu erklären, wie die Dinge – durch einen Raum, der leer zu sein scheint – physikalische Wirkungen aufeinander ausüben können.[12]

Heute sind natürlich die Felder selbst und nicht mehr der Äther das Medium der «geheimen Sympathien» der Natur.

Nach der alten animistischen Philosophie sind die *Anima mundi*, die Weltseele, und die in ihr geborgenen Seelen aller Lebewesen unveränderlich. Sie beeinflussen zwar die Materie, mit der sie verbunden sind, verändern sich selbst aber nicht, entwickeln sich also auch nicht. Bis vor nicht allzu langer Zeit dachte man über die Felder der Physik ähnlich: Sie bleiben sich gleich; ihre Natur verändert sich weder durch die Energie, die sie enthalten oder organisieren, noch durch irgend etwas, das in ihnen geschehen mag. Inzwischen glaubt man jedoch, daß sie sich entwickelt haben, daß sie eine Geschichte besitzen.

Die heutigen Theorien der Evolution physikalischer Felder haben einen recht prekären Stand in zwei verschiedenen Booten: dem alten Paradigma der ewigen mathematischen Gesetze und der neuen Auffassung, daß das Universum in seiner Gesamtheit ein sich entwickelnder Organismus ist. Sind die mathematischen Strukturen einer «großen einheitlichen Theorie» oder einer «Theorie von allem» realer als die Felder, die ihnen zugrunde liegen? Oder sind die Felder realer als ihre mathematischen Beschreibungen und Modelle? Wenn mathematische Gesetze realer sind als Felder, dann bleibt Wirklichkeit letztlich etwas Transzendentes: der Bereich der ewigen Ideen oder Gesetze. Sind aber die Felder realer als unsere mathematischen Modelle, dann finden wir uns in einem evolvierenden Universum, dessen Organisationsprinzipien sich mit ihm entwickeln.

Schöpferische morphische Felder

Die Evolution organisierender Felder ist eine sehr fremdartige Idee, die weder aus dem traditionellen Animismus noch aus Traditionen der Physik, noch aus der mechanistischen Philosophie abzuleiten ist. Wenn Felder nämlich evolvieren, so hat es keinen Sinn mehr, sie mit Hilfe ewiger Gesetze erklären zu wollen, und auch der blinde Zufall wirkt etwas überfordert, wenn wir ihn zum Vater solcher ganzheitlichen Ordnungsstrukturen zu machen versuchen.

Bevor wir nun näher betrachten, welche Bedeutung morphische Felder für die evolutionäre Kreativität haben könnten, wollen wir uns noch einmal die Eigenschaften vergegenwärtigen, die die Hypothese der Formenbildungsursachen ihnen zuschreibt:

1. Sie sind selbstorganisierende Ganzheiten.

2. Sie besitzen sowohl einen räumlichen als auch einen zeitlichen Aspekt und organisieren räumlich-zeitliche Muster von rhythmischer Aktivität.

3. Durch Anziehung führen sie das unter ihrem Einfluß stehende System zu bestimmten Formen und Aktivitätsmustern hin, deren Entstehen sie organisieren und deren Stabilität sie aufrechterhalten. Die End- oder Zielpunkte, auf welche die Entwicklung unter dem Einfluß der morphischen Felder zusteuert, werden Attraktoren genannt.

4. Sie verflechten und koordinieren die morphischen Einheiten oder Holons, die in ihnen liegen, und auch diese sind wiederum Ganzheiten mit eigenen morphischen Feldern. Die morphischen Felder verschiedener Grade oder Ebenen sind ineinander verschachtelt, sie bilden eine Holarchie.

5. Sie sind Wahrscheinlichkeitsstrukturen, und ihr organisierender Einfluß besitzt Wahrscheinlichkeitscharakter.

6. Sie enthalten ein Gedächtnis, das durch Eigenresonanz einer morphischen Einheit mit ihrer eigenen Vergangenheit oder durch Resonanz mit den morphischen Feldern aller früheren Systeme ähnlicher Art gegeben ist. Dieses Gedächtnis ist kumulativ. Je häufiger ein bestimmtes Aktivitätsmuster sich wiederholt, desto mehr wird es zur Gewohnheit oder zum Habitus.

In diesem Buch haben wir erörtert, wie diese Eigenschaften auf den verschiedenen Ebenen zum Ausdruck kommen: bei den Molekülen und Kristallen, in der Morphogenese von Pflanzen und Tieren, im tierischen und menschlichen Verhalten, in den Lernprozessen und Gedächtnisfunktionen des Menschen, in Gesellschaft und Kultur und im Evolutionsprozeß. Die Frage des Schöpferischen mußten wir dabei immer wieder offenlassen. Indem wir uns dieser Frage nun zuwenden, wollen wir zunächst untersuchen, wie Kreativität in existierenden Feldern zum Ausdruck kommt, um dann zu überlegen, wie gänzlich neue Felder entstehen könnten.

Bei bereits existierenden morphischen Feldern können wir den Ausdruck «schöpferisch» oder «kreativ» nur in einem weiteren Sinne anwenden, denn die Zielpunkte oder Attraktoren, die durch das Feld gegeben sind, bleiben die gleichen; neu können nur die Wege sein, auf denen sie erreicht werden. Für diese Art von Kreativität haben wir im allgemeinen Sprachgebrauch Wörter wie Anpassungsfähigkeit, Flexibilität oder Einfallsreichtum. Die Bildung gänzlich neuer Felder mit neuen Attraktoren erfordert jedoch eine höhere Art von Kreativität und Originalität. Dies ist Kreativität im engeren und eigentlichen Sinne. Wir werden diese Trennung jedoch im weiteren Verlauf der Erörterung nicht gar so strikt durchhalten, sondern uns eines Kreativitätsbegriffs bedienen, der sowohl den engeren als auch den weiteren Sinn umfaßt.

Was die Entwicklungsbiologen überhaupt auf die Idee des morphogenetischen Feldes brachte, war, wie wir gesehen haben, der Umstand, daß Organismen eine erstaunliche Fähigkeit besitzen, ihre Ganzheit zu wahren, ja sogar nach Verletzungen wiederherzustellen. Das Feld des entfernten Teils enthält offenbar die Form oder Struktur der entsprechenden morphischen Einheit, und diese wirkt als Attraktor auf das sich entwickelnde oder regenerierende System ein. Wird der Entwicklungsprozeß aus seiner normalen

Bahn geworfen, so kann er in sie zurückkehren – so wie ein Ball (in Waddingtons Chreodenmodell, Abb. 6.2), der den Hang hinaufgestoßen wird, zum Talgrund und damit in die normale Entwicklungsbahn zurückkehrt.

Bei der Regulation und Regeneration wird der Entwicklungsprozeß so abgewandelt, daß über eine mehr oder weniger neue Route eine mehr oder weniger normale Aktivitätsstruktur erreicht wird. Hier taucht also etwas Neues im Entwicklungsprozeß auf, ein schöpferisches Element. Ein besondes «anschauliches» Beispiel haben wir in der Regeneration der Augenlinse bei Wassermolchen nach chirurgischer Entfernung der ursprünglichen Linse. Bei der normalen embryonalen Entwicklung bildet die Linse sich aus einer Einfaltung des embryonalen Hautgewebes, das über dem sich entwickelnden Auge liegt; entfernt man jedoch aus einem voll ausgebildeten Auge die Linse, so bildet sich aus dem Irisrand eine neue.

Viele weitere Beispiele für Regulation und Anpassung finden wir, wenn wir betrachten, wie Organismen in der Entwicklungsphase auf genetische Mutationen reagieren. Mutanten sind nicht einfach das Produkt mutierter Gene; sie sind Resultat eines Entwicklungsprozesses, der sich den veränderten internen Bedingungen so angepaßt hat, daß immer noch ganze und integrierte – wenn auch abnorme – Organismen entstehen können. Zufallsmutationen mögen der Anstoß zu evolutionärer

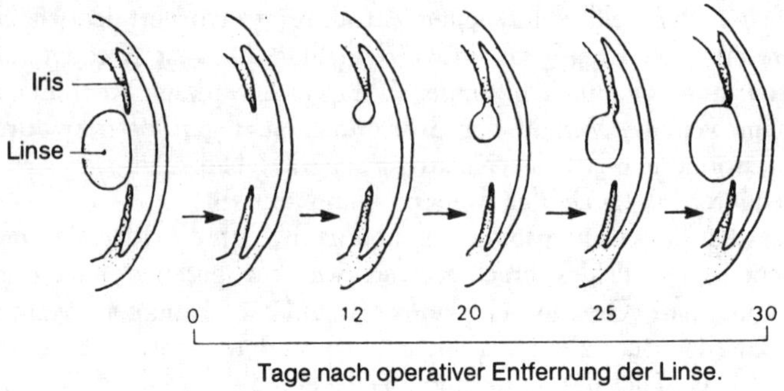

Abbildung 18.1 Regeneration einer operativ entfernten Augenlinse aus dem Iris-Rand bei einem Wassermolch. (Vgl. Needham, 1942)

Kreativität sein, die Kreativität selbst liegt jedoch weniger in den Chromosomen als vielmehr in der Art und Weise, wie der Organismus sich auf veränderte Bedingungen einstellt: Das Schöpferische ist Ausdruck der organisierenden Aktivität der morphischen Felder.

Veränderte Umweltbedingungen können Pflanzen und Tiere in mancherlei Bedrängnis bringen, und wir können an zahllosen Beispielen erkennen, daß Not nicht nur den Menschen erfinderisch macht. Pflanzen und Tiere passen sich nach Form und Funktion an ihre Lebensbedingungen an, und diese so zielstrebig wirkende Anpassung, von der Darwin ebenso beeindruckt war wie Lamarck, erzeugt Merkmale, die durch häufige Wiederholung zur Gewohnheit und schließlich erblich werden.

Auch im Bereich des Verhaltens finden wir diese Fähigkeit, auf veränderte Gegebenheiten wie Mutationen, Verletzungen und Umweltveränderungen schöpferisch zu reagieren. Tiere, die mit körperlichen Abnormitäten geboren werden, überleben manchmal trotzdem, indem sie ihre Bewegungen und ihr Verhalten entsprechend ändern. Auch Verstümmelungen oder der Verlust von Sinnesorganen müssen nicht unbedingt ein Todesurteil sein: Ein Hund kann lernen, auf drei Beinen zu laufen; ein Blinder findet sich durch den vermehrten Gebrauch seiner übrigen Sinne zurecht. Wenn man Tieren, die auf ein bestimmtes Ziel zusteuern, den Weg verstellt, so sind viele in der Lage, ihren Plan abzuwandeln und ihr Ziel über einen Umweg zu erreichen. Menschen und Tiere, die in eine neue und ihnen nicht vertraute Umgebung verpflanzt werden, sind meistens in der Lage, sich so weit einzugewöhnen, daß sie zumindest überleben können. Ändern sich die Lebensbedingungen allerdings zu drastisch, so ist die Reaktions- und Anpassungsfähigkeit häufig überfordert. Unterhalb dieser Grenze finden wir jedoch auf allen Stufen der Organisation die Fähigkeit, schöpferisch zu reagieren und neue Lösungen zu finden.

In gewisser Weise ist jeder einzelne Organismus in allen seinen Teilen und Aspekten eine schöpferische Reaktion auf innere und äußere Bedingungen. Keine zwei Organismen sind vollkommen gleich: Sie leben nie an genau demselben Ort und unter genau gleichen Umweltbedingungen, sind aus verschiedenen Atomen und Molekülen aufgebaut und unterliegen Zufallsfluktuationen, wie sie vom subatomaren Bereich aufwärts auf jeder Ebene vorkommen. Morphische Felder sind nicht starr; sie stellen Wahrscheinlichkeitsstrukturen dar, und auch ihr ordnender Einfluß hat Wahrscheinlichkeitscharakter. Kurz, sie sind von Natur aus flexibel. Die einzelnen und einzigartigen morphischen Einheiten sind eingebettet in ein morphisches Gesamtfeld, das den Grundaufbau und den Variationsspielraum eines jeden Typus festlegt.

«Wo ein Wille ist, da ist auch ein Weg.» Der Wille ist durch das Ziel, den morphischen Attraktor, gegeben, weist also in die Zukunft. Die Entwicklung eines Systems auf seinen morphischen Attraktor zu beinhaltet größere und kleinere Anpassungsschritte aller seiner Teile und der Beziehungen zwischen ihnen. Ist es aus irgendeinem Grund nicht möglich, dem normalen, gewohnten Pfad zu folgen, so findet das System mehr oder weniger neue Möglichkeiten, das Ziel doch noch zu erreichen.

Auch menschliche Kreativität ist zu einem großen Teil von dieser Art: neue Wege zu gewohnten Zielen, neue Weisen, etwas zu sagen, zu tun oder zu machen, neue Problemlösungen. Die Lernprozesse, in denen sich unser normales Verhalten, der Gebrauch der Sprache und das Denken entwickeln, sind zwar nicht von derselben Art wie diese erfinderische Kreativität, aber auch nicht grundsätzlich anders. Wann immer wir etwas lernen, hängt der Erfolg davon ab, daß es auf eine unseren Möglichkeiten und den Umständen angepaßte Weise geschieht. Und immer, wenn wir etwas tun oder sagen oder denken, müssen wir uns auf die jeweils gegebenen Umstände einstellen.

Das geschieht größtenteils unbewußt. Doch selbst wenn wir uns bewußt auf etwas einstellen und einen neuen Weg finden oder ein Problem lösen, wissen wir im allgemeinen nicht genau zu sagen, wie es dazu kam. Die Antwort kommt uns plötzlich, wir stolpern über sie, der Groschen fällt. Bewußtsein ist offenbar eine Vorbedingung, doch der schöpferische Prozeß selbst läuft in einer tieferen Schicht ab, in die wir keinen Einblick haben.

Das jedem System innewohnende Bestreben, einen Weg zu seinem morphischen Attraktor zu finden, zeigt sich auch im Bereich der sozialen und kulturellen Felder. Das koordinierte Verhalten staatenbildender Insekten, etwa der Bienen, wird vom übergreifenden morphischen Feld des Staates organisiert; wenn der Stock zerstört wird und viele einzelne Tiere sterben, so ändert sich das Verhalten der überlebenden Bienen in einer Weise, daß die Schäden ausgeglichen werden und der Staat trotzdem alle seine Funktionen aufrechterhalten kann. Ähnliches sehen wir auch bei menschlichen Gruppierungen von der Familie bis zur Gesellschaft: Unglück, Bedrohung und Verlust führen dazu, daß das kollektive Feld sich den veränderten Umständen anpaßt und die Individuen ihr Verhalten so ändern, daß die koordinierte Integrität der Gesellschaft gewahrt bleibt.

Diese Felder werden also durch die Menschen, die unter ihrem Einfluß stehen, wirksam. Manche Menschen spüren deutlicher als andere, was zu geschehen hat, und diese Führernaturen besitzen im allgemeinen die Fähigkeit, ihre Einsichten zu vermitteln. Sowohl dieses Gewahrsein als auch die Reaktionen der Menschen darauf sind jedoch nicht Produkte des einzelnen Bewußtseins, sondern stets vor dem Hintergrund des kollektiven Feldes zu sehen. Tatsächlich sprechen Herrscher, Patriarchen, Schamanen, Propheten, Priester und andere Autoritäten im allgemeinen nicht als Individuen, sondern berufen sich auf Gottheiten, Schutzgeister, Ahnen oder Traditionen. Und sie sprechen auch nicht für sich selbst, sondern haben stets das Wohl der ganzen Gruppe im Auge.

Gewohnheit und Kreativität

Morphischen Feldern wohnt etwas Schöpferisches inne – das ist der Grundgedanke der bisherigen Ausführungen in diesem Kapitel. In früheren Kapiteln wurde gesagt, daß morphische Felder von habitueller Natur sind. Das scheint zunächst ein Widerspruch zu sein, doch tatsächlich ergänzen sich diese beiden Aspekte. Morphische Felder enthalten Ziele oder Attraktoren, die in der Tat konservativen oder habituellen Charakter haben; das Schöpferische besteht im Auffinden neuer Wege zu diesen Zielen. Und außerdem: Jedes habituelle Entwicklungs- oder Aktivitätsmuster bedarf zu seiner Verwirklichung einer gewissen Flexibilität, muß sich den jeweiligen Umständen anpassen können; starre Gewohnheiten ohne schöpferische Anpassungsfähigkeit erweisen sich stets als lebensfeindlich.

Dennoch, wenn Felder evolvieren und sich Gewohnheits-Chreoden in ihnen bilden, nimmt die Kreativität in gewisser Weise ab. Auf allen Ebenen des Pflanzen- und Tierreichs erkennen wir in den frühen Phasen der Evolution eine rapide Verzweigung und Differenzierung. Ähnlich «explosive» Phasen gibt es in der Evolution von instinktiven Verhaltensmustern und in der Entwicklung der menschlichen Sprachen, der sozialen, politischen und kulturellen Formen. Oder denken wir an die Entwicklung von Religionen, Künsten und Wissenschaften, die sich zu Sekten, Schulen und Traditionen verzweigen. Auch in der Technik finden wir nach der Entwicklung einer neuen Art von Maschine häufig eine Verzweigung in die verschiedensten Typen und Bauweisen, etwa bei Autos und Mikrocomputern. Nach der explosiven Phase werden die Variationen über das Grundthema mit der Zeit seltener, und das liegt vielleicht daran, daß die Zahl der möglichen Varianten begrenzt ist.

Der Ursprung neuer Felder

Mit allem, was wir bisher erörtert haben, bewegen wir uns jedoch immer noch im Rahmen bereits bestehender morphischer Felder. Was wir hier an Kreativität entdecken, erklärt nicht, wie diese Felder selbst entstanden. Mit anderen Worten, wir müssen jetzt nach dem Schöpferischen im eigentlichen Sinne des Wortes fragen.

Das Erscheinen einer neuen Feld-Art setzt einen schöpferischen Sprung, eine schöpferische Synthese, voraus. Ein neuer morphischer Attraktor tritt ins Sein und mit ihm ein neues Beziehungs- und Verknüpfungsmuster. Denken wir etwa an ein völlig neues Molekül, einen neuen Instinkt, eine neue Theorie.

Wir können diese schöpferischen Synthesen als aufsteigende oder absteigende Bewegung interpretieren. Im ersten Fall sehen wir das «Auftauchen» von immer komplexeren Formen auf jeder nächsthöheren Organisationsebene. Diese fortschreitende Herausbildung immer neuer Synthesen wird im dialektischen Materialismus und anderen evolutionären Philosophien zum allgemeinen Prinzip erhoben. Evolution ist dann nicht mehr nur ein Wort, das einen Prozeß beschreibt; sie impliziert vielmehr ein schöpferisches Prinzip, das der Materie oder der Energie, der Natur, dem Leben oder dem Prozeß selbst innewohnt. Neue Organisationsmuster, neue morphische Felder entstehen aufgrund dieser immanenten Kreativität. Wie aber können Materie, Energie, Natur, Leben oder Prozeß schöpferisch sein. Das wird wohl ein Geheimnis bleiben. Es ist ihre Natur – viel mehr kann dazu nicht gesagt werden.

Betrachten wir das Ganze jedoch von oben, gleichsam als absteigende Bewegung, dann lautet die Frage, wie neue Felder aus bereits existierenden übergeordneten Feldern entstanden sein könnten. Felder bilden sich in Feldern. Denken wir etwa an neue Verhaltensmuster wie das Milchflaschenöffnen der Meisen, das mit der Bildung eines neuen Feldes verbunden ist. Als aufsteigende Bewegung interpretiert, erkennen wir in dem neuen Verhalten eine Synthese aus bereits bestehenden Verhaltensmustern wie dem Aufpicken und Abreißen von Rindenstücken. Die andere Perspektive zeigt uns das neue Verhalten als eine Neubildung innerhalb des übergreifenden Feldes, welches die Nahrungssuche und Nahrungsaufnahme organisiert. Das übergeordnete Feld hat in sich ein neues «Spezialfeld» entstehen lassen, das morphische Feld des Milchflaschenöffnens. Dieses neue Feld wirkt wiederum auf das Gesamtfeld zurück und modifiziert es. Es ist jetzt von größerer innerer Komplexität und stellt einen neuen Kontext dar für die Bildung weiterer Spezialfelder.

Diese Prinzipien gelten vermutlich für alle Ebenen der Organisation – von neuen Eiweißmolekülen, die in den Feldern von Zellen entstehen, bis hin zu Galaxien im Feld des expandierenden Universums. In jedem Fall werden die höheren Felder durch das beeinflußt, was in der Vergangenheit geschah, und von dem, was gerade jetzt in ihnen geschieht; ihre Kreativität ist evolutionär.

Dieser Gedankengang führt uns letztlich zurück zum Ur-Feld des Universums, dem Ursprung und Grund aller in ihm enthaltenen Felder. In der Sicht der modernen evolutionären Kosmologie ist dies das ursprünglich einheitliche Feld, aus dem alle bekannten Arten von Feldern sich mit der Evolution des Universums herausdifferenzierten.

Gibt es einen Anfang?

Ein einheitliches, universales Ur-Feld – was ist darunter eigentlich zu verstehen? Gar nichts, wird der Skeptiker in uns vielleicht sagen. Wir verlassen hier den Bereich des direkt Beobachtbaren und begeben uns auf den schwankenden Boden der Spekulation. Das ist nicht mehr empirische Naturwissenschaft, sondern Metaphysik. Es hat keinen Sinn, hier noch weiter zu gehen, denn wir werden uns nur in Mutmaßungen und Möglichkeiten verfangen.

Aber es muß doch etwas Faszinierendes an diesen Fragen sein, denn die Philosophen machen sich seit vielen hundert Jahren Gedanken um die Herkunft von Struktur und Ordnung in der Welt, um die Natur des ewigen Fließens und Wandels, um die Natur von Raum und Zeit, um die Beziehung der wandelbaren Welt unserer Erfahrung zu Ewigkeit und Unwandelbarkeit. Eine Tradition, die an Platons Philosophie anknüpft, führt alles auf die Existenz einer *Anima mundi* zurück, einer «Weltseele», und dieser Begriff erinnert uns in manchem an das Welt-Feld der modernen Kosmologie. Die Welt ist in dieser Weltseele enthalten, und diese wiederum hat ihren Ort im Geist Gottes, dem Bereich der Ideen, der jenseits von Raum und Zeit ist. Die Weltseele unterscheidet sich darin vom Reich der Ideen, daß es in ihr Raum, Zeit und Werden gibt. Sie ist der schöpferische Ursprung aller Einzelseelen, so wie das Welt-Feld der Ursprung aller Felder der Natur ist.

Und wie der Begriff des Welt-Feldes die Frage seiner Beziehung zu den ewigen Gesetzen aufwirft, so stellt sich im Hinblick auf die Weltseele die Frage nach ihrer Beziehung zum ewigen Reich der Ideen. Für den neuplatonischen Denker Plotin haben die Ideen ihren Ort im «Geist». Dieser Geist unterscheidet sich von der Seele dadurch, daß er vollkommenes Selbstgewahrsein besitzt und daß ihm die Urbilder selbst – und nicht deren Abbilder – gegenwärtig sind. Gleich dem «Gesamt-Geist, der die anderen potentiell enthält wie ein großer Organismus», enthält auch die Gesamt-Seele alle Einzelseelen.

> Der Geist ist nicht Einheit allein, sondern Einheit und Vielheit; notwendig muß daher auch die Seele Einheit und Vielheit sein, und aus der einen müssen die vielen als verschiedene hervorgehen . . .
> Die Aufgabe der vernünftigen Seele aber ist gewiß das Denken; nicht aber das Denken allein, dann unterschiede sie ja nichts vom Geist. Denn da ihr außer ihrer Eigenschaft als geistige noch etwas anderes zufiel, das sie nicht Geist bleiben ließ, hat sie eine eigentümliche Wirksamkeit so gut wie jedes geistige Wesen: sie kann blicken auf das, was über ihr ist, dann denkt sie; sie kann auf sich selbst blicken, dann ist sie formender, ordnender Regent des ihr Nachgeordneten.[13]

Unterhalb des Einflußbereichs der Seele «finden wir nichts als die Unbestimmtheit der Materie».[14] Doch auf allen Ebenen des Daseins werden die Inhalte der Welt von Seelen geformt und geordnet – nichts ist gänzlich unbestimmt oder unbelebt.

> Das Ganze bildet eine Harmonie, in der jedes Nächsttiefere «im» Nächsthöheren ist. Das Band der Einheit zwischen höheren und niederen Hervorbringungen der Seele ist das Streben, die Aktivität, das Leben, welche die Wirklichkeit der Welt des Werdens ausmachen.[15]

Doch wie auch immer wir die Übereinstimmung und Unterschiede zwischen der alten Idee der Weltseele und der neuen Idee des Welt-Feldes interpretieren mögen, unweigerlich stoßen wir auf die Frage nach ihrem Ursprung und der Quelle dessen, was in ihnen geschieht. Selbst wenn wir ewige und transzendente Ideen oder Gesetze als die allem zugrundeliegende Wirklichkeit erachten, bleibt die Frage, woher solche Gesetze kommen und wie aus solchen transzendenten, nichtmateriellen Entitäten die materielle Wirklichkeit des Universums hervorgegangen sein soll. Und weshalb sollten wir – in einem evolutionären Universum – überhaupt annehmen, daß die Gesetze im vorhinein festgelegt wurden?

Natürlich können wir den Ursprung des Universums und das Wirken des Schöpferischen in ihm einfach als ein ewiges Mysterium betrachten und uns damit zufriedengeben. Fragen wir aber weiter, so geraten wir auf das Terrain uralter Denktraditionen, in denen der schöpferische Urgrund die verschiedensten Namen trägt: das Eine, Brahman, die Leere, das Tao, die ewige Vereinigung von Shiva und Shakti, die Heilige Dreieinigkeit. In all diesen Traditionen erreichen wir früher oder später die Grenzen des begrifflichen Denkens und das Gewahrsein dieser Grenzen. Nur Glaube, Liebe, mystische Einsicht, Kontemplation, Erleuchtung oder göttliche Gnade geben uns die Möglichkeit, diese Grenzen zu überschreiten.

Nachwort und Dank

Wir leben in einer Welt, die vor ungefähr fünfzehn Milliarden Jahren geboren wurde, einer Welt, die ständig gewachsen ist und immer noch wächst, einer Welt sich entwickelnder Galaxien, Sterne, Planetensysteme und Planeten. Auf diesem besonderen Planeten entwickelt sich das Leben seit über drei Milliarden Jahren, und dieser Evolutionsprozeß setzt sich in uns Lebenden fort. Die Entwicklung der Naturwissenschaft ist ein Teil eben dieses Prozesses, den sie selbst entdeckte – zuerst im Bereich des biologischen Lebens und nun in der gesamten Natur: Unsere Kosmologie ist heute eine evolutionäre Kosmologie.

Viele unserer Denkgewohnheiten bildeten sich jedoch im Rahmen einer Weltanschauung heraus, für die das Universum eine Art ewige Maschine war. Es bedurfte in diesem mechanistischen Universum keines Gedächtnisses, denn seine Ordnung war jederzeit gewährleistet durch allgegenwärtige und zeitlose Prinzipien, die ewigen Naturgesetze.

Aber taugen diese alten Ideen noch in einem evolutionären Universum? Waren die Gesetze für alles, was es in der Welt je gegeben hat und je geben kann, schon im voraus fertig und warteten nur auf die Zeit, da ihre Ordnungsmacht sich in einem Evolutionsprozeß manifestieren konnte? Oder wohnt der Natur ein Gedächtnis inne? Bilden sich im Lauf der Evolution Gewohnheiten?

Solchen Fragen sind wir in diesem Buch nachgegangen. Wir haben die Implikationen beider Anschauungen erkundet. Wir haben uns von beiden Standpunkten aus ein breites Spektrum von chemischen, biologischen, sozialen, kulturellen und geistigen Phänomenen vergegenwärtigt und die möglichen Interpretationen verglichen. Und wir haben uns überlegt, wie wir mit experimentellen Prüfmethoden bestimmen könnten, welche Auffassung uns ein besseres Bild der Wirklichkeit gibt.

Die Frage ist einstweilen noch offen. Es ist nach wie vor nicht auszuschließen, daß wir in einer gedächtnislosen Welt leben, die von ewigen Gesetzen regiert wird. Es könnte aber auch sein, daß der Natur ein Gedächtnis innewohnt, und sollte sich herausstellen, daß wir tatsächlich in einer solchen Welt leben, so werden wir unser Denken grundsätzlich ändern müssen. Wir werden früher oder später viele unserer alten Denkgewohnheiten aufgeben und neue annehmen müssen, die einer Welt gerecht werden, welche in der Gegenwart der Vergangenheit, aber auch in der Gegenwart der Zukunft lebt – in einem fortdauernden Schöpfungsprozeß.

Die Hypothese der Formenbildungsursachen hat inzwischen nicht nur ein breites wissenschaftliches Interesse gewonnen, sondern findet auch in der Öffentlichkeit immer mehr Beachtung. Dies ist vor allem den Wettbewerben um die Überprüfung der Hypothese zu verdanken und hier natürlich insbesondere den Organisatoren, den Stiftern der Preise und den (im zehnten Kapitel genannten) Mitgliedern der Jury.

Es war mir vergönnt, die Idee der Formenbildungsursachen bei zahlreichen Seminaren und Konferenzen in Universitäten und anderen Instituten in Deutschland, Finnland, Frankreich, Großbritannien, Holland, Indien, Kanada, Österreich, Schweden, der Schweiz und den Vereinigten Staaten vorzutragen und zu erörtern. Ich möchte all denen meinen Dank aussprechen, die diese Zusammenkünfte ermöglichten, aber auch den unzähligen Teilnehmern, die durch Kritik, Kommentare, Vorschläge, Fragen und Informationen so viele ermutigende Anregungen gaben. Besonderen Dank schulde ich vier Gruppen in den Vereinigten Staaten, die im Laufe mehrerer Jahre immer wieder das Umfeld anregender Diskussionen gebildet haben: in New York das International Center for Integrative Studies und in Kalifornien das Esalen Institute, das Institute of Noetic Sciences und die Ojai Foundation.

Dieses Buch hat direkten oder indirekten Nutzen gezogen aus all den Gesprächen, aber auch aus Korrespondenzen mit Menschen auf der ganzen Welt und aus den vielen Gesprächen und Streitgesprächen mit Freunden und Kollegen. Ich danke all denen, die so großzügig ihr Wissen, ihre Erfahrung und Einsicht mit mir teilten.

Mehr als zwanzig Menschen fanden sich bereit, das Manuskript in seinen verschiedenen Entwicklungsstadien ganz oder in den für ihr Fachgebiet relevanten Teilen zu lesen. Ihre Kritik, ihre Kommentare und Ratschläge erwiesen sich bei der Überarbeitung als großer Gewinn. Die Endfassung schließlich verdankt so manches den wertvollen Anregungen meiner Lektoren in London und New York.

Dieses Buch zu schreiben war eine fesselnde Erkundungsreise. Ich hatte eine Reisegefährtin, meine Frau Jill, und ich bin ihr zutiefst dankbar für Inspiration und Zuspruch, für zahllose Gespräche, in denen die Ideen dieses Buches Gestalt annahmen, für so vielerlei Hilfe.

Ich danke Keith Roberts, Jeni Fox und Craig Robson für die Zeichnungen und Diagramme.

Melanie Ward habe ich zu danken, daß sie die verschiedenen Fassungen dieses Buches schrieb und mir als Sekretärin zur Seite stand.

Und schließlich gilt mein Dank all den Pflanzen und Tieren, von denen ich lernte, insbesondere dem Tier, das ich am besten kenne, unserer Katze Remedy.

Anmerkungen

(Die vollständigen bibliographischen Angaben zu den zitierten Werken finden sich im Literaturverzeichnis.)

1. Ewigkeit und Evolution

1. Eine allgemeinverständliche Darstellung gibt Capra (1984).
2. Davies (1984), S. 105.
3. Barrow und Tipler (1986), S. 412 f.
4. Teilhard de Chardin.
5. Zitiert in Burtt, S. 9.
6. Monod, S. 211.
7. Siehe Laszlo.
8. Guth und Steinhardt.
9. Weinberg; Pagels (1985).
10. Davies (1984), S. 8.
11. Press.
12. Barrow und Tipler, S. 16.
13. Ebenda, S. 21.
14. Ebenda, S. 23.
15. Pagels (1985), S. 347.
16. Eine neuere Erörterung in Cartwright.
17. Zitiert in Potters, S. 190.
18. Ebenda.
19. Nietzsche, S. 178.
20. In Murphy und Ballou.
21. Z. B. Bergson (1912, 1964); Fawcett.
22. Butler (1880), S. 175 f.
23. Ders. (1878), S. 297.
24. Zusammenfassende Darstellungen in E. S. Russell, S. 335–44; Gould (1977), S. 96–100.
25. Hyatt, S. 4.
26. Z. B. Semon (1911); Rignano (1931).

2. Unwandelbare Gesetze, immerwährende Energie

1. Burkert (1972), S. 40.
2. Philip; Gorman.
3. Philip.
4. Burkert (1972).
5. Ebenda, Kap. 6, S. 482.
6. Jaki; Wilber (1984). S. 101–111.
7. Gilson.
8. Burtt, S. 42.
9. Dijksterhuis (1961), S. 225–33.
10. Burtt, S. 44.
11. Ebenda, S. 45.
12. Ebenda, S. 48.
13. Ebenda, S. 54.
14. Ebenda, S. 64.
15. Ebenda, S. 75.
16. Übersetzung in W. Wallace, S. 79 f.
17. Dijksterhuis.
18. Koestler (1968).
19. Übersetzung in W. Wallace, S. 79 f.
20. Ebenda, S. 85.
21. Burnet.
22. Merchant.
23. Leclerc; Dobbs; Westfall; Castillejo.
24. Zitiert in Burtt, S. 257.
25. Einstein in Dürr, S. 343.
26. In Wilber (1984), S. 185.
27. Ebenda, S. 137.
28. Ebenda, S. 116.
29. Ebenda, S. 51.
30. In der allgemeinen Relativitätstheorie wird die Sache allerdings dadurch kompliziert, daß die normalen Definitionen von Energie und Impuls bei Entfernungen in der Größenordnung des Gesamtdurchmessers des Universums zusammenbrechen.
31. Feynman, S. 59.
32. Prigogine (1980), S. 3 f.
33. Zitiert in Pagels (1983), S. 336.
34. Davis und Hersch.
35. Pagels (1983), S. 331.
36. Popper (1983), S. 134.
37. Ebenda, S. 138 f.

3. Vom Fortschritt der Menschheit zur universalen Evolution

1. Eliade (1953).
2. Ebenda.
3. *Offenbarung* 21,5.
4. J. L. Russell; Griffiths.
5. Eliade (1953).
6. Nisbet.
7. *Hebräerbrief* 11,1;7;8;13–16.
8. Cohn.
9. Bacon.
10. Eine Diskussion von Bacons Anschauungen aus feministischer Sicht findet sich in Griffin; Merchant.
11. Siehe Gilson, Kap. 3.
12. Ebenda.
13. Bowler, Kap. 8; Mayr, Kap. 11.
14. Bowler, Kap. 2.
15. C. C. Gillespie, Kap. 7.
16. Bowler, Kap. 2.
17. C. C. Gillespie, Kap. 7.
18. N. C. Gillespie.
19. Ebenda.
20. Darwin (1876), S. 286.
21. Ebenda, S. 285.
22. Gould und Eldredge.
23. Alvarez et al.; Maddox (1984a).
24. Maddox (1984b).
25. Hallam.
26. Maddox (1985b).
27. *1. Mose* 2,8–9.
28. Zitiert in Dawkins (1986), S. 4 f.
29. Darwin, a.a.O., S. 102.
30. Dawkins (1986), S. IX f.
31. A. R. Wallace, S. 394 f.
32. Bergson (1912), S. 32 f.
33. Whitehead (1949), S. 141.
34. Ebenda, S. 134.
35. Whyte (1974), S. 43.
36. Ebenda, S. 40.

4. Die Natur materieller Formen

1. Zitiert in Bynum et al., S. 300.
2. Ebenda, S. 238.
3. Eine klarsichtige und aufschlußreiche Darstellung gibt Popper (1983).
4. Bowler, S. 59–63.
5. Ebenda, S. 120 f.
6. Driesch (1905).
7. Thompson (1942), S. 869 f.
8. Siehe auch Riedl.
9. Webster und Goodwin.
10. Webster in Ho und Saunders, S. 193–217.
11. Goodwin (1982), S. 51.

5. Das Rätsel der Morphogenese

1. Needham (1959), S. 205.
2. Ebenda, S. 238.
3. Holder.
4. Needham (1959) S. 210.
5. Holder.
6. Weismann in Moore.
7. Driesch (1921).
8. Weismann.
9. Darwin (1878), Kap. 27.
10. Wolpert und Lewis.
11. Z. B. Crick (1970).
12. Monod, S. 42.
13. Zitiert in Driesch (1905), S. 108.
14. Ders. (1921).
15. Ebenda.
16. Weismann.
17. Dawkins (1976), S. 21.
18. Ebenda, S. 22.
19. Ders. (1982), S. 113.
20. Eine erhellende Betrachtung des genetischen Programms und verwandter Begriffe gibt Oyama.
21. Gerhardt et al., S. 111.
22. Ebenda, S. 112.
23. Darstellungen der Vitalismus-Mechanismus-Kontroverse finden sich in Nordenskiöld; Coleman.
24. Dawkins (1982), S. 294.

25. Varela, S. 9.
26. Wiener, S. 132.
27. Dawkins (1982), S. 21.
28. Erst ein mutmaßliches Morphogen konnte bisher identifiziert werden, die retinoische Säure in den Beinknospen von Hühnerembryonen (Slack; Thaller und Eichele).
29. Prigogine (1982); Prigogine und Stengers.
30. Meinhardt, S. 13.
31. Wolpert (1978), S. 154.
32. Z. B. Gerhardt et al., S. 87–114.
33. Zitiert in Lewin, S. 1327.
34. Ebenda.
35. Z. B. Bertalanffy.
36. Koestler (1967), S. 385.
37. Sheldrake (1981), S. 73.
38. Whyte (1974), S. 43.
39. Bertalanffy in Koestler und Smythies; Capra (1983).
40. Eigen und Winkler.
41. Miller.

6. Morphogenetische Felder

1. Davies (1984), S. 7.
2. Gurwitsch, S. 392.
3. Weiss, S. 291.
4. Waddington (1967).
5. Zitiert in Haraway, S. 58.
6. Ebenda, S. 61.
7. Abraham und Shaw.
8. Thom (1975), S. 320.
9. Ebenda, S. 159.
10. Haraway, S. 58.
11. Thom (1975), S. 320.
12. Ders. (1983), S. 141.
13. Goodwin in Ho und Saunders, S. 229.
14. Ebenda, S. 239.
15. Weiss, S. 292.
16. In Waddington (1975), S. 138.
17. Gierer, S. 4.
18. Ebenda, S. 5.
19. Goodwin und Cohen.
20. Goodwin (1980).

21. Goodwin in Ho und Saunders.
22. Gierer, S. 44.
23. Dawkins (1986), Kap. 3.
24. Rapp (1979; 1987).
25. Williams.
26. Rapp (1979).
27. Z. B. Bunning.
28. Z. B. Changeux.
29. Sheldrake (1981), S. 57.
30. Oyama.

7. Felder, Materie und morphische Resonanz

1. Hesse.
2. Nersessian.
3. Berkson.
4. Zitiert in Hesse, S. 210.
5. Nersessian.
6. Zitiert in Hesse, S. 211.
7. Nersessian, S. 199.
8. Ebenda, S. 207.
9. D'Espagnat.
10. Davies (1979).
11. Pagels (1983), Kap. 8.
12. Murrell et al.
13. Z. B. Pecher; Verveen und de Felice.
14. Morphische Felder können als «Neigungsfelder» im Sinne von Popper (1982) aufgefaßt werden.
15. Maddox (1986).
16. Sheldrake (1981), S. 64–71.
17. Alberts et al., S. 111–13.
18. Creighton (1978).
19. Ders. (1983).
20. Janin und Wodak.
21. Anfinsen und Scheraga.
22. Creighton (1978).
23. Alberts et al., S. 118.
24. Creighton (1978), S. 235.
25. Alberts et al., S. 119.
26. Vainshtein et al.
27. Die Idee zu Experimenten mit der Proteineinfaltung entstand in Harvard bei einer Diskussion mit Dr. Stephen J. Gould und einigen seiner Studenten.

28. Es wäre am besten, relativ komplexe Enzyme für dieses Experiment auszuwählen, denn deren Wiedereinfaltung dauert recht lange, eine Stunde oder länger. Die Wiedereinfaltungsrate kann man anhand der zunehmenden Enzymaktivität messen (Teipel und Koshland).
29. Bei diesem Versuchsablauf besteht das Hauptproblem darin, daß es möglicherweise nicht gelingen wird, Proteine so zu entfalten, daß sie andere Zustände als die in der Natur vorkommenden annehmen. In diesem Fall würde die Wiedereinfaltung natürlich den normalen Chreoden folgen, die bereits durch morphische Resonanz stabilisiert sind. Diese Hintergrundsresonanz würde alle von den experimentell eingefalteten Molekülen ausgehenden Wirkungen überdecken. Wir wissen allerdings noch sehr wenig darüber, wie Proteine sich in Zellen entfalten, und so ist nicht zu entscheiden, ob die Wiedereinfaltung unter Laborbedingungen genauso abläuft wie in der Natur (Balswin und Creighton). Ein negatives Resultat bei diesem Experiment würde also noch nichts beweisen. Trotz dieser methodischen Schwäche wäre es lohnend, das Experiment durchzuführen, denn ein mögliches positives Resultat wäre doch eine Sensation.
30. Sheldrake (1981), S. 64–71.
31. Maddox (1985a).
32. McLachlan; siehe auch Schrack.
33. Maddox (1985a).
34. Danckwerts.
35. Sheldrake (1981), S. 103–7.
36. Jantz.

8. Die biologische Vererbung

1. Alberts et al.
2. King und Wilson.
3. Ebenda.
4. Das könnte beispielsweise durch Einwirkungen auf die chemischen und physikalischen Eigenschaften der Blattanlagen zustande kommen oder durch Beeinflussung ihrer Größe. Ein mathematisches Entwicklungsmodell dieser mutierten Blätter findet sich bei J. P. W. Young.
5. Struhl.
6. E. B. Lewis.
7. Lawrence und Morata; Sanchez-Herrero et al.
8. North; McGinnis et al.
9. Z. B. Beachy et al.
10. Goodwin in Ho und Saunders.
11. Mayr.
12. Darwin (1859; 1875).

13. Medvedev; Joravsky.
14. Rignano (1911); Semon (1912); Kammerer (1925).
15. Hudson und Richens; siehe auch: «The Problem of Lysenkoism» in Levins und Lewontin.
16. Waddington (1975).
17. Ders. (1952).
18. Ders. (1975), S. 59.
19. In Koestler und Smythies, S. 383.
20. Ho et al.
21. Man könnte denken, daß die Fliegen der Ho-Gruppe durch morphische Resonanz mit Waddingtons Fliegen beeinflußt wurden. Da sie aber mit ganz verschiedenen Zuchtstämmen arbeiteten, dürfte ein solcher Einfluß geringfügig sein. Würde man in aufeinanderfolgenden Experimenten Fliegen desselben Zuchtstammes verwenden, so wäre in der Tat mit deutlichen Wirkungen der morphischen Resonanz zu rechnen.
22. Waddington (1956a).
23. Ho et al., Tafel 2.
24. Lewis und John, S. 137.
25. Sheldrake (1981), S. 128–131.
26. Ebenda, Kap. 9.
27. In *Das schöpferische Universum* wurden die Verhaltensfelder als motorische Felder bezeichnet, um hervorzuheben, daß die Organisation von Bewegung ihre Aufgabe ist und nicht das Hervorbringen von Formen.
28. Thorpe.
29. Hinde (1982).
30. Smith.
31. Parsons.
32. Manning (1975), S. 80.
33. Rothenbuhler.
34. Dilger.
35. Brockelman und Schilling.

9. Das Gedächtnis der Tiere

1. Rose (1986), S. 40.
2. Boakes.
3. Zitiert in Lashley (1950), S. 454.
4. Boakes.
5. Lashley (1950).
6. Ders. (1929), S. 14.
7. Ders. (1950), S. 472.
8. Ebenda, S. 479.

9. Pribram; Wilber (1982).
10. Boycott, S. 48.
11. Rosenzweig et al.
12. Weisel.
13. Rose (1981; 1984); Rose und Harding; Rose und Csillag; Horn.
14. Bei ähnlichen Experimenten mit Küken haben eingehende Untersuchungen ergeben, daß die Zahl der Bläschen in den Synapsen sich auf den Lernprozeß hin ändert (Rose 1986).
15. Cipolla-Neto et al.
16. Kolata.
17. Fox.
18. Ebenda.
19. Crick (1984).
20. Kandel (1970).
21. Ders. (1979).
22. Manning (1979).
23. Tinbergen (1951), S. 147.
24. Manning (1975).
25. Boakes.
26. Walker; Griffin (1985).
27. Kammerer, S. 127.
28. Ebenda, S. 128 f.
29. Darwin (1873).
30. Kammerer; Munn.
31. Pavlov.
32. Razran, S. 759.
33. Ebenda, S. 760.
34. McDougall (1938).
35. Crew.
36. Agar et al.
37. Tryon.
38. Drew.
39. Robert Boakes und Michael Morgan, persönliche Korrespondenz.
40. Rosenthal.
41. Fisher und Hinde.
42. Hinde und Fisher, S. 396.
43. Ebenda, S. 395.
44. Diamond, S. 107 f.

10. Wie lernt der Mensch?

1. Thom (1975).
2. Lyons.
3. *The Listener* (6. April 1978), S. 434 f.
4. Neuere Untersuchungen zur Spracherlernung der Kinder stützen diese Vermutung; siehe Eimas.
5. Chomsky.
6. Lynn.
7. Flynn (1983, 1987).
8. Ders. (1984).
9. Tuddenham.
10. Anderson.
11. Flynn (1984).
12. Jensen.
13. Flynn (1984), S. 29.
14. *New Scientist* (28. Okt. 1982), S. 766.
15. *New Scientist* (28. April 1983), S. 218.
16. Siehe Sheldrake (1985). Tatsächlich wurden zwei erste Preise vergeben, und Robert L. Schwartz (Tarrytown Group) stockte den als zweiten Preis vorgesehenen Betrag großzügig auf.
17. Die Probanden unterzogen sich auch dem Standard Personality Test, nach dem sie auf einer «Introvertiert-extrovertiert-Skala» eingestuft werden konnten. Mahlberg fand eine statistisch signifikante Korrelation zwischen schnellerem Erlernen des Morsecodes und «introvertiertem Empfinden», was vielleicht darauf hindeutet, daß Introvertiertheit eine größere Empfänglichkeit für morphische Resonanz mit sich bringt, jedenfalls unter den Bedingungen dieses Experiments. Siehe Mahlberg.
18. Mabee.
19. Salthouse, S. 94.
20. Norman und Fisher.
21. Hirsch.
22. Bei Experimenten, in denen Kinder einzelne Buchstaben einer Computertastatur zuzuordnen hatten, zeigte sich, daß sie mit der ABCDE-Anordnung besser zurechtkamen als mit der QWERTY-Tastatur. Es ist aber gut möglich, daß ein Unterschied des Schwierigkeitsgrades besteht zwischen der Aufgabe, das maschinelle Schreiben von fortlaufendem Text zu erlernen, und dem Zuordnen von einzelnen Großbuchstaben (Nicolson und Gardner).
23. Michaels, S. 424.

11. Erinnern und Vergessen

1. Koffka, S. 43.
2. H. G. Hartgenbusch, zitiert in Koffka, S. 44.
3. Koffka, S. 510.
4. Bartlett.
5. Koestler (1968).
6. Bower.
7. Diese Idee hat manches gemein mit dem «Neuraldarwinismus» von G. M. Edelman (eine zusammenfassende Darstellung in Rosenfield). Edelman nimmt an, die Selektion «neuraler Zellgruppen» mit charakteristischen Aktivitätsmustern sei die Grundlage der Kategorisierung. Diese Muster werden wie die morphischen Felder durch Wiederholung verstärkt. Edelman geht jedoch von der herkömmlichen Anschauung aus, daß Erinnerungen im Gehirn gespeichert werden, und macht sich eine spezielle Version der üblichen Theorie der synaptischen Modifikation zu eigen.
8. Baddeley, S. 285.
9. Ebenda, S. 211.
10. Ebenda, S. 212.
11. Yates.
12. Z. B. Lorayne.
13. In Neisser, S. 386 f.
14. Z. B. Wood; Neisser.
15. Baddeley.
16. Ebenda.

12. Geist, Gehirn und Gedächtnis

1. Eine historische Darstellung und klare Zusammenfassung der materialistischen Argumente gibt Popper (in Popper und Eccles).
2. Popper und Eccles.
3. Koestler (1978a), S. 235.
4. Penfield (1975).
5. Eccles.
6. Taylor (1979), S. 300.
7. J. Z. Young, S. 7.
8. Crick (1979), S. 137.
9. Capra (1982), S. 318.
10. Jantsch, Kap. 4.
11. Ebenda, S. 225 f.
12. Johnson-Laird, S. 115.
13. Z. B. Hofstadter; Marr; Sutherland; Poggio et al.

14. *Nature*, S. 517, 531.
15. Einige moderne Modelle der Nervenaktivität haben manches mit der Idee der morphischen Felder gemein: Eines stellt beispielsweise das Problemlösungsgeschehen als «Bahnen von Nervendynamik» in «Fließplänen» dar; darin gibt es «Täler», die ähnliche Eigenschaften aufweisen wie Waddingtons Chreoden (Hopfield und Tank).
16. J. Z. Young.
17. Plotinus (1956), vor allem der Abschnitt über «Probleme der Seele».
18. Malcolm; Bursen; J. Russell.
19. Bursen.
20. Hunter.
21. Z. B. Squire. Eine lebendige Beschreibung einiger Fälle gibt Sacks.
22. Luria (1970; 1973); Gardner.
23. John, S. 251.
24. Teuber.
25. Penfield und Roberts.
26. Rose (1976).
27. Zitiert in Wolf, S. 175.
28. Z. B. Stevenson (1970).
29. Z. B. Palmer.
30. Z. B. Wolman.
31. Z. B. Stevenson (1974).
32. Jung (1976), S. 61.

13. Die morphischen Felder von Tiergesellschaften

1. Wilson (1971), S. 317.
2. Ebenda.
3. Wilson (1980).
4. Ders. (1971).
5. Ebenda.
6. Ebenda.
7. Frisch.
8. Wilson (1971), S. 228.
9. Frisch.
10. Wilson (1971), S. 229.
11. Ebenda.
12. Frisch.
13. Marais, S. 119 f.
14. Ebenda, S. 121.
15. Wilson (1980), S. 207 f.
16. Partridge, S. 492.

17. Ebenda, S. 493 f.
18. Selous, S. 9.
19. Ebenda, S. 83.
20. Ebenda, S. 10.
21. Potts.
22. Z. B. Nollmann, S. 106–108.
23. Wilson (1980).
24. McFarland.

14. Die Felder menschlicher Gesellschaften und Kulturen

1. Neuere Versuche, mathematische Modelle auf die Erforschung der kulturellen Vererbung anzuwenden, sind dargestellt in Boyd und Richerson.
2. Wilson (1980), S. 248.
3. Dawkins (1982), S. 290.
4. Ders. (1976), S. 207.
5. Zitiert in Kidd.
6. Jones.
7. Kidd.
8. Abercrombie et al., S. 215 f.
9. Lévi-Strauss (1972).
10. Piaget.
11. Leach.
12. Es gibt auch in den Sozialwissenschaften schon Ansätze zu Feldkonzepten; siehe z. B. Green.
13. Zitiert in Lukes, S. 4.
14. Freud, S. 189 f.
15. McDougall (1920), S. 9.
16. Bateson (1981; 1982).
17. Turner, S. 842.
18. Ebenda.
19. Ebenda.
20. Canetti, S. 12 f.
21. Ebenda, S. 13.
22. Ebenda, S. 28.
23. Novak, S. 135 f.
24. Murphy und White, S. 146.
25. Lukes, S. 231.
26. Jung (1976), Abschnitt «Definition».
27. Ders. (1964), S. 209.
28. Ebenda, S. 166 (Fußn.).
29. Franz.

15. Mythen, Rituale und der Einfluß der Tradition

1. Eliade (1961), S. 20.
2. T. G. H. Strehlow, zitiert in Lévi-Strauss (1968), S. 272.
3. Ebenda, S. 273.
4. Ringwood.
5. Abercrombie et al.
6. Lévi-Strauss (1968), S. 273.
7. Ebenda, S. 273 f.
8. La Fontaine.
9. Abercrombie et al.
10. Govinda (1975), S. 17 f.
11. *The Book of Common Prayer* der Church of England.
12. Lang, S. 540.
13. Z. B. Lovejoy.
14. Z. B. Gablik; Durand.
15. Kuhn (1970), S. 176.
16. Tatsächlich hat Kuhn das Wort «Paradigma» auf viele verschiedene Weisen verwendet, wie Masterman aufzeigt. Im Postskriptum zur zweiten Auflage seines Buches weist Kuhn jedoch darauf hin, daß alle Bedeutungen den beiden im Zitat erläuterten Kategorien zuzuordnen sind.
17. Kuhn (1970), S. 182.
18. Ebenda.
19. Ebenda, S. 5.
20. Ebenda, S. 138.
21. Ebenda.
22. Ebenda, S. 189.
23. Gablik, S. 159.
24. Kuhn (1970), S. 208.
25. Ebenda, S. 209.
26. Zitiert in Koestler (1966), S. 118.
27. Ebenda, S. 115.
28. Ebenda, S. 118.
29. Mayr, S. 495.
30. Kuhn (1970), S. 123.

16. Die Evolution des Lebens

1. Z. B. Dawkins (1987).
2. Halstead.
3. Rose, Kamin und Lewontin.
4. Monod.

5. Bergson (1912).
6. Teilhard de Chardin.
7. Gillespie.
8. Darwin (1878), Bd. 1, S. 6 f.
9. Ders. (1878).
10. Z. B. Mivart; W. Bateson; Vries; Goldschmidt; Gould (1980).
11. Darwin (1878), Bd. 2, S. 314.
12. Z. B. W. Bateson; Vries; Willis.
13. Goldschmidt, S. 397.
14. Mayr, S. 356.
15. Darwin (1859; 1878).
16. Lamarck, S. 80.
17. Darwin (1878), Bd. 2, S. 318.
18. Ebenda, Kap. 5.
19. Zitiert in Huxley, S. 18.
20. Ebenda, S. 8.
21. Taylor (1983).
22. Darwin (1878), Bd. 2, S. 316.
23. Ebenda, Kap. 27.
24. Waddington (1953), S. 91.
25. Ebenda, S. 96.
26. Darwin (1876), S. 105.
27. Stanley (1981), S. 3.
28. Dawkins (1985), S. 683.
29. Darwin (1875b), S. 78 f.
30. N. C. Gillespie, Kap. 5.
31. Zitiert in Mayr, S. 544.
32. Darwin (1872), Kap. 15.
33. Zitiert in Mayr, S. 409.
34. Ebenda, S. 477 f.
35. Margulis und Sagan.
36. Rensch.
37. Stanley (1981).
38. Solche Mutationen könnten zu einer «Demaskierung» von «redundanter» Ahnen-DNS führen und damit zu morphischer Resonanz mit den Feldern dieser Ahnen. Über diese Demaskierungsidee schreibt Britten (in Duncan und Weston-Smith).
39. Darwin (1878), Bd. 2, S. 5.
40. Ebenda, S. 24.
41. Ebenda, S. 39.
42. Riedl.
43. Gould (1983).
44. Hall.
45. Gould (1983).

46. Ebenda, S. 184.
47. Dawkins (1986), S. 94.
48. Went, S. 198.
49. Ebenda, S. 201.
50. Ebenda, S. 221.
51. Rensch.
52. Stanley (1981).
53. Taylor (1983).
54. Dawkins (1986), S. 95.

17. Die Evolution des Kosmos

1. Pagels (1985), S. 355.
2. Hawking.
3. Davies (1984), S. 5 f.
4. Ebenda, S. 7.
5. M. B. Green.
6. Davies (1984), S. 8.
7. Hogan, S. 572.
8. Barrow und Tipler.
9. Bohm (1980), S. 195.
10. Ebenda, S. 151.
11. Ebenda, S. 174.
12. Ebenda, S. 175.
13. Eine allgemeinverständliche Darstellung gibt Pagels (1983).
14. Bohm (1980), S. 146.
15. Ebenda, S. 13.
16. Ebenda, S. 204.
17. Sheldrake und Bohm; Weber.
18. Bohm und Weber, S. 35 f.
19. Z.B.Blavatsky

18. Das Geheimnis des Schöpferischen

1. Bergson (1948), S. 121.
2. Ebenda, S. 124.
3. K. B. de Green; Merchant.
4. Darwin (1859), Kap. 3.
5. Bergson (1912), S. 110.
6. Monod, S. 145.
7. Monod.

8. B. G. Walker.
9. Monod.
10. Ebenda, S. 43.
11. Frazer (1911), S. 52.
12. Ebenda, S. 15.
13. Plotin (1958), S. 130.
14. Inge, S. 221.
15. Ebenda.

Literaturverzeichnis

Abercrombie, Nicholas, S. Hill und B. S. Turner: *Dictionary of Sociology*, Harmondsworth (Penguin) 1984.

Abraham, R. H., und C. D. Shaw: *Dynamics: The Geometry of Behaviour*, Santa Cruz (Aerial Press) 1984.

Agar, W. E., F. H. Drummond, O. W. Tiegs und M. M. Gunson: «Fourth (final) report on a test of McDougall's Lamarckian experiment on the training of rats», in *Journal of Experimental Biology* 31 (1954), S. 307–321.

Alberts, B., et al.: *Molecular Biology of the Cell*, New York (Garland) 1983.

Alvarez, L. W., et al.: «Extraterrestrial cause for Cretaceous-Tertiary extinction», in *Science* 208 (1980), S. 1095–1108.

Anderson, A. M.: «The great Japanese IQ increase», in *Nature* 297 (1982), S. 180 f.

Anfinsen, C. B., und H. A. Scheraga: «Experimental and theoretical aspects of protein folding», in *Advances in Protein Chemistry* 29 (1975), S. 205–300.

Bacon, Francis: *New Atlantis*, London (Rawley) 1627. Deutsch: *Neu-Atlantis*, Berlin (Akademie Verlag) 1959.

Baddeley, Alan D.: *The Psychology of Memory*, New York (Basic Books) 1976. Deutsch: *Die Psychologie des Gedächtnisses*, Stuttgart (Klett-Cotta) 1979.

Baldwin, R. L., und T. E. Creighton: «Recent experimental work on the pathway and mechanism of protein folding», in *Protein Folding*, hrsg. v. Rainer Jaenicke, Amsterdam (Elsevier) 1980.

Barnett, Samuel A.: *Modern Ethology*, Oxford (Oxford Univ. Press) 1981.

Barrow, J. D., und F. J. Tipler: *The Anthropic Cosmological Principle*, Oxford (Clarendon Press) 1986.

Bartlett, Frederic C.: *Remembering*, Cambridge (Cambridge Univ. Press) 1932.

Bateson, Gregory: *Steps to an Ecology of Mind*, London (Paladin) 1973. Deutsch: *Ökologie des Geistes*, Frankfurt/M. (Suhrkamp) 1981.

–: *Mind and Nature*, London (Wildwood House) 1979. Deutsch: *Geist und Natur*, Frankfurt/M. (Suhrkamp) 1982.

Bateson, William: *Materials for the Study of Variation*, London (Macmillan) 1894.

Beachy, P. A., et al.: «Segmental distribution of bithorax complex proteins during Drosophila development», in *Nature* 313 (1985), S. 545–51.

Bentley, Wilson A., und W. J. Humphreys: *Snow Crystals*, New York (Dover) 1962.
Bergson, Henri: *Schöpferische Entwicklung*, Jena (Diederichs) 1912.
–: *Denken und schöpferisches Werden*, Meisenheim (Westkulturverlag) 1948.
–: *Materie und Gedächtnis*, Frankfurt/M. (S. Fischer) 1964.
Berkson, William: *Fields of Force*, London (Routledge and Kegan Paul) 1974.
Bertalanffy, Ludwig von: *General Systems Theory*, London (Allen Lane) 1971.
Blavatsky, Helene P.: *Die Geheimlehre*, Wien, München (Donau) 1955.
Boakes, R.: *From Darwin to Behaviourism*, Cambridge (Cambridge Univ. Press) 1984.
Bohm, David: *Wholeness and the Implicate Order*, London (Routledge and Kegan Paul) 1980. Deutsch: *Die implizite Ordnung*, München (Goldmann TB 14036) 1987.
–, und R. Weber: «Nature as creativity», in: *Re Vision* 5 (1982), S. 35–40.
Bower, G. H.: «Organizational factors in memory», in: *Cognitive Psychology* 1 (1970), S. 18–46.
Bowler, P. J.: *Evolution: The History of an Idea*, Berkeley (Univ. of California Press) 1984.
Boycott, B. B.: «Learning in the octopus», in *Scientific American* 212 (3/1965), S. 42–50.
Boyd, R., und P. J. Richerson: *Culture and the Evolutionary Process*, Chicago (Univ. of Chicago Press) 1985.
Brockelman, W. Y., und D. Schilling: «Inheritance of stereotyped gibbon calls», in *Nature* 312, S. 634–36.
Bunning, E.: *The Physiological Clock*, London (English Universities Press) 1973.
Burkert, Walter: *Weisheit und Wissenschaft: Studien zu Pythagoras, Philolaos und Platon*, Nürnberg (Carl) 1962.
Burnet, John: *Early Greek Philosophy*, London (Black) 1930. Deutsch: *Die Anfänge der griechischen Philosophie*, Leipzig 1913.
Bursen, Howard A.: *Dismantling the Memory Machine*, Dordrecht (Reidel) 1978.
Burtt, E. A.: *The Metaphysical Foundations of Modern Physical Science*, London (Kegan Paul, Trench and Trubner) 1932.
Butler, S.: *Life and Habit*, London (Cape) 1878.
–: *Unconscious Memory*, London (Cape) 1880.
Bynum, W. F., et al.: *Dictionary of the History of Science*, London (Macmillan) 1981.
Canetti, Elias: *Masse und Macht*, Hamburg (Claassen) 1960.
Capra, Fritjof: *The Tao of Physics*, London (Wildwood House) 1974. Deutsch: *Das Tao der Physik*, Bern u. a. (Scherz) 1984.
–: *The Turning Point*, London (Wildwood House) 1982. Deutsch: *Wendezeit*, Bern u. a. (Scherz) 1983.
Cartwright, N.: *How the Laws of Physics Lie*, Oxford (Clarendon) 1983.
Castillejo, David: *The Expanding Force in Newton's Cosmos*, Madrid (Ediciones de Arte y Bibliofilia) 1981.

Changeux, J.: *Neuronal Man*, Oxford (Oxford Univ. Press) 1986.
Chomsky, Noam: *Reflections on Language*, London (Temple Smith) 1976. Deutsch: *Reflexionen über die Sprache*, Frankfurt/M. (Suhrkamp) 1977.
Cipolla-Neto, J., et al.: «Hemispheric asymmetry and imprinting», in *Experimantal Brain Research* 48 (1982), S. 22–27.
Cohn, Norman: *The Pursuit of the Millennium*, London (Secker and Warburg) 1957. Deutsch: *Das Ringen um das tausendjährige Reich*, Bern u. München (Francke) 1961.
Cole, Francis J.: *Early Theories of Sexual Generation*, Oxford (Clarendon) 1930.
Coleman, William R.: *Biology in the Nineteenth Century*, Cambridge (Cambridge Univ. Press) 1977.
Creighton, Thomas E.: «Experimental Studies of protein folding and unfolding», in *Progress in Biophysics and Molecular Biology* 33 (1978), S. 231–97.
–: *Proteins*, San Francisco (Freeman) 1983.
Crew, F. A. E.: «A repetition of McDougall's Lamarckian experiment», in *Journal of Genetics* 33 (1936), S. 61–101.
Crick, Francis H. C.: *Of Molecules and Men*, Seattle (Univ. of Washington Press) 1966. Deutsch: *Von Molekülen und Menschen*, München (Goldmann) 1970.
–: «Thinking about the brain», in *Scientific American* 241 (3/1979), S. 181–88.
–: «Memory and molecular turnover», in *Nature* 312 (1984), S. 101.
Danckwerts, P. V.: Brief in *New Scientist* 96 (11. 11. 1982), S. 380f.
Darwin, Charles: *The Origin of Species*, London (Murray) [1]1859; [6]1872. Deutsch: *Von der Entstehung der Arten*, Stuttgart (Schweizerbart) 1876.
–: «Inherited instinct», in *Nature* 7 (1873), S. 281.
–: *The Variation of Animals and Plants Under Domestication*, London (Murray) 1875a. Deutsch: *Das Variieren der Tiere und Pflanzen im Zustande der Domestication*, 2 Bde., Stuttgart (Schweizerbart) 1878.
–: *The Descent of Man*, London (Murray) [2]1888. Deutsch: *Die Abstammung des Menschen*, Stuttgart (Schweizerbart) 1875b.
Davies, Paul: *The Forces of Nature*, Cambridge (Cambridge Univ. Press) 1979.
–: *Superforce*, London (Heinemann) 1984. Deutsch: *Die Urkraft*, Hamburg (Rasch und Röhring) 1987.
Davis, Philip J., und R. Hersch: *The Mathematical Experience*, London (Pelican) 1983. Deutsch: *Erfahrungen Mathematik*, Basel u. a. (Birkhäuser) 1985.
Dawkins, Richard: *The Selfish Gene*, Oxford (Oxford Univ. Press) 1976. Deutsch: *Das egoistische Gen*, Berlin (Springer) 1978.
–: *The Extended Phenotype*, Oxford (Oxford Univ. Press) 1982.
–: «What was all the fuss about?», in *Nature* 316 (1985), S. 683f.
–: *The Blind Watchmaker*, London (Longmans) 1986. Deutsch: *Der blinde Uhrmacher*, München (Kindler) 1987.
D'Espagnat, Bernard: *The Conceptual Foundations of Quantum Mechanics*, Reading, Mass. (Benjamin) 1976.

Diamond, J. M.: «Rapid evolution of urban birds», in *Nature* 324 (1986), S. 107 f.
Dijksterhuis, Eduard J.: *Die Mechanisierung des Weltbildes*, Berlin (Springer) 1956.
Dilger, W. C.: «The behavior of lovebirds», in *Scientific American* 206 (1/1962), S. 88–98.
Dobbs, Betty: *The Foundations of Newton's Alchemy*, Cambridge (Cambridge Univ. Press) 1975.
Drew, G. C.: «McDougall's experiments with the inheritance of acquired habits», in *Nature* 143 (1939), S. 188–191.
Driesch, Hans: *Der Vitalismus als Geschichte und als Lehre*, Leipzig (J. A. Barth) 1905.
–: *Philosophie des Organischen*, Leipzig (Engelmann) 1921.
Duerden, J. E.: «Inheritance of callosities in the ostrich», in *American Naturalist* 54 (1920, S. 289.
Duncan, Ronald, und M. Weston-Smith: *Encyclopedia of Ignorance*, Oxford (Pergamon) 1977.
Durand, G.: «La beauté comme présence paraclétique: Essai sur les résurgences d'un bassin sémantique», in *Eranos Yearbook* 53 (1984), S. 127–173.
Dürr, Hans-Peter (Hrsg.): *Physik und Transzendenz*, Bern u. a. (Scherz) 1986.
Eccles, John P.: *The Neurophysiological Basis of Mind*, Oxford (Oxford Univ. Press) 1953.
Eigen, Manfred, und R. Winkler: *Das Spiel. Naturgesetze steuern den Zufall*, München u. a. (Piper) [8]1987.
Eimas, P. D.: «The perception of speech in early infancy», in *Scientific American* 252 (1/1985), S. 34–40.
Eliade, Mircea: *Der Mythos von der ewigen Wiederkehr*, Düsseldorf (Diederichs) 1953.
–: *Mythen, Träume und Mysterien*, Salzburg (O. Müller) 1961.
Fawcett, E. D.: *The World as Imagination*, London (Macmillan) 1916.
Feynman, Richard P.: *The Character of Physical Law*, London (BBC) 1965.
Fisher, J., und R. A. Hinde: «The opening of milk bottles by birds», in *British Birds* 42 (1949), S. 347–57.
Flynn, J. R.: «Now the great augmentation of the American IQ», in *Nature* 301 (1983), S. 655.
–: «The mean IQ of Americans: massive gains 1932 to 1978», in *Psychological Bulletin* 95 (1984), S. 29–51.
Fox, J. L.: «The brain's dynamic way of keeping in touch», in *Science* 225 (1984), S. 820 f.
Franke, H. W.: *Sinnbild der Chemie*, Basel (Basilius) 1966.
Franz, Marie-Louise von: «The transformed berserk», in *ReVision* 8 (1/1985), S. 20.
Frazer, James G.: *The Golden Bough*, London (Macmillan) 1911. Deutsch: *Der goldene Zweig*, Leipzig (Hirschfeld) 1928.

Freud, Sigmund: *Totem und Tabu* (Gesammelte Werke, Bd. 9), Frankfurt/M. (S. Fischer) ⁶1978.
Frisch, Karl von: *Tiere als Baumeister*, Frankfurt/M. (Ullstein) 1974.
Gablik, Suzi: *Progress in Art*, New York (Rizzoli) 1977.
Gardner, Howard: *The Shattered Mind*, New York (Vintage) 1974.
Gerhardt, J. C., et al.: «The cellular basis of morphogenic change», in *Evolution and Development*, hrsg. v. John T. Bonner, Berlin (Springer) 1982.
Gierer, A.: «Generation of biological patterns and form», in *Progress in Biophysics and Molecular Biology* 37 (1981), S. 1–47.
Gillespie, C. C.: *The Edge of Objectivity*, Princeton (Princeton Univ. Press) 1960.
Gillespie, N. C.: *Charles Darwin and the Problem of Creation*, Chicago (Univ. of Chicago Press) 1979.
Gilson, E.: *From Aristotle to Darwin and Back Again*, Indiana, (Univ. of Notre Dame Press) 1984.
Goldschmidt, Richard B.: *The Material Basis of Evolution*, New Haven (Yale Univ. Press) 1940.
Goodwin, B. C.: «Pattern formation and regeneration in the protozoa», in *Society for General Microbiology Symposium* 30 (1980), S. 377–404.
–: «Development and evolution», in *Journal of Theoretical Biology* 97 (1982), S. 43–55.
–, und M. H. Cohen: «A phase-shift model for the spatial and temporal organization of developing systems», in *Journal of Theoretical Biology* 25 (1969), S. 49–107.
Gorman, Peter: *Pythagoras: A Life*, London (Routledge and Kegan Paul) 1979.
Gould, Stephen J.: *Ontogeny and Phylogeny*, Cambridge, Mass. (Harvard Univ. Press) 1977.
–: «Return of the hopeful monster», in *The Panda's Thumb*, New York (Norton) 1980.
–: *Hen's Teeth and Horse's Toes*, New York (Norton) 1983.
–, und N. Eldredge: «Punctuated equilibria: the tempo and mode of evolution reconsidered», in *Paleobiology* 3 (1977), S. 115–151.
Govinda, Lama Anagarika: *Grundlagen tibetischer Mystik*, Bern u. a. (O. W. Barth) ⁴1975.
Green, K. B. de: «Force fields and emergent phenomena in sociotechnical macrosystems: theories and models», in *Behavioural Science* 23 (1978), S. 1–14.
Green, M. B.: «Unification of forces and particles in superstring theories», in *Nature* 314 (1985), S. 409–414.
Griffin, Donald R.: «Review of *A New Science of Life*», in *Process Studies* 12 (1982), S. 34–40.
–: *Animal Thinking*, Cambridge, Mass. (Harvard Univ. Press) 1984. Deutsch: *Wie Tiere denken*, München u. a. (BLV) 1985.
Griffin, S.: *Woman and Nature*, New York (Harper and Row) 1978.
Griffiths, Bede: *The Marriage of East and West*, London (Collins) 1982. Deutsch: *Die Hochzeit von Ost und West*, Salzburg (Müller) 1983.

Gurwitsch, Alexander: «Über den Begriff des embryonalen Feldes», in *Archiv für Entwicklungsmechanik der Organismen* 51 (1922), S. 383–415.

Guth, A. H., und P. J. Steinhardt: «The inflationary universe», in *Scientific American* 250 (5/1984), S. 90–102.

Haeckel, Ernst: *Natürliche Schöpfungsgeschichte*, Berlin (Reimer) 1872.

–: *Anthropogenie oder Entwicklungsgeschichte des Menschen*, Leipzig (Engelmann) 1874.

Hall, B. K.: «Developmental mechanisms underlying the formation of atavisms», in *Biological Reviews* 59 (1984), S. 89–124.

Hallam, A.: «The causes of mass extinctions», in *Nature* 308 (1984), S. 686.

Halstead, B.: «Anti-Darwinian theory in Japan», in *Nature* 317 (1985), S. 587 ff.

Haraway, Donna J.: *Crystals, Fabrics and Fields: Metaphors of Organicism in Twentieth-Century Developmental Biology*, New Haven (Yale Univ. Press) 1976.

Hardy, Alister: *The Living Stream*, London (Collins) 1965.

Hawking, Stephen W.: *Is the End in Sight for Theoretical Physics?*, Cambridge (Cambridge Univ. Press) 1980.

Hesse, Mary: *Forces and Fields*, London (Nelson) 1961.

Hinde, Robert A.: *Ethology*, London (Fontana) 1982.

–, und J. Fisher: «Further observations on the opening of milk bottles by birds», in *British Birds* 44 (1951), S. 393–396.

Hirsch, R. S.: «Effect of standard versus alphabetical keyboard formats on typing performance», in *Journal of Applied Psychology* 54 (1970), S. 484–490.

Ho, M. W., und P. T. Saunders (Hrsg.): *Beyond Neo-Darwinism*, London (Academic Press) 1984.

–, et al.: «Effects of successive generations of ether treatment on penetrance and expression of the bithorax phenocopy in Drosophila melanogaster», in *Journal of Experimental Zoology* 225 (1983), S. 357–68.

Hofstadter, Douglas R.: *Gödel, Escher, Bach*, Brighton (Harvester Press) 1979. Deutsch: Dito, Stuttgart (Klett-Cotta) ^{3}1985.

Hogan, C.: «Galaxy superclusters and cosmic strings», in *Nature* 320 (1986), S. 572.

Holder, N.: «Regeneration and compensatory growth», in *British Medical Bulletin* 37 (1981), S. 227–233.

Hopfield, J. J., und D. W. Tank: «Computing with neural circuits: a model», in *Science* 233 (1986), S. 625–633.

Horn, Gabriel: *Memory, Imprinting and the Brain*, Oxford (Clarendon) 1986.

Hudson, P. S., und R. H. Richens: *The New Genetics in the Soviet Union*, Cambridge (Imperial Bureau of Plant Breeding and Genetics) 1946.

Hunter, I. M. L.: *Memory*, Harmondsworth (Penguin) 1964.

Huxley, Francis: «Charles Darwin: life and habit», in *The American Scholar* (Herbst/Winter 1959), S. 1–19.

Hyatt, A.: «Phylogeny of an acquired characteristic», in *Proceedings of the American Philosophical Society* 32 (1893), S. 349–647.

Inge, W. R.: *The Philosophy of Plotinus*, London (Longmans, Green and Co.) 1929.

Jaki, Stanley L.: *The Road of Science and the Ways to God*, Edinburgh (Scottish Academic Press) 1978.

Janin, J., und S. J. Wodak: «Structural domains in proteins and their role in protein folding», in *Progress in Biophysics and Molecular Biology* 42 (1983), S. 21–78.

Jantsch, Erich: *Die Selbstorganisation des Universums*, München (Hanser) 1979.

Jantz, R. L.: «On the levels of dermatoglyphic variation», in *Birth Defects: Original Article Series* 15 (1979), S. 53–61.

Jennings, Herbert S.: *Behavior of the Lower Organisms*, New York (Columbia Univ. Press) 1906. Deutsch: *Das Verhalten der niederen Organismen*, Leipzig 1910.

Jensen, Arthur R.: *Bias in Mental Testing*, London (Methuen) 1980.

John, E. R.: «Multipotentiality: a theory of recovery of function after brain injury», in *Neurophysiology After Lashley*, hrsg. v. J. Orbach, Hillsdale, N. J. (Lawrence Erlbaum) 1982.

Johnson-Laird, P. N.: «Modularity of brain and mind», in *Nature* 318 (1985), S. 115 f.

Jones, Greta: *Social Darwinism and English Thought*, Brighton (Harvester Press) 1980.

Joravsky, David: *The Lysenko Affair*, Cambridge, Mass. (Harvard Univ. Press) 1970.

Jung, Carl Gustav: *Zwei Schriften über analytische Psychologie* (Gesammelte Werke, Bd. 7), Zürich (Rascher) 1964.

–: *Die Archetypen und das kollektive Unbewußte* (Gesammelte Werke, Bd. 9/1), Olten und Freiburg i. Breisgau (Walter) 1976.

Kammerer, Paul: *Neuvererbung oder die Vererbung erworbener Eigenschaften*, Heilbronn (W. Seifert) 1925.

Kandel, Eric R.: «Nerve cells and behavior», in *Progress in Psychobiology*, hrsg. v. R. F. Thompson, San Francisco (Freeman) 1970.

–: «Small systems of neurons», in *Scientific American* 241 (1979), S. 61–71.

Kidd, B.: «Sociology», in: *Encyclopaedia Britannica*, Cambridge (Cambridge Univ. Press) [11]1911.

King, M. C., und A. C. Wilson: «Evolution at two levels in humans and chimpanzees», in *Science* 188 (1975), S. 107–116.

Koestler, Arthur: *The Ghost in the Machine*, London (Hutchinson) 1967. Deutsch: *Das Gespenst in der Maschine*, Wien u. a. (Molden) 1968.

–: *The Act of Creation*, London (Pan Books) 1970. Deutsch: *Der göttliche Funke*, Bern u. a. (Scherz) 1966.

–: *The Case of the Midwife Toad*, London (Hutchinson) 1971. Deutsch: *Der Krötenküsser*, Wien u. a. (Molden) 1972.

–: *Janus: A Summing Up*, London (Hutchinson) 1978a. Deutsch: *Der Mensch, Irrläufer der Evolution*, Bern u. a. (Scherz) 1978b.

–, und John R. Smythies (Hrsg.): *Beyond Reductionism*, London (Hutchinson) 1969. Deutsch: *Das neue Menschenbild*, Wien u. a. (Molden) 1970.

Koffka, Kurt: *Principles of Gestalt Psychology*, London (Routledge and Kegan Paul) 1935.

Kolata, G.: «New neurons form in adulthood», in *Science* 224 (1984), S. 1325 f.

Kruk, Z. L., und C. J. Pycock: *Neurotransmitters and Drugs*, London (Croom Helm) 1983.

Kuhn, Thomas S.: *The Structure of Scientific Revolutions*, Chicago (Univ. of Chicago Press) ²1970. Deutsch: *Die Struktur wissenschaftlicher Revolutionen*, Frankfurt/M. (Suhrkamp, stw 25) 1973.

La Fontaine, Jean S.: *Initiation*, Harmondsworth (Penguin) 1985.

Lamarck, Jean Baptiste de: *Zoologische Philosophie*, Leipzig (Kröner) 1909.

Lang, P. H.: *Music in Western Civilization*, London (Dent) 1942.

Lashley, Karl S.: *Brain Mechanisms and Intelligence*, Chicago (Univ. of Chicago Press) 1929.

–: «In search of the engram», in *Symposium of the Society for Experimental Biology* 4 (1950), S. 454–83.

Laszlo, E.: *Evolution: the Grand Synthesis*, Boston (Shambhala) 1987.

Lawrence, P. A., und G. Morata: «The elements of the bithorax complex», in *Cell* 35 (1983), S. 395–601.

Leach, Edmund: *Lévi-Strauss*, London (Fontana) 1970. Deutsch: *Claude Lévi-Strauss*, München (dtv 747) 1971.

Leclerc, Ivor: *The Nature of Physical Existence*, London (Allen and Unwin) 1972.

Lévi-Strauss, Claude: *Das wilde Denken*, Frankfurt/M. (Suhrkamp) 1968.

Levins, R., und R. Lewontin: *The Dialectical Biologist*, Cambridge, Mass. (Harvard Univ. Press) 1985.

Lewin, R.: «Why is development so illogical?», in *Science* 224 (1984), S. 1327–29.

Lewis, E. B.: «A gene complex controlling segmentation in Drosophila», in *Nature* 276 (1978), S. 565–70.

Lewis, Kenneth R., und B. John: *The Matter of Mendelian Heredity*, London (Longman) 1972.

Lorayne, H.: *How to Develop a Super-Power Memory*, Preston (Thomas) 1950.

Lorenz, Konrad: «The evolution of behavior», in *Scientific American* 199 (1958), S. 67–78.

Lovejoy, Arthur O.: *The Great Chain of Being*, Cambridge, Mass. (Harvard Univ. Press) 1936.

Lukes, Steven: *Emile Durkheim: His Life and Work*, Harmondsworth (Penguin) 1975.

Luria, Alexander: *The Mind of a Mnemonist*, London (Cape) 1968.

–: «The functional organization of the brain», in *Scientific American* 222 (3/1970), S. 66–78.

–: *The Working Brain*, Harmondsworth (Penguin) 1973.

Lynn, R.: «IQ in Japan and the United States shows a growing disparity», in *Nature* 297 (1982), S. 222 f.

Lyons, John: *Chomsky*, London (Fontana) 1970. Deutsch: *Noam Chomsky*, München (dtv 770) 1971.

Mabee, Charleton: *The American Leonardo: A Life of Samuel F. B. Morse*, New York (Knopf) 1943. Deutsch: *Samuel F. B. Morse, der amerikanische Leonardo*, Wiesbaden (Rohrer) 1951.

McDougall, William: *The Group Mind*, Cambridge (Cambridge Univ. Press) 1920.

–: «Fourth report on a Lamarckian experiment», in *British Journal of Psychology* 28 (1938), S. 321–345.

McFarland, D.: «Cultural behaviour», in *The Oxford Companion to Animal Behaviour*, hrsg. v. D. McFarland, Oxford (Oxford Univ. Press) 1981.

McGinnis, W., et al.: «A homologous protein coding sequence in Drosophila homeotic genes and its conservation in other metazoans», in *Cell* 37 (1984), S. 403–408.

Mackie, G. O.: «Analysis of locomotion in a siphonophore colony», in *Proceedings of the Royal Society* B 159 (1964), S. 366–91.

McLachlan, D.: «The symmetry of dentritic snow crystals», in *Proceedings of the National Academy of Science* 43 (1957), S. 143–151.

Maddox, J.: «Extinctions by catastrophe?» in *Nature* 308 (1984a), S. 685.

–: «Nuclear winter and carbon dioxide», in *Nature* 312 (1984b), S. 593.

–: «No pattern yet for snowflakes», in *Nature* 313 (1985a), S. 93.

–: «Periodic extinctions undermined», in *Nature* 315 (1985b), S. 62.

–: «Making molecules into atoms», in *Nature* 323 (1986), S. 391.

Mahlberg, A.: «Evidence of collective memory: a test of Sheldrake's theory», in *Journal of Analytical Psychology* 32 (1987), S. 23–34.

Malcolm, Norman: *Memory and Mind*, Ithaca (Cornell Univ. Press) 1977.

Manning, Aubrey: «Behaviour genetics and the Study of Behavioural evolution», in *Function and Evolution in Behaviour*, hrsg. v. Gerard P. Baerends et al., Oxford (Oxford Univ. Press) 1975.

–: *An Introduction to Animal Behaviour*, London (Arnold) 31979.

Marais, Eugène N.: *The Soul of the White Ant*, Harmondsworth (Penguin) 1973. Deutsch: *Die Seele der weißen Ameise*, München, Wien (Langen-Müller) 1970.

Margulis, L., und D. Sagan: *Microcosmos*, New York (Summit Books) 1986.

Marr, David: *Vision: A Computational Investigation*, San Francisco (Freeman) 1982.

Marsh, O. C.: «Recent polydactyle horses», in *American Journal of Science* 43 (1892), S. 339–355.

Masterman, M.: «The nature of a paradigm», in *Criticism and the Growth of Knowledge*, hrsg. v. Imre Lakatos und A. Musgrave, Cambridge (Cambridge Univ. Press) 1970. Deutsch: *Kritik und Erkenntnisfortschritt*, Braunschweig (Vieweg) 1974.

Mayr, Ernst: *The Growth of Biological Thougth*, Cambridge, Mass. (Harvard Univ. Press) 1982. Deutsch: *Die Entwicklung der biologischen Gedankenwelt*, Berlin u. a. (Springer) 1984.

Medvedev, Zores A.: *The Rise and Fall of T. D. Lysenko*, New York (Columbia Univ. Press) 1969. Deutsch: *Der Fall Lysenko*, Hamburg (Hoffmann und Campe) 1971.

Meinhardt, Hans: *Models of Biological Pattern Formation*, London (Academic Press) 1982.

Merchant, Carolyn: *The Death of Nature*, London (Wildwood House) 1982. Deutsch: *Der Tod der Natur*, München (Beck) 1987.

Michaels, S. E.: «QWERTY versus alphabetic keyboards as a function of typing skill», in *Human Factors* 13 (1971), S. 419–26.

Miller, J. G.: *Living Systems*, New York (McGraw-Hill) 1978.

Mivart, St. G. J.: *Genesis of Species*, London (Macmillan) 1871.

Monod, Jacques: *Zufall und Notwendigkeit*, München (Piper) 1971.

Moore, J. A.: *Readings in Heredity and Development*, Oxford (Oxford Univ. Press) 1972.

Morgan, Thomas H.: *Regeneration*, New York (Macmillan) 1901.

Munn, Norman L.: *Handbook of Psychological Research on the Rat*, Boston (Houghton Mifflin) 1950.

Murphy, Gardner, und R. O. Ballou (Hrsg.): *William James on the Psychical Research*, London (Chatto and Windus) 1961.

Murphy, Michael, und R. A. White: *The Psychic Side of Sports*, Reading, Mass. (Addison-Wesley) 1978. Deutsch: *Psi im Sport*, München (Hugendubel) 1983.

Murrell, John N., et al.: *The Chemical Bond*, Chichester (Wiley) 1978.

«Nature survey of the neurosciences», in: *Nature* 293 (1981), S. 515–534.

Needham, J.: *Biochemistry and Morphogenesis*, Cambridge (Cambridge Univ. Press) 1942.

–: *A History of Embryology*, Cambridge (Cambridge Univ. Press) 1959.

Neisser, Ulric (Hrsg.): *Memory Observed: Remembering in Natural Contexts*, San Francisco (Freeman) 1982.

Nersessian, N. J.: «Aether/or: the creation of scientific concepts», in *Studies in the History and Philosophy of Science* 15 (1984), S. 175–212.

Nicolson, R. I., und P. H. Gardner: «The QWERTY keyboard hampers schoolchildren», in *British Journal of Psychology* 76 (1985), S. 525–531.

Nietzsche, Friedrich: *Aufzeichnungen aus dem Nachlaß* (Gesammelte Werke, Bd. XI), München (Musarion) 1924.

Nisbet, Robert: *History of the Idea of Progress*, New York (Basic Books) 1980.

Nollman, Jim: *Dolphin Dreamtime*, London (Blond) 1985. Deutsch: *Die Botschaft der Delphine*, München (Ed. Meyster) 1986.

Nordenskiöld, Erik: *Die Geschichte der Biologie*, Jena 1926.

Norman, D. A., und D. Fisher: «Why alphabetic keyboards are not easy to use», in *Human Factors* 24 (1982), S. 509–519.

North, G.: «Descartes and the fruit fly», in *Nature* 322 (1986), S. 404 f.

Novak, M.: *The Joy of Sports*, New York (Basic Books) 1976.

Oyama, Susan: *The Ontogeny of Information*, Cambridge (Cambridge Univ. Press) 1985.

Pagels, Heinz R.: *The Cosmic Code*, London (Joseph) 1983. Deutsch: *Cosmic Code*, Berlin (Ullstein) 1983.

–: *Perfect Symmetry*, London (Joseph) 1985. Deutsch: *Die Zeit vor der Zeit*, Berlin (Ullstein) 1987.

Palmer, J.: «A community mail survey of psychic experiences», in *Journal of the American Society for Psychic Research* 73 (1979), S. 221–251.

Parsons, Peter A.: *The Genetic Analysis of Behaviour*, London (Methuen) 1967.

Partridge, B.: «Schooling», in *The Oxford Companion to Animal Behaviour*, hrsg. v. David McFarland, Oxford (Oxford Univ. Press) 1981.

Pavlov, Ivan P.: «New researches on conditioned reflexes», in *Science* 58 (1923), S. 359–61.

Pecher, C.: «La fluctuation d'éxcitabilité de la fibre nerveuse», in *Archives Internationales de Physiologie* 49 (1939), S. 129–152.

Penfield, Wilder: *The Mystery of the Mind*, Princeton (Princeton Univ. Press) 1975.

–, und L. Roberts: *Speech and Brain Mechanisms*, Princeton (Princeton Univ. Press) 1959.

Philip, James A.: *Pythagoras and Early Pythagoreanism*, Toronto (Univ. of Toronto Press) 1966.

Piaget, Jean: *Der Strukturalismus*, Olten u. Freiburg i. Br. (Walter) 1973.

Plotinus: *The Enneads*, übers. v. S. Mackenna, London (Faber) 1956.

–: *The Essential Plotinus*, übers. v. E. O'Brien, New York (Mentor) 1964.

–: Auswahl aus seinem Werk, übers. v. Richard Harder, Frankfurt/M. (Fischer TB 203) 1958.

Poggio, T., et al.: «Computational vision and regularization theory», in *Nature* 317 (1985), S. 313–319.

Popper, Karl: *Quantum Theory and the Schism in Physics*, London (Hutchinson) 1982.

–: *Realism and the Aim of Science*, London (Hutchinson) 1983.

–, und J. C. Eccles: *The Self and Its Brain*, Berlin u. a. (Springer) 1977. Deutsch: *Das Ich und sein Gehirn*, München (Piper) 1982.

Potters, V. G.: *C. S. Peirce on Norms and Ideals*, Worcester (Univ. of Massachusetts Press) 1967.

Potts, W. K.: «The chorus line hypothesis of manœuvre co-ordination in avian flocks», in *Nature* 309 (1984), S. 344 f.

Press, W. H.: «A place for teleology», in *Nature* 320 (1986), S. 315.

Pribram, Karl: *Languages of the Brain*, Englewood Cliffs (Prentice Hall) 1971.

Prigogine, Ilya: *From Being to Becoming*, San Francisco (Freeman) 1980. Deutsch: *Vom Sein zum Werden*, München (Piper) 1982.

–, und I. Stengers: *Order Out of Chaos*, London (Heinemann) 1984.

Rapp, P. E.: «An atlas of cellular oscillations», in *Journal of Experimental Biology* 81 (1979), S. 281–306.

–: «Why are so many biological systems periodic?», in *Progress in Neurobiology*, 1987.

Razran, G.: «Pavlov and Lamarck», in *Science* 128 (1958), S. 758–60.
Rensch, Bernhard: *Evolution Above the Species Level*, London (Methuen) 1959. Deutsch: *Neuere Probleme der Abstammungslehre*, Stuttgart (Enke) 1954.
Richardson, J. S.: «The anatomy and taxonomy of protein structure», in *Advances in Protein Chemistry* 34 (1981), S. 167–339.
Riedl, Rupert: *Die Ordnung des Lebendigen*, Hamburg, Berlin (Parey) 1975.
Rignano, Eugenio: *Inheritance of Acquired Characters*, Chicago (Open Court) 1911.
–: *Biological Memory*, New York (Harcourt, Brace and Co.) 1926. Deutsch: *Das Gedächtnis als Grundlage des Lebendigen*, Wien (Braumüller) 1931.
Ringwood, A. E.: «Terrestrial origin of the moon», in *Nature* 322 (1986), S. 323–328.
Rose, Steven P. R.: *The Conscious Brain*, Harmondsworth (Penguin) 1976.
–: «What should a biochemistry of learning and memory be about?», in *Neuroscience* 6 (1981), S. 811–821.
–: «Strategies in studying the cell biology of learning and memory», in *Neuropsychology of Memory*, hrsg. v. L. R. Squire und N. Butters, New York (Guilford Press) 1984.
–: «Memories and molecules», in *New Scientist* 112 (27. 11. 1986), S. 40–44.
–, und A. Csillag: «Passive avoidance training results in lasting changes in deoxyglucose metabolism in left hemisphere regions of chick brain», in *Behavioural and Neural Biology* 44 (1985), S. 315–324.
–, und S. Harding: «Training increases ^{3}H fucose incorporation in chick brain only if followed by a memory storage», in *Neuroscience* 12 (1984), S. 663–67.
–, L. J. Kamin und R. Lewontin: *Not in Our Genes*, Harmondsworth (Pelican) 1984. Deutsch: *Die Gene sind es nicht*, München (Psychologie Verlags Union) 1988.
Rosenthal, Robert: *Experimenter Effects in Behavioral Research*, New York (Irving) 1976.
Rosenfield, I.: «Neural Darwinism: a new approach to memory and perception», in *New York Review of Books* (9. 10. 1986), S. 21–27.
Rosenzweig, M. R., et al.: «Brain changes in response to experience», in *Progress in Psychobiology*, hrsg. v. R. F. Thompson, San Francisco (Freeman) 1976.
Rothenbuhler, W. C.: «Behaviour genetics of nest cleaning in honey bees», in *American Zoologist* 4 (1964), S. 111–123.
Russell, Edward S.: *Form and Function*, London (Murray) 1916.
Russell, James: *Explaining Mental Life*, London (Macmillan) 1984.
Russell, J. L.: «Time in Christian thought», in *The Voices of Time*, hrsg. v. Julius T. Frazer, London (Allen Lane) 1968.
Sacks, Oliver: *The Man Who Mistook His Wife for a Hat*, London (Duckworth) 1985. Deutsch: *Der Mann, der seine Frau mit einem Hut verwechselte*, Reinbek (Rowohlt) 1987.
Salthouse, I.: «The skill of typing», in *Scientific American* 250 (2/1984), S. 94–99.

Sanchez-Herrero, E., et al.: «Genetic organization of the Drosophila thorax complex», in *Nature* 313 (1985), S. 108–113.

Schrack, R. A.: «Electrical aspects of the snowflake crystal», in *Nature* 314 (1985), S. 324.

Selous, E.: *Thought Transference, or What? in Birds*, London (Constable) 1931.

Semon, Richard: *Das Problem der Vererbung erworbener Eigenschaften*, Leipzig (Engelmann) 1912.

–: *Die Mneme als schaltendes Prinzip im Wechsel des organischen Geschehens*, Leipzig (Engelmann) 1911.

Sheldrake, A. Rupert: *A New Science of Life*, London (Blond and Briggs) 1981. Deutsch: *Das schöpferische Universum*, München (Goldmann TB 14014) 1985.

–, und D. Bohm: «Morphogenetic fields and the implicate order», in *ReVision* 5 (1982), S. 41–48.

Slack, J. M. W.: «We have a morphogen!», in *Nature* 327 (1987), S. 535–540.

Smith, A. P.: «An investigation of the mechanisms underlying nest construction in the mud wasp Paralastor sp.», in *Animal Behaviour* 26 (1978), S. 232–40.

Speman, Hans C.: *Embryonic Development and Induction*, New Haven (Yale Univ. Press) 1938.

Spronsen, Johannes W. van: *The Periodic System of Chemical Elements*, Amsterdam (Elsevier) 1969.

Stanley, Steven M.: *Macroevolution*, San Francisco (Freeman) 1979.

–: *The New Evolutionary Timetable*, New York (Basic Books) 1981. Deutsch: *Der Neue Fahrplan der Evolution*, München (Harnack) 1983.

Stevenson, I.: *Telepathic Impressions*, Charlottesville (Univ. of Virginia Press) 1970.

–: *Twenty Cases Suggestive of Reincarnation*, Charlottesville (Univ. of Virginia Press) 1974.

Struhl, G.: «A homoeotic mutation transforming leg to antenna in Drosophila», in *Nature* 292 (1981), S. 635–38.

Sutherland, S.: «The vision of David Marr», in *Nature* 298 (1982), S. 691 f.

Taylor, Gordon R.: *The Natural History of the Mind*, New York (Dutton) 1979. Deutsch: *Die Geburt des Geistes*, Frankfurt/M. (S. Fischer) 1982.

–: *The Great Evolution Mystery*, London (Secker and Warburg) 1983. Deutsch: *Das Geheimnis der Evolution*, Frankfurt/M. (S. Fischer) 1983.

Teilhard de Chardin, Pierre: *Der Mensch im Kosmos*, München (Beck) [7]1964.

Teipel, J. W., und D. E. Koshland: «Kinetic aspects of conformational change in proteins I. Rate of regain of enzyme activity from denatured proteins», in *Biochemistry* 10 (1971), S. 792–98.

Teuber, H.: «Recovery of function after brain injury in man», in *Outcome of Severe Damage to the CNS*. Ciba Foundation Symposium 34, Amsterdam (Elsevier) 1975.

Thaller, C., und G. Eichele: «Identification and spatial distribution of retinoids in the developing chick limb bud», in *Nature* 327 (1987), S. 625–28.

Thom, René: *Structural Stability and Morphogenesis*, Reading, Mass. (Benjamin) 1975.

–: *Mathematical Models of Morphogenesis*, Chicester (Horwood) 1983.

Thompson, D'Arcy Wentworth: *On Growth and Form*, Cambridge (Cambridge Univ. Press) [2]1942. Deutsch: *Über Wachstum und Form*, Basel, Stuttgart (Birkhäuser) 1973.

Thorpe, William H.: *Learning and Instinct in Animals*, London (Methuen) 1963.

Tinbergen, Niko: *The Study of Instinct*, Oxford (Oxford Univ. Press) 1951. Deutsch: *Instinktlehre*, Berlin, Hamburg (Parey) 1952.

Tryon, R. C.: «The genetics of learning ability in rats», in *University of California Publications in Psychology* 4 (1929), S. 71–89.

Tuddenham, R. D.: «Soldier intelligence in World Wars I and II», in *American Psychologist* 3 (1948), S. 54–56.

Turner, R. H.: «Collective Behaviour», in *Encyclopaedia Britannica*, Chicago, [15]1985.

Vainshtein, B. K., et al.: «Structure of leghaemoglobin from lupin root nodules», in *Nature* 254 (1975), S. 163 f.

Varela, Francisco J. *Principles of Biological Autonomy*, New York (North Holland) 1979.

Verveen, A. A., und L. J. de Felice: «Membrane noise», in *Progress in Biophysics and Molecular Biology* 28 (1974), S. 189–265.

Vries, Hugo de: *Species and Varieties: Their Origin by Mutation*, London (Kegan Paul) 1906. Deutsch: *Arten und Varietäten und ihre Entstehung durch Mutation*, Berlin (Bornträger) 1906.

Waddington, Conrad H.: «Selection of the genetic basis for an acquired character», in *Nature* 169 (1952), S. 278 f.

–: «Experiments in acquired characteristics», in *Scientific American* 189 (1953), S. 92–97.

–: «Genetic assimilation of the bithorax genotype», in *Evolution* 10 (1956a), S. 1–13.

–: *Principles of Embryology*, New York (Macmillan) 1956b.

–: *The Strategy of the Genes*, London (Allen and Unwin) 1957.

–: *The Evolution of an Evolutionist*, Edinburgh (Edinburgh Univ. Press) 1975.

– (Hrsg.): *Towards a Theoretical Biology*, Edinburgh (Edinburgh Univ. Press) 1972.

Walker, Barbara G.: *The Woman's Encyclopedia of Myths and Secrets*, San Francisco (Harper and Row) 1983.

Walker, Stephen: *Animal Thought*, London (Routledge and Kegan Paul) 1983.

Wallace, Alfred R.: *The World of Life: A Manifestation of Creative Power, Directive Mind and Ultimate Purpose*, London (Chapman and Hall) 1911.

Wallace, W.: «Descartes», in *Encyclopaedia Britannica*, New York [11]1910.

Weber, Renée: *Dialogues with Scientists and Sages: The Search for Unity*, London (Routledge and Kegan Paul) 1986. Deutsch: *Wissenschaftler und Weise*, Grafing (Aquamarin) 1987.

Webster, G., und B. C. Goodwin: «The Origin of Species: a structuralist approach», in *Journal of Social and Biological Structure* 5 (1982), S. 15–47.

Weinberg, Steven: *The First Three Minutes*, London (Deutsch) 1977. Deutsch: *Die ersten drei Minuten*, München (Piper) 1977.

Weisel, T. N.: «Postnatal development of the visual cortex and the influence of environment», in *Nature* 299 (1982), S. 583–91.

Weismann, August: *Das Keimplasma*, Jena (G. Fischer) 1893.

Weiss, Paul: *Principles of Development*, New York (Holt) 1939.

Went, F. W.: «Parallel evolution», in *Taxon* 20 (1971), S. 197–226.

Westfall, R. S.: *Never at Rest: A Biography of Isaac Newton*, Cambridge (Cambridge Univ. Press) 1980.

Whitehead, Alfred North: *Science and the Modern World*, New York (MacMillan) 1925. Deutsch: *Wissenschaft und moderne Welt*, Zürich (Morgarten) 1949.

Whyte, Lancelot L.: *Accent on Form*, London (Routledge and Kegan Paul) 1955.

–: *The Universe of Experience*, New York (Harper and Row) 1974.

Wiener, Norbert: *Cybernetics*, Cambridge, Mass. (MIT Press) ²1961. Deutsch: *Kybernetik*, Düsseldorf, Wien (Econ) 1963.

Wilber, Ken (Hrsg.): *The Holographic Paradigm and Other Paradoxes*, Boulder (Shambhala) 1982. Deutsch: *Das holographische Weltbild*, Bern u. a. (Scherz) 1986.

– (Hrsg.): *Quantum Questions*, Boulder (Shambhala) 1984.

Williams, R. J. P.: «The conformational properties of proteins in solution», in *Biological Reviews*, 54 (1979), S. 389–437.

Willis, John C.: *The Course of Evolution by Differentiation of Divergent Mutation*, Cambridge (Cambridge Univ. Press) 1940.

Wilson, Edward O.: *The Social Insects*, Cambridge, Mass. (Harvard Univ. Press) 1971.

–: *Sociobiology*, Cambridge, Mass. (Harvard Univ. Press) 1980.

Wolf, Fred A.: *Star Wave*, New York (Macmillan) 1984.

Wolman, Benjamin B. (Hrsg.): *Handbook of Parapsychology*, New York (Van Nostrand Reinhold) 1977.

Wolpert, L.: «Pattern formation in biological development», in *Scientific American* 239 (1978), S. 154–64.

–, und J. Lewis: «Towards a theory of development», in *Federation Proceedings* 34 (1975), S. 14–20.

Wood, E. E.: *Mind and Memory Training*, London (Theosophical Publishing House) 1936.

Yates, Frances A.: *The Art of Memory*, Harmondsworth (Penguin) 1969.

Young, J. P. W.: «Pea leaf morphogenesis: a simple model», in *Annals of Botany* 52 (1983), S. 311–16.

Young, John Z.: *Programs of the Brain*, Oxford (Oxford Univ. Press) 1978.

Forschungswettbewerb (Ausschreibung)

Das Institute of Noetic Sciences hat für die beste von Studenten durchgeführte experimentelle Überprüfung der Hypothese der Formenbildungsursachen Preise im Gesamtwert von fünftausend Dollar ausgesetzt. Die Preise sind auf die folgenden Kategorien aufgeteilt:

- Studenten vor dem Eintritt ins Universitätsstudium
- Nichtgraduierte Universitätsstudenten
- Graduierte Universitätsstudenten.

Es spielt keine Rolle, ob die Resultate für oder gegen die Hypothese sprechen. Die eingereichten Beiträge werden von einer internationalen Wissenschaftlerjury bewertet. Einsendeschluß ist der 30. September 1990. Nähere Informationen bei:

The Morphic Resonance Research Competition
Institute of Noetic Sciences
P.O. Box 97
Sausalito, CA 94966
U.S.A.

The Morphic Resonance Research Fund

An Universitäten durchgeführte Forschungen zum Thema morphische Resonanz werden vom Morphic Resonance Research Fund finanziell unterstützt. Sie können die Forschungen fördern, indem Sie zu diesem Fonds beitragen. Jeder Spender erhält mit dem *Morphic Resonance Research Newsletter* regelmäßig die neuesten Forschungsberichte. Einzelheiten sind zu erfahren bei:

The Morphic Resonance Research Fund
International Center for Integrative Studies
121 Avenue of the Americas
New York, NY 10013
U.S.A.

Glossar

Allele: Jedes → Gen nimmt eine bestimmte Stelle in einem → Chromosom ein, die man seinen «Ort» nennt. An jedem Ort können alternative Formen des dorthin gehörenden Gens existieren. Diese Varianten des gleichen Gens werden Allele genannt.

Anpassung: Eine Fähigkeit der Organismen, die ihnen Vorteile zu verschaffen scheint, im allgemeinen im Sinne der Überlebens- und Fortpflanzungsfähigkeit. Erklärungsmodelle für die zielgerichtete oder scheinbar zielgerichtete Natur der Anpassung werden unter dem Gesichtspunkt der → Teleologie oder → Teleonomie gesucht.

Atavismus: Das Wiederauftreten von Merkmalen mehr oder weniger weit zurückliegender Vorfahren. Auch «Rückschlag» genannt.

Atom: In der seit den alten Griechen bestehenden Philosophie, die → Atomismus genannt wird, ist das Atom die ewige, unwandelbare, unzerstörbare und homogene letzte Einheit der Materie. In der Chemie ist es die kleinste Einheit eines Elements, die an einer chemischen Reaktion beteiligt sein kann. In der modernen Physik ist es eine komplexe Aktivitätsstruktur mit einem Kern in der Mitte und um diesen herum den Elektronen auf verschiedenen Energieniveaus. Der Kern und seine Bestandteile sind wiederum komplexe Aktivitätsstrukturen.

Atomismus: Die Lehre, daß alle Dinge aus letzten, unteilbaren und bewegungsfähigen Materieeinheiten bestehen. Diese letzten Teilchen sind die ewige Grundlage von allem Wirklichen. In der modernen Form dieser Philosophie wurden die Atome als «Grundbausteine» der Materie von den subatomaren Teilchen abgelöst.

Attraktor: Ein Begriff der modernen Dynamik, der die Grenze bezeichnet, zu der die Bahnen des Wandels in einem dynamischen System hinlenken. Attraktoren liegen im allgemeinen in Attraktions- oder Anziehungs-Bassins. Die Attraktoren und ihre Bassins sind die Hauptzüge der auf René Thom zurückgehenden mathematischen Modelle morphogenetischer Felder.

Chreode: Eine kanalisierte Bahn des Wandels in einem → morphischen Feld.

Chromosomen: Mikroskopische fadenartige Strukturen in den Kernen lebender Zellen, aber auch in kernlosen Zellen wie etwa Bakterien.

Dialektischer Materialismus: Eine Form des Materialismus, in dem Materie nicht als etwas Statisches angesehen wird, dem Wandel und Entwicklung von außen diktiert werden muß; vielmehr enthält die Materie hier selbst jene Spannungen oder «Widersprüche», die als treibende Kraft der Veränderung wirken.

DNS, Desoxyribonukleinsäure: Ein Riesenmolekül aus vielen chemischen Einheiten, Nukleotide genannt, die linear zu einem langen Strang verbunden sind. Normalerweise sind zwei solche Stränge parallel miteinander verknüpft und zu einer Doppelschraube eingerollt, die man «Helix» nennt. DNS ist das Material der genetischen Vererbung, aber bei höheren Organismen scheint nur ein kleiner Teil der DNS in den Genen zu liegen. Die DNS enthält vier Arten von Nukleotiden, und die Sequenz dieser Nukleotide ist die Basis des genetischen Codes. Bei der sogenannten Replikation lösen sich die beiden DNS-Stränge voneinander, und die jeweils fehlende Seite wird neu aufgebaut. Der genetische Code der Gene kann in Sequenzen von Aminosäuren «übersetzt» werden, die sich zu Ketten verbinden und damit Proteine bilden. Die Proteinsynthese richtet sich nach Molekülen von RNS (Ribonukleinsäure), die als Schablonen dienen. Sie werden aus der DNS der Gene «transkribiert».

Dominanz: Dominant nennt man in der Genetik ein Gen, das in Verbindung mit einem → Allel den gleichen → Phänotyp erzeugt wie in Verbindung mit einem identischen Gen. Das in Anwesenheit eines dominanten Gens unwirksame Allel wird «rezessiv» genannt.

Dualismus: Die philosophische Lehre, daß Geist und Materie unabhängig voneinander existieren und eines nicht auf das andere zurückgeführt werden kann (s. auch Materialismus).

Energie: Allgemein die Fähigkeit oder Kraft, eine Wirkung hervorzubringen. In der Physik ist Energie die Eigenschaft eines Systems, die das Maß seiner Fähigkeit, Arbeit zu verrichten, angibt. Arbeit ist definiert als das, was geschieht, wenn eine Kraft ihren Angriffspunkt verlagert. Energie kann potentiell oder kinetisch sein, und sie nimmt die verschiedensten Formen an: elektrische, thermische, chemische Energie, Kernenergie, Strahlungsenergie und mechanische Energie.

Entelechie: In der aristotelischen Philosophie das Lebensprinzip, gleichgesetzt mit der Seele (oder Psyche im altgriechischen Sinn des Wortes). Die Entelechie ist sowohl die formative als auch die finale oder Zweck-Ursache eines lebendigen Organismus: Allem Lebendigen wohnt ein Lebenszweck inne. In Hans Drieschs → Vitalismus ist Entelechie das nichtmaterielle Lebensprinzip, ein lenkender, teleologischer Kausalfaktor, der für Harmonie bei Entwicklung, Verhalten und den mentalen Prozessen sorgt (s. auch genetisches Programm und morphisches Feld).

Epigenese: Die Bildung ganz neuer Strukturen während der embryonalen Entwicklung (s. auch Präformation).

Evolution: In der Biologie seit Darwin die Entstehung oder Entwicklung der Arten. Ursprünglich der Begriff für die Entwicklung individueller Organismen, die nach der → Präformationslehre nichts weiter als die Entfaltung präexistierender Strukturen war. Erst in den dreißiger Jahren des vorigen Jahrhunderts wurde der Begriff auf die stammesgeschichtliche Wandlung der Organismen angewendet. Von den sechziger Jahren an bezeichnete der Begriff dann ganz allgemein die historische Wandlung des Lebendigen, die man als zielgerichtete, fortschreitende Höherentwicklung auffaßte. Mit Darwins Theorie der Evolution durch natürliche Selektion trat der blinde Zufall an die Stelle der Zielgerichtetheit, und dieser Auffassung folgt auch der → Neodarwinismus, der die vorherrschende Lehrmeinung in der modernen Biologie darstellt. Andere Evolutionsphilosophien postulieren ein der Materie oder dem Leben innewohnendes schöpferisches Prinzip, und manche sehen im Evolutionsprozeß die Manifestation eines lenkenden oder zielgerichteten Prinzips. Nach der modernen Kosmologie ist das ganze Universum ein evolutionäres System.

Feld: Eine Region, in der physikalische Wirkungen festzustellen sind. In ihrem Einflußbereich verbinden und verflechten die Felder Materie und Energie miteinander. Felder sind keine Form der Materie; Materie ist vielmehr Energie, die in Feldern gebunden ist. Die heutige Physik kennt mehrere Grundarten von Feldern: Gravitationsfelder, elektromagnetische Felder und die Materiefelder der Quantenphysik. Die Hypothese der Formenbildungsursachen weitet den Begriff des physikalischen Feldes über diese anerkannten Felder hinaus auf die morphischen Felder aus.

Form: Die Gestalt, Konfiguration oder Struktur von etwas im Unterschied zu seinem Material. In der platonischen Tradition ist «Form» die Übersetzung des griechischen *eidos* und austauschbar mit dem Begriff «Idee». Besondere Dinge, die uns in der Welt der Erscheinungen begegnen, haben teil an diesen ewigen Formen oder Ideen oder Urbildern, die Raum und Zeit transzendent sind. In der aristotelischen Tradition dagegen sind die ewigen Formen den Dingen selbst immanent. Im Nominalismus besitzen Formen keine von unserem Bewußtsein unabhängige objektive Wirklichkeit.

Formenbildungsursachen, Hypothese der: Die Hypothese, daß Organismen oder → morphische Einheiten auf jeder Entwicklungsebene durch morphische Felder organisiert werden, die selbst wiederum durch → morphische Resonanz mit allen früheren morphischen Einheiten ähnlicher Art beeinflußt und stabilisiert werden.

Gedächtnis: Die Fähigkeit des Erinnerns und Wiedererkennens. Für das mechanistische Denken beruht das Gedächtnis von Mensch und Tier auf materiellen Erinnerungsspuren im Nervensystem. Die Hypothese der Formenbildungsursachen sagt demgegenüber, daß das Gedächtnis, und zwar sowohl mit seinen bewußten als auch mit seinen unbewußten Inhalten, auf morphische Resonanz zurückzuführen ist.

Geist: Im kartesianischen Dualismus wird der bewußte, denkende Geist vom materiellen Körper unterschieden; der Geist ist immateriell. Das materialistische Denken führt den Geist auf das physikalische Geschehen im Gehirn zurück. Die Tiefenpsychologie zeigt auf, daß der bewußte Geist mit einer viel tieferen und breiteren mentalen Ebene, dem Unbewußten, verbunden ist. Nach Jungs Auffassung gibt es nicht nur ein individuelles, sondern auch ein kollektives Unbewußtes. Nach der Hypothese der Formenbildungsursachen findet alles geistige Geschehen im Rahmen und aufgrund von mentalen Feldern statt, denen – wie morphischen Feldern anderer Art – eine Art Gedächtnis innewohnt.

Gen: Eine Einheit dessen, was als Material der Vererbung aufgefaßt wird. Gene bestehen aus → DNS und sind auf → Chromosomen angeordnet. Ein einzelnes Gen ist ein Chromosomen-Abschnitt, der ein Merkmal oder eine Gruppe von Merkmalen eines Organismus auf eine bestimmte Weise beeinflußt. Alternative Formen eines Gens werden → Allele genannt. In verschiedenen Schulen wird der Begriff «Gen» unterschiedlich definiert: Die Molekularbiologen fassen das Gen meist als ein Stück DNS auf, in dem die Sequenz von Aminosäuren in einem Protein kodiert ist. Für manche Richtungen des Neodarwinismus ist das Gen die Einheit der Selektion, und Evolution wird als der Gesamtprozeß der allmählichen Verschiebung von Gen-Häufigkeiten aufgefaßt.

Genetisches Programm: Ein Programm ist grundsätzlich der Plan eines bestimmten Ablaufs wie etwa bei einem Konzertprogramm oder Computerprogramm. Der Begriff des genetischen Programms impliziert, daß ein Organismus solche Pläne von intendierten Abläufen erbt. Man geht davon aus, daß diese Pläne in den Genen niedergelegt sind. Das genetische Programm ist die Metapher, durch die Vorstellungen wie zielgerichtete Aktivität oder Formenbildungsursachen Eingang in die moderne Biologie finden.

Genotyp: Die genetische Konstitution eines Organismus (vgl. Phänotyp).

Gestalt: Ein in seiner Prägung durch die Gestaltpsychologie gebräuchlich gewordener Begriff, der die Ganzheitlichkeit eines betrachteten Gegenstands in ihren drei Aspekten Struktur, stoffliche Beschaffenheit und Wesensmerkmale zum Ausdruck bringt. Charakteristisch für die Gestaltqualitäten einer Ganzheit ist, daß sie nicht aus den Teilen, ja nicht einmal aus der Summe aller Teile dieser Ganzheit abzuleiten sind.

Gewohnheit oder Habitus: Eine erworbene körperliche oder mentale Disposition; eine meist durch häufige Wiederholung entstandene Tendenz zu bestimmten Erscheinungsbildern oder Verhaltensweisen; alles, was Usus, Brauch oder üblich geworden ist. In der Biologie bezeichnet man mit dem Begriff «Habitus» die charakteristische Wuchsform von Pflanzen und das Erscheinungsbild von Tieren, in der Kristallographie die charakteristischen Formen, die Kristalle annehmen. Nach der Hypothese der Formenbildungsursachen werden die Merkmale morphischer Einheiten, der einfachsten wie der komplexesten, durch Wiederholung aufgrund von morphischer Resonanz immer mehr zur Gewohnheit.

Habitus: → Gewohnheit

Holismus: Die Lehre, daß das Ganze mehr ist als die Summe seiner Teile (vgl. Reduktionismus).

Holon: Ein Ganzes, das auch Teil eines größeren Ganzen sein kann. Holons sind zu vielschichtigen geschachtelten Hierarchien oder Holarchien organisiert. Dieser von Arthur Koestler geprägte Begriff ist dem der → morphischen Einheit äquivalent.

Homöotische Mutation: Eine Mutation, durch die ein Körperteil sich in einer für einen anderen Körperteil typischen Weise entwickelt. Bei Taufliegen ist etwa der Fall bekannt, daß an der Stelle, wo sich normalerweise ein Fühler befindet, ein Bein wächst.

Information: «Informieren» bedeutet wörtlich «in eine Form oder Gestalt bringen». Eine allgemeine Definition des Begriffs könnte lauten: das, was Form oder Ordnung in die Welt bringt. In der Biologie spielt Information eine Rolle als formenbildende Ursache, etwa im Begriff der genetischen Information.

Informationstheorie: Ein Zweig der → Kybernetik, in dem es darum geht zu bestimmen, wieviel Information erforderlich ist, um Prozesse von bestimmter Komplexheit zu steuern. Information in diesem engeren technischen Sinne wird in Bits angegeben. Ein Bit ist die Informationsmenge, die erforderlich ist, um eine von zwei Alternativen zu spezifizieren, etwa um in der binären Computersprache zwischen 1 und 0 zu unterscheiden.

Interaktionismus: Eine Form des → Dualismus, gemäß der es Wechselwirkungen zwischen Geist und Materie geben kann: Mentale Ereignisse können Ursache für physikalische Ereignisse werden und umgekehrt.

Kraft: Im allgemeinen als aktive, wirksam werdende Energie verstanden. Im engeren physikalischen Sinne eine äußere Wirkgröße, die den Bewegungszustand eines Körpers ändern kann.

Kybernetik: Die Theorie der Kommunikation und der Steuerungsmechanismen in lebendigen Systemen und Maschinen.

Lamarcksche Vererbung: Die Vererbung erworbener Merkmale. Bis ins späte neunzehnte Jahrhundert galt allgemein als selbstverständlich, daß Merkmale, die sich aufgrund von Lebensumständen oder Gewohnheiten bilden, vererbt werden können, und sowohl Lamarck als auch Darwin teilten diese Auffassung. Nach der vorherrschenden Lehrmeinung der heutigen Genetik ist diese Art der Vererbung aus theoretischen Gründen unmöglich (s. Mendelsche Vererbung).

Materialismus: Die Lehre, daß alles Existierende entweder Materie oder vollständig von Materie abhängig ist.

Materie: Stoff, der traditionelle Gegenbegriff für Form oder Geist. Im philosophischen Materialismus ist Materie die Substanz und Basis aller Wirklichkeit und wird im allgemeinen atomistisch aufgefaßt. In der Newtonschen Physik steht Materie, die durch Masse und Ausdehnung gekennzeichnet ist, im Gegensatz zur Energie. Nach der Relativitätstheorie sind Masse und Energie ineinander überführbar, und materielle Systeme werden jetzt als Formen von Energie angesehen.

Mechanik: Im allgemeinen Verständnis die Theorie und Praxis des Erfindens und Konstruierens von Maschinen, der Erklärung ihrer Wirkungsweise und der Berechnung ihrer Effizienz. In der Physik das Studium des Verhaltens von Materie unter der Einwirkung von Kraft. Die Newtonsche Mechanik ist zunächst durch die Relativitätstheorie grundlegend modifziert worden; für die Erklärung von Phänomenen im mikrophysikalischen Bereich wurde sie durch die Quantenmechanik ersetzt.

Mechanistische Theorie: Die Theorie, daß sich alle physikalischen Phänomene mechanisch erklären lassen und Ziel- oder Zweckvorstellungen hierfür nicht relevant sind (vgl. Teleologie). Die zentrale Metapher der mechanistischen Theorie ist die Maschine. Im siebzehnten Jahrhundert stellte man sich das Universum als große Maschine vor, die von Gott entworfen, gemacht und in Gang gesetzt worden war und von seinen ewigen Gesetzen regiert wurde. Gegen Ende des neunzehnten Jahrhunderts bestand die Maschinenmetapher zwar immer noch, doch es war jetzt eine langsam auslaufende Maschine, die irgendwann stehenbleiben würde. Die mechanistische Richtung in der Biologie betrachtet lebendige Organismen als im Grunde unbelebte Maschinen oder mechanische Systeme: Alle Lebensphänomene lassen sich anhand mechanischer Modelle erklären und sind letztlich nichts weiter als Physik und Chemie.

Mem: Von Richard Dawkins in Analogie zu «Gen» geprägter neuer Begriff, definiert als: «Eine Einheit der kulturellen Vererbung, hypothetisch als dem einzelnen Gen analog aufgefaßt und wie dieses der natürlichen Selektion unterworfen aufgrund seiner ‹phänotypischen› Konsequenzen für seine Überlebens- und Replikationsfähigkeit in seiner kulturellen Umwelt.»

Mendelsche Vererbung: Vererbung aufgrund von Paaren diskreter Erbfaktoren, die jetzt den Genen gleichgesetzt werden. Beide Elternorganismen steuern je einen Faktor zu diesem Paar bei. Gemeinsam können die beiden Faktoren einen gemischen oder «intermediären» Phänotyp hervorbringen, aber sie selbst mischen sich nicht und werden unverändert an künftige Generationen weitergegeben.

Molekül: Eine chemische Einheit. Die kleinste Menge einer chemischen Verbindung, die unabhängig existieren kann. Jede Molekülart besitzt ihre charakteristische atomare Zusammensetzung und Struktur und spezifische physikalische und chemische Eigenschaften.

Morphische Einheit: Eine Einheit der Form oder Organisation, zum Beispiel: Atom, Molekül, Kristall, Zelle, Pflanze, Tier, Muster instinktiven Verhaltens, soziale Gruppe, Element der Kultur, Ökosystem, Planet, Planetensystem, Galaxis. Morphische Einheiten sind zu geschachtelten Hierarchien von Einheiten in Einheiten organisiert. Ein Kristall etwa enthält Moleküle, und diese wiederum enthalten Atome; die Atome enthalten Elektronen und Kerne, die Kerne Kernteilchen und die Kernteilchen Quarks.

Morphische Resonanz: Der Einfluß, den vergangene Aktivitätsstrukturen auf spätere, von morphischen Feldern organisierte Aktivitätsstrukturen ähnlicher Art ausüben. Aufgrund von morphischer Resonanz können formative Kausaleinflüsse über Raum und Zeit wirksam werden; sie können nur aus der Vergangenheit kommen, und ihre Wirkung verringert sich nicht mit wachsender räumlicher oder zeitlicher Entfernung. Je größer die Ähnlichkeit, desto stärker der Einfluß der morphischen Resonanz. In der Regel besteht eine große Ähnlichkeit zwischen einer morphischen Einheit und ihren eigenen vergangen Zuständen, so daß sie in Resonanz mit ihrer eigenen Vergangenheit steht.

Morphisches Feld: Das Feld in und um eine morphische Einheit, das deren charakteristische Strukturen und Aktivitätsmuster organisiert. Morphische Felder liegen der Form und dem Verhalten von → Holons oder morphischen Einheiten auf allen Ebenen der Komplexität zugrunde. Der Begriff «morphisches Feld» bezieht sich nicht nur auf → morphogenetische Felder im engeren Sinne, sondern auch auf Verhaltensfelder, soziale Felder, kulturelle Felder und mentale Felder. Morphische Felder werden durch morphische Resonanz mit früheren morphischen Einheiten einer ähnlichen Art (die demzufolge unter dem Einfluß ähnlicher morphischer Felder standen) geformt und stabilisiert. Sie enthalten daher eine Art kumulative Erinnerung und haben eine Tendenz zu fortschreitender Habitualisierung.

Morphogenese: Das Entstehen von Form.

Morphogenetisches Feld: Ein Feld, das bei der Morphogenese eine kausale Rolle spielt. Der Begriff kam in den zwanziger Jahren auf und hat heute seinen festen Platz in der Entwicklungsbiologie, wenngleich die Natur des morphogenetischen Feldes noch nicht aufgeklärt werden konnte. Im Rahmen der Hypothese der Formenbildungsursachen bilden sie eine Unterart der → morphischen Felder und werden durch → morphische Resonanz stabilisiert.

Mutation: Eine plötzliche Veränderung. Mutationen sind am Phänotyp von Organismen zu erkennen und im allgemeinen auf Veränderungen im Erbmaterial zurückzuführen. Heute sind mit dem Begriff meist Zufallsänderungen in den Genen gemeint.

Natur: Traditionell als Mutter Natur personifiziert. Die schöpferische und steuernde Kraft in der materiellen Welt und unmittelbare Ursache aller Phänomene dieser Welt. Auch das Wesen der Dinge im Sinne der Ganzheit ihrer Eigenschaften, die ihnen ihren unverwechselbaren Charakter verleihen. Oder die innere Kraft, der innere Impuls, der die Aktivitäten der Lebewesen ausrichtet und lenkt. Nach der herkömmlichen Auffassung der Naturwissenschaft besteht die Natur aus Materie, Feldern und Energie und wird von – meist als ewig erachteten – Naturgesetzen regiert.

Neodarwinismus: Die moderne Version der Darwinschen Theorie der Evolution durch natürliche Auslese. Im Gegensatz zur Darwinschen Theorie wird hier jedoch die Möglichkeit der → Lamarckschen Vererbung ausgeschlossen; Vererbung beruht allein auf der Weitergabe von Genen nach den Regeln der → Mendelschen Vererbung. Genmutation ist zufällig, und das Mengenverhältnis, in dem alternative Gene (→ Allele) innerhalb einer Population zueinander stehen, wird durch natürliche Auslese beeinflußt. In der extremsten Form sieht der Neodarwinismus in der Evolution nicht mehr als Veränderungen von Genhäufigkeiten innerhalb von Populationen.

Organizismus: Eine Form des Holismus, nach der die Welt auf allen Ebenen der Komplexität aus Organismen (oder → Holons oder → morphischen Einheiten) besteht. Organismen sind Ganzheiten, die aus Teilen bestehen, welche selbst wieder Organismen sind und so weiter; sie sind zu geschachtelten Hierarchien organisiert. Die Teile eines Organismus können nur anhand ihres Wirkens und ihrer Funktionen im bestehenden Ganzen verstanden werden. Organismen in diesem Sinne sind zum Beispiel Atome, Moleküle, Kristalle, Zellen, Gewebe, Organe, Pflanzen und Tiere, Gesellschaften, Kulturen, Ökosysteme, Planeten, Planetensysteme und Galaxien. Der ganze Kosmos wird hier als Organismus aufgefaßt und nicht als Maschine (vgl. mechanistische Theorie).

Paradigma: Ein Beispiel oder Muster. Wissenschaftliche Paradigmen sind nach Thomas S. Kuhn (s. Literaturverzeichnis) allgemeine Betrachtungsweisen der Welt, die unter den Mitgliedern einer wissenschaftlichen Gemeinschaft anerkannt sind und Modelle für akzeptable Problemlösungsverfahren liefern.

Phänotyp: Das Erscheinungsbild eines Organismus; seine erkennbaren Merkmale. Der Genotyp ist demgegenüber das genetische Material, das ein Organismus von den Elternorganismen erbt.

Physikalismus: Eine moderne Form des Materialismus. Die Lehre, daß alle wissenschaftlichen Aussagen, auch solche über mentales Geschehen, sich im Prinzip physikalisch formulieren lassen.

Platonismus: Die philosophische Tradition, die in der Nachfolge Platons die Existenz eines eigenständigen Reichs der Ideen oder ewigen Formen oder Urbilder oder Essenzen postuliert, die außerhalb von Raum und Zeit existieren und unabhängig davon, ob sie in der Welt der Phänomene manifestiert sind oder nicht.

Präformation: Die (inzwischen widerlegte) Theorie, daß erwachsene Organismen bereits mit allen ihren Zügen in der befruchteten Eizelle vorgeformt sind. Die embryonale Entwicklung besteht nach dieser Theorie lediglich in der Entfaltung oder «Entwicklung» dieser vorgeprägten Strukturen.

Protein: Eiweiß; besteht aus komplexen organischen Molekülen, in denen Aminosäuren zu sogenannten Polypeptidketten verbunden sind. Die Sequenz der Aminosäuren eines bestimmten Proteins wird von der Sequenz der Nukleotide in der → DNS des zuständigen Gens festgelegt. Ein Protein kann eine oder mehrere solcher Ketten haben, die sich zur charakteristischen dreidimensionalen Konfiguration des jeweiligen Proteins einfalten. Proteine findet man in allen Organismen, und es gibt sie in vielen verschiedenen Arten. Viele Proteine sind Enzyme, die Katalysatoren biochemischer Reaktionen; andere spielen die verschiedensten Rollen in den Geweben des Organismus.

Pythagoreer: Eine Schule des griechischen Denkens, die das Universum als wesenhaft mathematisch ansah. Die fundamentale mathematische Wirklichkeit ist Raum und Zeit transzendent. Viele Übereinstimmungen mit dem Platonismus.

Reduktionismus: Die Lehre, daß komplexere Phänomene auf weniger komplexe zurückgeführt werden können. In der Philosophie die Theorie, daß menschliches Verhalten letztlich auf das Verhalten von unbelebter Materie, die den Naturgesetzen unterliegt, zurückführbar ist. In der Biologie der Glaube, daß alle Lebensphänomene sich chemisch oder physikalisch erklären lassen. Eng verbunden mit der → mechanistischen Theorie, dem → Materialismus und dem → Atomismus.

Regulation: Die normale Entwicklung eines Embryos trotz weitreichender Eingriffe in seine Struktur, etwa durch Entfernung, Hinzufügung oder Austausch von Teilen. Ein halber Seeigel-Embryo entwickelt sich beispielsweise zu einer zwar kleineren, aber normal proportionierten Larve und schließlich zu einem normalen Seeigel.

Synapse: Ein Gebiet des funktionellen Kontakts zwischen den Nervenzellen oder zwischen Nervenzellen und Nervenendorganen, die die Nervenimpulse an Muskeln, Drüsen etc. weitergeben.

Systemtheorie: Eine Form des Holismus, die sich mit Organisation und Eigenschaften von Systemen aller Komplexheitsgrade befaßt. Die frühen Anstöße zu diesem Ansatz rühren aus den Bemühungen her, Parallelen zwischen physiologischen Systemen und sozialen Systemen aufzuzeigen. Der System-Ansatz ist grundlegend von der → Kybernetik beeinflußt worden. Charakteristisch für das Systemdenken ist die Metapher der sich selbst regulierenden Maschine.

Teleologie: Die Lehre von den Zielen oder finalen Ursachen; die Erklärung der Phänomene anhand von Zielen und Zwecken.

Teleonomie: Die Wissenschaft der Anpassung. Nach Dawkins ist «Teleonomie im Grunde Teleologie, die durch Darwin respektabel gemacht wurde». Die Zweckmäßigkeit der Strukturen und Funktionen und des Verhaltens von Organismen wird durch evolutionäre Anpassung aufgrund von natürlicher Auslese erklärt.

Vererbung: Die Weitergabe von Merkmalen an die Nachkommenschaft. Ursprünglich wurden dazu auch erworbene Merkmale und Lebensgewohnheiten gezählt. In der modernen Biologie gelten nur noch die Gene als vererbbar (s. auch Mendelsche Vererbung und Neodarwinismus). Die Hypothese der Formenbildungsursachen meint mit diesem Begriff nicht nur die genetische Vererbung, sondern auch die Vererbung morphischer Felder durch morphische Resonanz.

Vitalismus: Die Lehre, daß lebendige Organismen wahrhaft lebendig sind, im Gegensatz zur Auffassung der → mechanistischen Theorie, daß sie unbelebt und mechanisch seien. Die Organisation des Lebendigen hängt von zielgerichteten Vitalfaktoren ab (vgl. Entelechie), die sich nicht auf die bekannten Gesetze der Physik und Chemie zurückführen lassen. Der Vitalismus ist eine weniger ausgeprägte Form des Holismus als der → Organizismus, da er die mechanistische Grundannahme akzeptiert, daß die Gegenstände der Physik und Chemie unbelebt und im wesentlichen mechanisch sind.

Personen- und Sachregister